普通高等教育基础课规划教材

高 等 数 学

上 册

主编 徐美林 路 云
参编 王 娟 于水源 孔 敏 张艳君
鲍 勇 褚鹏飞

机械工业出版社

本套教材是根据《工科类本科数学基础课程教学基本要求》编写的,适合高等院校工科类各专业学生使用.本套教材共 12 章,分上、下两册.本册内容包括极限与连续、导数与微分、微分中值定理与导数应用、不定积分、定积分、定积分的应用、微分方程,共七章.根据学生的学习规律,本教材每章都有知识点总结,以便学生更好地掌握每章的知识点.

　　作为立体化教材,本套教材配备了相应的网络学习内容.用户通过微信的扫一扫扫描书中各处的二维码,即可获得这些学习资源.

　　本套教材内容丰富,阐述简明易懂,可作为高等院校工科类各专业的大学数学教学教材,也可作为上述各专业领域读者的教学参考书.

图书在版编目(CIP)数据

高等数学. 上册/徐美林,路云主编. —北京:机械工业出版社,2019.7
(2023.7 重印)
普通高等教育基础课规划教材
ISBN 978-7-111-63017-3

Ⅰ.①高…　Ⅱ.①徐…②路…　Ⅲ.①高等数学 – 高等学校 – 教材
Ⅳ.①O13

中国版本图书馆 CIP 数据核字(2019)第 161442 号

机械工业出版社 (北京市百万庄大街22号　邮政编码100037)
策划编辑:郑　玫　责任编辑:郑　玫　李　乐
责任校对:孙丽萍　封面设计:鞠　杨
责任印制:任维东
北京中兴印刷有限公司印刷
2023 年 7 月第 1 版第 6 次印刷
184mm×260mm·16 印张·405 千字
标准书号:ISBN 978-7-111-63017-3
定价:39.80 元

电话服务　　　　　　　　网络服务
客服电话:010-88361066　机 工 官 网:www.cmpbook.com
　　　　　010-88379833　机 工 官 博:weibo.com/cmp1952
　　　　　010-68326294　金 　书 　网:www.golden-book.com
封底无防伪标均为盗版　机工教育服务网:www.cmpedu.com

前　言

　　高等数学是大学理工类和经管类本科各专业一门重要的基础课,它不仅为许多后续课程提供必要的数学工具,而且在培养学生的理性思维方面起着无可替代的作用.

　　近年来我国高等教育事业蓬勃发展,出现了一批重在培养本科层次应用型人才的院校.这些院校所用的高等数学教材,多是借用现有的重点高校的教材.然而本科应用型人才既有别于重点高校培养的研究型人才,又不同于高职高专院校培养的技能型人才,其数学要求是什么?它们如何在教学中体现?基于这些问题,编者试图编写一套适用的教材.

　　本套教材是根据编者在长期教学过程中积累的经验和第一手材料而编写的,具有如下特点:体系结构严谨,阐述深入浅出,注意与中学数学教学的衔接;突出重点,分散难点,强调基础;用诱导和启发的方法介绍一些新概念、新方法;例题讲解详实,通过解题思路和解题方法的分析,解答学生的常见疑问,帮助学生提高分析问题和解决问题的能力.

　　本套教材共12章,分上、下两册.上册内容包括极限与连续、导数与微分、微分中值定理与导数应用、不定积分、定积分、定积分的应用、微分方程七章.下册内容包括向量代数与空间解析几何、多元函数微分法及其应用、重积分、曲线积分与曲面积分、无穷级数五章.

　　本套教材编者的具体分工:徐美林编写1.1节~1.5节、第6章、上册习题答案,路云编写第7章、12.6节~12.8节,鲍勇编写第5章、9.1节~9.5节,张艳君编写8.4节~8.6节、第11章、下册习题答案,孔敏编写第2章、12.3节~12.5节,于水源编写第3章、8.1节~8.3节,王娟编写第4章、9.6节~9.8节,褚鹏飞编写1.6节~1.10节,梁登星编写12.1节、12.2节,李强编写10.1节、10.2节,张悦娇编写10.3节,杨淑荣编写10.4节.上下册均由徐美林负责统稿.

　　在编写过程中,我们始终坚持"立德树人"的教育理念,注重培养学生的创新精神、实践能力和终身学习的意识.同时,我们也力求做到语言简洁、通俗易懂,内容丰富、实用性强.我们希望学生能认真学习本书,努力提高自己的数学素养和应用能力,成为具有创新精神和实践能力的优秀人才,为祖国的繁荣富强做出贡献.

　　本套教材配备了相应的网络学习内容.用户通过微信扫描书中各处的二维码,关注公众号,即可获得网络学习资源.

　　由于编者水平有限,书中不当之处在所难免.为使本套教材日臻完善,满足培养本科层次应用型人才之需,恳请广大读者批评指正.

编　者

目　录

极限与连续

极限是高等数学(或微积分)的基础,它是研究函数性质的有力工具. 连续函数是高等数学中一类重要而且基本的函数.

1.1 函数

这里将一些在高等数学中经常使用的集合、区间、邻域等概念,以及绝对值不等式、极坐标和参数方程,列举如下.

1. 集合的概念

集合是数学中一个原始的概念,它是无法明确定义,只能描述的基本概念. 把具有某种共同属性,并又可相互区别的事物的全体称为**集合**. 构成集合的每一个事物称为该集合的**元素**. 常用大写字母 A,B,C 等表示集合,用小写字母 a,b,c 等表示集合的元素. 设 a 是集合 A 的元素,就说 a 属于 A,记为 $a \in A$;若 a 不是集合 A 的元素,就说 a 不属于 A,记为 $a \notin A$.

常用的数集有:

$\mathbf{N} = \{0,1,2,\cdots,n,\cdots\}$,自然数集合;

$\mathbf{Z} = \{0, \pm 1, \pm 2,\cdots, \pm n,\cdots\}$,整数集合;

$\mathbf{Q} = \left\{ \dfrac{p}{q} \middle| p,q \text{ 为互质整数},q \neq 0 \right\}$,有理数集合;

$\mathbf{R} = \{x \mid x \text{ 为实数}\}$,实数集合.

$\mathbf{R}_+ = \{x \mid x > 0 \text{ 的实数}\}$;$\mathbf{R}^* = \{x \mid x \neq 0 \text{ 的实数}\}$.

不含任何元素的集合称为**空集**,记为 $\varnothing$. 例如

$$\{x \mid x^2 + 1 = 0, x \in \mathbf{R}\} = \varnothing.$$

设 A 和 B 是两个集合,如果 $x \in A$ 都有 $x \in B$,则称 A 是 B 的**子集**,记为 $A \subset B$ 或 $B \supset A$,读作"A 包含于 B"或"B 包含 A". 例如,有

$$\mathbf{N} \subset \mathbf{Z} \subset \mathbf{Q} \subset \mathbf{R}.$$

并规定空集 $\varnothing$ 为任何集合的子集.

由于实数与数轴上的点之间可以建立一一对应的关系,所以有时为了突出几何直观意义,就把数 x 称为点 x,把数集称为点集.

2. 绝对值与常用不等式

设 x, y 为实数. 绝对值:

$$|x| = \begin{cases} x, & x \geqslant 0, \\ -x, & x < 0. \end{cases}$$

绝对值不等式:

$$-|x| \leqslant x \leqslant |x|, 0 \leqslant |x| \pm x \leqslant 2|x|;$$

三角形不等式:

$$|x+y| \leqslant |x| + |y|, |x-y| \geqslant ||x| - |y||;$$

平均值不等式:

$$x^2 + y^2 \geqslant 2|xy|, \frac{|x| + |y|}{2} \geqslant \sqrt{|xy|}.$$

3. 区间与邻域

区间是在高等数学中用得较多的一类特殊的实数集合. 设 a 和 b 为两实数, 且 $a < b$, 数集 $\{x \mid a < x < b\}$ 称为**开区间**, 记为 (a, b), 即

$$(a, b) = \{x \mid a < x < b\};$$

数集 $\{x \mid a \leqslant x \leqslant b\}$ 称为**闭区间**, 记为 $[a, b]$, 即

$$[a, b] = \{x \mid a \leqslant x \leqslant b\};$$

数集 $\{x \mid a \leqslant x < b\}$ 或 $\{x \mid a < x \leqslant b\}$ 都称为**半开区间**, 分别记为 $[a, b)$ 或 $(a, b]$, 即

$$[a, b) = \{x \mid a \leqslant x < b\},$$
$$(a, b] = \{x \mid a < x \leqslant b\},$$

并称 a 和 b 为各个**区间的端点**, $b - a$ 为该**区间的长度**. 这里 "开" 与 "闭" 的差别仅在于是否包括端点. 这些区间在数轴上的直观表示如图 1.1 所示, 是一有限的线段. 因此, 也都称为**有限区间**.

此外, 还有无限区间. 为此引进记号 $+\infty$ 与 $-\infty$, 规定任意实数 x 满足

$$-\infty < x < +\infty.$$

于是, 实数集合 **R** 也记为 $(-\infty, +\infty)$, 即

$$\mathbf{R} = (-\infty, +\infty),$$

为一无限区间; 另外还有

$$[a, +\infty) = \{x \mid a \leqslant x\},$$
$$(-\infty, b] = \{x \mid x \leqslant b\},$$
$$(a, +\infty) = \{x \mid a < x\},$$
$$(-\infty, b) = \{x \mid x < b\}.$$

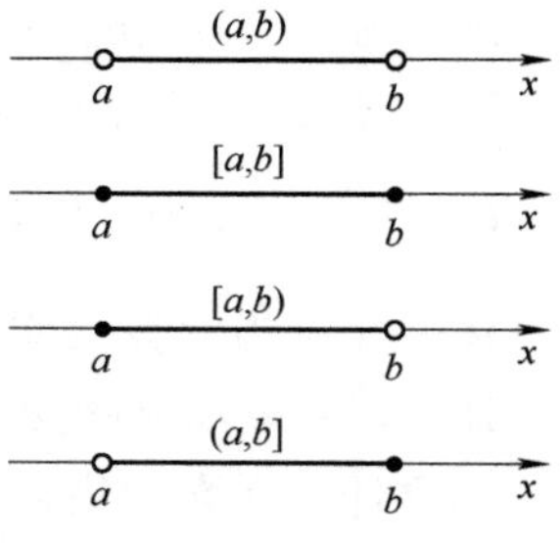

图 1.1

在今后的论述中, 若对不同类型区间都适用, 为了方便起见, 统称为区间 I.

邻域是指以点 x_0 为中心, 长度为 $2\delta(\delta > 0)$ 的对称开区间 $(x_0 - \delta, x_0 + \delta)$, 记为 $U(x_0, \delta)$, 即

$$U(x_0, \delta) = \{x \mid x_0 - \delta < x < x_0 + \delta\},$$

或

$$U(x_0,\delta) = \{x \mid |x - x_0| < \delta\}.$$

去掉邻域的中心点 x_0 的集合,称为**去心邻域**,记为 $\overset{\circ}{U}(x_0,\delta)$,即

$$\overset{\circ}{U}(x_0,\delta) = \{x \mid 0 < |x - x_0| < \delta\}.$$

在讲到邻域时,δ 的大小往往并不重要,只要 $\delta > 0$ 即可,这时常把邻域和去心邻域写成 $U(x_0)$ 和 $\overset{\circ}{U}(x_0)$.

4. 函数

函数是高等数学(或微积分)的研究对象.在中学代数课中曾讨论过许多具体函数,如幂函数、指数函数、对数函数、三角函数、反三角函数等.今后除了经常用到这些函数外,还要研究一般的函数,形式多种多样.

定义 设 D 是一非空的实数集,f 是一确定的对应规律.若对每一个 $x \in D$,都存在唯一的实数 $f(x)$ 与之对应,则称 f 为定义在 D 上的一个函数.数集 D 称为该函数的**定义域**,x 称为**自变量**;称 $R_f = \{y \mid y = f(x), x \in D\}$ 为该函数的**值域**,y 为**因变量**.

以下几点要特别注意:

(1)习惯上"函数 $y = f(x)$ 或 $f(x)$",应理解为对每一个 x,通过关系 $y = f(x)$ 都有唯一确定的数 y 与之对应.

(2)一个函数是由对应规律和定义域完全确定的,通常称为函数的两个要素.至于函数的值域,可由两个要素确定.

(3)设函数 f 与 g 都定义于数集 D,对每一个 $x \in D$,都有

$$f(x) = g(x),$$

则称这两个函数相等,记为 $f = g$.

(4)若对某个 $x \in D$,对应的数值 $f(x)$ 不止一个,则 f 不是定义于数集 D 上的函数.

例1 常值函数 $y = c$(c 为常数)的定义域 $D = (-\infty, +\infty)$,值域为独点集 $\{c\}$,它的图形是过点 $(0,c)$ 的一条平行于 x 轴的直线.

例2 符号函数

$$f(x) = \operatorname{sgn} x = \begin{cases} 1, & x > 0, \\ 0, & x = 0, \\ -1, & x < 0. \end{cases}$$

的定义域 $D = (-\infty, +\infty)$,值域为 $R_f = \{-1, 0, 1\}$,它的图形如图 1.2 所示.

例3 狄利克雷(Dirichlet)函数

$$D(x) = \begin{cases} 1, & x \text{ 为有理数}, \\ 0, & x \text{ 为无理数}. \end{cases}$$

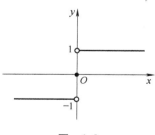

图 1.2

它的定义域为数轴,值域为数集 $\{0,1\}$,但无法画出其图形.

像例2和例3,有些函数在其定义域的不同部分,对应规律是用不同的方式表达的,这种函数称为**分段函数**.注意,分段函数是一个函数,而不是几个函数.分段函数在实际问题中经常遇到.

5. 函数的简单性质

（1）**函数的有界性**　设函数 $f(x)$ 定义于数集 D. 若存在一常数 A，对任意 $x \in D$，都有 $A \leqslant f(x)$，则称 $f(x)$ 在 D 上**有下界**；若存在一常数 B，对任意 $x \in D$，都有 $f(x) \leqslant B$，则称 $f(x)$ 在 D 上**有上界**. 若 $f(x)$ 在 D 上既有下界又有上界，则称 $f(x)$ 在 D 上**有界**；否则，称 $f(x)$ 在 D 上**无界**.

有界性的等价定义：设函数 $f(x)$ 定义于数集 D，若存在一正数 M，对任意 $x \in D$，都有
$$|f(x)| \leqslant M,$$
则称 $f(x)$ 在 D 上**有界**. 请读者自己证明两个有界性定义是等价的.

例如，$\sin x, \arctan x$ 在 $(-\infty, +\infty)$ 上是有界函数；$\dfrac{1}{x}$ 在 $[1, +\infty)$ 上是有界函数，但在 $(0, +\infty)$ 上却是无界的.

（2）**函数的单调性**　设函数 $f(x)$ 定义于区间 I. 若对任意的 $x_1, x_2 \in I$，当 $x_1 < x_2$ 时，都有
$$f(x_1) \leqslant f(x_2) \text{（或 } f(x_1) < f(x_2)\text{）},$$
则称 $f(x)$ 在 I 上**单调增加**（或**严格单调增加**）. 若对任意 $x_1, x_2 \in I$，当 $x_1 < x_2$ 时，都有
$$f(x_1) \geqslant f(x_2) \text{（或 } f(x_1) > f(x_2)\text{）},$$
则称 $f(x)$ 在 I 上**单调减少**（或**严格单调减少**）. 单调增加函数和单调减少函数统称为**单调函数**.

（3）**函数的奇偶性**　设函数 $f(x)$ 定义于对称区间 $(-a, a)(a > 0)$. 若对任意 $x \in (-a, a)$，都有
$$f(-x) = -f(x),$$
则称 $f(x)$ 为 $(-a, a)$ 上的**奇函数**；若对任意 $x \in (-a, a)$，都有
$$f(-x) = f(x),$$
则称 $f(x)$ 为 $(-a, a)$ 上的**偶函数**.

奇函数的图形关于坐标原点 O 对称；偶函数的图形关于 y 轴对称.

例 4　设 $f(x)$ 与 $g(x)$ 都是 I 上的奇函数，则 $f(x) + g(x)$ 是 I 上的奇函数，$f(x) \cdot g(x)$ 是 I 上的偶函数.

证　由题设可知，任给 $x \in I$，有
$$f(-x) = -f(x), g(-x) = -g(x),$$
于是
$$f(-x) + g(-x) = -[f(x) + g(x)],$$
$$f(-x) \cdot g(-x) = f(x) \cdot g(x).$$
可见 $f(x) + g(x)$ 是奇函数，$f(x) \cdot g(x)$ 是偶函数.

（4）**函数的周期性**　设函数 $f(x)$ 定义于数集 D，若存在一常数 $T > 0$，使对 $\forall x \in D$，都有 $x + T \in D$，且 $f(x + T) = f(x)$，则称 $f(x)$ 是**周期函数**，T 称为此函数的一个周期.

设 $f(x)$ 是以 T 为周期的函数，显然，对任意正整数 n, nT 也是其周期. 如果所有这些周期中有最小数，则称它为该函数的最小正周期，简称为**周期**.

最常见的周期函数是三角函数. 例如，$y = \sin(\omega x + \phi_0)(\omega > 0)$ 的周期是 $T = \dfrac{2\pi}{\omega}$，这里 ω 称为**圆频率**，ϕ_0 为初位相.

并非所有周期函数都有最小正周期. 如狄利克雷函数 $D(x)$ 是一个没有最小正周期的周期函数.

6. 函数的运算

由对已知函数的四则运算、求反函数及复合函数的运算,可以产生新的函数.

(1)函数的四则运算 设函数 $f(x)$ 与 $g(x)$ 都定义于 D,则 $f(x) \pm g(x)$,$f(x) \cdot g(x)$,$\dfrac{f(x)}{g(x)}$ $(g(x) \neq 0)$ 构成一个定义在 D 上的新函数.

注意,只有在两个函数共同的定义域上,两个函数才能进行四则运算.

例如,函数 $y = x^2 + \dfrac{1}{x^2}$ 是函数 x^2 与 $\dfrac{1}{x^2}$ 的和,它们共同的定义域为 $x \neq 0$,也是和函数 $x^2 + \dfrac{1}{x^2}$ 的定义域. $y = x^2 + \dfrac{1}{x^2}$ 是偶函数,最大下界为 2. 因为

$$x^2 + \frac{1}{x^2} = \left(x - \frac{1}{x}\right)^2 + 2 \geqslant 2.$$

但函数无上界.

再如函数 $f(x) = x + \sqrt{x}$,$g(x) = x - \sqrt{x}$,其共同的定义域为 $[0, +\infty)$,则和函数 $f(x) + g(x) = 2x$ 的定义域为 $[0, +\infty)$,而不是 $(-\infty, +\infty)$.

(2)反函数 设函数 $y = f(x)$ 定义于 A,值域为 B. 若对每一个 $y \in B$,都有唯一的 $x \in A$ 满足关系 $f(x) = y$,从而得到一个定义于 B 的新函数,称这个新函数是 $y = f(x)$ 的**反函数**,记为 $x = f^{-1}(y)$. 反函数的定义域为 B,值域为 A. 相对于反函数 $x = f^{-1}(y)$ 来说,称 $y = f(x)$ 为**原函数**(或**直接函数**).

一般地,给定一个函数 $y = f(x)$,不一定有反函数. 由反函数的概念可知,若自变量 x 与因变量 y 是一一对应的,则必有反函数 $x = f^{-1}(y)$. 也就是说,若对每一个 $y \in B$,方程 $y = f(x)$ 在 A 中的解 $x = g(y)$ 都唯一,则 f 的反函数存在,且 $f^{-1} = g$;否则,没有反函数.

习惯上,自变量用 x 表示,因变量用 y 表示,把 $x = f^{-1}(y)$ 改记为 $y = f^{-1}(x)$,并说 $y = f^{-1}(x)$ 是 $y = f(x)$ 的反函数. 原函数 $y = f(x)$ 与其反函数 $y = f^{-1}(x)$ 的图形关于直线 $x = y$ 对称. 因为,若点 (a, b) 在曲线 $y = f(x)$ 上,则有 $b = f(a)$,因此 $a = f^{-1}(b)$,即点 (b, a) 必在曲线 $y = f^{-1}(x)$ 上.

(3)反函数存在定理 严格单调函数 $f(x)$ 有反函数 $f^{-1}(x)$,而且 $f^{-1}(x)$ 与 $f(x)$ 二者同为严格单调增加(或减少).

例5 设 $f(x) = (x-2)^2 + 1 \ (x \geqslant 2)$,则 $f(x)$ 有反函数,并求 $f^{-1}(x)$.

证 由题设可知,$f(x)$ 的定义域 $A = [2, +\infty)$,值域 $B = [1, +\infty)$. 任给 $x_1, x_2 \in A$ 且 $x_1 < x_2$,则

$$f(x_1) - f(x_2) = (x_1 - 2)^2 + 1 - [(x_2 - 2)^2 + 1] = (x_1 - 2)^2 - (x_2 - 2)^2 = (x_1 + x_2 - 4)(x_1 - x_2) < 0,$$

即 $f(x)$ 在 A 上严格单调增加,所以 $f(x)$ 的反函数存在,且也严格单调增加. 对于 $y \in B$,由方程

$$y = (x-2)^2 + 1$$

解得 $x = \sqrt{y-1} + 2$,即 $g(y) = \sqrt{y-1} + 2$. 于是,得

$$f^{-1}(x) = \sqrt{x-1} + 2 \ (x \geqslant 1).$$

由方程 $y = x^2$,$y = \sin x$ 解得

$$x = \pm\sqrt{y}, x = \arcsin y,$$

是双根和无穷多根的,反函数是不存在的;如果的确需要讨论它的"反函数"时,就要视具体情况,取其一个有意义的单值支考虑.例如,取

$$x = -\sqrt{y}, x = \arcsin y,$$

即 $y = -\sqrt{x}, y = \arcsin x$ 来讨论之,等等.其实,这里都是限制了原函数 $f(x)$ 的定义域 A.

（4）**复合函数**　设函数 f 与 g 分别定义于数集 B 与 A,且 g 的值域为 B 的子集.因此,对于每一个 $x \in A$,通过 $g(x) \in B$,都有唯一的 $f(g(x))$ 与之对应.这就在 A 上定义了一个新函数,称该新函数为 f 与 g 的**复合函数**,记为 $f \circ g$.它的定义域是 A,在 $x \in A$ 的函数值是 $f(g(x))$,即

$$f \circ g(x) = f(g(x)).$$

记 $u = g(x)$ 并称 u 是复合函数 $y = f(u) = f(g(x))$ 的**中间变量**.

复合函数俗称为函数的函数,函数的复合运算也就是函数套函数,可以推广到多个函数的情况.利用复合函数的概念,可以把一些看起来较复杂的函数拆成几个简单函数的复合,这对于函数的研究和运算是十分重要的.

注意,尽管函数的复合运算是构成新函数的一种重要方法,但并非任意两个函数都可构成复合函数.g 与 f 能构成复合函数 $f \circ g$ 的条件是:函数 g 的值域 R_g 必须包含于 f 的定义域 D_f,即 $R_g \subset D_f$.否则不能构成复合函数.例如,$y = f(u) = \arcsin u$ 的定义域为 $[-1, 1]$,$u = g(x) = \sin x$ 的定义域为 $\mathbf{R}$,且 $g(\mathbf{R}) \subset [-1, 1]$,故 g 与 f 能构成复合函数

$$y = \arcsin\sin x, x \in \mathbf{R};$$

又如,$y = f(u) = \sqrt{u}$ 的定义域 $D_f = [0, +\infty]$,$u = g(x) = \tan x$ 的值域 $R_g = (-\infty, +\infty)$,显然 $R_g \not\subset D_f$,故 g 与 f 不能构成复合函数.

7. 初等函数

下面六类函数统称为**基本初等函数**:

（1）**常值函数**　$y = c$.

（2）**幂函数**　$y = x^\alpha$（α 为常数）;当 $\alpha = -1, \dfrac{1}{2}, 1, 2, 3$ 时是最常用的幂函数（见图 1.3）.

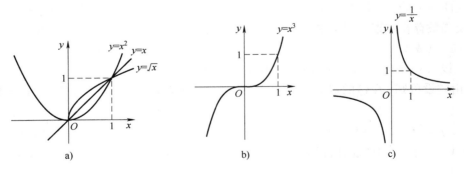

图　**1.3**

（3）**指数函数**　$y = a^x$（$a > 0, a \neq 1$）（见图 1.4）.

（4）**对数函数**　$y = \log_a x$　（$a > 0, a \neq 1$）（见图 1.5）.

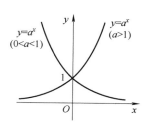

图　1.4

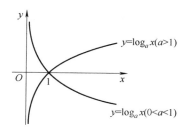

图　1.5

（5）三角函数

1）$y = \sin x$（见图 1.6）；

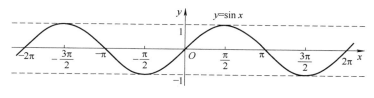

图　1.6

2）$y = \cos x$（见图 1.7）；

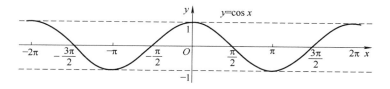

图　1.7

3）$y = \tan x$（见图 1.8）；

4）$y = \cot x$（见图 1.9）.

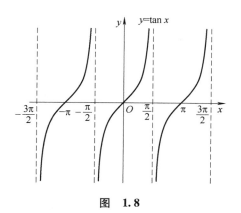

图　1.8

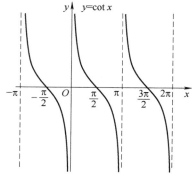

图　1.9

（6）反三角函数

1）$y = \arcsin x$，值域 $-\dfrac{\pi}{2} \leqslant y \leqslant \dfrac{\pi}{2}$（见图 1.10）；

2）$y = \arccos x$，值域 $0 \leqslant y \leqslant \pi$（见图 1.11）；

3）$y = \arctan x$，值域 $-\dfrac{\pi}{2} < y < \dfrac{\pi}{2}$（见图 1.12）；

4）$y = \operatorname{arccot} x$，值域 $0 < y < \pi$（见图 1.13）．

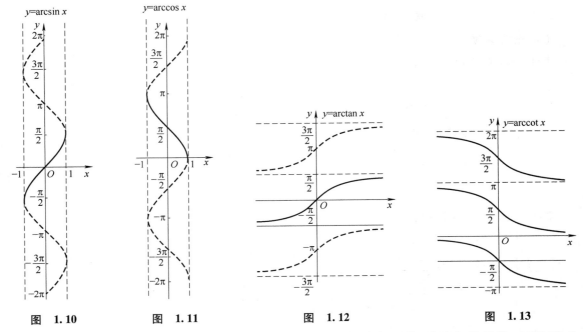

图 1.10   图 1.11   图 1.12   图 1.13

由基本初等函数经过有限次四则运算和有限次复合构成的函数，称为**初等函数**；否则，称为**非初等函数**．例如，

$$y = \frac{x^3 - 2x + 1}{x^4 + 2x^2 + 2},$$
$$y = \lg(2 + \sin x),$$
$$y = |x|,$$
$$y = \arcsin\sin x, \quad x \in \mathbf{R},$$
$$y = x^x \,(x > 0)$$

都是初等函数，而符号函数 $\operatorname{sgn} x$ 和狄利克雷函数等都是非初等函数．非初等函数的表示形式比较特殊，需要指出的是分段函数不一定都是非初等函数．

初等函数在实际中有着极广泛的应用，也是高等数学的重要研究对象，当然也会遇到一些非初等函数．

8. 极坐标系

在平面上取定一点 O 作为**极点**，由极点 O 为起点引一条有向射线 Ox 作为**极轴**，并规定长度单位和计算角度的正方向（通常取逆时针方向为正方向），这就构成了**极坐标系**．对于极坐标平

面内任意一点 M，用 ρ 表示线段 OM 的长度，φ 表示从 Ox 到 OM 的角度. ρ 称为点 M 的极径，φ 称为点 M 的极角，有序实数对 (ρ, φ) 为点 M 的极坐标，如图 1.14 所示. 由于极角的多值性，点 M 的极坐标并不唯一. 如果限定 $\rho > 0$，$\varphi \in [0, 2\pi)$，则点 M 与其极坐标呈一一对应. 今后，如无特殊说明时，认为 $\rho > 0$.

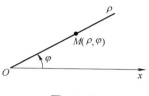

图　1.14

（1）**极坐标与直角坐标的关系**　在平面上若将极坐标系的极点与直角坐标系的原点重合，将极轴与 x 轴的正半轴重合，则坐标平面上任一点的极坐标 (ρ, φ) 与直角坐标 (x, y) 的关系式为

$$\begin{cases} x = \rho\cos\varphi, \\ y = \rho\sin\varphi, \end{cases}$$

即

$$\begin{cases} \rho = \sqrt{x^2 + y^2}, \\ \tan\varphi = \dfrac{y}{x}. \end{cases}$$

（2）**极坐标的作图法**　由极坐标的概念可知，当 $\rho = \rho_0$（正常数）时，其图形是以极点为圆心，半径为 ρ_0 的圆；当 $\varphi = \varphi_0$（常数）时，其图形是以 φ_0 为倾斜角的射线. 因此，当 ρ 与 φ 取不同数值时，可得极坐标网.

若已知曲线的极坐标方程为

$$\rho = \rho(\varphi),$$

作曲线的图形. 当 $\rho(\varphi_0) = \rho_0 > 0$ 时，则点 $M(\rho_0, \varphi_0)$ 为圆 $\rho = \rho_0$ 与射线 $\varphi = \varphi_0$ 的交点；当 $\varphi = \varphi_0$，$\rho(\varphi_0) = \rho_0 < 0$ 时，规定曲线上的点 $M(\rho_0, \varphi_0)$ 位于角 φ_0 的终边的反向延长线上，且 $|OM| = -\rho_0 > 0$. 于是，用描点法就可绘制出所要的图形.

例 6　求圆心在极轴上，半径为 r，过极点的圆的极坐标方程.

解　该圆的直角坐标方程为

$$(x - r)^2 + y^2 = r^2,$$

即

$$x^2 + y^2 = 2rx.$$

由直角坐标与极坐标的关系式

$$\begin{cases} x = \rho\cos\varphi, \\ y = \rho\sin\varphi, \end{cases}$$

得所要方程为

$$\rho = 2r\cos\varphi.$$

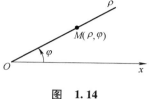

图　1.15

其实，由初等几何直接可得所要方程，如图 1.15 所示.

例 7　设心形线方程为 $\rho = a(1 + \cos\varphi)$，$a > 0$，作该心形线的图形.

解　令 $\rho(\varphi) = a(1 + \cos\varphi)$，则 $\rho(-\varphi) = \rho(\varphi)$，可知所求曲线关于极轴对称，只要作出 $\varphi \in [0, \pi]$ 上的图形即可. 列于表 1.1.

表 1.1

φ	0	$\dfrac{\pi}{4}$	$\dfrac{\pi}{2}$	$\dfrac{3\pi}{4}$	π
ρ	$2a$	$1.71a$	a	$0.29a$	0

由此描点作图,可得心形线的图形为图1.16.

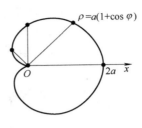

图　1.16

照此方法,现将几个今后常见的图形描绘于图1.17,不再细说.

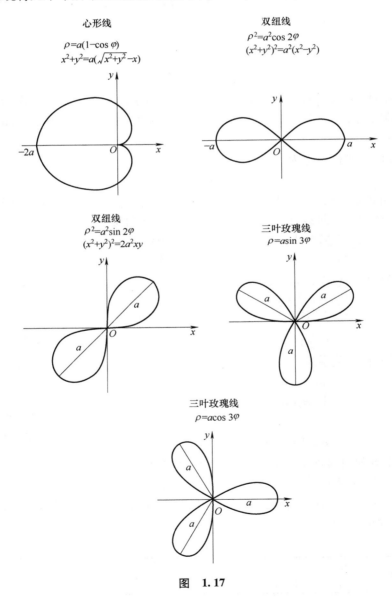

图　1.17

9. 参数方程

设坐标平面上点 (x,y) 为同一变量 t 的函数

$$\begin{cases} x = \varphi(t), \\ y = \psi(t), \end{cases} \quad t \in I,$$

则称该方程组为**参数方程**，变量 t 称为参变数，简称参数. 如能从参数方程中消去参数 t，则可得关于 x,y 的方程 $F(x,y) = 0$.

例如，将已知曲线的极坐标方程

$$\rho = \rho(\varphi), \quad \alpha \leqslant \varphi \leqslant \beta$$

化为直角坐标方程，即为参数方程

$$\begin{cases} x = \rho(\varphi)\cos\varphi, \\ y = \rho(\varphi)\sin\varphi, \end{cases} \quad \alpha \leqslant \varphi \leqslant \beta.$$

还有，以点 (x_0, y_0) 为圆心，r 为半径的圆的参数方程为

$$\begin{cases} x = x_0 + r\cos t, \\ y = y_0 + r\sin t, \end{cases} \quad 0 \leqslant t \leqslant 2\pi;$$

椭圆 $\dfrac{x^2}{a^2} + \dfrac{y^2}{b^2} = 1$ 的参数方程为

$$\begin{cases} x = a\sin t, \\ y = b\cos t, \end{cases} \quad 0 \leqslant t \leqslant 2\pi.$$

例 8　设半径为 a 的圆，圆心位于点 $A(0,a)$ 处，如图 1.18 所示，将圆沿 x 轴滚动，则圆周上开始于原点 O 的点的运动轨迹，称为**旋轮线**（或**摆线**），试求旋轮线的方程.

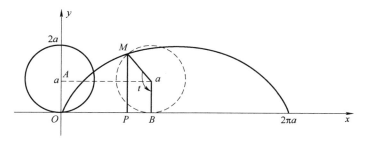

图　1.18

解　取圆的转动角 $t(\text{rad})$ 为参数. 对应于参数 t，初始点位于点 $M(x,y)$. 根据图中的几何关系，线段 $\overline{OB}$ 的长度与圆弧 $\overparen{BM}$ 的长度相等，有

$$\overline{OB} = \overparen{BM} = at,$$

所以有

$$\begin{cases} x = \overline{OB} - \overline{PB} = at - a\sin t, \\ y = \overline{PM} = a - a\cos t, \end{cases} \quad t \in \mathbf{R}.$$

因此，旋轮线一拱的参数方程为

$$\begin{cases} x = a(t - \sin t), \\ y = a(1 - \cos t), \end{cases} \quad 0 \leqslant t \leqslant 2\pi.$$

✎ 习题 1.1

1. 求下列函数的定义域:

$(1) f(x) = \dfrac{1}{x} - \sqrt{1 - x^2}$；

$(2) f(x) = \sqrt{4 - x^2} + \dfrac{1}{\sqrt{x - 1}}$；

$(3) f(x) = \arcsin \dfrac{x - 1}{2}$；

$(4) f(x) = \log_{x-1}(16 - x^2)$；

$(5) f(x) = \sqrt{3 - x} + \arctan \dfrac{1}{x}$；

$(6) f(x) = \mathrm{e}^{\frac{1}{x}}$.

2. 下列各题中，$f(x)$ 与 $g(x)$ 是否表示同一个函数？为什么？

$(1) f(x) = \lg x^2, g(x) = 2\lg x$；

$(2) f(x) = x, g(x) = \sqrt{x^2}$；

$(3) f(x) = 1, g(x) = \sec x^2 - \tan x^2$.

3. 下列函数是由哪些简单函数复合而成的？

$(1) y = \sin 2x$；

$(2) y = \sqrt{\tan \mathrm{e}^x}$；

$(3) y = \ln(\ln(\ln x))$；

$(4) y = a^{\sin^2 x}$.

4. 试证下列函数在指定区间内的单调性：

$(1) y = \dfrac{x}{1 - x}, (-\infty, 1)$；

$(2) y = x + \ln x, (0, +\infty)$.

5. 设 $f(x)$ 为 $(-l, l)$ 上的奇函数，证明：若 $f(x)$ 在 $(0, l)$ 上单调增加，则 $f(x)$ 在 $(-l, 0)$ 上也单调增加.

6. 设下面所考虑的函数的定义域关于原点对称，证明：

(1) 两个偶函数的和是偶函数，两个奇函数的和是奇函数；

(2) 两个偶函数的乘积是偶函数，两个奇函数的乘积是偶函数，偶函数与奇函数的乘积是奇函数.

7. 下列函数中哪些是周期函数？对于周期函数，指出其周期：

$(1) y = \cos(x - 1)$；　　$(2) y = x \tan x$；　　$(3) y = \sin x^2$.

8. 求下列函数的反函数：

$(1) y = \dfrac{1 - x}{1 + x}$；

$(2) y = \dfrac{2^x}{2^x + 1}$；

$(3) y = 1 + \ln(x + 2)$；

$(4) y = 2\sin 3x \left(-\dfrac{\pi}{6} \leqslant x \leqslant \dfrac{\pi}{6} \right)$.

9. 证明：$y = \dfrac{1}{x^2}$ 在定义域上有下界，无上界.

10. 设 $f(x)$ 的定义域是 $[0, 1]$，求：

$(1) y = f(x^2)$；

$(2) y = f(\sin x)$；

$(3) y = f(\ln x)$；

$(4) y = f(x + a) + f(x - a) \quad (a > 0)$.

11. 设函数 $f(x) = x^3 - x, \varphi(x) = \sin 2x$，求 $f\left(\varphi\left(\dfrac{\pi}{12} \right) \right), f\big(f(f(1)) \big)$.

12. 已知 $f\left(x + \dfrac{1}{x}\right) = x^2 + \dfrac{1}{x^2}$,求 $f(x)$.

13. 已知 $f(\varphi(x)) = 1 + \cos x$,$\varphi(x) = \sin \dfrac{x}{2}$,求 $f(x)$.

14. 设 $f(x) = \begin{cases} 1, & |x| < 1, \\ 0, & |x| = 1, \\ -1, & |x| > 1, \end{cases}$ $g(x) = \mathrm{e}^x$,求 $f(g(x))$ 和 $g(f(x))$,并绘制出这两个函数的图形.

1.2 数列的极限

极限方法的核心是研究变量的变化趋势,而且贯穿本课程的始终.

1. 极限概念的引入

极限的思想是由求某些实际问题的精确解而产生的. 例如,中国古代数学家刘徽(生于公元 250 年左右)利用圆内接正多边形来推算圆面积的方法——割圆术,就是极限思想在几何学上的应用. 图 1.19 给出了用单位圆内接正 12 边形(面积为 3)近似圆面积的示例.

又如,春秋战国时期的哲学家庄子在《庄子·天下篇》中对"截杖问题"有一段名言:"一尺之棰,日取其半,万世不竭",其中也隐含了深刻的极限思想.

图　1.19

2. 数列的定义

按一定次序排列的无穷多个数
$$x_1, x_2, \cdots, x_n, \cdots$$
称为无穷数列,简称**数列**,记为 $\{x_n\}$. 其中的每个数称为数列的项,x_n 称为**通项**,n 称为 x_n 的**下标**.

例如:
$$\left\{\frac{1}{n}\right\}, \text{即 } 1, \frac{1}{2}, \frac{1}{3}, \cdots, \frac{1}{n}, \cdots,$$

$$\left\{\frac{n + (-1)^{n-1}}{n}\right\}, \text{即 } \frac{2}{1}, \frac{1}{2}, \frac{4}{3}, \frac{3}{4}, \cdots, \frac{n + (-1)^{n-1}}{n}, \cdots,$$

$$\left\{\frac{1 + (-1)^{n-1}}{2}\right\}, \text{即 } 1, 0, 1, 0, \cdots, \frac{1 + (-1)^{n-1}}{2}, \cdots,$$

$$\{2^n\}, \text{即 } 2, 4, 8, \cdots, 2^n, \cdots.$$

数列 $\{x_n\}$ 既可看作数轴上的一个动点,它依次取数轴上的点(见图 1.20),也可看作自变量为正整数 n 的函数:
$$x_n = f(n), n \in \mathbf{N}_+,$$ 
当自变量 n 依次取 $1, 2, 3, \cdots$ 时,对应的函数值就排成数列 $\{x_n\}$.

图　1.20

3. 数列的极限

从以上各例观察可以看出,随着 n 无限增大,数列的变化可分为两种情况:一种情况是数列趋于稳定,即数列与某一常数无限接近,如数列 $\left\{\dfrac{1}{n}\right\}$ 和 $\left\{\dfrac{n+(-1)^{n-1}}{n}\right\}$,当 n 无限增大时,分别与数 0 和 1 无限接近;另一种情况是数列的变化趋势不稳定,即它不能与任一常数无限接近,例如数列 $\left\{\dfrac{1+(-1)^{n-1}}{2}\right\}$,当 n 增大时它始终在 1 与 0 两点间来回跳动不接近任何常数,又如数列 $\{2^n\}$,随着 n 无限增大而无限变大.

但是,什么叫作"**无限增大**"和"**无限接近**"呢?这些措辞是很含糊的,因此,将上述描绘性的语言精确化.

定义　设 $\{x_n\}$ 是一数列,a 是一常数. 如果对任意给定的正数 ε(无论多么小),存在正整数 N,使得当 $n>N$ 时,总有

$$|x_n-a|<\varepsilon,$$

则称常数 a 是**数列 $\{x_n\}$ 的极限**,或称数列 $\{x_n\}$ **收敛**于 a,记为

$$\lim_{n\to\infty}x_n=a \ \ 或 \ x_n\to a \quad (n\to\infty).$$

如果 $\{x_n\}$ 不收敛,则称 $\{x_n\}$ **发散**.

注　定义中"对任意给定的正数 $\varepsilon\cdots\cdots|x_n-a|<\varepsilon$"实际上表达了 x_n 无限接近于 a 的意思. 此外,正整数 N 的存在与 ε 有关,它随着 ε 的给定而选定.

$\lim\limits_{n\to\infty}x_n=a$ 的几何解释:"当 $n>N$ 时,就有 $|x_n-a|<\varepsilon$",即 $a-\varepsilon<x_n<a+\varepsilon(n>N)$,表示 $\{x_n\}$ 的第 N 项之后的所有项 $x_{N+1},x_{N+2},\cdots$ 都落在开区间 $(a-\varepsilon,a+\varepsilon)$ 内,而落在区间之外的点最多只有 N 个,如图 1.21 所示.

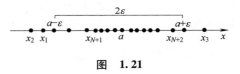

图　1.21

数列极限的定义并未直接提供求极限的方法,以后要讲极限的求法. 此定义只给出了证明数列 $\{x_n\}$ 的极限为 a 的方法,常称为 $\varepsilon-N$ **论证法**,其证明步骤为:

(1)对于任意给定的正数 ε;

(2)由 $|x_n-a|<\varepsilon$ 开始分析,倒推出 $n>\varphi(\varepsilon)$;

(3)取 $N\geqslant[\varphi(\varepsilon)]$,再用 $\varepsilon-N$ 语言叙述结论.

例 1　证明 $\lim\limits_{n\to\infty}\dfrac{1}{n}=0$.

分析　用定义来证明这个命题,就是要对任给的 $\varepsilon>0$,找出一个正整数 N,使当 $n>N$ 时,有

$$\left|\dfrac{1}{n}-0\right|=\dfrac{1}{n}<\varepsilon.$$

证　$\forall\varepsilon>0$,要使

$$\left|\dfrac{1}{n}-0\right|=\dfrac{1}{n}<\varepsilon,$$

只要 $n>\dfrac{1}{\varepsilon}$. 故取 $N=\left[\dfrac{1}{\varepsilon}\right]+1$,则当 $n>N$ 时,就有

$$\left| \frac{1}{n} - 0 \right| < \varepsilon,$$

即 $\lim\limits_{n \to \infty} \dfrac{1}{n} = 0.$

例 2　已知 $x_n = \dfrac{(-1)^n}{(n+1)^2}$，证明 $\lim\limits_{n \to \infty} x_n = 0.$

证
$$|x_n - 0| = \left| \frac{(-1)^n}{(n+1)^2} - 0 \right| = \frac{1}{(n+1)^2} < \frac{1}{n+1},$$

$\forall \varepsilon \in (0, 1)$，欲使 $|x_n - 0| < \varepsilon$，只要 $\dfrac{1}{n+1} < \varepsilon$，即 $n > \dfrac{1}{\varepsilon} - 1$. 取 $N = \left[\dfrac{1}{\varepsilon} - 1 \right]$，则当 $n > N$ 时，就有 $|x_n - 0| < \varepsilon$. 即 $\lim\limits_{n \to \infty} \dfrac{(-1)^n}{(n+1)^2} = 0.$

注　例 2 中也可由 $|x_n - 0| = \dfrac{1}{(n+1)^2} < \dfrac{1}{n^2}$，取 $N = \left[\dfrac{1}{\sqrt{\varepsilon}} - 1 \right]$. N 与 ε 有关，但不唯一，不一定取最小的 N.

例 3　证明 $\lim\limits_{n \to \infty} q^{n-1} = 0$　$(|q| < 1).$

证
$$|x_n - 0| = |q^{n-1} - 0| = |q|^{n-1},$$

$\forall \varepsilon \in (0, 1)$，欲使 $|x_n - 0| < \varepsilon$，只要 $|q|^{n-1} < \varepsilon$. 取自然对数得 $(n-1)\ln|q| < \ln \varepsilon$，因 $|q| < 1$，$\ln|q| < 0$，故

$$n > 1 + \frac{\ln \varepsilon}{\ln |q|}.$$

取 $N > \left[1 + \dfrac{\ln \varepsilon}{\ln |q|} \right]$，则当 $n > N$ 时，就有

$$|q^{n-1} - 0| < \varepsilon,$$

即 $\lim\limits_{n \to \infty} q^{n-1} = 0.$

4. 收敛数列的性质

性质 1（唯一性）　收敛数列 $\{x_n\}$ 的极限是唯一的.

证　用反证法，假设 $\lim\limits_{n \to \infty} x_n = a$ 及 $\lim\limits_{n \to \infty} x_n = b$，且 $a < b$. 取 $\varepsilon = \dfrac{b-a}{2}$，因 $\lim\limits_{n \to \infty} x_n = a$，故存在正整数 N_1，当 $n > N_1$ 时，$|x_n - a| < \dfrac{b-a}{2}$，从而

$$x_n < \frac{a+b}{2}, \tag{1.2.1}$$

同理，因 $\lim\limits_{n \to \infty} x_n = b$，故存在正整数 N_2，当 $n > N_2$ 时，$|x_n - b| < \dfrac{b-a}{2}$，从而

$$x_n > \frac{a+b}{2}, \tag{1.2.2}$$

取 $N = \max\{N_1, N_2\}$，则当 $n > N$ 时，式 (1.2.1) 及式 (1.2.2) 同时成立，矛盾，故假设不真. 因此收敛数列的极限唯一.

例 4　证明数列 $x_n = (-1)^{n+1}$ $(n = 1, 2, \cdots)$ 是发散的.

证　假设数列 $\{x_n\}$ 收敛,则有唯一极限 a 存在.

取 $\varepsilon = \dfrac{1}{2}$,则存在 N,当 $n > N$ 时,有 $|x_n - a| < \dfrac{1}{2}$,即 $x_n \in \left(a - \dfrac{1}{2}, a + \dfrac{1}{2}\right)$,此区间长度为 1. x_n 交替取值 -1 与 1,此两数不可能同时位于长度为 1 的区间内,矛盾. 因此该数列是发散的.

性质 2（有界性）收敛数列 $\{x_n\}$ 必有界.

证　设 $\lim\limits_{n \to \infty} x_n = a$,取 $\varepsilon = 1$,存在正整数 N,当 $n > N$ 时,有

$$|x_n - a| < \varepsilon = 1,$$

即

$$a - 1 < x_n < a + 1,$$

取 $M = \max\{|x_1|, |x_2|, \cdots, |x_N|, |a - 1|, |a + 1|\}$,则对一切自然数 n,皆有 $|x_n| \leqslant M \; (n = 1, 2, \cdots)$. 故 $\{x_n\}$ 有界.

注　由性质 2 可知,**无界数列必发散**. 例如 $\{2^n\}$ 和 $\{n\}$ 都是无界数列,故发散. **但有界数列未必收敛**,例如数列 $1, -1, 1, \cdots, (-1)^{n+1}, \cdots$ 有界,但例 4 证明了该数列是发散的.

性质 3（保号性）　设 $\lim\limits_{n \to \infty} x_n = a$,且 $a > 0$（或 $a < 0$）,则存在正整数 N,当 $n > N$ 时,都有 $x_n > 0$（或 $x_n < 0$）.

证　就 $a > 0$ 的情形证明. 由数列极限的定义,对 $\varepsilon = \dfrac{a}{2} > 0$,存在 $N \in \mathbf{N}_+$,当 $n > N$ 时,有

$$|x_n - a| < \frac{a}{2},$$

从而

$$x_n > a - \frac{a}{2} = \frac{a}{2} > 0.$$

同理可证 $a < 0$ 的情形.

推论　若数列 $\{x_n\}$ 从某项起有 $x_n \geqslant 0$（或 $x_n \leqslant 0$）,且 $\lim\limits_{n \to \infty} x_n = a$,那么 $a \geqslant 0$（或 $a \leqslant 0$）.

证　证明数列 $\{x_n\}$ 从第 N_1 项起有 $x_n \geqslant 0$ 的情形. 用反证法.

假设 $\lim\limits_{n \to \infty} x_n = a < 0$,则由性质 3,存在正整数 N_2,当 $n > N_2$ 时,有 $x_n < 0$. 取 $N = \max\{N_1, N_2\}$,当 $n > N$ 时,有 $x_n < 0$,按假定有 $x_n \geqslant 0$,矛盾. 故必有 $a \geqslant 0$.

同理可证数列 $\{x_n\}$ 从某项起有 $x_n \leqslant 0$ 的情形.

最后介绍子数列的概念以及关于收敛数列与其子数列之间关系的一个定理.

在 $\{x_n\}$ 中任意抽取无限项,并保持这些项在原数列 $\{x_n\}$ 中的先后次序,如此得到的一个数列称为原数列 $\{x_n\}$ 的子数列（子列）.

$\{x_n\}$（下标 n）：　　$x_1, x_2, x_3, x_4, \; x_5, x_6, x_7, x_8, \cdots, x_n, \cdots,$

$\qquad\qquad\qquad\qquad\qquad \downarrow \; \downarrow \; \downarrow \qquad\quad \downarrow \qquad\quad \downarrow$

$\{x_{n_k}\}$（下标 n_k）：　　$x_{n_1}, x_{n_2}, x_{n_3}, \qquad x_{n_4}, \cdots, x_{n_k}, \cdots,$

数列 $\{x_{n_k}\}$ 就是数列 $\{x_n\}$ 的一个子数列.

注　在子数列 $\{x_{n_k}\}$ 中,一般项 x_{n_k} 是第 k 项,而 x_{n_k} 在原数列中却是第 n_k 项. 显然,$n_k \geqslant k$.

性质 4（收敛数列与其子数列之间的关系）如果数列 $\{x_n\}$ 收敛于 a,那么它的任一子数列也收敛,且极限也是 a.

注　由此性质可知,若数列有两个子数列收敛于不同的极限,则原数列一定发散. 例如,例 4 中的数列 $\{x_n = (-1)^{n+1} \; (n = 1, 2, \cdots)\}$ 的子数列 $\{x_{2k-1}\}$ 收敛于 1,而子数列 $\{x_{2k}\}$ 收敛于 -1,

因此数列 $\{x_n = (-1)^{n+1}(n = 1,2,\cdots)\}$ 是发散的.

1. 下列各题中,哪些数列收敛,哪些数列发散? 对收敛数列,通过观察 $\{x_n\}$ 的变化趋势,写出它们的极限:

(1) $\left\{\dfrac{1}{2^n}\right\}$;　　　　　　　(2) $\left\{(-1)^n\dfrac{1}{n}\right\}$;

(3) $\left\{2+\dfrac{1}{n^2}\right\}$;　　　　　　(4) $\left\{\dfrac{n-1}{n+1}\right\}$;

(5) $\{n(-1)^n\}$;　　　　　　(6) $\left\{\dfrac{2^n-1}{3^n}\right\}$;

(7) $\left\{n-\dfrac{1}{n}\right\}$;　　　　　　(8) $\left\{[(-1)^n+1]\dfrac{n+1}{n}\right\}$.

2. (1) 数列的有界性是数列收敛的什么条件?

(2) 无界数列是否一定发散?

(3) 有界数列是否一定收敛?

3. 下列关于数列 $\{x_n\}$ 的极限是 a 的定义,哪些是对的,哪些是错的? 如果是对的,试说明理由;如果是错的,试给出一个反例.

(1) 对于 $\forall\varepsilon>0$,$\exists N\in\mathbf{N}_+$,当 $n>N$ 时,不等式 $x_n-a<\varepsilon$ 成立;

(2) 对于 $\forall\varepsilon>0$,$\exists N\in\mathbf{N}_+$,当 $n>N$ 时,有无穷多项 x_n,使不等式 $|x_n-a|<\varepsilon$ 成立;

(3) 对于 $\forall\varepsilon>0$,$\exists N\in\mathbf{N}_+$,当 $n>N$ 时,不等式 $|x_n-a|<c\varepsilon$ 成立,其中 c 为某个正常数;

(4) 对于 $\forall m>0$,$\exists N\in\mathbf{N}_+$,当 $n>N$ 时,不等式 $|x_n-a|<\dfrac{1}{m}$ 成立.

1.3　函数的极限

上一节讲的数列极限是一种特殊类型的函数极限,它的自变量 n 只取正整数,变化是**离散**的. 而一般的函数极限,自变量是**连续**变量.

若将数列极限概念中自变量 n 和函数值 $f(n)$ 的特殊性撇开,可以由此引出函数极限的一般概念:在自变量 x 的某个变化过程中,如果对应的函数值 $f(x)$ 无限接近于某个确定的数 A,则 A 就称为该变化过程中**函数 $f(x)$ 的极限**. 显然,极限 A 是与自变量 x 的变化过程紧密相关的. 自变量的变化过程不同,函数的极限就有不同的表现形式. 本节分下列两种情况来讨论:

(1) 自变量趋于无穷大时函数的极限;

(2) 自变量趋于有限值时函数的极限.

1. 自变量趋于无穷大时函数的极限

观察函数 $f(x)=\dfrac{\sin x}{x}$ 当 $x\to\infty$ 时的变化趋势,易见,当 $|x|$ 越来越大时,$f(x)$ 就越来越接近于 0. 事实上,由

$$|f(x) - 0| = \left| \frac{\sin x}{x} \right| \leqslant \frac{1}{|x|}$$

可见,只要$|x|$足够大,$\frac{1}{|x|}$就可以小于任意给定的正数,或者说当$|x|$无限增大时,$\frac{\sin x}{x}$就无限接近于0.

定义 1 设函数$f(x)$当$|x|$大于某一正数时有定义. 如果存在常数A,对$\forall \varepsilon > 0$(不论它多么小),总$\exists X > 0$,当$|x| > X$时,总有

$$|f(x) - A| < \varepsilon,$$

则称常数A为**函数$f(x)$当$x \to \infty$时的极限**,记作

$$\lim_{x \to \infty} f(x) = A \quad \text{或} \quad f(x) \to A \quad (x \to \infty).$$

注 该定义中ε刻画了$f(x)$与A的接近程度,X刻画了$|x|$充分大的程度,X是随ε而确定的.

定义 1 可简单地表述为

$\lim\limits_{x \to \infty} f(x) = A \Leftrightarrow \forall \varepsilon > 0, \exists X > 0,$当$|x| > X$时,有$|f(x) - A| < \varepsilon$.

$\lim\limits_{x \to \infty} f(x) = A$的几何意义:任意给定一个正数$\varepsilon$,作直线$y = A - \varepsilon$和$y = A + \varepsilon$,则总存在一个正数$X$,使得当$|x| > X$时,函数$f(x)$的图形位于这两条直线之间(见图1.22).

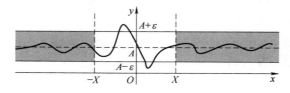

图 1.22

同样可定义趋于无穷大时的单侧极限:

$\lim\limits_{x \to +\infty} f(x) = A \Leftrightarrow \forall \varepsilon > 0, \exists X > 0,$当$x > X$时,有$|f(x) - A| < \varepsilon$;

$\lim\limits_{x \to -\infty} f(x) = A \Leftrightarrow \forall \varepsilon > 0, \exists X > 0,$当$x < -X$时,有$|f(x) - A| < \varepsilon$.

极限$\lim\limits_{x \to +\infty} f(x) = A$与$\lim\limits_{x \to -\infty} f(x) = A$称为**单侧极限**.

定理 1 $\lim\limits_{x \to \infty} f(x) = A \Leftrightarrow \lim\limits_{x \to +\infty} f(x) = \lim\limits_{x \to -\infty} f(x) = A$.

例 1 证明$\lim\limits_{x \to \infty} \frac{1}{x} = 0$.

证
$$|f(x) - A| = \left| \frac{1}{x} - 0 \right| = \left| \frac{1}{x} \right|,$$

对$\forall \varepsilon > 0$,欲使$\left| \frac{1}{x} - 0 \right| < \varepsilon$,即$|x| > \frac{1}{\varepsilon}$,取$X = \frac{1}{\varepsilon}$,当$|x| > X$时,就有$\left| \frac{1}{x} - 0 \right| < \varepsilon$.

故$\lim\limits_{x \to \infty} \frac{1}{x} = 0$.

例 2 证明$\lim\limits_{x \to \infty} \left(\frac{1}{2} \right)^x = 0$.

证
$$|f(x) - A| = \left| \left(\frac{1}{2} \right)^x - 0 \right| = \left(\frac{1}{2} \right)^x,$$

对 $\forall \varepsilon > 0$，欲使 $\left| \left(\dfrac{1}{2} \right)^{x} - 0 \right| < \varepsilon$，即 $2^{x} > \dfrac{1}{\varepsilon}$，即 $x > \dfrac{\ln \dfrac{1}{\varepsilon}}{\ln 2}$（不妨设 $\varepsilon < 1$），故可取 $X = \dfrac{\ln \dfrac{1}{\varepsilon}}{\ln 2}$，当 $|x| > X$ 时，就有 $\left| \left(\dfrac{1}{2} \right)^{x} - 0 \right| < \varepsilon$.

故 $\lim\limits_{x \to \infty} \left(\dfrac{1}{2} \right)^{x} = 0$.

2. 自变量趋于有限值时函数的极限

由于函数的自变量变化过程的不同，函数极限概念的表现形式也不尽一样，上面学习了函数在无穷大处的极限，类似可给出当自变量趋于有限值时函数的极限.

定义 2　设函数 $f(x)$ 在点 x_0 的某去心邻域内有定义. 如果存在常数 A，对 $\forall \varepsilon > 0$（不论它多么小），总 $\exists \delta > 0$，当 $0 < |x - x_0| < \delta$ 时，总有

$$|f(x) - A| < \varepsilon,$$

则称常数 A 为**函数 $f(x)$ 当 $x \to x_0$ 时的极限**，记作

$$\lim_{x \to x_0} f(x) = A \quad \text{或} \quad f(x) \to A \quad (x \to x_0).$$

注　（1）该定义中 $0 < |x - x_0|$ 表示 $x \neq x_0$，所以 $x \to x_0$ 时 $f(x)$ 有没有极限，与 $f(x)$ 在点 x_0 是否有定义无关；

（2）δ 与任意给定的正数 ε 有关.

定义 2 可简单地表述为

$\lim\limits_{x \to x_0} f(x) = A \Leftrightarrow \forall \varepsilon > 0, \exists \delta > 0$，当 $0 < |x - x_0| < \delta$ 时，有 $|f(x) - A| < \varepsilon$.

$\lim\limits_{x \to x_0} f(x) = A$ 的几何意义：作直线 $y = A - \varepsilon$ 和 $y = A + \varepsilon$. 根据定义，对于给定的 ε，存在点 x_0 的一个 δ 去心邻域 $0 < |x - x_0| < \delta$，当 $y = f(x)$ 的图形上的点的横坐标 x 落在该邻域内时，这些点对应的纵坐标落在带形区域 $A - \varepsilon < f(x) < A + \varepsilon$ 内（见图 1.23）.

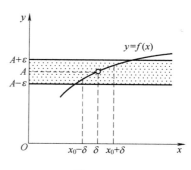

图　1.23

类似于数列极限的 $\varepsilon - N$ 论证法，我们可以给出证明函数极限的 **$\varepsilon - \delta$ 论证法**：

（1）对于任意给定的正数 ε；

（2）由 $0 < |x - x_0| < \delta$ 开始分析，倒推出 $\delta < \varphi(\varepsilon)$；

（3）取 $\delta \leq \varphi(\varepsilon)$，再用 $\varepsilon - \delta$ 语言顺述结论.

例 3　证明 $\lim\limits_{x \to x_0} C = C$（$C$ 为常数）.

证　$\qquad\qquad\qquad |f(x) - A| = |C - C| = 0,$

故 $\forall \varepsilon > 0$，对任意的 $\delta > 0$，当 $0 < |x - x_0| < \delta$ 时，总有

$$|C - C| = 0 < \varepsilon.$$

因此 $\lim\limits_{x \to x_0} C = C$.

例 4　证明 $\lim\limits_{x \to 1} \dfrac{x^2 - 1}{x - 1} = 2$.

证 $\qquad |f(x)-A|=\left|\dfrac{x^2-1}{x-1}-2\right|=|x+1-2|=|x-1|,$

故 $\forall\, \varepsilon>0$,取 $\delta=\varepsilon$,当 $0<|x-1|<\delta$ 时,有

$$\left|\dfrac{x^2-1}{x-1}-2\right|<\varepsilon,$$

因此 $\lim\limits_{x\to 1}\dfrac{x^2-1}{x-1}=2.$

例 5 证明 $\lim\limits_{x\to 1}\dfrac{x^3-1}{x-1}=3.$

证 $\qquad |f(x)-A|=\left|\dfrac{x^3-1}{x-1}-3\right|=|x^2+x-2|=|x+2||x-1|,$

$\forall\, \varepsilon>0$,要使 $\left|\dfrac{x^3-1}{x-1}-3\right|<\varepsilon$,即 $|x+2||x-1|<\varepsilon$,可先限定 $0<|x-1|<1$,于是

$$|x+2||x-1|<4|x-1|,$$

因此,只要 $4|x-1|<\varepsilon$,即 $|x-1|<\dfrac{\varepsilon}{4}.$

故取 $\delta=\min\left\{1,\dfrac{\varepsilon}{4}\right\}$,当 $0<|x-1|<\delta$ 时,就有

$$\left|\dfrac{x^3-1}{x-1}-3\right|<\varepsilon,$$

即 $\lim\limits_{x\to 1}\dfrac{x^3-1}{x-1}=3.$

同样可定义趋于有限值时的单侧极限:

当自变量 x 从 x_0 的左侧(或右侧)趋于 x_0 时,函数 $f(x)$ 趋于常数 A,则称 A 为 $f(x)$ 在点 x_0 处的**左极限**(或**右极限**),记为

$$\lim_{x\to x_0^-}f(x)=A \quad \left(\text{或}\lim_{x\to x_0^+}f(x)=A\right),$$

有时也记为

$$f(x_0^-)=A \quad (\text{或}f(x_0^+)=A).$$

定理 2 $\lim\limits_{x\to x_0}f(x)=A\Leftrightarrow\lim\limits_{x\to x_0^-}f(x)=\lim\limits_{x\to x_0^+}f(x)=A.$

例 6 设函数 $f(x)=\begin{cases}x-1, & x<0,\\ 0, & x=0,\\ x+1, & x>0,\end{cases}$ 讨论 $x\to 0$ 时 $f(x)$ 的极限是否存在.

解 因为

$$\lim_{x\to 0^-}f(x)=\lim_{x\to 0^-}(x-1)=-1,$$
$$\lim_{x\to 0^+}f(x)=\lim_{x\to 0^+}(x+1)=1.$$

显然 $f(0^-)\neq f(0^+)$,所以 $\lim\limits_{x\to 0}f(x)$ 不存在.

3. 函数极限的性质

函数极限的性质与数列极限的性质类似,下面仅以“$\lim\limits_{x\to x_0}f(x)$”这种形式为代表给出这些性

质,至于其他形式的极限性质,只需做些修改即可.

性质 1(唯一性) 如果 $\lim\limits_{x \to x_0} f(x)$ 存在,那么极限唯一.

性质 2(局部有界性) 如果 $\lim\limits_{x \to x_0} f(x) = A$,那么存在常数 $M > 0$ 和 $\delta > 0$,使得当 $0 < |x - x_0| < \delta$ 时,有 $|f(x)| \leqslant M$.

性质 3(局部保号性) 如果 $\lim\limits_{x \to x_0} f(x) = A$,且 $A > 0$(或 $A < 0$),那么存在常数 $\delta > 0$,使得当 $0 < |x - x_0| < \delta$ 时,有 $f(x) > 0$(或 $f(x) < 0$).

推论 若 $\lim\limits_{x \to x_0} f(x) = A$,且在点 x_0 的某去心邻域内 $f(x) \geqslant 0$(或 $f(x) \leqslant 0$),则 $A \geqslant 0$(或 $A \leqslant 0$).

性质 4(函数极限与数列极限的关系) 如果 $\lim\limits_{x \to x_0} f(x) = A$,$\{x_n\}$ 为函数 $f(x)$ 的定义域内任一收敛于 x_0 的数列,且满足 $x_n \neq x_0 (n \in \mathbf{N}_+)$,那么 $\lim\limits_{n \to \infty} f(x_n) = A$.

证 因为 $\lim\limits_{x \to x_0} f(x) = A$,所以对 $\forall \varepsilon > 0$,$\exists \delta > 0$,当 $0 < |x - x_0| < \delta$ 时,有 $|f(x) - A| < \varepsilon$.

又 $\lim\limits_{n \to \infty} x_n = x_0$,且 $x_n \neq x_0 (n \in \mathbf{N}_+)$,故对上述 δ,$\exists N > 0$,当 $n > N$ 时,恒有 $0 < |x_n - x_0| < \delta$. 从而 $|f(x_n) - A| < \varepsilon$.

故 $\lim\limits_{n \to \infty} f(x_n) = A$.

例 7 证明 $\lim\limits_{x \to 0} \sin \dfrac{1}{x}$ 不存在.

证 取两个趋于 0 的数列:$x_n = \dfrac{1}{2n\pi}$ 及 $x_n' = \dfrac{1}{2n\pi + \dfrac{\pi}{2}}$($n = 1, 2, \cdots$).

而
$$\lim_{n \to \infty} \sin \frac{1}{x_n} = \lim_{n \to \infty} \sin 2n\pi = 0,$$
$$\lim_{n \to \infty} \sin \frac{1}{x_n'} = \lim_{n \to \infty} \sin \left(2n\pi + \frac{\pi}{2} \right) = 1.$$

由性质 4 知,$\lim\limits_{x \to 0} \sin \dfrac{1}{x}$ 不存在.

习题 1.3

1. 对图 1.24 所示的函数 $f(x)$,求下列极限,如极限不存在,说明理由.

(1) $\lim\limits_{x \to -2} f(x)$;   (2) $\lim\limits_{x \to -1} f(x)$;

(3) $\lim\limits_{x \to 0} f(x)$.

2. 对图 1.25 所示的函数 $f(x)$,下列陈述中哪些是对的,哪些是错的?

(1) $\lim\limits_{x \to 0} f(x)$ 不存在;   (2) $\lim\limits_{x \to 0} f(x) = 0$;

(3) $\lim\limits_{x \to 0} f(x) = 1$;   (4) $\lim\limits_{x \to 1} f(x) = 0$;

(5) $\lim\limits_{x \to 1} f(x)$ 不存在;   (6) 对每个 $x_0 \in (-1, 1)$,$\lim\limits_{x \to x_0} f(x)$ 存在.

3. 对图 1.26 所示的函数 $f(x)$,下列陈述中哪些是对的,哪些是错的?

(1) $\lim\limits_{x \to -1^+} f(x) = 1$;   (2) $\lim\limits_{x \to -1^-} f(x)$ 不存在;

(3) $\lim\limits_{x \to 0} f(x) = 0$;   (4) $\lim\limits_{x \to 0} f(x) = 1$;

（5）$\lim\limits_{x\to 1^{-}}f(x)=1$； 　　　　　（6）$\lim\limits_{x\to 1^{+}}f(x)=0$；

（7）$\lim\limits_{x\to 2^{-}}f(x)=0$； 　　　　　（8）$\lim\limits_{x\to 2}f(x)=0$.

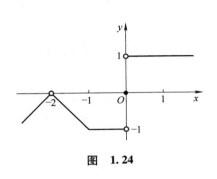

图　1. 24　　　　　图　1. 25

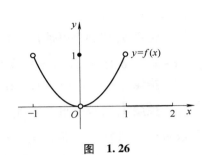

图　1. 26

4. 观察函数

$$f(x)=\begin{cases}e^{x}, & x<0,\\ x, & 0\leqslant x<1,\\ x^{-2}, & x\geqslant 1\end{cases}$$

的图形,求下列极限,如极限不存在,请说明理由.

（1）$\lim\limits_{x\to 0^{-}}f(x)$； 　　　　　（2）$\lim\limits_{x\to 0}f(x)$；

（3）$\lim\limits_{x\to 1}f(x)$； 　　　　　（4）$\lim\limits_{x\to -\infty}f(x)$；

（5）$\lim\limits_{x\to +\infty}f(x)$； 　　　　　（6）$\lim\limits_{x\to\infty}f(x)$.

5. 求 $f(x)=\dfrac{x}{x}$, $\varphi(x)=\dfrac{|x|}{x}$ 当 $x\to 0$ 时的左、右极限,并说明它们在 $x\to 0$ 时的极限是否存在.

1.4　无穷小与无穷大

作为函数极限的特殊情形,无穷小是一类既简单而又重要的变量,需要进行专门讨论.

1. 无穷小

定义 1　极限为 0 的变量（函数）称为**无穷小**.

例如,

（1）$\lim\limits_{x\to 0}\sin x$,所以函数 $\sin x$ 是当 $x\to 0$ 时的无穷小;

（2）$\lim\limits_{x\to\infty}\dfrac{1}{x}=0$,所以函数 $\dfrac{1}{x}$ 是当 $x\to\infty$ 时的无穷小;

（3）$\lim\limits_{n\to\infty}\dfrac{(-1)^{n}}{n}$,所以函数 $\dfrac{(-1)^{n}}{n}$ 是当 $n\to\infty$ 时的无穷小.

注　无穷小是极限为零的**变量（函数）**. 除了常数 0 可作为无穷小外,其他任何常数,不论绝对值多么小,都不是无穷小.

下面的定理说明无穷小与函数极限的关系.

定理 1　$\lim\limits_{x \to x_0} f(x) = A$ 的充要条件是 $f(x) = A + \alpha$, 其中 α 是当 $x \to x_0$ 时的无穷小.

证　**必要性.** 因为 $\lim\limits_{x \to x_0} f(x) = A$, 则对 $\forall \varepsilon > 0$, $\exists \delta > 0$, 当 $0 < |x - x_0| < \delta$ 时, 有
$$|f(x) - A| < \varepsilon.$$

令 $\alpha = f(x) - A$, 则 α 是当 $x \to x_0$ 时的无穷小, 且 $f(x) = A + \alpha$.

充分性. 设 $f(x) = A + \alpha$, 其中 A 是常数, α 是当 $x \to x_0$ 时的无穷小, 于是
$$|f(x) - A| = |\alpha|.$$

因 α 是当 $x \to x_0$ 时的无穷小, 所以对 $\forall \varepsilon > 0$, $\exists \delta > 0$, 当 $0 < |x - x_0| < \delta$ 时, 有 $|\alpha| < \varepsilon$, 即
$$|f(x) - A| < \varepsilon.$$

从而 $\lim\limits_{x \to x_0} f(x) = A$.

类似地可证明当 $x \to \infty$ 等其他情形.

注　定理 1 的结论在今后学习中有重要的应用, 尤其是在理论推导和证明中. 它将函数的极限运算问题转化为常数与无穷小的代数运算问题.

2. 无穷小的运算性质

在下面讨论无穷小的性质时, 我们仅证明 $x \to x_0$ 时函数为无穷小的情形, 至于 $x \to \infty$ 等其他情形, 证明完全类似.

定理 2　有限个无穷小的代数和仍是无穷小.

证　考虑两个无穷小的和. 设 $\lim\limits_{x \to x_0} \alpha = 0$, $\lim\limits_{x \to x_0} \beta = 0$.

故对 $\forall \varepsilon > 0$, $\exists \delta_1 > 0$, 当 $0 < |x - x_0| < \delta_1$ 时, 有 $|\alpha| < \dfrac{\varepsilon}{2}$,

$\exists \delta_2 > 0$, 当 $0 < |x - x_0| < \delta_2$ 时, 有 $|\beta| < \dfrac{\varepsilon}{2}$,

取 $\delta = \min\{\delta_1, \delta_2\}$, 则当 $0 < |x - x_0| < \delta$ 时, $|\alpha| < \dfrac{\varepsilon}{2}$ 及 $|\beta| < \dfrac{\varepsilon}{2}$ 同时成立, 从而
$$|\alpha \pm \beta| \leqslant |\alpha| + |\beta| < \frac{\varepsilon}{2} + \frac{\varepsilon}{2} = \varepsilon.$$

因此 $\lim\limits_{x \to x_0}(\alpha \pm \beta) = 0$, 即 $\alpha \pm \beta$ 是当 $x \to x_0$ 时的无穷小.

注　无限个无穷小之和不一定是无穷小.

例如, 当 $n \to \infty$ 时, $\dfrac{1}{n}$ 是无穷小, 但
$$\lim_{n \to \infty} \Big(\overbrace{\frac{1}{n} + \frac{1}{n} + \cdots + \frac{1}{n}}^{n \text{个}} \Big) = 1,$$

即当 $n \to \infty$ 时, $\Big(\overbrace{\dfrac{1}{n} + \dfrac{1}{n} + \cdots + \dfrac{1}{n}}^{n \text{个}} \Big)$ 不是无穷小.

定理 3　有界函数与无穷小的乘积是无穷小.

证　设函数 u 在 $x \in \overset{\circ}{U}(x_0, \delta_1)$ 内有界, 即对 $\forall x \in \overset{\circ}{U}(x_0, \delta_1)$, $\exists M > 0$, 使 $|u(x)| \leqslant M$ 恒成立.

再设 α 是当 $x \to x_0$ 时的无穷小,则对 $\forall \varepsilon > 0$,$\exists \delta_2 > 0$,当 $x \in \mathring{U}(x_0, \delta_2)$ 时,有 $|\alpha| < \dfrac{\varepsilon}{M}$.

取 $\delta = \min\{\delta_1, \delta_2\}$,则当 $x \in \mathring{U}(x_0, \delta)$ 时,有

$$|u\alpha| = |u||\alpha| \leqslant M \cdot \frac{\varepsilon}{M} = \varepsilon.$$

所以当 $x \to x_0$ 时,$u\alpha$ 是无穷小.

推论 1　常数与无穷小的乘积是无穷小.

推论 2　有限个无穷小的乘积是无穷小.

例 1　解 $\lim\limits_{x \to \infty} \dfrac{\sin x}{x}$.

解　因为 $\lim\limits_{x \to \infty} \dfrac{\sin x}{x} = \lim\limits_{x \to \infty} \dfrac{1}{x} \cdot \sin x$,

当 $x \to \infty$ 时,$\dfrac{1}{x}$ 是无穷小,$\sin x$ 是有界量($|\sin x| \leqslant 1$),故

$$\lim_{x \to \infty} \frac{\sin x}{x} = 0.$$

3. 无穷大

如果当 $x \to x_0$(或 $x \to \infty$)时,函数 $f(x)$ 的绝对值无限增大(即大于预先给定的任意正数),则称函数 $f(x)$ 为当 $x \to x_0$(或 $x \to \infty$)时的**无穷大**.

定义 2　设函数 $f(x)$ 在 x_0 的某一去心邻域内有定义(或 $|x|$ 大于某一正数时有定义). 如果对于任意给定的正数 M(不论它多么大),总存在 $\delta > 0$(或正数 X),使对一切满足不等式 $0 < |x - x_0| < \delta$($|x| > X$)的 x,总有

$$|f(x)| > M,$$

那么称函数 $f(x)$ 是当 $x \to x_0$(或 $x \to \infty$)时的无穷大.

按函数极限的定义来说,当 $x \to x_0$(或 $x \to \infty$)时的无穷大的函数的极限是不存在的. 但为了便于叙述函数的这一性态,我们也说"函数的极限是无穷大",并记作

$$\lim_{x \to x_0} f(x) = \infty \ (\text{或} \lim_{x \to \infty} f(x) = \infty).$$

如果在无穷大的定义中,把 $|f(x)| > M$ 换成 $f(x) > M$(或 $f(x) < -M$),就记作

$$\lim_{\substack{x \to x_0 \\ (x \to \infty)}} f(x) = +\infty \ (\text{或} \lim_{\substack{x \to x_0 \\ (x \to \infty)}} f(x) = -\infty).$$

注　无穷大不是数,不可与很大的数(如 1000 万、1 亿等)混为一谈.

例 2　证明 $\lim\limits_{x \to 1} \dfrac{1}{x-1} = \infty$.

证　任给 $M > 0$,要使 $\left| \dfrac{1}{x-1} \right| > M$,即 $|x - 1| < \dfrac{1}{M}$.

故取 $\delta = \dfrac{1}{M}$,则对满足 $0 < |x - 1| < \delta$ 的一切 x,有

$$\left| \frac{1}{x-1} \right| > M.$$

即 $\lim\limits_{x \to 1} \dfrac{1}{x-1} = \infty$.

注　无穷大一定是无界变量. 反之, 无界变量不一定是无穷大.

例如, 当 $x \to 0$ 时, $y = \dfrac{1}{x}\sin\dfrac{1}{x}$ 是一个无界变量, 但不是无穷大.

4. 无穷小与无穷大的关系

定理 4　在自变量的同一变化过程中, 如果 $f(x)$ 为无穷大, 那么 $\dfrac{1}{f(x)}$ 为无穷小; 反之, 如果 $f(x)$ 为无穷小, 且 $f(x) \neq 0$, 那么 $\dfrac{1}{f(x)}$ 为无穷大.

证　设 $\lim\limits_{x \to x_0} f(x) = \infty$.

$\forall \varepsilon > 0$. 根据无穷大的定义, 对于 $M = \dfrac{1}{\varepsilon}$, $\exists \delta > 0$, 当 $0 < |x - x_0| < \delta$ 时, 有 $|f(x)| > M = \dfrac{1}{\varepsilon}$,

即 $\left| \dfrac{1}{f(x)} \right| < \varepsilon$, 所以 $\dfrac{1}{f(x)}$ 为当 $x \to x_0$ 时的无穷小.

反之, 设 $\lim\limits_{x \to x_0} f(x) = 0$, 且 $f(x) \neq 0$.

$\forall M > 0$. 根据无穷小的定义, 对于 $\varepsilon = \dfrac{1}{M}$, $\exists \delta > 0$, 当 $0 < |x - x_0| < \delta$ 时, 有 $|f(x)| < \varepsilon = \dfrac{1}{M}$,

即 $\left| \dfrac{1}{f(x)} \right| > M$, 所以 $\dfrac{1}{f(x)}$ 为当 $x \to x_0$ 时的无穷大.

类似地可证当 $x \to \infty$ 时的情形.

根据这个定理, 我们可将无穷大的讨论归结为关于无穷小的讨论.

例 3　求 $\lim\limits_{x \to \infty} \dfrac{x^4}{x^3 + 5}$.

解　因为

$$\lim\limits_{x \to \infty} \dfrac{x^3 + 5}{x^4} = \lim\limits_{x \to \infty} \left(\dfrac{1}{x} + \dfrac{5}{x^4} \right) = 0,$$

于是, 根据无穷小与无穷大的关系有

$$\lim\limits_{x \to \infty} \dfrac{x^4}{x^3 + 5} = \infty .$$

习题 1.4

1. 下列命题哪些是对的, 哪些是错的?

(1) 非常小的数是无穷小;

(2) 0 是无穷小;

(3) 无穷小是一个数;

(4) 两个无穷小的商是无穷小;

(5) 两个无穷大的和是无穷大.

2. 指出下列哪些是无穷小, 哪些是无穷大.

(1) $\dfrac{1 + (-1)^n}{n} \ (n \to \infty)$;　　　　　　(2) $\dfrac{\sin x}{1 + \cos x} \ (x \to 0)$;

（3）$\dfrac{x+1}{x^2-4}$（$x\to2$）.

3. 求下列极限并说明理由：

（1）$\lim\limits_{x\to\infty}\dfrac{2x+1}{x}$；　　　　　　　（2）$\lim\limits_{x\to1}\dfrac{1-x^2}{1-x}$.

4. 函数 $y=x\cos x$ 在（$-\infty$，$+\infty$）内是否有界？这个函数是否为 $x\to+\infty$ 时的无穷大？为什么？

5. 求函数 $f(x)=\dfrac{4}{2-x^2}$ 的图形的渐近线.

1.5　极限运算法则

本节讨论极限的求法，主要是建立极限的四则运算法则和复合函数的极限运算法则. 在下面的讨论中，记号"lim"下面没有标明自变量的变化过程，是指对 $x\to x_0$ 和 $x\to\infty$ 以及单侧极限均成立. 但在论证时，只证明了 $x\to x_0$ 的情形.

定理1　设 $\lim f(x)=A$，$\lim g(x)=B$，则

（1）$\lim[f(x)\pm g(x)]=\lim f(x)\pm\lim g(x)=A\pm B$；

（2）$\lim[f(x)g(x)]=\lim f(x)\lim g(x)=AB$；

（3）若 $B\neq0$，则

$$\lim\frac{f(x)}{g(x)}=\frac{\lim f(x)}{\lim g(x)}=\frac{A}{B}.$$

证　因为 $\lim f(x)=A$，$\lim g(x)=B$，所以

$$f(x)=A+\alpha,g(x)=B+\beta(\alpha\to0,\beta\to0).$$

（1）由无穷小的运算性质，得

$$[f(x)\pm g(x)]-(A\pm B)=\alpha\pm\beta\to0.$$

即 $\lim[f(x)\pm g(x)]=A\pm B$，故（1）成立.

关于（2）的证明建议读者做练习.

（3）由无穷小的运算性质，得

$$\frac{f(x)}{g(x)}-\frac{A}{B}=\frac{A+\alpha}{B+\beta}-\frac{A}{B}=\frac{B\alpha-A\beta}{B(B+\beta)},$$

其中函数 $B\alpha-A\beta\to0$.

下面证明另一个函数 $\dfrac{1}{B(B+\beta)}$ 在点 x_0 的某一邻域内有界.

由于 $\lim g(x)=B\neq0$，则存在点 x_0 的某一去心邻域 $\mathring{U}(x_0)$，当 $x\in\mathring{U}(x_0)$ 时，$|g(x)|>\dfrac{|B|}{2}$，从而 $\left|\dfrac{1}{g(x)}\right|<\dfrac{2}{|B|}$. 于是

$$\frac{1}{B(B+\beta)}=\frac{1}{|B|}\cdot\left|\frac{1}{g(x)}\right|<\frac{1}{|B|}\cdot\frac{2}{|B|}=\frac{2}{B^2}.$$

故 $\dfrac{1}{B(B+\beta)}$ 在点 x_0 的去心邻域 $\mathring{U}(x_0)$ 内有界. 所以 $\dfrac{B\alpha-A\beta}{B(B+\beta)}$ 是无穷小.

即 $\lim \dfrac{f(x)}{g(x)} = \dfrac{A}{B}$.

定理 1 中的(1)(2)可推广到有限个函数的情形,例如,如果 $\lim f(x), \lim g(x), \lim h(x)$ 都存在,则有

$$\lim [f(x) + g(x) - h(x)] = \lim f(x) + \lim g(x) - \lim h(x),$$
$$\lim [f(x)g(x)h(x)] = \lim f(x) \cdot \lim g(x) \cdot \lim h(x).$$

推论 1 如果 $\lim f(x)$ 存在,而 C 是常数,则

$$\lim [Cf(x)] = C \lim f(x).$$

即,求极限时常数因子可以提到极限符号外面.

推论 2 如果 $\lim f(x)$ 存在,而 n 是正整数,则

$$\lim [f(x)]^n = [\lim f(x)]^n.$$

注 上述定理给求极限带来了很大方便,但应注意,运用该定理的前提是被运算的各个变量的极限必须存在.

例 1 求 $\lim\limits_{x \to 2}(x^2 + 3x - 2)$.

解 $\begin{aligned}[t]
\lim\limits_{x \to 2}(x^2 + 3x - 2) &= \lim\limits_{x \to 2} x^2 + \lim\limits_{x \to 2} 3x - \lim\limits_{x \to 2} 2 \\
&= (\lim\limits_{x \to 2} x)^2 + 3 \lim\limits_{x \to 2} x - \lim\limits_{x \to 2} 2 \\
&= 2^2 + 3 \times 2 - 2 = 8.
\end{aligned}$

例 2 求 $\lim\limits_{x \to 2} \dfrac{x^3 - 1}{x^2 - 5x + 3}$.

解 因为分母极限不为 0,所以,

$$\lim\limits_{x \to 2} \frac{x^3 - 1}{x^2 - 5x + 3} = \frac{\lim\limits_{x \to 2}(x^3 - 1)}{\lim\limits_{x \to 2}(x^2 - 5x + 3)} = -\frac{7}{3}.$$

从上面两个例子可以看出,求多项式或有理分式函数当 $x \to x_0$ 的极限时,只要把 x_0 代替函数中的 x 就行了(对有理分式函数分母极限不能为 0).

但必须注意:若分母极限为 0,则关于商的极限运算法则不能应用,那就需特别考虑.下面我们举两个属于这种情形的例题.

例 3 求 $\lim\limits_{x \to 3} \dfrac{x^2 - 4x + 3}{x^2 - 9}$.

解 当 $x \to 3$ 时,分子和分母的极限都为 0,此时应先约去不为 0 的公因子 $(x - 3)$ 后再求极限.

$$\lim\limits_{x \to 3} \frac{x^2 - 4x + 3}{x^2 - 9} = \lim\limits_{x \to 3} \frac{(x - 3)(x - 1)}{(x - 3)(x + 3)} = \lim\limits_{x \to 3} \frac{x - 1}{x + 3} = \frac{2}{6} = \frac{1}{3}.$$

例 4 求 $\lim\limits_{x \to 1} \dfrac{2x - 3}{x^2 - 5x + 4}$.

解 因为分母的极限为 0,不能应用商的极限运算法则.但因

$$\lim\limits_{x \to 1} \frac{x^2 - 5x + 4}{2x - 3} = \frac{1^2 - 5 \times 1 + 4}{2 \times 1 - 3} = 0.$$

由无穷小与无穷大的关系,得

$$\lim\limits_{x \to 1} \frac{2x - 3}{x^2 - 5x + 4} = \infty.$$

例5 求 $\lim\limits_{x\to\infty}\dfrac{4x^2-3x+9}{5x^2+2x-1}$.

解 当 $x\to\infty$ 时,分子和分母的极限都为无穷,分子、分母同除以 x^2,则

$$\lim_{x\to\infty}\frac{4x^2-3x+9}{5x^2+2x-1}=\lim_{x\to\infty}\frac{4-\dfrac{3}{x}+\dfrac{9}{x^2}}{5+\dfrac{2}{x}-\dfrac{1}{x^2}}=\frac{4}{5}.$$

例6 求 $\lim\limits_{x\to\infty}\dfrac{3x^2-2x-1}{2x^3-x^2+5}$.

解 当 $x\to\infty$ 时,分子和分母的极限都为无穷,分子、分母同除以 x^3,则

$$\lim_{x\to\infty}\frac{3x^2-2x-1}{2x^3-x^2+5}=\lim_{x\to\infty}\frac{\dfrac{3}{x}-\dfrac{2}{x^2}-\dfrac{1}{x^3}}{2-\dfrac{1}{x}-\dfrac{1}{x^3}}=\frac{0}{2}=0.$$

例7 求 $\lim\limits_{x\to\infty}\dfrac{2x^3-x^2+5}{3x^2-2x-1}$.

解 由例6的结果并根据无穷小与无穷大的关系,得

$$\lim_{x\to\infty}\frac{2x^3-x^2+5}{3x^2-2x-1}=\infty.$$

例5~例7是下列一般情形的特例,即当 $a_0\neq0,b_0\neq0,m$ 和 n 为非负常数时,有

$$\lim_{x\to\infty}\frac{a_0x^m+a_1x^{m-1}+\cdots+a_m}{b_0x^n+b_1x^{n-1}+\cdots+b_n}=\begin{cases}0,&m<n,\\\dfrac{a_0}{b_0},&m=n,\\\infty,&m>n.\end{cases}$$

注 此方法简称为"抓大头",分子、分母同除以自变量的最高次幂,因为

$$\lim_{x\to\infty}\frac{a}{x^n}=a\lim_{x\to\infty}\frac{1}{x^n}=a\left(\lim_{x\to\infty}\frac{1}{x}\right)^n=0.$$

在许多情况下,常常需要对给定的函数做适当的变形,然后再求极限.

例8 求 $\lim\limits_{n\to\infty}\left(\dfrac{1}{n^2}+\dfrac{2}{n^2}+\cdots+\dfrac{n}{n^2}\right)$.

解 当 $n\to\infty$ 时,本题极限是无限个无穷小的和,先变形再求极限.

$$\lim_{n\to\infty}\left(\frac{1}{n^2}+\frac{2}{n^2}+\cdots+\frac{n}{n^2}\right)=\lim_{n\to\infty}\frac{1+2+\cdots+n}{n^2}$$

$$=\lim_{n\to\infty}\frac{\dfrac{1}{2}n(n+1)}{n^2}=\lim_{n\to\infty}\frac{1}{2}\left(1+\frac{1}{n}\right)=\frac{1}{2}.$$

定理2(复合函数的极限运算法则) 设函数 $y=f(g(x))$ 是由函数 $u=g(x)$ 与函数 $y=f(u)$ 复合而成的,$f(g(x))$ 在点 x_0 的某去心邻域内有定义,若 $\lim\limits_{x\to x_0}g(x)=u_0,\lim\limits_{u\to u_0}f(u)=A$,且存在 $\delta_0>0$,当 $x\in\overset{\circ}{U}(x_0,\delta_0)$ 时,有 $g(x)\neq u_0$,则

$$\lim_{x\to x_0}f(g(x))=\lim_{u\to u_0}f(u)=A.$$

证明略.

注　(1)对于 u_0 或 x_0 为无穷大的情形,也可得到类似的定理;

(2)定理 2 表明:若函数 $f(u)$ 和 $g(x)$ 满足该定理的条件,则作代换 $u = g(x)$,可把求 $\lim\limits_{x \to x_0} f(g(x))$ 化为求 $\lim\limits_{u \to u_0} f(u)$,其中 $u_0 = \lim\limits_{x \to x_0} g(x)$.

例 9　求 $\lim\limits_{x \to 1} \ln \dfrac{x^2 - 1}{2(x-1)}$.

解 1　令 $u = \dfrac{x^2 - 1}{2(x-1)}$,则当 $x \to 1$ 时,有 $u = \dfrac{x^2 - 1}{2(x-1)} = \dfrac{x+1}{2} \to 1$,

故原式 $= \lim\limits_{u \to 1} \ln u = 0$.

解 2　$\lim\limits_{x \to 1} \ln \dfrac{x^2 - 1}{2(x-1)} = \ln \lim\limits_{x \to 1} \dfrac{x+1}{2} = \ln 1 = 0$.

习题 1.5

1. 计算下列极限:

(1) $\lim\limits_{x \to 2} \dfrac{x^2 + 5}{x - 3}$;

(2) $\lim\limits_{x \to \sqrt{3}} \dfrac{x^2 - 3}{x^2 + 1}$;

(3) $\lim\limits_{x \to 1} \dfrac{x^2 - 2x + 1}{x^2 - 1}$;

(4) $\lim\limits_{x \to 0} \dfrac{4x^3 - 2x^2 + x}{3x^2 + 2x}$;

(5) $\lim\limits_{h \to 0} \dfrac{(x+h)^2 - x^2}{h}$;

(6) $\lim\limits_{x \to \infty} (2 - x^{-1} + x^{-2})$;

(7) $\lim\limits_{x \to \infty} \dfrac{x^2 - 1}{2x^2 - x - 1}$;

(8) $\lim\limits_{x \to \infty} \dfrac{x^2 + x}{x^4 - 3x^2 + 1}$;

(9) $\lim\limits_{x \to 4} \dfrac{x^2 - 6x + 8}{x^2 - 5x + 4}$;

(10) $\lim\limits_{x \to \infty} (1 + x^{-1})(2 - x^{-2})$;

(11) $\lim\limits_{n \to \infty} \sum\limits_{k=0}^{n} \dfrac{1}{2^k}$;

(12) $\lim\limits_{n \to \infty} \dfrac{1 + 2 + 3 + \cdots + (n-1)}{n^2}$;

(13) $\lim\limits_{n \to \infty} \dfrac{(n+1)(n+2)(n+3)}{5n^3}$;

(14) $\lim\limits_{x \to 1} \left(\dfrac{1}{1-x} - \dfrac{3}{1-x^3} \right)$.

2. 计算下列极限:

(1) $\lim\limits_{x \to 2} \dfrac{x^3 + 2x^2}{(x-2)^2}$;

(2) $\lim\limits_{x \to \infty} \dfrac{x^2}{2x + 1}$;

(3) $\lim\limits_{x \to \infty} (2x^3 - x + 1)$.

3. 计算下列极限:

(1) $\lim\limits_{x \to 0} x^2 \sin \dfrac{1}{x}$;

(2) $\lim\limits_{x \to \infty} \dfrac{\arctan x}{x}$.

4. 计算下列极限:

(1) $\lim\limits_{x \to \infty} \log_2 \dfrac{x^2 - 1}{2x^2 - x - 1}$;

(2) $\lim\limits_{x \to 1} 2^{\frac{x^3 - 3x + 2}{x^4 - 4x + 3}}$.

5. 若 $\lim\limits_{x \to 3} \dfrac{x^2 - 2x + k}{x - 3} = 4$,求 k 的值.

6. 若 $\lim\limits_{x\to\infty}\left(\dfrac{x^2+1}{x+1}-ax-b\right)=0$，求 a,b 的值.

7. 已知 $\lim\limits_{x\to0}\dfrac{x}{f(2x)}=3$，求 $\lim\limits_{x\to0}\dfrac{f(3x)}{x}$.

1.6 极限存在准则　两个重要极限

下面讲判定极限存在的两个准则以及作为应用准则的例子，讨论两个重要极限：$\lim\limits_{x\to0}\dfrac{\sin x}{x}=1$

及 $\lim\limits_{x\to\infty}\left(1+\dfrac{1}{x}\right)^x=\mathrm{e}$.

1. 夹逼准则

准则 I　如果数列 $\{x_n\}$，$\{y_n\}$ 及 $\{z_n\}$ 满足：

(1) $y_n\leqslant x_n\leqslant z_n\,(n>n_0,n_0\in\mathbf{N}_+)$；

(2) $\lim\limits_{n\to\infty}y_n=a$，$\lim\limits_{n\to\infty}z_n=a$，

那么数列 $\{x_n\}$ 的极限存在，且 $\lim\limits_{n\to\infty}x_n=a$.

证　因 $y_n\to a$，$z_n\to a$，所以根据数列极限的定义，对 $\forall\varepsilon>0$，$\exists N_1,N_2$，当 $n>N_1$ 时，有 $|y_n-a|<\varepsilon$；当 $n>N_2$ 时，有 $|z_n-a|<\varepsilon$. 取 $N=\max\{N_1,N_2\}$，则当 $n>N$ 时，有

$$|y_n-a|<\varepsilon,\ |z_n-a|<\varepsilon$$

同时成立，即

$$a-\varepsilon<y_n<a+\varepsilon,\ a-\varepsilon<z_n<a+\varepsilon.$$

从而，当 $n>N$ 时，恒有

$$a-\varepsilon<y_n\leqslant x_n\leqslant z_n<a+\varepsilon,$$

即

$$|x_n-a|<\varepsilon,$$

所以 $\lim\limits_{n\to\infty}x_n=a$.

注　利用夹逼准则求极限，关键是构造出 $\{y_n\}$ 与 $\{z_n\}$，并且 $\{y_n\}$ 与 $\{z_n\}$ 的极限相同且容易求得.

例 1　求 $\lim\limits_{n\to\infty}\left(\dfrac{1}{\sqrt{n^2+1}}+\dfrac{1}{\sqrt{n^2+2}}+\cdots+\dfrac{1}{\sqrt{n^2+n}}\right)$.

解　设 $x_n=\dfrac{1}{\sqrt{n^2+1}}+\dfrac{1}{\sqrt{n^2+2}}+\cdots+\dfrac{1}{\sqrt{n^2+n}}$，因

$$\dfrac{n}{\sqrt{n^2+n}}\leqslant\dfrac{1}{\sqrt{n^2+1}}+\dfrac{1}{\sqrt{n^2+2}}+\cdots+\dfrac{1}{\sqrt{n^2+n}}\leqslant\dfrac{n}{\sqrt{n^2+1}},$$

又

$$\lim\limits_{n\to\infty}\dfrac{n}{\sqrt{n^2+n}}=\lim\limits_{n\to\infty}\dfrac{1}{\sqrt{1+\dfrac{1}{n}}}=1,\ \lim\limits_{n\to\infty}\dfrac{n}{\sqrt{n^2+1}}=\lim\limits_{n\to\infty}\dfrac{1}{\sqrt{1+\dfrac{1}{n^2}}}=1,$$

由夹逼准则得

$$\lim_{n\to\infty}\Big(\frac{1}{\sqrt{n^2+1}}+\frac{1}{\sqrt{n^2+2}}+\cdots+\frac{1}{\sqrt{n^2+n}}\Big)=1.$$

上述关于数列极限的存在准则可以推广到函数极限的情形.

准则 I′ 如果

(1) 当 $x\in \mathring{U}(x_0,\delta)$(或 $|x|>M$)时,
$$g(x)\leqslant f(x)\leqslant h(x);$$

(2) $\lim\limits_{\substack{x\to x_0\\(x\to\infty)}}g(x)=A,\ \lim\limits_{\substack{x\to x_0\\(x\to\infty)}}h(x)=A,$

那么极限 $\lim\limits_{\substack{x\to x_0\\(x\to\infty)}}f(x)$ 存在,且等于 A.

例 2 求 $\lim\limits_{x\to0}\cos x$.

解 因为 $0<1-\cos x=2\sin^2\dfrac{x}{2}<2\Big(\dfrac{x}{2}\Big)^2=\dfrac{x^2}{2}$,故由准则 I′,得
$$\lim_{x\to0}(1-\cos x)=0,\ \text{即}\lim_{x\to0}\cos x=1.$$

2. 单调有界准则

定义 1 如果数列 $\{x_n\}$ 满足条件
$$x_1\leqslant x_2\leqslant\cdots\leqslant x_n\leqslant x_{n+1}\leqslant\cdots,$$
则称数列 $\{x_n\}$ 是单调增加的;如果数列 $\{x_n\}$ 满足条件
$$x_1\geqslant x_2\geqslant\cdots\geqslant x_n\geqslant x_{n+1}\geqslant\cdots,$$
则称数列 $\{x_n\}$ 是单调减少的. 单调增加和单调减少的数列统称为**单调数列**.

准则 II 单调有界数列必有极限.

对准则 II 我们不作证明,而给出如下的几何解释:

从数轴上看,对应于单调数列的点 x_n 只可能向一个方向移动,所以只有两种可能情形:或者点 x_n 沿数轴移向无穷远,或者点 x_n 无限趋近于某一个定点 A,也就是数列 $\{x_n\}$ 趋于一个极限. 但现在数列是有界的,而有界数列的点 x_n 都落在数轴上某一个区间 $[-M,M]$ 内,那么上述第一种情形就不可能发生了. 这就表示数列 $\{x_n\}$ 的极限存在.

注 由本章第 2 节知,收敛数列必有界,但有界数列不一定收敛. 准则 II 表明,如果一数列不仅有界,而且单调,则该数列一定收敛.

例 3 设有数列 $\Big\{x_n=\sqrt{3+\sqrt{3+\sqrt{\cdots+\sqrt{3}}}}\ (n\ \text{重根式})\Big\}$,求 $\lim\limits_{n\to\infty}x_n$.

解 因为 $x_{n+1}>x_n$,故 $\{x_n\}$ 是单调增加的.

下面用数学归纳法证明数列 $\{x_n\}$ 有界.

因为 $x_1=\sqrt{3}<3$,假定 $x_k<3$,则有 $x_{k+1}=\sqrt{3+x_k}<\sqrt{3+3}<3$.
故 $\{x_n\}$ 是有界的. 根据准则 II,$\lim\limits_{n\to\infty}x_n$ 存在.

设 $\lim\limits_{n\to\infty}x_n=A$,因为 $x_{n+1}=\sqrt{3+x_n}$,即 $x_{n+1}^2=3+x_n$,所以
$$\lim_{n\to\infty}x_{n+1}^2=\lim_{n\to\infty}(3+x_n),$$
即
$$A^2=3+A,$$

解得

$$A = \frac{1 + \sqrt{13}}{2}, A = \frac{1 - \sqrt{13}}{2}(舍去).$$

所以 $\lim\limits_{n \to \infty} x_n = \dfrac{1 + \sqrt{13}}{2}$.

3. 两个重要极限

作为准则 I′ 的应用,下面证明一个重要极限.

(1) $\lim\limits_{x \to 0} \dfrac{\sin x}{x} = 1$

证 由于 $\dfrac{\sin x}{x}$ 是偶函数,故只需讨论 $x \to 0^+$ 的情形.

作四分之一单位圆(见图 1.27),设 $\angle AOB = x\left(0 < x < \dfrac{\pi}{2}\right)$,点 A
处的切线与 OB 的延长线相交于 D,作 $BC \perp OA$,故

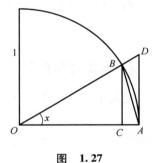

图 1.27

$\triangle AOB$ 的面积 < 扇形 AOB 的面积 < $\triangle AOD$ 的面积,

所以

$$\frac{1}{2}\sin x < \frac{1}{2}x < \frac{1}{2}\tan x \quad \left(0 < x < \frac{\pi}{2}\right),$$

即

$$\sin x < x < \tan x,$$

由此可得

$$\cos x < \frac{\sin x}{x} < 1,$$

由 $\lim\limits_{x \to 0} \cos x = 1$ 及准则 I′,即得

$$\lim_{x \to 0} \frac{\sin x}{x} = 1.$$

例4 求 $\lim\limits_{x \to 0} \dfrac{\tan x}{x}$.

解 $\lim\limits_{x \to 0} \dfrac{\tan x}{x} = \lim\limits_{x \to 0}\left(\dfrac{\sin x}{x} \cdot \dfrac{1}{\cos x}\right) = \lim\limits_{x \to 0}\dfrac{\sin x}{x} \cdot \lim\limits_{x \to 0}\dfrac{1}{\cos x} = 1.$

例5 求 $\lim\limits_{x \to 0} \dfrac{1 - \cos x}{x^2}$.

解 $\lim\limits_{x \to 0} \dfrac{1 - \cos x}{x^2} = \lim\limits_{x \to 0} \dfrac{2\sin^2\dfrac{x}{2}}{x^2} = \dfrac{1}{2}\lim\limits_{x \to 0} \dfrac{\sin^2\dfrac{x}{2}}{\left(\dfrac{x}{2}\right)^2} = \dfrac{1}{2}\lim\limits_{x \to 0}\left(\dfrac{\sin\dfrac{x}{2}}{\dfrac{x}{2}}\right)^2 = \dfrac{1}{2} \times 1^2 = \dfrac{1}{2}.$

例6 求 $\lim\limits_{x \to 0} \dfrac{\arcsin x}{x}$.

解 令 $t = \arcsin x$,则 $x = \sin t$,因此

$$\lim_{x \to 0} \frac{\arcsin x}{x} = \lim_{t \to 0} \frac{t}{\sin t} = \lim_{t \to 0} \frac{1}{\dfrac{\sin t}{t}} = 1.$$

作为准则 Ⅱ 的应用,我们讨论另一个重要极限.

(2) $\lim\limits_{x \to \infty} \left(1 + \dfrac{1}{x}\right)^x = e$

证　先考虑 x 取正整数 n 且 $n \to +\infty$ 的情形.

设 $x_n = \left(1 + \dfrac{1}{n}\right)^n$,下面证明数列 $\{x_n\}$ 单调增加且有界. 按牛顿二项公式,有

$$x_n = \left(1 + \frac{1}{n}\right)^n$$

$$= 1 + \frac{n}{1!} \cdot \frac{1}{n} + \frac{n(n-1)}{2!} \cdot \frac{1}{n^2} + \frac{n(n-1)(n-2)}{3!} \cdot \frac{1}{n^3} + \cdots + \frac{n \cdot (n-1) \cdots \cdots 2 \cdot 1}{n!} \cdot \frac{1}{n^n}$$

$$= 1 + 1 + \frac{1}{2!}\left(1 - \frac{1}{n}\right) + \frac{1}{3!}\left(1 - \frac{1}{n}\right)\left(1 - \frac{2}{n}\right) + \cdots + \frac{1}{n!}\left(1 - \frac{1}{n}\right)\left(1 - \frac{2}{n}\right)\left(1 - \frac{n-1}{n}\right),$$

类似地,

$$x_{n+1} = 1 + 1 + \frac{1}{2!}\left(1 - \frac{1}{n+1}\right) + \frac{1}{3!}\left(1 - \frac{1}{n+1}\right)\left(1 - \frac{2}{n+1}\right) + \cdots +$$

$$\frac{1}{n!}\left(1 - \frac{1}{n+1}\right)\left(1 - \frac{2}{n+1}\right)\left(1 - \frac{n-1}{n+1}\right) +$$

$$\frac{1}{(n+1)!}\left(1 - \frac{1}{n+1}\right)\left(1 - \frac{2}{n+1}\right)\cdots\left(1 - \frac{n}{n+1}\right).$$

比较 x_n,x_{n+1} 的展开式,可知除前两项相等外,从第三项起,x_n 的每一项都小于 x_{n+1} 的对应项,并且 x_{n+1} 还多了最后一个正项,因此

$$x_n < x_{n+1} \quad (n = 1, 2, \cdots),$$

即 $\{x_n\}$ 是单调增加数列.

再证 $\{x_n\}$ 有界,因

$$x_n < 1 + 1 + \frac{1}{2!} + \frac{1}{3!} + \cdots + \frac{1}{n!} < 1 + 1 + \frac{1}{2} + \frac{1}{2^2} + \cdots + \frac{1}{2^{n-1}}$$

$$= 1 + \frac{1 - \dfrac{1}{2^n}}{1 - \dfrac{1}{2}} = 3 - \frac{1}{2^{n-1}} < 3,$$

即 $\{x_n\}$ 有上界. 由单调有界准则知 $\lim\limits_{n \to \infty} x_n$ 存在,通常用字母 e 来表示它,即 $\lim\limits_{n \to \infty}\left(1 + \dfrac{1}{n}\right)^n = e$.

可以证明,当 x 取实数而趋于 $+\infty$ 或 $-\infty$ 时,函数 $\left(1 + \dfrac{1}{x}\right)^x$ 的极限都存在,且都等于 e. 因此

$$\lim_{x \to \infty} \left(1 + \frac{1}{x}\right)^x = e.$$

这个数 e 是无理数,它的值是

$$e = 2.71828182845\cdots.$$

注　利用复合函数的极限运算法则,若令 $y = \dfrac{1}{x}$,则

$$\lim_{y \to 0}(1 + y)^{\frac{1}{y}} = \lim_{x \to \infty}\left(1 + \frac{1}{x}\right)^{x} = \mathrm{e}.$$

例 7 求 $\lim\limits_{x \to \infty}\left(1 - \dfrac{1}{x}\right)^{x}$.

解 令 $t = -x$, 则

$$\lim_{x \to \infty}\left(1 - \frac{1}{x}\right)^{x} = \lim_{t \to \infty}\left(1 + \frac{1}{t}\right)^{-t} = \lim_{t \to \infty}\frac{1}{\left(1 + \dfrac{1}{t}\right)^{t}} = \frac{1}{\mathrm{e}}.$$

例 8 求 $\lim\limits_{x \to 0}(1 - 2x)^{\frac{1}{x}}$.

解 $\lim\limits_{x \to 0}(1 - 2x)^{\frac{1}{x}} = \lim\limits_{x \to 0}[(1 - 2x)^{-\frac{1}{2x}}]^{-2} = \mathrm{e}^{-2}$.

例 9 求 $\lim\limits_{x \to \infty}\left(\dfrac{x + 1}{x - 1}\right)^{x}$.

解 1 $\lim\limits_{x \to \infty}\left(\dfrac{x + 1}{x - 1}\right)^{x} = \lim\limits_{x \to \infty}\left[\left(1 + \dfrac{2}{x - 1}\right)^{\frac{x-1}{2}}\right]^{2} \cdot \left(1 + \dfrac{2}{x - 1}\right) = \mathrm{e}^{2} \times 1 = \mathrm{e}^{2}$.

解 2 $\lim\limits_{x \to \infty}\left(\dfrac{x + 1}{x - 1}\right)^{x} = \lim\limits_{x \to \infty}\dfrac{\left(1 + \dfrac{1}{x}\right)^{x}}{\left(1 - \dfrac{1}{x}\right)^{x}} = \lim\limits_{x \to \infty}\dfrac{\left(1 + \dfrac{1}{x}\right)^{x}}{\left[\left(1 + \dfrac{1}{-x}\right)^{-x}\right]^{-1}} = \dfrac{\mathrm{e}}{\mathrm{e}^{-1}} = \mathrm{e}^{2}$.

注 对于 $\forall k$, 总有 $\lim\limits_{x \to \infty}\left(1 + \dfrac{1}{x}\right)^{x + k} = \mathrm{e}$.

习题 1.6

1. 计算下列极限:

(1) $\lim\limits_{x \to 0}\dfrac{\sin \omega x}{x}$;

(2) $\lim\limits_{x \to 0}\dfrac{\tan 3x}{x}$;

(3) $\lim\limits_{x \to 0}\dfrac{\sin 2x}{\sin 5x}$;

(4) $\lim\limits_{x \to 0}x\cot x$;

(5) $\lim\limits_{x \to 0}\dfrac{1 - \cos 2x}{x\sin x}$;

(6) $\lim\limits_{n \to \infty}2^{n}\sin \dfrac{c}{2^{n}}$ $(c \neq 0)$.

2. 计算下列极限:

(1) $\lim\limits_{x \to 0}(1 - x)^{\frac{1}{x}}$;

(2) $\lim\limits_{x \to 0}(1 + 2x)^{\frac{1}{x}}$;

(3) $\lim\limits_{x \to \infty}\left(1 + \dfrac{1}{x}\right)^{2x}$;

(4) $\lim\limits_{x \to \infty}\left(1 - \dfrac{1}{x}\right)^{kx}$ $(k \in \mathbf{N}_{+})$.

3. 利用极限存在准则证明:

(1) $\lim\limits_{n \to \infty}\sqrt{1 + \dfrac{1}{n}} = 1$;

(2) $\lim\limits_{n \to \infty}n\left(\dfrac{1}{n^{2} + \pi} + \dfrac{1}{n^{2} + 2\pi} + \cdots + \dfrac{1}{n^{2} + n\pi}\right) = 1$;

(3) $\lim\limits_{x \to 0}\sqrt[n]{1 + x} = 1$;

(4) $\lim\limits_{x \to 0^{+}}x\left[\dfrac{1}{x}\right] = 1$.

4. 设有数列 $x_{1} = \sqrt{2}, x_{2} = \sqrt{2 + x_{1}}, \cdots, x_{n} = \sqrt{2 + x_{n-1}}, \cdots$, 求 $\lim\limits_{n \to \infty}x_{n}$.

1.7 无穷小的比较

在近似计算中,常常要考虑误差的大小;在实际问题中,为了简化运算和讨论,往往要舍弃一些处于次要地位的无穷小,这就需要对无穷小进行比较,且要量化.

1. 无穷小比较的概念

根据无穷小的运算性质,两个无穷小的和、差、积仍是无穷小. 但两个无穷小的商却会出现不同情况,例如,当 $x \to 0$ 时,$3x, x^2, \sin x$ 都是无穷小,但

$$\lim_{x \to 0} \frac{x^2}{3x} = 0, \quad \lim_{x \to 0} \frac{\sin x}{3x} = \frac{1}{3}, \quad \lim_{x \to 0} \frac{\sin x}{x^2} = \infty.$$

从中可看出各无穷小趋于 0 的快慢程度:x^2 比 $3x$ 快些,$\sin x$ 比 x^2 慢些,$\sin x$ 与 $3x$ 快慢相仿.

下面的 α 和 β 是自变量在同一变化过程中的无穷小,且 $\alpha \neq 0$.

定义 1

(1)若 $\lim \dfrac{\beta}{\alpha} = 0$,则称 β 是比 α **高阶的无穷小**,记作 $\beta = o(\alpha)$;

(2)若 $\lim \dfrac{\beta}{\alpha} = \infty$,则称 β 是比 α **低阶的无穷小**;

(3)若 $\lim \dfrac{\beta}{\alpha} = c\,(c \neq 0)$,则称 β 与 α 是**同阶无穷小**;特别地,如果 $\lim \dfrac{\beta}{\alpha} = 1$,则称 β 与 α 是**等价无穷小**,记作 $\alpha \sim \beta$;

(4)若 $\lim \dfrac{\beta}{\alpha^k} = c \neq 0$,则称 β 是 α 的 k **阶无穷小**.

例如,就前述三个无穷小 $3x, x^2, \sin x\,(x \to 0)$ 而言,根据定义知道,x^2 是 $3x$ 的高阶无穷小,$\sin x$ 是 x^2 的低阶无穷小,而 $\sin x$ 与 $3x$ 是等价无穷小.

例 1 当 $x \to 0$ 时,求 $1 - \cos x$ 关于 x 的阶数.

解 因为

$$\lim_{x \to 0} \frac{1 - \cos x}{x^2} = \lim_{x \to 0} \frac{2\sin^2 \dfrac{x}{2}}{x^2} = \frac{1}{2} \lim_{x \to 0} \frac{\left(\sin \dfrac{x}{2}\right)^2}{\left(\dfrac{x}{2}\right)^2} = \frac{1}{2},$$

故当 $x \to 0$ 时,$1 - \cos x$ 是 x 的二阶无穷小.

2. 等价无穷小

根据等价无穷小的定义,可以证明,当 $x \to 0$ 时,有下列常用的等价无穷小:

$$\sin x \sim x, \quad \tan x \sim x, \quad \arcsin x \sim x, \quad \arctan x \sim x$$

$$1 - \cos x \sim \frac{x^2}{2}, \quad \ln(1 + x) \sim x, \quad \mathrm{e}^x - 1 \sim x,$$

$$a^x - 1 \sim x \ln a\,(a > 0), \quad (1 + x)^\alpha - 1 \sim \alpha x.$$

注 当 $x \to 0$ 时,x 为无穷小. 在常用等价无穷小中,用任意一个无穷小 $\beta(x)$ 代替 x 后,上述

等价关系依然成立.

例如,当 $x \to 1$ 时,有 $(x-1)^2 \to 0$,从而
$$\sin(x-1)^2 \sim (x-1)^2 \quad (x \to 1).$$

定理1 设 $\alpha \sim \alpha', \beta \sim \beta'$ 且 $\lim \dfrac{\beta'}{\alpha'}$ 存在,则
$$\lim \frac{\beta}{\alpha} = \lim \frac{\beta'}{\alpha'}.$$

证 $\lim \dfrac{\beta}{\alpha} = \lim\left(\dfrac{\beta}{\beta'} \cdot \dfrac{\beta'}{\alpha'} \cdot \dfrac{\alpha'}{\alpha}\right) = \lim \dfrac{\beta}{\beta'} \cdot \lim \dfrac{\beta'}{\alpha'} \cdot \lim \dfrac{\alpha'}{\alpha} = \lim \dfrac{\beta'}{\alpha'}.$

定理1表明,在求两个无穷小之比的极限时,分子及分母都可用等价无穷小来替换. 因此,如果无穷小的替换运用得当,就可使计算简化.

例2 求 $\lim\limits_{x \to 0} \dfrac{\tan 2x}{\sin 5x}$.

解 当 $x \to 0$ 时,$\tan 2x \sim 2x$,$\sin 5x \sim 5x$,所以
$$\lim_{x \to 0} \frac{\tan 2x}{\sin 5x} = \lim_{x \to 0} \frac{2x}{5x} = \frac{2}{5}.$$

例3 求 $\lim\limits_{x \to 0} \dfrac{\sin x}{x^3 + 3x}$.

解 当 $x \to 0$ 时,$\sin x \sim x$,所以
$$\lim_{x \to 0} \frac{\sin x}{x^3 + 3x} = \lim_{x \to 0} \frac{x}{x^3 + 3x} = \lim_{x \to 0} \frac{x}{x(x^2 + 3)} = \frac{1}{3}.$$

例4 求 $\lim\limits_{x \to 0} \dfrac{(1+x^2)^{\frac{1}{3}} - 1}{\cos x - 1}$.

解 当 $x \to 0$ 时,$(1+x^2)^{\frac{1}{3}} - 1 \sim \dfrac{1}{3}x^2$,$\cos x - 1 \sim -\dfrac{1}{2}x^2$,所以

$$\lim_{x \to 0} \frac{(1+x^2)^{\frac{1}{3}} - 1}{\cos x - 1} = \lim_{x \to 0} \frac{\dfrac{1}{3}x^2}{-\dfrac{1}{2}x^2} = -\frac{2}{3}.$$

例5 求 $\lim\limits_{x \to 0} \dfrac{\tan x - \sin x}{\sin x^3}$.

错解 当 $x \to 0$ 时,$\tan x \sim x$,$\sin x \sim x$,$\sin x^3 \sim x^3$,所以
$$\lim_{x \to 0} \frac{\tan x - \sin x}{x^3} = \lim_{x \to 0} \frac{x - x}{x^3} = 0.$$

解 当 $x \to 0$ 时,$\sin x^3 \sim x^3$,所以

$$\lim_{x \to 0} \frac{\tan x - \sin x}{\sin x^3} = \lim_{x \to 0} \frac{\tan x(1 - \cos x)}{x^3} = \lim_{x \to 0} \frac{x \cdot \dfrac{1}{2}x^2}{x^3} = \frac{1}{2}.$$

例6 求 $\lim\limits_{x \to 0} \dfrac{\tan 2x - \sin x}{\sqrt{1+x} - 1}$.

解 当 $x \to 0$ 时,$\tan 2x \sim 2x$,$\sin x \sim x$,$(1+x)^{\frac{1}{2}} - 1 \sim \dfrac{1}{2}x$,所以

$$\lim_{x \to 0} \frac{\tan 2x - \sin x}{\sqrt{1+x}-1} = \lim_{x \to 0} \frac{2x - x}{\frac{1}{2}x} = 2.$$

定理 2　β 和 α 是等价无穷小的充分必要条件是 $\beta = \alpha + o(\alpha)$.

证　必要性. 设 $\alpha \sim \beta$，则

$$\lim \frac{\beta - \alpha}{\alpha} = \lim \left(\frac{\beta}{\alpha} - 1 \right) = \lim \frac{\beta}{\alpha} - 1 = 0.$$

因此 $\beta - \alpha = o(\alpha)$，即 $\beta = \alpha + o(\alpha)$.

充分性. 设 $\beta = \alpha + o(\alpha)$，则

$$\lim \frac{\beta}{\alpha} = \lim \frac{\alpha + o(\alpha)}{\alpha} = \lim \left(1 + \frac{o(\alpha)}{\alpha} \right) = 1.$$

因此 $\alpha \sim \beta$.

例 7　因为当 $x \to 0$ 时，$\sin x \sim x$，$\tan x \sim x$，所以当 $x \to 0$ 时，有 $\sin x = x + o(x)$，$\tan x = x + o(x)$.

习题 1.7

1. 当 $x \to 0$ 时，$2x - x^2$ 与 $x^2 - x^3$ 相比，哪一个是高阶无穷小？

2. 当 $x \to 0$ 时，$(1 - \cos x)^2$ 与 $\sin^2 x$ 相比，哪一个是高阶无穷小？

3. 当 $x \to 1$ 时，无穷小 $1 - x$ 和 $\dfrac{1 - x^2}{2}$ 是否同阶，是否等价？

4. 证明：当 $x \to 0$ 时，有

(1) $\arctan x \sim x$；　　　　　　(2) $\sec x - 1 \sim \dfrac{x^2}{2}$.

5. 利用等价无穷小的性质求下列极限：

(1) $\lim\limits_{x \to 0} \dfrac{\tan 3x}{2x}$；　　　　　　(2) $\lim\limits_{x \to 0} \dfrac{\sin x^n}{\sin^m x} (n, m \in \mathbf{N}_+)$；

(3) $\lim\limits_{x \to 0} \dfrac{\tan x - \sin x}{\sin^3 x}$；　　　(4) $\lim\limits_{x \to 0} \dfrac{\sin x - \tan x}{(\sqrt[3]{1 + x^2} - 1)(\sqrt{1 + \sin x} - 1)}$.

1.8　函数的连续性与间断点

1. 函数的连续性

客观世界的许多现象和事物不仅是运动变化的，而且其运动变化的过程往往是连续不断的，例如日月行空、岁月流逝、植物生长、物种变化等. 这些连续不断发展变化的事物在量的方面的反映就是函数的连续性. 本节将要引入的连续函数就是刻画变量连续变化的数学模型.

连续函数不仅是微积分的研究对象，而且微积分中的主要概念、定理、公式与法则等，往往都要求函数具有连续性.

为描述函数的连续性，我们先引入函数增量的概念.

设变量 u 从它的一个初值 u_1 变到终值 u_2，则称终值 u_2 与初值 u_1 的差 $u_2 - u_1$ 为变量 u 的**增量**（**改变量**），记作 Δu，即 $\Delta u = u_2 - u_1$.

增量 Δu 可以是正的,也可以是负的. 当 Δu 为正时,变量 u 从 u_1 变到 $u_2 = \Delta u + u_1$ 是增大的;当 Δu 为负时,变量 u 是减小的.

注 记号 Δu 不是 Δ 与 u 的乘积,而是一个不可分割的记号.

定义 1 设函数 $y = f(x)$ 在点 x_0 的某邻域内有定义. 当自变量 x 在 x_0 处取得增量 Δx(即 x 在这个邻域内从 x_0 变到 $x_0 + \Delta x$)时,相应地,函数 $y = f(x)$ 从 $f(x_0)$ 变到 $f(x_0 + \Delta x)$,则称

$$\Delta y = f(x_0 + \Delta x) - f(x_0)$$

为函数 $y = f(x)$ 对应的**增量**.

现在我们对连续性的概念可以这样描述:如果当 Δx 趋于零时,函数的对应增量 Δy 也趋于零,即

$$\lim_{\Delta x \to 0} \Delta y = 0$$

或

$$\lim_{\Delta x \to 0} [f(x_0 + \Delta x) - f(x_0)] = 0,$$

那么就称函数 $y = f(x)$ 在点 x_0 处是连续的,即有下述定义:

定义 2 设函数 $y = f(x)$ 在点 x_0 的某邻域内有定义,如果

$$\lim_{\Delta x \to 0} \Delta y = \lim_{\Delta x \to 0} [f(x_0 + \Delta x) - f(x_0)] = 0,$$

那么就称函数 $y = f(x)$ 在点 x_0 处**连续**.

若令 $x = x_0 + \Delta x$,即 $\Delta x = x - x_0$,则当 $\Delta x \to 0$ 时,也就是当 $x \to x_0$ 时,有

$$\Delta y = f(x_0 + \Delta x) - f(x_0) = f(x) - f(x_0).$$

因而,函数在点 x_0 处连续的定义又可叙述如下:

定义 3 设函数 $y = f(x)$ 在点 x_0 的某邻域内有定义,如果

$$\lim_{x \to x_0} f(x) = f(x_0),$$

那么就称函数 $y = f(x)$ 在点 x_0 **连续**.

例 1 试证函数 $f(x) = \begin{cases} \dfrac{\sin 3x}{x}, & x \neq 0, \\ 3, & x = 0, \end{cases}$ 在 $x = 0$ 处连续.

证 因为 $\lim\limits_{x \to 0} f(x) = \lim\limits_{x \to 0} \dfrac{\sin 3x}{x} = \lim\limits_{x \to 0} \dfrac{3x}{x} = 3$,且 $f(0) = 3$,故有

$$\lim_{x \to 0} f(x) = f(0).$$

由定义 3 知,函数在 $x = 0$ 处连续.

下面说明左连续与右连续的概念.

若 $f(x_0^-) = f(x_0)$,则称函数 $f(x)$ 在点 x_0 **左连续**;

若 $f(x_0^+) = f(x_0)$,则称函数 $f(x)$ 在点 x_0 **右连续**.

定理 1 函数在点 x_0 处连续的充分必要条件是在点 x_0 处既左连续又右连续.

例 2 设函数 $f(x) = \begin{cases} x + 1, & x > 1, \\ x - 1, & x \leq 1, \end{cases}$ 讨论该函数在 $x = 1$ 处的连续性.

解 因为

$$f(1^-) = \lim_{x \to 1^-} f(x) = \lim_{x \to 1^-} (x - 1) = 0 = f(1),$$

$$f(1^+) = \lim_{x \to 1^+} f(x) = \lim_{x \to 1^+} (x + 1) = 2 \neq f(1).$$

故 $f(x)$ 在 $x = 1$ 处左连续而非右连续.

在区间上每一点都连续的函数,称为该区间内的连续函数,或者说函数在该**区间内连续**.

如果函数在开区间 (a, b) 内连续,并且在左端点 $x = a$ 处右连续,在右端点 $x = b$ 处左连续,则称函数在闭区间 $[a, b]$ 上连续.

注 连续函数的图形是一条连续而不间断的曲线.

例 3 证明函数 $y = \sin x$ 在 $(-\infty, +\infty)$ 内连续.

证 $\forall x \in (-\infty, +\infty)$,则

$$\Delta y = \sin(x + \Delta x) - \sin x = 2\sin\frac{\Delta x}{2}\cos\left(x + \frac{\Delta x}{2}\right),$$

由 $\left|\cos\left(x + \dfrac{\Delta x}{2}\right)\right| \leqslant 1$,得

$$|\Delta y| \leqslant 2\left|\sin\frac{\Delta x}{2}\right| \times 1 < \Delta x,$$

所以,当 $\Delta x \to 0$ 时,$\Delta y \to 0$,即函数 $y = \sin x$ 对于任意 $x \in (-\infty, +\infty)$ 都是连续的.

类似地可证明,函数 $y = \cos x$ 在 $(-\infty, +\infty)$ 内连续.

2. 函数的间断点

设函数 $y = f(x)$ 在点 x_0 的某邻域内有定义,由函数在某点连续的定义可知,如果 $f(x)$ 在点 x_0 处满足下列三个条件之一,则 x_0 为 $f(x)$ 的**间断点或不连续点**:

(1) $f(x)$ 在点 x_0 处没有定义;

(2) $\lim\limits_{x \to x_0} f(x)$ 不存在;

(3) 在点 x_0 处 $f(x)$ 有定义,且 $\lim\limits_{x \to x_0} f(x)$ 存在,但 $\lim\limits_{x \to x_0} f(x) \neq f(x_0)$.

函数的间断点常分为下面两类:

1) 第一类间断点

$f(x_0^-)$ 及 $f(x_0^+)$ 均存在:

若 $f(x_0^-) \neq f(x_0^+)$,则称 x_0 为**跳跃间断点**,

若 $f(x_0^-) = f(x_0^+) \neq A$ 或 $f(x)$ 在点 x_0 处无定义,则称 x_0 为**可去间断点**.

2) 第二类间断点

$f(x_0^-)$ 及 $f(x_0^+)$ 中至少有一个不存在:

若其中有一个为 ∞,则称 x_0 为**无穷间断点**,

若其中有一个为振荡,则称 x_0 为**振荡间断点**.

例 4 判断下列函数间断点的类型.

$$(1)\, f(x) = \begin{cases} x, & x \neq 1, \\ \dfrac{1}{2}, & x = 1; \end{cases} \qquad (2)\, f(x) = \frac{x^2 - 1}{x - 1}.$$

解 (1) 显然 $\lim\limits_{x \to 1} f(x) = 1$,但 $f(1) = \dfrac{1}{2}$,$\lim\limits_{x \to 1} f(x) \neq f(1)$,所以 $x = 1$ 是可去间断点.

(2) $\lim\limits_{x \to 1} \dfrac{x^2 - 1}{x - 1} = \lim\limits_{x \to 1}(x + 1) = 2$,而函数在 $x = 1$ 处无定义,所以 $x = 1$ 是可去间断点.

例5 讨论函数 $f(x) = \begin{cases} x-1, & x<0, \\ 0, & x=0, \\ x+1, & x>0 \end{cases}$ 在 $x=0$ 处的连续性.

解 $f(0^-) = \lim\limits_{x \to 0^-} f(x) = \lim\limits_{x \to 0^-}(x-1) = -1$, $f(0^+) = \lim\limits_{x \to 0^+} f(x) = \lim\limits_{x \to 0^+}(x+1) = 1$,

因为 $f(0^-) \neq f(0^+)$, 故 $x=0$ 是其跳跃间断点.

例6 讨论函数 $f(x) = \tan x$ 在 $x = \dfrac{\pi}{2}$ 处的连续性.

解 因为 $\lim\limits_{x \to \frac{\pi}{2}} \tan x = \infty$, 所以 $x = \dfrac{\pi}{2}$ 是函数的无穷间断点.

例7 讨论函数 $f(x) = \sin\dfrac{1}{x}$ 在 $x=0$ 处的连续性.

解 因为当 $x \to 0$ 时, 函数值在 -1 和 $+1$ 之间变动无限多次, 所以 $\lim\limits_{x \to 0} \sin\dfrac{1}{x}$ 不存在, 故 $x = \dfrac{\pi}{2}$ 是函数的振荡间断点.

例8 讨论函数 $f(x) = \begin{cases} x^2-1, & x<-1, \\ 0, & -1 \le x \le 1, \\ x, & x>1 \end{cases}$ 的连续性.

解 显然在 $(-\infty, -1) \cup (-1, 1) \cup (1, +\infty)$ 上连续,

在 $x = -1$ 处, $f(-1^-) = f(-1^+) = 0 = f(-1)$, 所以在 $x = -1$ 处连续,

在 $x = 1$ 处, $f(1^-) = 0$, $f(1^+) = 1$, $f(1^-) \neq f(1^+)$, 所以 $x = 1$ 是其跳跃间断点.

习题 1.8

1. 设 $y = f(x)$ 的图形如图 1.28 所示, 试指出 $f(x)$ 的全部间断点, 并对可去间断点补充或修改函数值的定义, 使它成为连续点.

2. 研究下列函数的连续性, 并画出函数的图形:

$(1) f(x) = \begin{cases} x, & 0 \le x \le 1, \\ 2-x, & 1 < x \le 2; \end{cases}$

$(2) f(x) = \begin{cases} x, & -1 \le x \le 1, \\ 1, & |x| > 1. \end{cases}$

3. 下列函数在指出的点处间断, 说明这些间断点属于哪一类. 如果是可去间断点, 那么补充或改变函数的定义使它连续:

$(1) y = \dfrac{x^2-1}{x^2-3x+2}$, $x=1$, $x=2$;

$(2) y = \dfrac{x}{\tan x}$, $x = k\pi$, $x = k\pi + \dfrac{\pi}{2}$ $(k = 0, \pm1, \pm2, \cdots)$;

$(3) y = \cos^2\dfrac{1}{x}$, $x=0$;

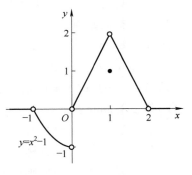

图 1.28

$(4) y = \begin{cases} x-1, & x \leqslant 1, \\ 3-x, & x > 1, \end{cases} \quad x = 1.$

4. 讨论函数 $f(x) = \lim\limits_{n \to \infty} \dfrac{1-x^{2n}}{1+x^{2n}} x (n \in \mathbf{N}_+)$ 的连续性,若有间断点,则判断其类型.

5. 下列陈述中,哪些是对的? 哪些是错的? 如果是对的,说明理由;如果是错的,试给出一个反例.

(1)如果函数 $f(x)$ 在 a 连续,那么 $|f(x)|$ 也在 a 连续;

(2)如果函数 $|f(x)|$ 在 a 连续,那么 $f(x)$ 也在 a 连续.

6. 研究函数 $f(x) = \begin{cases} \dfrac{1}{1+\mathrm{e}^{1/x}}, & x \neq 0, \\ 0, & x = 0 \end{cases}$ 在 $x = 0$ 处的左、右连续性.

1.9 连续函数的运算与初等函数的连续性

1. 连续函数的四则运算

由函数在某点连续的定义及极限的四则运算法则,可得下面的定理:

定理 1 设函数 $f(x)$ 与 $g(x)$ 在点 x_0 连续,则它们的和(差)$f \pm g$、积 fg 及商 $\dfrac{f}{g}(g(x_0) \neq 0)$ 都在点 x_0 连续.

例如,$\sin x, \cos x$ 在 $(-\infty, +\infty)$ 内连续,故

$$\tan x = \frac{\sin x}{\cos x}, \quad \cot x = \frac{\cos x}{\sin x}$$

在其定义域内连续.

2. 复合函数的连续性

定理 2 若 $\lim\limits_{x \to x_0} g(x) = u_0, u = g(x)$,而函数 $y = f(u)$ 在 $u = u_0$ 处连续,则有

$$\lim_{x \to x_0} f(g(x)) = \lim_{u \to u_0} f(u) = f(u_0). \tag{1.9.1}$$

证 因 $y = f(u)$ 在 $u = u_0$ 处连续,故对任意给定的 $\varepsilon > 0$,存在 $\eta > 0$,使得当 $|u - u_0| < \eta$ 时,恒有

$$|f(u) - f(u_0)| < \varepsilon.$$

又因 $\lim\limits_{x \to x_0} g(x) = u_0$,对于上述 η,存在 $\delta > 0$,使得当 $0 < |x - x_0| < \delta$ 时,恒有

$$|g(x) - u_0| = |u - u_0| < \eta.$$

综合上述两步得,对任意的 $\varepsilon > 0$,存在 $\delta > 0$,使得当 $0 < |x - x_0| < \delta$ 时,恒有

$$|f(u) - f(u_0)| = |f(g(x)) - f(u_0)| < \varepsilon,$$

所以,$\lim\limits_{x \to x_0} f(g(x)) = f(u_0) = f(\lim\limits_{x \to x_0} g(x))$.

注 式(1.9.1)可写成

$$\lim_{x \to x_0} f(g(x)) = f(\lim_{x \to x_0} g(x)), \tag{1.9.2}$$

$$\lim_{x \to x_0} f(g(x)) = \lim_{u \to u_0} f(u). \qquad (1.9.3)$$

式(1.9.2)表明:在定理 2 的条件下,求复合函数 $f(g(x))$ 的极限时,极限符号与函数符号 f 可以交换次序.

式(1.9.3)表明:在定理 2 的条件下,若作代换 $u = g(x)$,则求 $\lim\limits_{x \to x_0} f(g(x))$ 就转化为求 $\lim\limits_{u \to u_0} f(u)$,这里 $\lim\limits_{x \to x_0} g(x) = u_0$.

若在定理 2 的条件下,假设 $g(x)$ 在 x_0 处连续,即

$$\lim_{x \to x_0} g(x) = g(x_0),$$

则可得到下列结论:

定理 3　若函数 $u = g(x)$ 在 $x = x_0$ 处连续,且 $g(x_0) = u_0$,而函数 $y = f(u)$ 在 $u = u_0$ 处连续,则复合函数 $f(g(x))$ 在 $x = x_0$ 处也连续.

例 1　求 $\lim\limits_{x \to 3} \sqrt{\dfrac{x-3}{x^2-9}}$.

解　$\lim\limits_{x \to 3} \sqrt{\dfrac{x-3}{x^2-9}} = \sqrt{\lim\limits_{x \to 3} \dfrac{x-3}{x^2-9}} = \sqrt{\dfrac{1}{6}} = \dfrac{\sqrt{6}}{6}$.

例 2　$y = \sin\dfrac{1}{x}$ 是由连续函数 $y = \sin u, u \in (-\infty, +\infty)$ 与 $u = \dfrac{1}{x}, x \in \mathbf{R}^*$ 复合而成的,因此 $y = \sin\dfrac{1}{x}$ 在 $x \in \mathbf{R}^*$ 上连续.

3. 初等函数的连续性

定理 4　基本初等函数在其定义域内连续.

因初等函数是由基本初等函数经过有限次的四则运算和复合构成的,故有:

定理 5　一切初等函数在其定义区间内都是连续的.

注　(1)这里,**定义区间**是指包含在定义域内的区间;

(2)上述结论提供了连续函数求极限的方法:

如果 $f(x)$ 是初等函数,且 x_0 是 $f(x)$ 的定义区间内的点,则 $\lim\limits_{x \to x_0} f(x) = f(x_0)$.例如,

$$\lim_{x \to 0} \sqrt{1 - x^2} = \sqrt{1 - 0^2} = 1,$$

$$\lim_{x \to \frac{\pi}{2}} \ln \sin x = \ln \sin \frac{\pi}{2} = 0.$$

例 3　求 $\lim\limits_{x \to 0} \dfrac{\log_a(1+x)}{x}$.

解　$\lim\limits_{x \to 0} \dfrac{\log_a(1+x)}{x} = \lim\limits_{x \to 0} \log_a(1+x)^{\frac{1}{x}} = \log_a \left[\lim\limits_{x \to 0} (1+x)^{\frac{1}{x}} \right] = \log_a \mathrm{e} = \dfrac{1}{\ln a}$.

例 4　求 $\lim\limits_{x \to 0} \dfrac{a^x - 1}{x}$.

解　令 $t = a^x - 1$,则 $x = \log_a(1+t)$,则

$$\lim_{x \to 0} \frac{a^x - 1}{x} = \lim_{t \to 0} \frac{t}{\log_a(1+t)} = \ln a.$$

例 5　求 $\lim\limits_{x\to0}(1+2x)^{\frac{3}{\sin x}}$.

解　$\lim\limits_{x\to0}(1+2x)^{\frac{3}{\sin x}}=\lim\limits_{x\to0}(1+2x)^{\frac{1}{2x}\cdot 2x\cdot\frac{3}{\sin x}}=\lim\limits_{x\to0}(1+2x)^{\frac{1}{2x}\cdot 6\cdot\frac{x}{\sin x}}.$

$$=\mathrm{e}^{\ln\lim\limits_{x\to0}(1+2x)^{\frac{1}{2x}\cdot 6\cdot\frac{x}{\sin x}}}=\mathrm{e}^{\lim\limits_{x\to0}\ln\left[(1+2x)^{\frac{1}{2x}\cdot 6\cdot\frac{x}{\sin x}}\right]}$$

$$=\mathrm{e}^{\lim\limits_{x\to0}\left[6\cdot\frac{x}{\sin x}\ln(1+2x)^{\frac{1}{2x}}\right]}=\mathrm{e}^6.$$

习题 1.9

1. 求函数 $f(x)=\dfrac{x^3+3x^2-x-3}{x^2+x-6}$ 的连续区间,并求极限 $\lim\limits_{x\to0}f(x)$,$\lim\limits_{x\to-3}f(x)$ 和 $\lim\limits_{x\to2}f(x)$.

2. 设函数 $f(x)$ 与 $g(x)$ 在点 x_0 连续,证明函数

$$\varphi(x)=\max\{f(x),g(x)\},\psi(x)=\min\{f(x),g(x)\}$$

在点 x_0 也连续.

3. 求下列极限:

$(1)\lim\limits_{x\to0}\sqrt{x^2-2x+5}$;

$(2)\lim\limits_{\alpha\to\frac{\pi}{4}}(\sin 2\alpha)^3$;

$(3)\lim\limits_{x\to\frac{\pi}{6}}\ln(2\cos 2x)$;

$(4)\lim\limits_{x\to0}\dfrac{\sqrt{x+1}-1}{x}$;

$(5)\lim\limits_{x\to1}\dfrac{\sqrt{5x-4}-\sqrt{x}}{x-1}$;

$(6)\lim\limits_{x\to\alpha}\dfrac{\sin x-\sin\alpha}{x-\alpha}$;

$(7)\lim\limits_{x\to+\infty}(\sqrt{x^2+x}-\sqrt{x^2-x})$;

$(8)\lim\limits_{x\to0}\dfrac{\left(1-\dfrac{1}{2}x^2\right)^{\frac{2}{3}}-1}{x\ln(1+x)}$.

4. 求下列极限:

$(1)\lim\limits_{x\to\infty}\mathrm{e}^{\frac{1}{x}}$;

$(2)\lim\limits_{x\to0}\ln\dfrac{\sin x}{x}$;

$(3)\lim\limits_{x\to\infty}\left(1+\dfrac{1}{x}\right)^{\frac{x}{2}}$;

$(4)\lim\limits_{x\to0}(1+3\tan^2x)^{\cot^2x}$;

$(5)\lim\limits_{x\to\infty}\left(\dfrac{3+x}{6+x}\right)^{\frac{x-1}{2}}$;

$(6)\lim\limits_{x\to0}\dfrac{\sqrt{1+\tan x}-\sqrt{1+\sin x}}{x\sqrt{1+\sin^2x}-x}$;

$(7)\lim\limits_{x\to\mathrm{e}}\dfrac{\ln x-1}{x-\mathrm{e}}$;

$(8)\lim\limits_{x\to0}\dfrac{\mathrm{e}^{3x}-\mathrm{e}^{2x}-\mathrm{e}^x+1}{\sqrt[3]{(1-x)(1+x)}-1}$.

5. 已知函数

$$f(x)=\begin{cases}a+x^2, & x<0,\\ 1, & x=0,\\ \ln(b+x+x^2), & x>0.\end{cases}$$

在 $x=0$ 处连续,试确定 a 和 b 的值.

6. 设函数

$$f(x)=\begin{cases}\mathrm{e}^x, & x<0,\\ a+x, & x\geqslant0.\end{cases}$$

应当怎样选择数 a,才能使得 $f(x)$ 在 $(-\infty,+\infty)$ 内连续?

1.10 闭区间上连续函数的性质

闭区间上连续函数的三个性质,在理论和应用中都非常重要,今以定理的形式叙述它们. 由于它们的证明涉及严密的实数理论,我们借助几何直观来理解.

1. 有界性与最大值最小值定理

先说明最大值和最小值的概念. 对于区间 I 上有定义的函数 $f(x)$,如果存在 $x_0 \in I$,使得对一切 $x \in I$ 都有
$$f(x) \leqslant f(x_0) \quad (f(x) \geqslant f(x_0)),$$
则称 $f(x_0)$ 是函数 $f(x)$ 在区间 I 上的**最大值**(**最小值**).

例如,函数 $y = 1 + \sin x$ 在区间 $[0, 2\pi]$ 上有最大值 2 和最小值 0. 函数 $y = \operatorname{sgn} x$ 在区间 $(-\infty, +\infty)$ 内有最大值 1 和最小值 -1,在区间 $(0, +\infty)$ 内最大值和最小值都等于 1(注意:最大值和最小值可以相等). 但函数 $y = x$ 在开区间 (a, b) 内既无最大值也无最小值.

定理 1(**最大最小值定理**) 在闭区间上连续的函数一定有最大值和最小值.

定理 1 表明:若函数 $f(x)$ 在闭区间 $[a, b]$ 上连续,则至少存在一点 $\xi_1 \in [a, b]$,使 $f(\xi_1)$ 是 $f(x)$ 在闭区间 $[a, b]$ 上的最小值;又至少存在一点 $\xi_2 \in [a, b]$,使 $f(\xi_2)$ 是 $f(x)$ 在闭区间 $[a, b]$ 上的最大值(见图 1.29).

注 当定理中的"闭区间上连续"的条件不满足时,定理的结论不一定成立.

例如,函数 $y = x, x \in (0, 1)$ 无最大值和最小值,因为它在开区间 $(0, 1)$ 上不连续.

又如,函数 $f(x) = \begin{cases} -x + 1, & 0 \leqslant x < 1, \\ 1, & x = 1, \\ -x + 3, & 1 < x \leqslant 2 \end{cases}$ 既无最大值也无最小值,因为函数在闭区间 $[0, 2]$ 上有间断点 $x = 1$(见图 1.30).

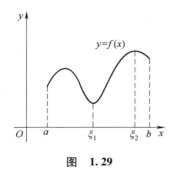

图 1.29

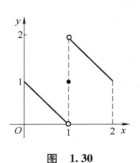

图 1.30

由定理 1 易得下面的结论:

定理 2(**有界性定理**) 在闭区间上连续的函数一定在该区间上有界.

2. 零点定理与介值定理

如果 $f(x_0) = 0$,则称 x_0 为函数 $f(x)$ 的**零点**.

定理 3(零点定理) 设函数 $f(x)$ 在闭区间 $[a,b]$ 上连续,且 $f(a)$ 与 $f(b)$ 异号(即 $f(a)f(b)<0$),则在开区间 (a,b) 内至少存在一点 $\xi\in(a,b)$,使

$$f(\xi)=0.$$

这里不予证明.

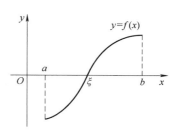

图 1.31

注 如图 1.31 所示,在闭区间 $[a,b]$ 上连续的曲线 $y=f(x)$ 满足 $f(a)<0$,$f(b)>0$,且与 x 轴相交于 $\xi(a<\xi<b)$ 处,即有 $f(\xi)=0$.

定理 4(介值定理) 设函数 $f(x)$ 在闭区间 $[a,b]$ 上连续,且 $f(a)=A$,$f(b)=B$,$A\neq B$,则对于 A 与 B 之间的任意一个数 C,至少存在一点 $\xi\in(a,b)$,使

$$f(\xi)=C.$$

证 作辅助函数

$$\varphi(x)=f(x)-C,$$

则 $\varphi(x)\in C[a,b]$,且 $\varphi(a)\varphi(b)=(A-C)(B-C)<0$.
故由零点定理知,至少存在一点 $\xi\in(a,b)$,使

$$f(\xi)=C.$$

推论 在闭区间上的连续函数必取得介于最小值与最大值之间的任何值.

例 1 证明方程 $x^3-4x^2+1=0$ 在区间 $(0,1)$ 内至少有一个根.

证 令 $f(x)=x^3-4x^2+1$,易见 $f(x)$ 在 $[0,1]$ 上连续,又

$$f(0)=1>0,\quad f(1)=-2<0,$$

由零点定理,至少存在一点 $\xi\in(0,1)$,使得

$$f(\xi)=0,$$

即

$$\xi^3-4\xi^2+1=0.$$

所以方程 $x^3-4x^2+1=0$ 在区间 $(0,1)$ 内至少有一个根 ξ.

例 2 设 $f(x)\in C[0,2a]$,$f(0)=f(2a)$,证明至少存在一点 $\xi\in[0,a]$,使 $f(\xi)=f(\xi+a)$.

证 $\varphi(x)=f(x+a)-f(x)$,则 $\varphi(x)\in C[0,a]$,且

$$\varphi(0)=f(a)-f(0),\quad \varphi(a)=f(2a)-f(a)=f(0)-f(a),$$

所以

$$\varphi(0)\varphi(a)=-(f(0)-f(a))^2\leqslant0.$$

(1)若 $f(0)=f(a)$,取 $\xi=0$ 或 $\xi=a$ 即可.

(2)若 $f(0)\neq f(a)$,即 $\varphi(0)\varphi(a)<0$,故根据零点定理,至少存在一点 $\xi\in(0,a)$,使得 $\varphi(\xi)=0$. 即 $f(\xi)=f(\xi+a)$.

习题 1.10

1. 证明方程 $x^5-3x=1$ 至少有一个根介于 1 和 2 之间.

2. 证明方程 $\sin x+x+1=0$ 在 $\left(-\dfrac{\pi}{2},\dfrac{\pi}{2}\right)$ 内至少有一个实根.

3. 证明方程 $x=a\sin x+b$,其中 $a>0$,$b>0$,至少有一个正根,并且它不超过 $a+b$.

4. 证明任一最高次幂的指数为奇数的代数方程

$$a_0 x^{2n+1} + a_1 x^{2n} + \cdots + a_{2n}x + a_{2n+1} = 0$$

至少有一实根,其中 $a_0, a_1, \cdots, a_{2n}, a_{2n+1}$ 均为常数,$n \in \mathbf{N}$.

5. 若 $f(x)$ 在 $[a,b]$ 上连续,$a < x_1 < x_2 < \cdots < x_n < b (n \geq 3)$,则在 (x_1, x_n) 内至少有一点 ξ,使

$$f(\xi) = \frac{f(x_1) + f(x_2) + \cdots + f(x_n)}{n}.$$

6. 证明:若 $f(x)$ 在 $(-\infty, +\infty)$ 内连续,且 $\lim\limits_{x \to \infty} f(x)$ 存在,则 $f(x)$ 必在 $(-\infty, +\infty)$ 内有界.

第1章小结

　　本章是由学习中学数学到学习高等数学的基础和先导,特别是对学习高等数学(或微积分)有承上启下的作用.函数是高等数学的研究对象,极限是高等数学的研究工具.一些基本概念、思想和方法,将贯穿于高等数学的始终,对学好高等数学举足轻重,其基本要求是:

　　1. 理解函数的概念,牢记函数定义的两要素,会建立简单应用问题中的函数关系式.了解函数的有界性、单调性、奇偶性和周期性.

　　2. 理解复合函数和分段函数的概念,了解反函数的概念及其存在定理.

　　3. 掌握基本初等函数的性质与图形,了解初等函数的概念和曲线的参数方程.

　　4. 极限概念不但是高等数学的一个主要概念,而且也是最难的一个概念.从数列极限入手,深入理解极限的实质:无限变化,无限接近.理解极限的概念;理解函数的左极限和右极限的概念,以及函数极限与左、右极限之间的关系;了解数列极限和函数极限的关系.

　　5. 掌握极限的性质和四则运算法则,注意运算所需要的条件;掌握极限的复合运算法则,它是求极限的一个重要方法.

　　6. 了解极限存在的两个定理,并会利用它们求极限;掌握利用两个重要极限求极限的方法.

　　7. 理解无穷小、无穷大的概念及其性质,掌握无穷小的比较方法,会用等价无穷小求极限.会求曲线的渐近线.

　　8. 理解函数连续性的概念,以及左连续与右连续的概念;会判别函数间断点的类型.注意函数在一点连续与极限的区别.

　　9. 了解连续函数的性质以及初等函数在其定义区间上连续的结论.理解闭区间上连续函数的三个性质(有界性定理、最大值和最小值定理、介值定理),并会应用这些性质.

　　10. 本章介绍的求极限的方法有:

　　用定义求极限(先看出目标值,再用定义证明);

　　运用极限的运算法则求极限;

　　通过恒等变形(如有理化、三角恒等式变形、分解因式等)化为能用极限运算法则的情形;

　　通过换元化为已知极限的形式;

　　利用两个重要极限及其等价形式;

　　利用等价无穷小(注意加减项未必能用);

　　利用初等函数的连续性.

　　本章主要内容如下:

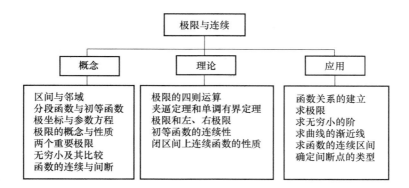

微信扫描右侧二维码,可获得本章更多知识.

 总习题1

1. 在"充分""必要"和"充分必要"三者中选择一个正确的填入下列空格内:

(1)数列 $\{x_n\}$ 有界是数列 $\{x_n\}$ 收敛的_____条件,数列 $\{x_n\}$ 收敛是数列 $\{x_n\}$ 有界的_____条件.

(2) $f(x)$ 在 x_0 的某一去心邻域内有界是 $\lim\limits_{x \to x_0} f(x)$ 存在的_____条件, $\lim\limits_{x \to x_0} f(x)$ 存在是 $f(x)$ 在 x_0 的某一去心邻域内有界的_____条件.

(3) $f(x)$ 在 x_0 的某一去心邻域内无界是 $\lim\limits_{x \to x_0} f(x) = \infty$ 的_____条件, $\lim\limits_{x \to x_0} f(x) = \infty$ 是 $f(x)$ 在 x_0 的某一去心邻域内无界的_____条件.

(4) $f(x)$ 当 $x \to x_0$ 时的右极限 $f(x_0^+)$ 及左极限 $f(x_0^-)$ 都存在且相等是 $\lim\limits_{x \to x_0} f(x)$ 存在的_____条件.

2. 已知函数

$$f(x) = \begin{cases} (\cos x)^{-x^2}, & 0 < |x| < \dfrac{\pi}{2}, \\ a, & x = 0 \end{cases}$$

在 $x = 0$ 连续,则 $a =$ _____.

3. 选择题:

(1)设 $f(x) = 2^x + 3^x - 2$,则当 $x \to 0$ 时,有(　　).

(A) $f(x)$ 与 x 是等价无穷小 　　　　(B) $f(x)$ 与 x 同阶但非等价无穷小

(C) $f(x)$ 是比 x 高阶的无穷小 　　　　(D) $f(x)$ 是比 x 低阶的无穷小

(2)设

$$f(x) = \frac{\mathrm{e}^{\frac{1}{x}} - 1}{\mathrm{e}^{\frac{1}{x}} + 1},$$

则 $x = 0$ 是 $f(x)$ 的(　　).

(A)可去间断点 　　　　　　　　　　　(B)跳跃间断点

（C）第二类间断点　　　　　　　　　　　（D）连续点

4. 设 $f(x)$ 的定义域是 $[0,1]$，求下列函数的定义域：

$(1)f(\mathrm{e}^x)$；　　　　$(2)f(\ln x)$；　　　　$(3)f(\arctan x)$；　　　　$(4)f(\cos x)$.

5. 设 $f(x)=\begin{cases}0, & x\leqslant 0, \\ x, & x>0,\end{cases} g(x)=\begin{cases}0, & x\leqslant 0, \\ -x^2, & x>0,\end{cases}$ 求 $f(f(x))$，$g(g(x))$，$f(g(x))$，$g(f(x))$.

6. 利用 $y=\sin x$ 的图形绘制出下列函数的图形：

$(1)y=|\sin x|$；　　　　　　$(2)y=\sin|x|$；　　　　　　$(3)y=2\sin\dfrac{x}{2}$.

7. 设某产品每次售 10000 件时，每件售价为 50 元，若每次多售 2000 件，则每件相应地降低 2 元. 如果生产这种产品的固定成本为 60000 元，变动成本为每件 20 元，最低产量为 10000 件，求：(1) 成本函数；(2) 收益函数；(3) 利润函数.

8. 根据函数极限的定义证明 $\lim\limits_{x\to 3}\dfrac{x^2-x-6}{x-3}=5$.

9. 求下列极限：

$(1)\lim\limits_{x\to 1}\dfrac{x^2-x+1}{(x-1)^2}$；　　　　　　　　$(2)\lim\limits_{x\to+\infty}x(\sqrt{x^2+1}-x)$；

$(3)\lim\limits_{x\to 1}\left(\dfrac{2x+3}{2x+1}\right)^{x+1}$；　　　　　　　$(4)\lim\limits_{x\to 0}\dfrac{\tan x-\sin x}{x^3}$；

$(5)\lim\limits_{x\to 0}\left(\dfrac{a^x+b^x+c^x}{3}\right)^{\frac{1}{x}}(a>0,b>0,c>0)$；　　　$(6)\lim\limits_{x\to\frac{\pi}{2}}(\sin x)^{\tan x}$；

$(7)\lim\limits_{x\to a}\dfrac{\ln x-\ln a}{x-a}(a>0)$；　　　　　$(8)\lim\limits_{x\to 0}\dfrac{x\tan x}{\sqrt{1-x^2}-1}$.

10. 设

$$f(x)=\begin{cases}x\sin\dfrac{1}{x}, & x>0, \\ a+x^2, & x\leqslant 0,\end{cases}$$

要使 $f(x)$ 在 $(-\infty,+\infty)$ 内连续，应当怎样选择数 a？

11. 设

$$f(x)=\lim\limits_{n\to\infty}\dfrac{1+x}{1+x^{2n}},$$

求 $f(x)$ 的间断点，并说明间断点所属类型.

12. 证明

$$\lim\limits_{n\to\infty}\left(\dfrac{1}{\sqrt{n^2+1}}+\dfrac{1}{\sqrt{n^2+2}}+\cdots+\dfrac{1}{\sqrt{n^2+n}}\right)=1.$$

13. 设 $f(x)$ 在 $[a,b]$ 上连续，且 $a<c<d<b$，证明：在 $[a,b]$ 上必存在点 ξ 使

$$mf(c)+nf(d)=(m+n)f(\xi),\text{其中 } m>0,n>0.$$

14. 设 $f(x)$ 在 (a,b) 内连续，且 $\lim\limits_{x\to a^+}f(x)=\lim\limits_{x\to b^-}f(x)=A$（有限值），又存在 $x_1\in(a,b)$，使得 $f(x_1)\geqslant A$，证明 $f(x)$ 在 (a,b) 内达到最大值.

导数与微分

微分学是微积分的重要组成部分,它的基本概念是导数和微分.微分学又分为一元函数微分学和多元函数微分学.本章讨论一元函数微分学,首先从实际问题出发,引出导数和微分的概念,然后给出它们的计算方法.下一章主要研究导数的应用.至于多元函数的微分学,将在下册讨论.

2.1 导数的概念

导数作为微分学中的最主要概念,是由英国数学家牛顿(Newton)和德国数学家莱布尼茨(Leibniz)分别在研究力学与几何学过程中初步建立的.本节通过两个实例引入导数的概念,然后介绍导数的几何意义,最后讨论函数可导与连续的关系.

1. 引例

(1)变速直线运动的瞬时速度

设一质点做直线运动,已知路程 s 与时间 t 的函数关系为 $s = s(t)$,求质点在时刻 t_0 的瞬时速度 $v(t_0)$.

从时刻 t_0 到 $t_0 + \Delta t$ 这段时间内质点所经过的路程

$$\Delta s = s(t_0 + \Delta t) - s(t_0),$$

在这段时间内质点的平均速度

$$\bar{v} = \frac{\Delta s}{\Delta t} = \frac{s(t_0 + \Delta t) - s(t_0)}{\Delta t}.$$

若质点做匀速运动,平均速度 $\bar{v}$ 就等于质点在任一时刻的速度.但质点做变速运动,因此平均速度 $\bar{v}$ 一般来说不等于时刻 t_0 的速度.但是它可以看作质点在时刻 t_0 的瞬时速度的一个近似值,当 $|\Delta t|$ 越小,它就越接近时刻 t_0 的瞬时速度.于是,当 $\Delta t \to 0$ 时,我们把平均速度 $\bar{v}$ 的极限称为质点在 t_0 时刻的瞬时速度,即

$$v(t_0) = \lim_{\Delta t \to 0} \frac{\Delta s}{\Delta t} = \lim_{\Delta t \to 0} \frac{s(t_0 + \Delta t) - s(t_0)}{\Delta t}.$$

(2)平面曲线的切线的斜率

如何定义曲线在一点处的切线? 中学定义圆的切线为"与曲线只有一个交点的直线".对于其他曲线,这样的定义就不一定合适.例如,对于抛物线 $y = x^2$,在原点 O 两个坐标轴都符合上

述定义,但实际上只有 x 轴是该抛物线在点 O 处的切线. 下面给出切线的定义.

如图 2.1 所示,设曲线 $C:y=f(x)$ 及 C 上一点 $M(x_0,y_0)$,在 C 上另取一动点 $N(x_0+\Delta x,y_0+\Delta y)$,作割线 MN. 当动点 N 沿曲线 C 趋向于定点 M 时,如果割线 MN 绕点 M 旋转而趋于极限位置 MT,则称直线 MT 为曲线 C 在点 M 处的**切线**.

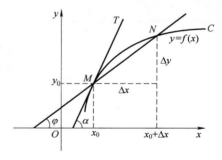

记割线 MN 的倾斜角为 φ,则割线 MN 的斜率为

$$\tan\varphi = \frac{\Delta y}{\Delta x} = \frac{f(x_0+\Delta x)-f(x_0)}{\Delta x},$$

当点 N 沿曲线趋向于点 M 时,即 $\Delta x\to 0$ 时,如果上式的极限存在,记为 k,那么 k 就是切线 MT 的斜率,即

图 2.1

$$k = \tan\alpha = \lim_{\Delta x\to 0}\frac{\Delta y}{\Delta x} = \lim_{\Delta x\to 0}\frac{f(x_0+\Delta x)-f(x_0)}{\Delta x},$$

其中 α 是切线 MT 的倾斜角.

2. 导数的定义

上面所讨论的两个问题,一个是物理学中的瞬时速度,一个是几何学中的切线斜率,两者的实际意义完全不同,但解决问题的数学思想方法、计算步骤、表达这两个量的数学结构形式都一样,从数量关系上来讲,都是研究函数的改变量与自变量的改变量之比的极限问题. 因此撇开这些量的实际意义,抓住它们在数量关系上的共性,就得出函数的导数概念.

定义 1 设函数 $y=f(x)$ 在 x_0 的某个邻域内有定义,当自变量 x 在点 x_0 处取得增量 Δx(点 $x_0+\Delta x$ 仍在该邻域)时,相应地,函数 y 取得增量 $\Delta y=f(x_0+\Delta x)-f(x_0)$,如果当 $\Delta x\to 0$ 时,极限

$$\lim_{\Delta x\to 0}\frac{\Delta y}{\Delta x} = \lim_{\Delta x\to 0}\frac{f(x_0+\Delta x)-f(x_0)}{\Delta x}$$

存在,则称函数 $y=f(x)$ 在点 x_0 **可导**,并称此极限值为函数 $y=f(x)$ 在点 x_0 处的**导数**,记作 $f'(x_0)$,即

$$f'(x_0) = \lim_{\Delta x\to 0}\frac{\Delta y}{\Delta x} = \lim_{\Delta x\to 0}\frac{f(x_0+\Delta x)-f(x_0)}{\Delta x}, \tag{2.1.1}$$

也可记作 $y'\big|_{x=x_0}$,$\dfrac{\mathrm{d}y}{\mathrm{d}x}\Big|_{x=x_0}$ 或 $\dfrac{\mathrm{d}f(x)}{\mathrm{d}x}\Big|_{x=x_0}$.

函数 $y=f(x)$ 在点 x_0 处可导,也称函数 $y=f(x)$ 在点 x_0 处具有导数或导数存在.

若上述极限(2.1.1)不存在,则称函数 $f(x)$ 在点 x_0 处**不可导**. 当极限 $\lim\limits_{\Delta x\to 0}\dfrac{\Delta y}{\Delta x}$ 为无穷大这种不可导情况,习惯上也常称函数 $f(x)$ 在点 x_0 处的导数为无穷大.

若令 $x=x_0+\Delta x$,则 $\Delta x=x-x_0$,$\Delta x\to 0$ 等价于 $x\to x_0$,因此导数的定义式(2.1.1)也可取如下的形式:

$$f'(x_0) = \lim_{x\to x_0}\frac{f(x)-f(x_0)}{x-x_0}, \tag{2.1.2}$$

或

$$f'(x_0) = \lim_{h\to 0}\frac{f(x_0+h)-f(x_0)}{h}. \tag{2.1.3}$$

式(2.1.3)中的 h 即为自变量的改变量.

　　在自然科学和工程技术的许多问题中,常要讨论各种具有不同意义的变量变化的"快慢"程度,在数学上就是所谓函数的变化率问题,导数概念就是对函数变化率这一概念的精确描述,它反映了因变量随自变量的变化而变化的快慢程度.根据导数的定义,求变速直线运动的瞬时速度、曲线的切线斜率问题,都可归结为求某函数在某点处的导数.今后我们在学习各专业基础课程时,遇到的一些重要概念,如物理学中的电流强度、比热、功率,化学中的反应速度,经济学中的边际成本等,也都可归结为求函数的变化率,即求导数的问题.

　　由于导数是函数的改变量与自变量的改变量之比的极限,利用单侧极限可以定义函数的单侧导数.

　　定义 2　如果极限 $\lim\limits_{\Delta x \to 0^-} \dfrac{f(x_0 + \Delta x) - f(x_0)}{\Delta x}$ 及 $\lim\limits_{\Delta x \to 0^+} \dfrac{f(x_0 + \Delta x) - f(x_0)}{\Delta x}$ 都存在,则称它们为函数 $y = f(x)$ 在点 x_0 处的**左导数**和**右导数**,记作 $f'_-(x_0)$ 及 $f'_+(x_0)$,即

$$f'_-(x_0) = \lim\limits_{\Delta x \to 0^-} \frac{\Delta y}{\Delta x} = \lim\limits_{\Delta x \to 0^-} \frac{f(x_0 + \Delta x) - f(x_0)}{\Delta x} = \lim\limits_{x \to x_0^-} \frac{f(x) - f(x_0)}{x - x_0};$$

$$f'_+(x_0) = \lim\limits_{\Delta x \to 0^+} \frac{\Delta y}{\Delta x} = \lim\limits_{\Delta x \to 0^+} \frac{f(x_0 + \Delta x) - f(x_0)}{\Delta x} = \lim\limits_{x \to x_0^+} \frac{f(x) - f(x_0)}{x - x_0}.$$

　　显然,函数 $y = f(x)$ 在点 x_0 处可导的充要条件是 $y = f(x)$ 在点 x_0 处的左导数与右导数都存在且相等,这时有

$$f'(x_0) = f'_-(x_0) = f'_+(x_0).$$

　　例 1　证明:函数 $y = f(x) = |x|$ 在点 $x = 0$ 处不可导.

　　证　$\dfrac{\Delta y}{\Delta x} = \dfrac{f(0 + \Delta x) - f(0)}{\Delta x} = \dfrac{|\Delta x|}{\Delta x}$,

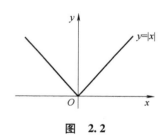

图　2.2

$$f'_-(0) = \lim\limits_{\Delta x \to 0^-} \frac{\Delta y}{\Delta x} = \lim\limits_{\Delta x \to 0^-} \frac{|\Delta x|}{\Delta x} = \lim\limits_{\Delta x \to 0^-} \frac{-\Delta x}{\Delta x} = -1,$$

$$f'_+(0) = \lim\limits_{\Delta x \to 0^+} \frac{\Delta y}{\Delta x} = \lim\limits_{\Delta x \to 0^+} \frac{|\Delta x|}{\Delta x} = \lim\limits_{\Delta x \to 0^+} \frac{\Delta x}{\Delta x} = 1,$$

因为 $f'_-(0) \neq f'_+(0)$,所以函数在点 $x = 0$ 处不可导.

3. 导函数

　　如果 $f(x)$ 在开区间 (a, b) 内每一点都可导,则称 $f(x)$ **在开区间 (a, b) 内可导**.

　　如果 $f(x)$ 在开区间 (a, b) 内可导,且在点 a 存在右导数,在点 b 存在左导数,则称 $f(x)$ **在闭区间 $[a, b]$ 上可导**.

　　定义 3　如果函数 $y = f(x)$ 在区间 I 上可导,则对 $\forall x \in I$,都对应着 $f(x)$ 的一个确定的导数值 $f'(x)$,因而 $f'(x)$ 是定义在 I 上的一个函数,称它为 $f(x)$ 在 I 上的**导函数**,记为 $f'(x)$,y' 或 $\dfrac{\mathrm{d}y}{\mathrm{d}x}$,即

$$f'(x) = \lim\limits_{\Delta x \to 0} \frac{f(x + \Delta x) - f(x)}{\Delta x}.$$

　　显然,函数 $y = f(x)$ 在点 x_0 处的导数 $f'(x_0)$ 就是导函数 $f'(x)$ 在点 $x = x_0$ 处的函数值,即 $f'(x_0) = f'(x)\big|_{x = x_0}$. 在不至于引起混淆的情况下,今后也将导函数简称为导数.

例 2 求函数 $f(x) = C(C$ 为常数$)$ 的导数.

解 $f'(x) = \lim\limits_{\Delta x \to 0} \dfrac{f(x + \Delta x) - f(x)}{\Delta x} = \lim\limits_{\Delta x \to 0} \dfrac{C - C}{\Delta x} = 0,$

即
$$(C)' = 0.$$

例 3 求函数 $f(x) = x^n (n \in \mathbf{N}_+)$ 在 $x = a$ 处的导数.

解 $f'(a) = \lim\limits_{x \to a} \dfrac{f(x) - f(a)}{x - a} = \lim\limits_{x \to a} \dfrac{x^n - a^n}{x - a}$

$\qquad = \lim\limits_{x \to a} (x^{n-1} + ax^{n-2} + \cdots + a^{n-1}) = na^{n-1}.$

把以上结果中的 a 换成 x 得 $f'(x) = nx^{n-1}$, 即
$$(x^n)' = nx^{n-1} \quad (n \in \mathbf{N}_+).$$

更一般地, 对于幂函数 $y = x^u \ (u \in \mathbf{R})$, 有
$$(x^u)' = ux^{u-1} \quad (u \in \mathbf{R}).$$

这就是幂函数的导数公式, 利用这些公式, 可以很方便地求出幂函数的导数. 例如:

$$\left(\frac{1}{x}\right)' = (x^{-1})' = -1 \cdot x^{-1-1} = -\frac{1}{x^2};$$

$$(\sqrt{x})' = (x^{\frac{1}{2}})' = \frac{1}{2} \cdot x^{\frac{1}{2}-1} = \frac{1}{2\sqrt{x}}.$$

例 4 求指数函数 $f(x) = a^x (a > 0, a \neq 1)$ 的导数.

解 $f'(x) = \lim\limits_{\Delta x \to 0} \dfrac{f(x + \Delta x) - f(x)}{\Delta x} = \lim\limits_{\Delta x \to 0} \dfrac{a^{x + \Delta x} - a^x}{\Delta x}$

$\qquad = a^x \lim\limits_{\Delta x \to 0} \dfrac{a^{\Delta x} - 1}{\Delta x} = a^x \ln a,$

即
$$(a^x)' = a^x \ln a.$$

当 $a = \mathrm{e}$ 时, 得
$$(\mathrm{e}^x)' = \mathrm{e}^x.$$

例 5 求对数函数 $f(x) = \log_a x (a > 0, a \neq 1)$ 的导数.

解 $f'(x) = \lim\limits_{\Delta x \to 0} \dfrac{f(x + \Delta x) - f(x)}{\Delta x} = \lim\limits_{\Delta x \to 0} \dfrac{\log_a(x + \Delta x) - \log_a x}{\Delta x}$

$\qquad = \lim\limits_{\Delta x \to 0} \dfrac{1}{\Delta x} \cdot \log_a \left(1 + \dfrac{\Delta x}{x}\right) = \lim\limits_{\Delta x \to 0} \dfrac{1}{\Delta x} \cdot \dfrac{\Delta x}{x} \cdot \dfrac{1}{\ln a} = \dfrac{1}{x \ln a},$

即
$$(\log_a x)' = \frac{1}{x \ln a}.$$

当 $a = \mathrm{e}$ 时, 得
$$(\ln x)' = \frac{1}{x}.$$

例 6 求正弦函数 $f(x) = \sin x$ 和余弦函数 $f(x) = \cos x$ 的导数.

解 $f'(x) = \lim\limits_{\Delta x \to 0} \dfrac{f(x + \Delta x) - f(x)}{\Delta x} = \lim\limits_{\Delta x \to 0} \dfrac{\sin(x + \Delta x) - \sin x}{\Delta x}$

$\qquad = \lim\limits_{\Delta x \to 0} \dfrac{2\sin\dfrac{\Delta x}{2} \cos\left(x + \dfrac{\Delta x}{2}\right)}{\Delta x} = \lim\limits_{\Delta x \to 0} \dfrac{2\dfrac{\Delta x}{2} \cos\left(x + \dfrac{\Delta x}{2}\right)}{\Delta x}$

$$= \lim_{\Delta x \to 0} \cos \left(x + \frac{\Delta x}{2} \right) = \cos x,$$

即

$$(\sin x)' = \cos x.$$

类似地，

$$(\cos x)' = -\sin x.$$

例 3 ~ 例 7 的结果为部分基本初等函数的求导公式，读者应牢记，并会熟练应用.

4. 导数的几何意义

根据引例 2 切线斜率的讨论以及导数的定义可知，函数 $f(x)$ 在点 x_0 处的导数 $f'(x_0)$ 在几何上表示曲线 $y = f(x)$ 在点 $M(x_0, y_0)$ 处的切线的斜率，即

$$f'(x_0) = \tan \alpha,$$

其中 α 是切线的倾斜角.

于是，曲线 $y = f(x)$ 在点 $M(x_0, y_0)$ 处的切线方程为

$$y - y_0 = f'(x_0)(x - x_0).$$

特别地，当 $f'(x_0) = 0$ 时，曲线有水平切线 $y = y_0$.

过切点 $M(x_0, y_0)$ 且与切线垂直的直线称为曲线 $y = f(x)$ 在点 $M(x_0, y_0)$ 处的法线，如果 $f'(x_0) \neq 0$，则法线方程为

$$y - y_0 = -\frac{1}{f'(x_0)}(x - x_0).$$

当 $y = f(x)$ 在点 x_0 处的导数为无穷大，这时曲线 $y = f(x)$ 在点 $M(x_0, y_0)$ 处具有垂直于 x 轴的切线 $x = x_0$.

例 7　求等边双曲线 $y = \dfrac{1}{x}$ 在点 $\left(\dfrac{1}{2}, 2 \right)$ 处的切线的斜率，并写出在该点处的切线方程和法线方程.

解　根据导数的几何意义知道，所求切线的斜率为

$$k_1 = y' \big|_{x = \frac{1}{2}}.$$

由于 $y' = \left(\dfrac{1}{x} \right)' = -\dfrac{1}{x^2}$，于是

$$k_1 = -\frac{1}{x^2} \bigg|_{x = \frac{1}{2}} = -4.$$

从而所求切线方程为

$$y - 2 = -4 \left(x - \frac{1}{2} \right),$$

即

$$4x + y - 4 = 0.$$

所求法线的斜率为

$$k_2 = -\frac{1}{k_1} = \frac{1}{4},$$

于是所求法线方程为

$$y - 2 = \frac{1}{4} \left(x - \frac{1}{2} \right),$$

即

$$2x - 8y + 15 = 0.$$

例8 求曲线 $y = \ln x$ 在点 $(e, 1)$ 处的切线方程和法线方程.

解
$$y' = (\ln x)' = \frac{1}{x}, y'\big|_{x=e} = \frac{1}{e},$$

从而所求切线的斜率为 $k_1 = \frac{1}{e}$,法线斜率为 $k_2 = -e$,所以切线方程为

$$y - 1 = \frac{1}{e}(x - e),$$

即

$$x - ey = 0;$$

法线方程为

$$y - 1 = -e(x - e),$$

即

$$ex + y - e^2 - 1 = 0.$$

5. 函数的可导性与连续性的关系

定理 如果函数 $y = f(x)$ 在点 x_0 处可导,则 $y = f(x)$ 在点 x_0 处连续.

证 如果函数 $y = f(x)$ 在点 x_0 处可导,则有

$$f'(x_0) = \lim_{\Delta x \to 0} \frac{\Delta y}{\Delta x} = \lim_{\Delta x \to 0} \frac{f(x_0 + \Delta x) - f(x_0)}{\Delta x},$$

由极限运算法则得

$$\lim_{\Delta x \to 0} \Delta y = \lim_{\Delta x \to 0} \left(\frac{\Delta y}{\Delta x} \cdot \Delta x \right) = \lim_{\Delta x \to 0} \frac{\Delta y}{\Delta x} \lim_{\Delta x \to 0} \Delta x = f'(x_0) \times 0 = 0,$$

所以 $f(x)$ 在点 x_0 处连续.

由此可知,函数在区间上可导的必要条件是函数在区间上连续. 但是上述定理的逆命题不成立. 即一个函数在某点连续却不一定在该点可导. 举例说明如下:

例9 函数 $y = f(x) = \sqrt[3]{x}$ 在区间 $(-\infty, +\infty)$ 内连续,但在点 $x = 0$ 处不可导. 这是因为在点 $x = 0$ 处有

$$\lim_{\Delta x \to 0} \frac{f(0 + \Delta x) - f(0)}{\Delta x} = \lim_{\Delta x \to 0} \frac{\sqrt[3]{\Delta x} - 0}{\Delta x}$$
$$= \lim_{\Delta x \to 0} \frac{1}{(\Delta x)^{\frac{2}{3}}} = +\infty,$$

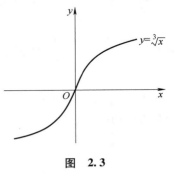

图 2.3

即函数 $f(x) = \sqrt[3]{x}$ 在 $x = 0$ 处的导数为无穷大(注意,导数不存在). 这事实在图 2.3 中表现为曲线 $y = \sqrt[3]{x}$ 在原点具有垂直于 x 轴的切线 $x = 0$.

例10 函数 $y = |x|$ 在 $(-\infty, +\infty)$ 内连续,但在例1中已经看到,该函数在 $x = 0$ 处不可导. 如图 2.2 所示,曲线 $y = |x|$ 在原点处没有切线.

例11 讨论函数 $f(x) = \begin{cases} x \sin \dfrac{1}{x}, & x \neq 0, \\ 0, & x = 0 \end{cases}$ 在点 $x = 0$ 处的连续性和可导性.

解 由于

$$\lim_{x \to 0} f(x) = \lim_{x \to 0} x \sin \frac{1}{x} = 0 = f(0),$$

所以函数 $f(x)$ 在点 $x = 0$ 处连续. 但极限

$$\lim_{\Delta x \to 0} \frac{\Delta y}{\Delta x} = \lim_{\Delta x \to 0} \frac{f(0 + \Delta x) - f(0)}{\Delta x}$$

$$= \lim_{\Delta x \to 0} \frac{(0 + \Delta x) \sin \frac{1}{0 + \Delta x} - 0}{\Delta x} = \lim_{\Delta x \to 0} \sin \frac{1}{\Delta x}$$

不存在, 故 $f(x)$ 在点 $x = 0$ 处不可导.

 习题 2.1

1. 设物体绕定轴旋转, 其转角 θ 与时间 t 的函数关系为 $\theta = \theta(t)$, 如果旋转是匀速的, 那么 $\omega = \frac{\Delta \theta}{\Delta t}$ (其中 $\Delta \theta$ 为 Δt 时间内转过的角度) 是常数, 称为旋转的角速度. 如果旋转是非匀速的, 那么怎样确定 t_0 时刻的角速度?

2. 设某物质吸收热量 Q 与温度 T 的函数关系为 $Q = Q(T)$, 如果物质吸收热量随温度均匀变化, 那么 $C = \frac{\Delta Q}{\Delta T}$ (其中 ΔQ 为当温度有改变量 ΔT 时热量的改变量) 是常数, 称为热容. 如果热量随温度的变化是非均匀的, 那么怎样确定温度 T_0 时的热容?

3. 已知物体的运动规律 $s = t^2 (\mathrm{m})$, 求物体在 $t = 2 (\mathrm{s})$ 时的速度.

4. 用导数的定义求下列函数的导函数, 并求在指定点的导数值:

(1) $y = \frac{1}{x}, x = -2$;　　　　(2) $y = \cos x, x = \frac{\pi}{3}$.

5. 下列各题中均假设 $f'(x_0)$ 存在, 按照导数定义观察下列极限, 指出 A 是什么:

(1) $\lim\limits_{\Delta x \to 0} \dfrac{f(x_0 - \Delta x) - f(x_0)}{\Delta x} = A$;

(2) $\lim\limits_{x \to 0} \dfrac{f(x)}{x} = A$, 其中 $f(0) = 0$, 且 $f'(0)$ 存在;

(3) $\lim\limits_{h \to 0} \dfrac{f(x_0 + h) - f(x_0 - h)}{h} = A$.

6. 设

$$f(x) = \begin{cases} \dfrac{2}{3} x^3, & x \le 1, \\ x^2, & x > 1, \end{cases}$$

则 $f(x)$ 在 $x = 1$ 处的 (　　).

(A) 左、右导数都存在　　　　(B) 左导数存在, 右导数不存在

(C) 左导数不存在, 右导数存在　(D) 左、右导数都不存在

7. 求下列函数的导数:

(1) $y = x^4$;　　　(2) $y = \sqrt[3]{x^2}$;　　　(3) $y = x^{1.6}$;　　　(4) $y = \dfrac{1}{\sqrt{x}}$;

$(5) y = \dfrac{1}{x^2}$;　　　$(6) y = x^3 \sqrt[5]{x}$;　　　$(7) y = \dfrac{x^2 \sqrt[3]{x^2}}{\sqrt{x^5}}$.

8. 如果 $f(x)$ 为偶函数,且 $f'(0)$ 存在,求 $f'(0)$.

9. 求曲线 $y = \sin x$ 在横坐标 $x = \dfrac{2}{3}\pi$ 和 $x = \pi$ 处切线的斜率.

10. 求曲线 $y = \cos x$ 上点 $\left(\dfrac{\pi}{3}, \dfrac{1}{2}\right)$ 处的切线方程和法线方程.

11. 求曲线 $y = e^x$ 在点 $(0,1)$ 处的切线方程.

12. 在抛物线 $y = x^2 + 1$ 上哪一点的切线

(1) 平行于直线 $4x - y - 5 = 0$?

(2) 垂直于直线 $2x - 6y + 5 = 0$?

(3) 与 x 轴成 $45°$ 角?

13. 讨论下列函数在点 $x = 0$ 处的连续性与可导性:

$(1) f(x) = |\sin x|$;　　　　　　$(2) f(x) = \begin{cases} x^2 \sin \dfrac{1}{x}, & x \neq 0, \\ 0, & x = 0. \end{cases}$

14. 确定常数 a, b,使函数 $f(x) = \begin{cases} x^2, & x \leq 1, \\ ax + b, & x > 1, \end{cases}$ 在点 $x = 1$ 处连续且可导.

15. 已知 $f(x) = \begin{cases} \sin x, & x < 0, \\ x, & x \geq 0, \end{cases}$ 求 $f'(x)$.

16. 设 $f(x)$ 在 $x = 1$ 处连续,且 $\lim\limits_{x \to 1} \dfrac{f(x)}{x - 1} = 2$,求 $f'(1)$.

17. 若函数 $f(x)$ 在 $x = 0$ 处连续,且 $\lim\limits_{x \to 0} \dfrac{f(x)}{x}$ 存在,试证 $f(x)$ 在点 $x = 0$ 处可导.

18. 证明:双曲线 $xy = a^2$ 上任一点处的切线与两坐标轴围成的三角形的面积等于常数.

2.2　函数的求导法则

在本节中,将介绍求导数的几个基本法则以及前一节未讨论过的几个基本初等函数的导数公式.借助于这些法则和基本初等函数的导数公式,就能比较方便地求出常见的初等函数的导数.

1. 函数的和、差、积、商的求导法则

定理1　如果函数 $u = u(x)$,$v = v(x)$ 都在点 x 处可导,那么它们的和、差、积、商(除分母为零的点外)都在点 x 处也可导,并且有

(1) $\left[u(x) \pm v(x)\right]' = u'(x) \pm v'(x)$;

(2) $\left[u(x) v(x)\right]' = u'(x) v(x) \pm u(x) v'(x)$;

(3) $\left[\dfrac{u(x)}{v(x)}\right]' = \dfrac{u'(x) v(x) - u(x) v'(x)}{v^2(x)}$　$(v(x) \neq 0)$.

证　(1) 设 $y = u(x) + v(x)$,则由导数的定义有

$$y' = \lim_{\Delta x \to 0} \frac{\Delta y}{\Delta x} = \lim_{\Delta x \to 0} \frac{[u(x+\Delta x)+v(x+\Delta x)]-[u(x)+v(x)]}{\Delta x}$$

$$= \lim_{\Delta x \to 0} \frac{[u(x+\Delta x)+v(x+\Delta x)]-[u(x)+v(x)]}{\Delta x}$$

$$= \lim_{\Delta x \to 0} \frac{u(x+\Delta x)-u(x)}{\Delta x} + \lim_{\Delta x \to 0} \frac{v(x+\Delta x)-v(x)}{\Delta x}$$

$$= u'(x) + v'(x),$$

法则(1)可简单地表示为

$$(u+v)' = u' + v'.$$

类似地，

$$(u-v)' = u' - v'.$$

(2)设 $y = u(x)v(x)$，则

$$y' = \lim_{\Delta x \to 0} \frac{\Delta y}{\Delta x} = \lim_{\Delta x \to 0} \frac{u(x+\Delta x)\cdot v(x+\Delta x) - u(x)v(x)}{\Delta x}$$

$$= \lim_{\Delta x \to 0} \left[\frac{u(x+\Delta x)\cdot v(x+\Delta x) - u(x)\cdot v(x+\Delta x)}{\Delta x} + \frac{u(x)\cdot v(x+\Delta x) - u(x)\cdot v(x)}{\Delta x} \right]$$

$$= \lim_{\Delta x \to 0} \left[\frac{u(x+\Delta x)-u(x)}{\Delta x}\cdot v(x+\Delta x) \right] + \lim_{\Delta x \to 0} \left[u(x)\cdot \frac{v(x+\Delta x)-v(x)}{\Delta x} \right]$$

$$= \lim_{\Delta x \to 0} \frac{u(x+\Delta x)-u(x)}{\Delta x}\cdot \lim_{\Delta x \to 0} v(x+\Delta x) + \lim_{\Delta x \to 0} u(x)\cdot \lim_{\Delta x \to 0} \frac{v(x+\Delta x)-v(x)}{\Delta x}$$

$$= u'(x)\cdot v(x) + u(x)\cdot v'(x),$$

其中，$\lim_{\Delta x \to 0} v(x+\Delta x) = v(x)$ 是由于 $v'(x)$ 存在，故 $v(x)$ 在点 x 连续.

法则(2)可简单地表示为

$$(uv)' = u'v + uv'.$$

(3)设 $y = \dfrac{u(x)}{v(x)}$，　$v(x) \neq 0$，则

$$y' = \lim_{\Delta x \to 0} \frac{\Delta y}{\Delta x} = \lim_{\Delta x \to 0} \frac{\dfrac{u(x+\Delta x)}{v(x+\Delta x)} - \dfrac{u(x)}{v(x)}}{\Delta x}$$

$$= \lim_{\Delta x \to 0} \frac{u(x+\Delta x)v(x) - u(x)v(x+\Delta x)}{v(x+\Delta x)\cdot v(x)\cdot \Delta x}$$

$$= \lim_{\Delta x \to 0} \frac{[u(x+\Delta x)-u(x)]v(x) - u(x)[v(x+\Delta x)-v(x)]}{v(x+\Delta x)\cdot v(x)\cdot \Delta x}$$

$$= \lim_{\Delta x \to 0} \frac{1}{v(x+\Delta x)\cdot v(x)} \left[\frac{u(x+\Delta x)-u(x)}{\Delta x}\cdot v(x) - u(x)\cdot \frac{v(x+\Delta x)-v(x)}{\Delta x} \right]$$

$$= \frac{u'(x)v(x) - u(x)v'(x)}{[v(x)]^2}.$$

法则(3)可简单地表示为

$$\left(\frac{u}{v} \right)' = \frac{u'v - uv'}{v^2} (v \neq 0).$$

定理 1 中的法则(1)(2)可以推广到任意有限个可导函数的情形，例如，

$$(u + v - w)' = u' + v' - w',$$
$$(uvw)' = [(uv)w]' = (uv)'w + (uv)w' = (u'v + uv')w + uvw' = u'vw + uv'w + uvw'.$$

即

$$(uvw)' = u'vw + uv'w + uvw'.$$

在法则(2)中,当 $v(x) = C(C$ 为常数)时,有
$$(Cu)' = Cu'.$$

在法则(3)中,当 $u(x) = C(C$ 为常数)时,有
$$\left(\frac{C}{v} \right)' = -\frac{Cv'}{v^2}.$$

例1 $y = 2x^3 - 5x^2 + 3x - 7$,求 y'.

解 $y' = (2x^3 - 5x^2 + 3x - 7)'$
$= (2x^3)' - (5x^2)' + (3x)' - (7)'$
$= 2 \cdot 3x^2 - 5 \cdot 2x + 3 = 6x^2 - 10x + 3.$

例2 $f(x) = x^3 + 4\cos x - \sin \dfrac{\pi}{2}$,求 $f'(x)$ 及 $f'\left(\dfrac{\pi}{2}\right)$.

解 $f'(x) = \left(x^3 + 4\cos x - \sin \dfrac{\pi}{2} \right)' = 3x^2 - 4\sin x,$

$f'\left(\dfrac{\pi}{2}\right) = \dfrac{3}{4}\pi^2 - 4.$

例3 $y = e^x(\sin x + \cos x)$,求 y'.

解 $y' = (e^x)'(\sin x + \cos x) + e^x(\sin x + \cos x)'$
$= e^x(\sin x + \cos x) + e^x(\cos x - \sin x)$
$= 2e^x \cos x.$

例4 求 $y = \tan x$ 的导数.

解 $y' = (\tan x)' = \left(\dfrac{\sin x}{\cos x} \right)' = \dfrac{(\sin x)'\cos x - \sin x(\cos x)'}{\cos^2 x}$

$= \dfrac{\cos^2 x + \sin^2 x}{\cos^2 x} = \dfrac{1}{\cos^2 x} = \sec^2 x,$

即
$$(\tan x)' = \sec^2 x.$$

类似地,
$$(\cot x)' = -\csc^2 x.$$

例5 求 $y = \sec x$ 的导数.

解 $y' = (\sec x)' = \left(\dfrac{1}{\cos x} \right)' = -\dfrac{(\cos x)'}{\cos^2 x} = \dfrac{\sin x}{\cos^2 x} = \sec x \tan x,$

即
$$(\sec x)' = \sec x \tan x.$$

类似地,
$$(\csc x)' = -\csc x \cot x.$$

例6 设 $f(x) = \begin{cases} e^{-x} - 1, & x \leq 0, \\ x^2 + \sin x, & x > 0. \end{cases}$ 求 $f'(x)$.

解 当 $x < 0$ 时,$f'(x) = (e^{-x} - 1)' = \left(\dfrac{1 - e^x}{e^x} \right)' = \dfrac{-e^x \cdot e^x - (1 - e^x) \cdot e^x}{e^{2x}} = -e^{-x},$

当 $x > 0$ 时,$f'(x) = (x^2 + \sin x)' = 2x + \cos x.$

当 $x=0$ 时,由左、右导数的定义得

$$f'_-(0) = \lim_{x \to 0^-} \frac{f(x)-f(0)}{x-0} = \lim_{x \to 0^-} \frac{e^{-x}-1}{x} = \lim_{x \to 0^-} \frac{-x}{x} = -1,$$

$$f'_+(0) = \lim_{x \to 0^+} \frac{f(x)-f(0)}{x-0} = \lim_{x \to 0^+} \frac{x^2+\sin x}{x} = \lim_{x \to 0^+} \left(x + \frac{\sin x}{x} \right) = 1,$$

因为 $f'_-(0) \neq f'_+(0)$,所以 $f(x)$ 在点 $x=0$ 处不可导. 故

$$f'(x) = \begin{cases} -e^{-x}, & x<0, \\ 2x+\cos x, & x>0. \end{cases}$$

注意　分段函数在分段点处要用导数的定义求导数.

2. 反函数的求导法则

定理 2　如果函数 $x=f(y)$ 在区间 I_y 内单调、可导且 $f'(y) \neq 0$,则它的反函数 $y=f^{-1}(x)$ 在区间 $I_x = \{ x \mid x=f(y), y \in I_y \}$ 内也可导,且

$$[f^{-1}(x)]' = \frac{1}{f'(y)} \quad \text{或} \quad \frac{dy}{dx} = \frac{1}{\frac{dx}{dy}}. \tag{2.2.1}$$

证　由于 $x=f(y)$ 在 I_y 内单调、可导(从而连续),由反函数存在定理知道,$x=f(y)$ 的反函数 $y=f^{-1}(x)$ 存在,且 $f^{-1}(x)$ 在 I_x 内也单调、连续.

任取 $x \in I_x$,给 x 以增量 $\Delta x (\Delta x \neq 0, x+\Delta x \in I_x)$,由 $y=f^{-1}(x)$ 的单调性可知

$$\Delta y = f^{-1}(x+\Delta x) - f^{-1}(x),$$

于是有

$$\frac{\Delta y}{\Delta x} = \frac{1}{\frac{\Delta x}{\Delta y}}.$$

因 $y=f^{-1}(x)$ 连续,故

$$\lim_{\Delta x \to 0} \Delta y = 0,$$

从而

$$[f^{-1}(x)]' = \lim_{\Delta x \to 0} \frac{\Delta y}{\Delta x} = \lim_{\Delta x \to 0} \frac{1}{\frac{\Delta x}{\Delta y}} = \frac{1}{f'(y)}.$$

该定理表明:反函数的导数等于直接函数导数的倒数.

例 7　求反正弦函数 $y=\arcsin x, x \in (-1,1)$ 的导数.

解　$y=\arcsin x, x \in (-1,1)$ 是 $x=\sin y, y \in \left(-\frac{\pi}{2}, \frac{\pi}{2} \right)$ 的反函数. 当 $y \in \left(-\frac{\pi}{2}, \frac{\pi}{2} \right)$ 时,$x=\sin y$ 单调增加、可导,且 $(\sin y)' = \cos y > 0$,由定理 2 知,$y=\arcsin x$ 在 $(-1,1)$ 内可导,且有

$$(\arcsin x)' = \frac{1}{(\sin y)'} = \frac{1}{\cos y} = \frac{1}{\sqrt{1-\sin^2 y}} = \frac{1}{\sqrt{1-x^2}},$$

即

$$(\arcsin x)' = \frac{1}{\sqrt{1-x^2}}, x \in (-1,1).$$

类似地，$$(\arccos x)' = -\frac{1}{\sqrt{1-x^2}}, x \in (-1,1).$$

例8 求反正切函数 $y = \arctan x, x \in (-\infty, +\infty)$ 的导数.

解 $y = \arctan x, x \in (-\infty, +\infty)$ 是 $x = \tan y, y \in \left(-\frac{\pi}{2}, \frac{\pi}{2}\right)$ 的反函数. 当 $y \in \left(-\frac{\pi}{2}, \frac{\pi}{2}\right)$ 时，$x = \tan y$ 严格单调增加、可导，且 $(\tan y)' = \sec^2 y > 0$，由定理2知 $y = \arctan x$ 在 $(-\infty, +\infty)$ 内可导，且有

$$(\arctan x)' = \frac{1}{(\tan y)'} = \frac{1}{\sec^2 y} = \frac{1}{1 + \tan^2 y} = \frac{1}{1 + x^2},$$

即 $$(\arctan x)' = \frac{1}{1 + x^2}, x \in (-\infty, +\infty).$$

类似地，$$(\operatorname{arccot} x)' = -\frac{1}{1 + x^2}, x \in (-\infty, +\infty).$$

到目前为止，我们已导出了所有基本初等函数的导数.

例9 求对数函数 $y = \log_a x (a > 0, a \neq 1)$ 的导数.

解 $y = \log_a x (a > 0, a \neq 1)$ 是 $x = a^y (a > 0, a \neq 1)$ 的反函数. 当 $y \in (-\infty, +\infty)$ 时，$x = a^y$ 单调、可导，且 $(a^y)' = a^y \ln a \neq 0$，由定理2知 $y = \log_a x$ 在 $(-\infty, +\infty)$ 内可导，且有

$$(\log_a x)' = \frac{1}{(a^y)'} = \frac{1}{a^y \ln a} = \frac{1}{x \ln a},$$

即 $$(\log_a x)' = \frac{1}{x \ln a}, \quad x \in (-\infty, +\infty).$$

3. 复合函数的求导法则

定理3 设函数 $u = \varphi(x)$ 在点 x 处可导，而函数 $y = f(u)$ 在点 $u = \varphi(x)$ 处可导，则复合函数 $y = f(\varphi(x))$ 在点 x 处可导，且其导数为

$$\frac{dy}{dx} = f'(u) \cdot \varphi'(x) \quad \text{或} \quad \frac{dy}{dx} = \frac{dy}{du} \cdot \frac{du}{dx}. \tag{2.2.2}$$

证 由于 $y = f(u)$ 在点 u 可导，即

$$\lim_{\Delta u \to 0} \frac{\Delta y}{\Delta u} = f'(u)$$

存在，于是根据极限与无穷小的关系，有

$$\frac{\Delta y}{\Delta u} = f'(u) + \alpha,$$

其中 $\lim\limits_{\Delta u \to 0} \alpha = 0$. 上式中 $\Delta u \neq 0$，用 Δu 乘上式两边，得

$$\Delta y = f'(u) \Delta u + \alpha \cdot \Delta u, \tag{2.2.3}$$

若 $\Delta u = 0$，规定 $\alpha = 0$，这时因 $\Delta y = f(u + \Delta u) - f(u) = 0$，因而式(2.2.3)右端也为零，故式(2.2.3)对 $\Delta u = 0$ 也成立，用 $\Delta x \neq 0$ 除式(2.2.3)两边，得

$$\frac{\Delta y}{\Delta x} = f'(u) \cdot \frac{\Delta u}{\Delta x} + \alpha \cdot \frac{\Delta u}{\Delta x},$$

于是

$$\lim_{\Delta x \to 0} \frac{\Delta y}{\Delta x} = f'(u) \cdot \lim_{\Delta x \to 0} \frac{\Delta u}{\Delta x} + \lim_{\Delta x \to 0} \alpha \cdot \lim_{\Delta x \to 0} \frac{\Delta u}{\Delta x},$$

又因函数 $u = \varphi(x)$ 在点 x 处可导,即 $\lim\limits_{\Delta x \to 0} \frac{\Delta u}{\Delta x} = \varphi'(x)$ 存在,由可导必连续可知,当 $\Delta x \to 0$ 时,$\Delta u \to 0$,

从而 $\lim\limits_{\Delta x \to 0} \alpha = \lim\limits_{\Delta u \to 0} \alpha = 0$,故有

$$\frac{dy}{dx} = f'(u)\varphi'(x) = \frac{dy}{du} \cdot \frac{du}{dx}.$$

定理 3 又称为**链式法则**,它可以推广到任意有限个函数复合的情形. 例如,设 $y = f(u)$,$u = \varphi(v)$,$v = \psi(x)$ 均可导,则复合函数 $y = f(\varphi(\psi(x)))$ 也可导,并且

$$\frac{dy}{dx} = \frac{dy}{du} \cdot \frac{du}{dv} \cdot \frac{dv}{dx}.$$

例 10 $y = \arctan \dfrac{1}{x}$,求 y'.

解 $y = \arctan \dfrac{1}{x}$ 可看作 $y = \arctan u$,$u = \dfrac{1}{x}$ 复合而成,因此

$$y' = \frac{dy}{du} \cdot \frac{du}{dx} = \frac{1}{1 + u^2} \cdot \left(-\frac{1}{x^2} \right) = \frac{1}{1 + \left(\dfrac{1}{x} \right)^2} \cdot \left(-\frac{1}{x^2} \right) = -\frac{1}{1 + x^2}.$$

例 11 $y = e^{x^3}$,求 $\dfrac{dy}{dx}$.

解 $y = e^{x^3}$ 可看作 $y = e^u$,$u = x^3$ 复合而成,因此

$$\frac{dy}{dx} = \frac{dy}{du} \cdot \frac{du}{dx} = e^u \cdot 3x^2 = 3x^2 e^{x^3}.$$

例 12 $y = \sin \dfrac{2x}{1 + x^2}$,求 $\dfrac{dy}{dx}$.

解 $y = \sin \dfrac{2x}{1 + x^2}$ 可看作 $y = \sin u$,$u = \dfrac{2x}{1 + x^2}$ 复合而成,因此

$$\frac{dy}{dx} = \frac{dy}{du} \cdot \frac{du}{dx} = \cos u \cdot \frac{2(1 + x^2) - 2x \cdot 2x}{(1 + x^2)^2}$$

$$= \frac{2(1 - x^2)}{(1 + x^2)^2} \cos \frac{2x}{1 + x^2}$$

当比较熟练地掌握了复合函数的分解和链式法则之后,就不必写出中间变量,只要分清函数的复合层次,然后采用由外向内,逐层求导的方法直接求导.

例 13 $y = \ln \sin x$,求 $\dfrac{dy}{dx}$.

解 $\dfrac{dy}{dx} = (\ln \sin x)' = \dfrac{1}{\sin x} (\sin x)' = \dfrac{\cos x}{\sin x} = \cot x.$

例 14 $y = \sqrt[3]{1 - 2x^2}$,求 $\dfrac{dy}{dx}$.

解 $\dfrac{dy}{dx} = [(1 - 2x^2)^{\frac{1}{3}}]' = \dfrac{1}{3}(1 - 2x^2)^{-\frac{2}{3}} \cdot (1 - 2x^2)' = \dfrac{-4x}{3\sqrt[3]{(1 - 2x^2)^2}}.$

例 15 $y = \ln \cos(1 - x^2)$，求 $\dfrac{dy}{dx}$.

解 $y = \ln \cos(1 - x^2)$ 可分解为 $y = \ln u, u = \cos v, v = 1 - x^2$，因此

$$\frac{dy}{dx} = \frac{dy}{du} \cdot \frac{du}{dv} \cdot \frac{dv}{dx} = \frac{1}{u} \cdot (-\sin v) \cdot (-2x)$$

$$= \frac{1}{\cos(1 - x^2)} \cdot [-\sin(1 - x^2)] \cdot (-2x) = 2x \tan(1 - x^2).$$

例 16 $y = 3^{\arctan \sqrt{x}}$，求 y'.

解 $y' = 3^{\arctan \sqrt{x}} \ln 3 \cdot (\arctan \sqrt{x})'$

$$= 3^{\arctan \sqrt{x}} \ln 3 \cdot \frac{1}{1 + (\sqrt{x})^2} (\sqrt{x})'$$

$$= 3^{\arctan \sqrt{x}} \ln 3 \cdot \frac{1}{1 + x} \cdot \frac{1}{2\sqrt{x}} = \frac{\ln 3}{2\sqrt{x}(1 + x)} \cdot 3^{\arctan \sqrt{x}}.$$

4. 基本求导法则与导数公式

由于初等函数是由常数和基本初等函数经过有限次的四则运算以及有限次的复合运算所构成的函数，因此，利用基本初等函数的导数公式、函数的和、差、积、商的求导法则以及复合函数的求导法则，就可以求出任何初等函数的导数．为了便于查阅，我们将求导公式与法则列表如下：

(1) 常数和基本初等函数的导数公式

1) $(C)' = 0$；

2) $(x^u)' = ux^{u-1} (u \in \mathbf{R})$；

3) $(\sin x)' = \cos x$；

4) $(\cos x)' = -\sin x$；

5) $(\tan x)' = \sec^2 x$；

6) $(\cot x)' = -\csc^2 x$；

7) $(\sec x)' = \sec x \tan x$；

8) $(\csc x)' = -\csc x \cot x$；

9) $(a^x)' = a^x \ln a (a > 0, a \neq 1)$；

10) $(e^x)' = e^x$；

11) $(\log_a x)' = \dfrac{1}{x \ln a} (a > 0, a \neq 1)$；

12) $(\ln x)' = \dfrac{1}{x}$；

13) $(\arcsin x)' = \dfrac{1}{\sqrt{1 - x^2}}$；

14) $(\arccos x)' = -\dfrac{1}{\sqrt{1 - x^2}}$；

15) $(\arctan x)' = \dfrac{1}{1 + x^2}$；

16) $(\text{arccot } x)' = -\dfrac{1}{1 + x^2}$.

(2) 函数的和、差、积、商的求导法则

设 $u = u(x), v = v(x)$ 都可导，则

1) $(u \pm v)' = u' \pm v'$；

2) $(uv)' = u'v + uv'$；

3) $(Cu)' = Cu'$（C 为常数）；

4) $\left(\dfrac{u}{v}\right)' = \dfrac{u'v - uv'}{v^2} (v \neq 0)$.

(3) 反函数的求导法则

如果函数 $x = f(y)$ 在区间 I_y 内单调、可导且 $f'(y) \neq 0$，则它的反函数 $y = f^{-1}(x)$ 在区间 $I_x = f(I_y)$ 内也可导，且

$$[f^{-1}(x)]' = \frac{1}{f'(y)} \quad 或 \quad \frac{dy}{dx} = \frac{1}{\dfrac{dx}{dy}}.$$

（4）复合函数的求导法则

设函数 $y = f(u)$ 而 $u = \varphi(x)$，且 $f(u)$ 及 $\varphi(x)$ 都可导，则复合函数 $f(\varphi(x))$ 的导数为

$$\frac{dy}{dx} = \frac{dy}{du} \cdot \frac{du}{dx} \quad 或 \quad y'(x) = f'(u)\varphi'(x).$$

 **习题 2. 2**

1. 推导余切函数和余割函数的导数公式：

$$(\cot x)' = -\csc^2 x; \quad (\csc x)' = -\csc x \cot x.$$

2. 求下列函数的导数：

$(1)\, y = \sqrt{x \sqrt{x \sqrt{x}}};$

$(2)\, y = x \tan x - 2\sec x;$

$(3)\, y = x^2 \ln x;$

$(4)\, y = \dfrac{e^x}{x^2} + \ln 3;$

$(5)\, y = 3e^x \cos x;$

$(6)\, y = x^2 \ln x \cos x;$

$(7)\, y = \dfrac{\ln x}{x};$

$(8)\, y = \dfrac{1 + \sin t}{1 + \cos t}.$

3. 求下列函数在给定点处的导数：

$(1)\, f(x) = \sin x - x \cos x,$ 求 $f'\left(\dfrac{\pi}{2}\right);$ $(2)\, f(x) = \dfrac{x^2 - 5x + 1}{x^3},$ 求 $f'(-1);$

$(3)\, y = e^x(x^2 - 3x + 1),$ 求 $y'(0).$

4. 求曲线 $y = x - \dfrac{1}{x}$ 与 x 轴交点处的切线方程.

5. 求下列函数的导数：

$(1)\, y = (2x + 5)^4;$

$(2)\, y = e^{-3x^2};$

$(3)\, y = \cos(4 - 3x);$

$(4)\, y = \ln(1 + x^2);$

$(5)\, y = \tan x^2;$

$(6)\, y = \sin^2 x;$

$(7)\, y = \sqrt{a^2 - x^2};$

$(8)\, y = \arctan(e^x);$

$(9)\, y = \ln(\cos x);$

$(10)\, y = (\arcsin x)^2.$

6. 求下列函数的导数：

$(1)\, y = \dfrac{1}{\sqrt{1 - x^2}};$

$(2)\, y = e^{-\frac{x}{2}} \cos 3x;$

$(3)\, y = \arccos \dfrac{1}{x};$

$(4)\, y = \arcsin(1 - 2x);$

$(5)\, y = \ln \dfrac{1 + \sqrt{x}}{1 - \sqrt{x}};$

$(6)\, y = \dfrac{\sin 2x}{x};$

$(7)\, y = \ln(\sec x + \tan x);$

$(8)\, y = \ln(x + \sqrt{a^2 + x^2}).$

7. 求下列函数的导数：

$(1)\ y=\left(\arcsin\dfrac{x}{2}\right)^2;$ $\qquad$ $(2)\ y=\ln\tan\dfrac{x}{2};$

$(3)\ y=\sqrt{1+\ln^2 x};$ $\qquad$ $(4)\ y=e^{\arctan\sqrt{x}};$

$(5)\ y=\dfrac{\arcsin x}{\arccos x};$ $\qquad$ $(6)\ y=\ln\ln x;$

$(7)\ y=\dfrac{\sqrt{1+x}-\sqrt{1-x}}{\sqrt{1+x}+\sqrt{1-x}};$ $\qquad$ $(8)\ y=\arcsin\sqrt{\dfrac{1-x}{1+x}}.$

8. 设 $f(x)$ 为可导函数,求 $\dfrac{\mathrm{d}y}{\mathrm{d}x}$:

$(1)\ y=f(x^3);$ $\qquad$ $(2)\ y=f(\sin^2 x)+f(\cos^2 x);$ $\qquad$ $(3)\ y=f\left(\arcsin\dfrac{1}{x}\right).$

9. 求下列函数的导数:

$(1)\ y=e^{-x}(x^2-2x+3);$ $\qquad$ $(2)\ y=\sin^2 x\cdot\sin x^2;$

$(3)\ y=\ln\cos\dfrac{1}{x};$ $\qquad$ $(4)\ y=e^{-\sin^2\frac{1}{x}};$

$(5)\ y=\sqrt{x+\sqrt{x}};$ $\qquad$ $(6)\ y=10^{x\tan 2x};$

$(7)\ y=\sin^n x\cos nx;$ $\qquad$ $(8)\ y=x\arcsin\dfrac{x}{2}+\sqrt{4-x^2}.$

10. 设 $f(1-x)=xe^{-x}$,且 $f(x)$ 可导,求 $f'(x)$.

11. 设 $f(u)$ 为可导函数,且 $f(x+3)=x^5$,求 $f'(x+3)$,$f'(x)$.

12. 已知 $f\left(\dfrac{1}{x}\right)=\dfrac{x}{1+x}$,求 $f'(x)$.

13. 已知 $\psi(x)=a^{f^2(x)}$,且 $f'(x)=\dfrac{1}{f(x)\ln a}$,证明 $\psi'(x)=2\psi(x)$.

14. 设 $f(x)$ 在 $(-\infty,+\infty)$ 内可导,且 $F(x)=f(x^2-1)+f(1-x^2)$,证明:$F'(1)=F'(-1)$.

15. 设函数 $f(x)=\begin{cases}2\tan x+1, & x<0, \\ e^x, & x\geqslant 0,\end{cases}$ 求 $f'(x)$.

2.3 高阶导数

1. 高阶导数的定义

我们知道,变速直线运动的速度 $v(t)$ 是位置函数 $s(t)$ 对时间 t 的导数,即

$$v(t)=\frac{\mathrm{d}s}{\mathrm{d}t}\text{或}v(t)=s'(t),$$

而加速度 $a(t)$ 又是速度 $v(t)$ 对时间 t 的变化率,即 $v(t)$ 对时间 t 的导数:

$$a(t)=\frac{\mathrm{d}v}{\mathrm{d}t}=\frac{\mathrm{d}}{\mathrm{d}t}\left(\frac{\mathrm{d}s}{\mathrm{d}t}\right)\text{或}a(t)=(s'(t))',$$

这种导数的导数 $\dfrac{\mathrm{d}}{\mathrm{d}t}\left(\dfrac{\mathrm{d}s}{\mathrm{d}t}\right)$ 或 $(s'(t))'$ 称为 $s=s(t)$ 对 t 的二阶导数,记作

$$\frac{\mathrm{d}^2 s}{\mathrm{d}t^2} = s''(t).$$

所以变速直线运动的加速度就是位置函数 $s(t)$ 对时间 t 的二阶导数.

定义 如果函数 $y = f(x)$ 的导函数 $f'(x)$ 在点 x 处可导, 则称 $f'(x)$ 在点 x 处的导数 $(f'(x))'$ 为函数 $y = f(x)$ 在点 x 处的**二阶导数**, 记作 $f''(x), y''$ 或 $\dfrac{\mathrm{d}^2 y}{\mathrm{d}x^2}$, 即

$$f''(x) = \lim_{\Delta x \to 0} \frac{f'(x + \Delta x) - f'(x)}{\Delta x}.$$

类似地, 如果二阶导数 $f''(x)$ 的导数存在, 则称它为 $y = f(x)$ 的**三阶导数**, 记作 $f'''(x), y'''$ 或 $\dfrac{\mathrm{d}^3 y}{\mathrm{d}x^3}$.

一般地, 如果 $n-1$ 阶导数 $f^{(n-1)}(x)$ 的导数存在, 则称它为 $y = f(x)$ 的 n **阶导数**, 记作 $f^{(n)}(x), y^{(n)}$ 或 $\dfrac{\mathrm{d}^n y}{\mathrm{d}x^n}$.

二阶及二阶以上的导数统称为**高阶导数**. 为统一起见, 把 $f'(x)$ 称为 $f(x)$ 的**一阶导数**, 把 $f(x)$ 本身称为 $f(x)$ 的**零阶导数**.

由此可见, 求函数的高阶导数, 就是利用基本求导公式及导数的运算法则, 对函数逐阶求导.

例 1 设 $y = ax + b$, 求 y''.

解 $y' = a, y'' = 0$.

例 2 设 $s = \sin wt$, 求 s''.

解 $s' = w \cos wt, s'' = -w^2 \sin wt$.

例 3 证明: 函数 $y = \sqrt{2x - x^2}$ 满足关系式

$$y^3 y'' + 1 = 0.$$

证 $y' = \dfrac{1}{2 \sqrt{2x - x^2}} \cdot (2 - 2x) = \dfrac{1 - x}{\sqrt{2x - x^2}}$,

$$y'' = \frac{-\sqrt{2x - x^2} - (1 - x) \cdot \dfrac{1 - x}{\sqrt{2x - x^2}}}{2x - x^2}$$

$$= \frac{-(2x - x^2) - (1 - x)^2}{(2x - x^2) \sqrt{2x - x^2}} = \frac{-1}{(2x - x^2)^{\frac{3}{2}}} = -\frac{1}{y^3},$$

于是 $\qquad\qquad\qquad\qquad y^3 y'' + 1 = 0.$

下面介绍几个初等函数的 n 阶导数.

例 4 求指数函数 $y = \mathrm{e}^x$ 的 n 阶导数.

解 $y' = \mathrm{e}^x, y'' = \mathrm{e}^x, y''' = \mathrm{e}^x, y^{(4)} = \mathrm{e}^x$,

一般地, 可得

$$y^{(n)} = \mathrm{e}^x.$$

即 $\qquad\qquad\qquad\qquad (\mathrm{e}^x)^{(n)} = \mathrm{e}^x.$

例 5 求正弦函数与余弦函数的 n 阶导数.

解 $y = \sin x$,

$$y' = \cos x = \sin \left(x + \frac{\pi}{2} \right),$$

$$y'' = \cos \left(x + \frac{\pi}{2} \right) = \sin \left(x + \frac{\pi}{2} + \frac{\pi}{2} \right) = \sin \left(x + 2 \times \frac{\pi}{2} \right),$$

$$y''' = \cos \left(x + 2 \times \frac{\pi}{2} \right) = \sin \left(x + 3 \times \frac{\pi}{2} \right),$$

$$y^{(4)} = \cos \left(x + 3 \times \frac{\pi}{2} \right) = \sin \left(x + 4 \times \frac{\pi}{2} \right),$$

一般地,可得

$$y^{(n)} = \sin \left(x + n \times \frac{\pi}{2} \right).$$

即

$$(\sin x)^{(n)} = \sin \left(x + n \times \frac{\pi}{2} \right).$$

用类似的方法,可得

$$(\cos x)^{(n)} = \cos \left(x + n \times \frac{\pi}{2} \right).$$

例 6 求函数 $y = \ln(1 + x)$ 的 n 阶导数.

解 $y' = \dfrac{1}{1 + x}, y'' = -\dfrac{1}{(1 + x)^2}, y''' = \dfrac{1 \times 2}{(1 + x)^3}, y^{(4)} = -\dfrac{1 \times 2 \times 3}{(1 + x)^4},$

一般地,可得

$$y^{(n)} = (-1)^{n-1} \frac{(n-1)!}{(1 + x)^n}.$$

即

$$[\ln(1 + x)]^{(n)} = (-1)^{n-1} \frac{(n-1)!}{(1 + x)^n} \quad (n \geqslant 1, 0! = 1).$$

例 7 求幂函数 $y = x^u (u \in \mathbf{R})$ 的 n 阶导数.

解 $y' = ux^{u-1},$

$$y'' = u(u-1)x^{u-2},$$

$$y''' = u(u-1)(u-2)x^{u-3},$$

$$y^{(4)} = u(u-1)(u-2)(u-3)x^{u-4},$$

一般地,可得

$$y^{(n)} = u(u-1)(u-2)\cdots(u-n+1)x^{u-n}.$$

即

$$(x^u)^{(n)} = u(u-1)(u-2)\cdots(u-n+1)x^{u-n}.$$

当 $u = n$ 时,

$$(x^n)^{(n)} = n \cdot (n-1) \cdot (n-2) \cdot \cdots \cdot 3 \cdot 2 \cdot 1 = n!,$$

而

$$(x^n)^{(n+1)} = 0.$$

2. 高阶导数的运算法则

如果函数 $u = u(x), v = v(x)$ 都在点 x 处具有 n 阶导数,则显然有

$$(u \pm v)^{(n)} = u^{(n)} \pm v^{(n)}. \tag{2.3.1}$$

对于乘积 $uv = u(x)v(x)$ 的情况,有

$$(uv)' = u'v + uv',$$

$$(uv)'' = u''v + 2u'v' + uv'',$$

$$(uv)''' = u'''v + 3u''v' + 3u'v'' + uv''',$$

用数学归纳法可以证明

$$(uv)^{(n)} = u^{(n)}v + nu^{(n-1)}v' + \frac{n(n-1)}{2!}u^{(n-2)}v'' + \cdots +$$

$$\frac{n \cdot (n-1) \cdot \cdots \cdot (n-k+1)}{k!}u^{(n-k)}v^{(k)} + \cdots + uv^{(n)},$$

即

$$(uv)^{(n)} = \sum_{k=0}^{n} C_n^k u^{(n-k)} v^{(k)}. \qquad (2.3.2)$$

式 $(2.3.2)$ 称为莱布尼茨公式,它与牛顿二项式定理 $(u+v)^n = \sum_{k=0}^{n} C_n^k u^{n-k} v^k$ 非常相似,区别在于将二项式定理中的乘幂次数换成导数阶数,再把左边的 $u+v$ 换成 uv.

例 8 已知 $y = x^2 e^{2x}$,求 $y^{(20)}$.

解 设 $u = e^{2x}, v = x^2$,则

$$u^{(k)} = 2^k e^{2x} (k = 1, 2, \cdots, 20),$$

$$v' = 2x, v'' = 2, v^{(k)} = 0 \quad (k = 3, 4, \cdots, 20).$$

由莱布尼茨公式,得

$$y^{(20)} = C_{20}^0 u^{(20)} v + C_{20}^1 u^{(19)} v' + C_{20}^2 u^{(18)} v''$$

$$= 2^{20} e^{2x} \cdot x^2 + 20 \cdot 2^{19} e^{2x} \cdot 2x + \frac{20 \times 19}{2!} \cdot 2^{18} e^{2x} \cdot 2$$

$$= 2^{20} e^{2x} (x^2 + 20x + 95).$$

习题 2.3

1. 求下列函数的二阶导数:

$(1) y = 2x^2 + \ln x$; $\qquad$ $(2) y = e^{2x-1}$;

$(3) y = x \cos x$; $\qquad$ $(4) y = e^{-t} \sin t$;

$(5) y = \sqrt{a^2 - x^2}$; $\qquad$ $(6) y = \ln(1 - x^2)$;

$(7) y = \tan x$; $\qquad$ $(8) y = \ln(x + \sqrt{1 + x^2})$;

$(9) y = (1 + x^2) \arctan x$; $\qquad$ $(10) y = x e^{x^2}$.

2. 设 $f''(x)$ 存在,求下列函数 y 的二阶导数 $\dfrac{d^2 y}{dx^2}$:

$(1) y = \ln(f(x))$; $\qquad$ $(2) y = f(x^2)$.

3. 验证函数 $y = C_1 e^{\lambda x} + C_2 e^{-\lambda x} (\lambda, C_1, C_2$ 是常数) 满足关系式 $y'' - \lambda^2 y = 0$.

4. 设 $g'(x)$ 连续,且 $f(x) = (x-a)^2 g(x)$,求 $f''(a)$.

5. 求下列函数的高阶导数:

$(1) y = e^x \cos x$,求 $y^{(4)}$; $\qquad$ $(2) y = x^2 \sin 2x$,求 $y^{(50)}$.

2.4 隐函数的导数

本章前几节讨论的求导法则适用于因变量 y 与自变量 x 之间的函数关系是显函数 $y = y(x)$ 形式的情况. 例如, $y = \sin x$, $y = \sqrt{x^2 - 1}$ 等, 这类函数的特点是: 等式左边是因变量, 右边是含自变量的式子. 但是, 有些函数的表达方式不是这样, 例如, 方程

$$x + y^3 - 1 = 0$$

表示一个函数, 因为当自变量 x 在 $(-\infty, +\infty)$ 内取值时, 变量 y 有确定的值与之对应. 例如, 当 $x = 0$ 时, $y = 1$. 我们把因变量 y 与自变量 x 之间的关系以方程

$$F(x, y) = 0$$

形式给出的函数称为**隐函数**, 并且在此情况下, 从方程 $F(x, y) = 0$ 中不易或无法解出 y, 即隐函数不易或无法显化. 例如, 从 $e^x + e^y - xy = 0$ 中无法解出 y.

1. 隐函数求导法

假设由方程 $F(x, y) = 0$ 确定的函数为 $y = y(x)$, 则把它回代入方程 $F(x, y) = 0$ 中, 得到恒等式

$$F(x, y(x)) \equiv 0,$$

利用复合函数求导法则, 在上式两边同时对 x 求导, 再解出所求导数 $\dfrac{\mathrm{d}y}{\mathrm{d}x}$, 这就是隐函数求导法.

例1 求由方程 $e^y + xy - e = 0$ 所确定的隐函数的导数 $\dfrac{\mathrm{d}y}{\mathrm{d}x}$.

解 方程两边同时对自变量 x 求导, 得

$$\frac{\mathrm{d}}{\mathrm{d}x}(e^y + xy - e) = 0,$$

即

$$e^y \frac{\mathrm{d}y}{\mathrm{d}x} + y + x \frac{\mathrm{d}y}{\mathrm{d}x} = 0,$$

从而

$$\frac{\mathrm{d}y}{\mathrm{d}x} = -\frac{y}{x + e^y} \quad (x + e^y \neq 0).$$

例2 求由方程 $y^5 + 2y - x - 3x^7 = 0$ 所确定的隐函数的导数 $\dfrac{\mathrm{d}y}{\mathrm{d}x}$.

解 方程两边同时对自变量 x 求导, 得

$$\frac{\mathrm{d}}{\mathrm{d}x}(y^5 + 2y - x - 3x^7) = 0,$$

即

$$5y^4 \frac{\mathrm{d}y}{\mathrm{d}x} + 2 \frac{\mathrm{d}y}{\mathrm{d}x} - 1 - 21x^6 = 0,$$

从而

$$\frac{\mathrm{d}y}{\mathrm{d}x} = \frac{1 + 21x^6}{5y^4 + 2}.$$

例3 求椭圆 $\dfrac{x^2}{16} + \dfrac{y^2}{9} = 1$ 在点 $\left(2, \dfrac{3\sqrt{3}}{2}\right)$ 处的切线方程.

解　由导数的几何意义知,所求切线的斜率为

$$k = y'\big|_{x=2},$$

椭圆方程的两边分别对 x 求导,有

$$\frac{x}{8} + \frac{2}{9}y \cdot \frac{\mathrm{d}y}{\mathrm{d}x} = 0,$$

从而

$$\frac{\mathrm{d}y}{\mathrm{d}x} = -\frac{9x}{16y},$$

当 $x = 2$ 时,$y = \dfrac{3\sqrt{3}}{2}$,代入上式得

$$\frac{\mathrm{d}y}{\mathrm{d}x}\bigg|_{\substack{x=2 \\ y=\frac{3}{2}\sqrt{3}}} = -\frac{9x}{16y}\bigg|_{\substack{x=2 \\ y=\frac{3}{2}\sqrt{3}}} = -\frac{\sqrt{3}}{4},$$

于是所求切线方程为

$$y - \frac{3}{2}\sqrt{3} = -\frac{\sqrt{3}}{4}(x - 2),$$

即

$$\sqrt{3}x + 4y - 8\sqrt{3} = 0.$$

例 4　求由方程 $x - y + \dfrac{1}{2}\sin y = 0$ 确定的隐函数的二阶导数 $\dfrac{\mathrm{d}^2 y}{\mathrm{d}x^2}$.

解　方程两边分别对 x 求导,得

$$1 - \frac{\mathrm{d}y}{\mathrm{d}x} + \frac{1}{2}\cos y \cdot \frac{\mathrm{d}y}{\mathrm{d}x} = 0,$$

于是

$$\frac{\mathrm{d}y}{\mathrm{d}x} = \frac{2}{2 - \cos y},$$

上式两边再对 x 求导,得

$$\frac{\mathrm{d}^2 y}{\mathrm{d}x^2} = \frac{-2\sin y \cdot \dfrac{\mathrm{d}y}{\mathrm{d}x}}{(2 - \cos y)^2} = \frac{-4\sin y}{(2 - \cos y)^3}.$$

2. 对数求导法

对于幂指函数 $y = u(x)^{v(x)}$,直接按照前面介绍的求导法则无法求出其导数. 对于这类函数,可以先在函数两边取对数,然后在等式两边同时对自变量 x 求导,最后解出所求导数,我们把这种方法称为**对数求导法**.

一般地,设 $y = u(x)^{v(x)}$ $(u(x) > 0)$,在等式两边取对数,得

$$\ln y = v(x)\ln u(x),$$

等式两边同时对 x 求导,得

$$\frac{y'}{y} = v'(x) \cdot \ln u(x) + v(x) \cdot \frac{u'(x)}{u(x)},$$

从而

$$y' = u(x)^{v(x)}\left[v'(x)\ln u(x) + v(x)\frac{u'(x)}{u(x)}\right].$$

此外,对数求导法还常用于多个函数乘积的导数.

例 5　求 $y = x^{\sin x}$ $(x > 0)$ 的导数.

解　等式两边取对数,得

$$\ln y = \sin x \cdot \ln x,$$

等式两边同时对 x 求导, 得

$$\frac{y'}{y} = \cos x \cdot \ln x + \frac{\sin x}{x},$$

所以 $\qquad y' = y\left(\cos x \ln x + \frac{\sin x}{x}\right) = x^{\sin x}\left(\cos x \ln x + \frac{\sin x}{x}\right) \quad (x > 0).$

例 6 设 $y = \dfrac{(x+1)\sqrt[3]{x-1}}{(x+4)^2 \mathrm{e}^x}(x > 1)$, 求 y'.

解 等式两边取对数, 得

$$\ln y = \ln(x+1) + \frac{1}{3}\ln(x-1) - 2\ln(x+4) - x,$$

上式两边同时对 x 求导, 得

$$\frac{y'}{y} = \frac{1}{x+1} + \frac{1}{3(x-1)} - \frac{2}{x+4} - 1,$$

所以 $\qquad y' = \dfrac{(x+1)\sqrt[3]{x-1}}{(x+4)^2 \mathrm{e}^x}\left[\dfrac{1}{x+1} + \dfrac{1}{3(x-1)} - \dfrac{2}{x+4} - 1\right] \quad (x > 1).$

例 7 求函数 $y = \sqrt{\dfrac{(x-1)(x-2)}{(x-3)(x-4)}}$ 的导数.

解 等式两边取对数, 得

$$\ln y = \frac{1}{2}\Big(\ln|x-1| + \ln|x-2| - \ln|x-3| - \ln|x-4|\Big),$$

上式两边同时对 x 求导, 得

$$\frac{y'}{y} = \frac{1}{2}\left(\frac{1}{x-1} + \frac{1}{x-2} - \frac{1}{x-3} - \frac{1}{x-4}\right),$$

$$y' = \frac{1}{2}\sqrt{\frac{(x-1)(x-2)}{(x-3)(x-4)}}\left(\frac{1}{x-1} + \frac{1}{x-2} - \frac{1}{x-3} - \frac{1}{x-4}\right).$$

3. 参数方程表示的函数的导数

一般地, 若由参数方程

$$\begin{cases} x = \varphi(t), \\ y = \psi(t) \end{cases}$$

确定 y 与 x 之间的函数关系, 则称此函数关系所表达的函数为由该参数方程所确定的函数.

在实际问题中, 需要计算由参数方程确定的函数的导数, 但从参数方程中消去 t 有时会比较困难. 因此, 我们希望有一种方法能直接由参数方程出发计算它所表示的函数的导数. 下面我们具体讨论之.

一般地, 设 $x = \varphi(t)$ 具有单调连续的反函数 $t = \varphi^{-1}(x)$, 则变量 y 与 x 构成复合函数关系

$$y = \psi(\varphi^{-1}(x)).$$

现在, 要计算这个复合函数的导数. 为此, 再假设函数 $x = \varphi(t), y = \psi(t)$ 都可导, 并且 $\varphi'(t) \neq 0$, 则由复合函数与反函数的求导法则, 有

$$\frac{\mathrm{d}y}{\mathrm{d}x} = \frac{\mathrm{d}y}{\mathrm{d}t}\frac{\mathrm{d}t}{\mathrm{d}x} = \frac{\mathrm{d}y}{\mathrm{d}t}\frac{1}{\frac{\mathrm{d}x}{\mathrm{d}t}} = \frac{\psi'(t)}{\varphi'(t)},$$

即
$$\frac{\mathrm{d}y}{\mathrm{d}x} = \frac{\psi'(t)}{\varphi'(t)} \quad \text{或} \quad \frac{\mathrm{d}y}{\mathrm{d}x} = \frac{\dfrac{\mathrm{d}y}{\mathrm{d}t}}{\dfrac{\mathrm{d}x}{\mathrm{d}t}}.$$

如果函数 $x = \varphi(t)$，$y = \psi(t)$ 二阶可导，则可进一步求出函数的二阶导数，此时有如下新的参数方程

$$\begin{cases} x = \varphi(t), \\ \dfrac{\mathrm{d}y}{\mathrm{d}x} = \dfrac{\psi'(t)}{\varphi'(t)}, \end{cases}$$

则
$$\frac{\mathrm{d}^2 y}{\mathrm{d}x^2} = \frac{\mathrm{d}}{\mathrm{d}x}\left(\frac{\mathrm{d}y}{\mathrm{d}x}\right) = \frac{\mathrm{d}}{\mathrm{d}x}\left[\frac{\psi'(t)}{\varphi'(t)}\right] = \frac{\mathrm{d}}{\mathrm{d}t}\left[\frac{\psi'(t)}{\varphi'(t)}\right]\frac{\mathrm{d}t}{\mathrm{d}x}$$
$$= \frac{\psi''(t)\varphi'(t) - \psi'(t)\varphi''(t)}{\varphi'^2(t)} \cdot \frac{1}{\varphi'(t)},$$

即
$$\frac{\mathrm{d}^2 y}{\mathrm{d}x^2} = \frac{\psi''(t)\varphi'(t) - \psi'(t)\varphi''(t)}{\varphi'^3(t)}.$$

例 8　求由参数方程 $\begin{cases} x = t - t^2, \\ y = t - t^3 \end{cases}$ 表示的函数 $y = y(x)$ 的二阶导数.

解　$\dfrac{\mathrm{d}y}{\mathrm{d}x} = \dfrac{\dfrac{\mathrm{d}y}{\mathrm{d}t}}{\dfrac{\mathrm{d}x}{\mathrm{d}t}} = \dfrac{3t^2 - 1}{2t - 1},$

$$\frac{\mathrm{d}^2 y}{\mathrm{d}x^2} = \frac{\mathrm{d}}{\mathrm{d}x}\left(\frac{\mathrm{d}y}{\mathrm{d}x}\right) = \frac{\mathrm{d}}{\mathrm{d}x}\left(\frac{3t^2 - 1}{2t - 1}\right) = \frac{\mathrm{d}}{\mathrm{d}t}\left(\frac{3t^2 - 1}{2t - 1}\right) \cdot \frac{1}{\dfrac{\mathrm{d}x}{\mathrm{d}t}}$$

$$= \frac{6t^2 - 6t + 2}{(2t - 1)^2} \cdot \frac{1}{1 - 2t} = -\frac{6t^2 - 6t + 2}{(2t - 1)^3}.$$

例 9　求由参数方程 $\begin{cases} x = \arctan t, \\ y = \ln(1 + t^2) \end{cases}$ 表示的函数 $y = y(x)$ 的二阶导数.

解　$\dfrac{\mathrm{d}y}{\mathrm{d}x} = \dfrac{\dfrac{\mathrm{d}y}{\mathrm{d}t}}{\dfrac{\mathrm{d}x}{\mathrm{d}t}} = \dfrac{\dfrac{2t}{1 + t^2}}{\dfrac{1}{1 + t^2}} = 2t,$

$$\frac{\mathrm{d}^2 y}{\mathrm{d}x^2} = \frac{\mathrm{d}}{\mathrm{d}x}\left(\frac{\mathrm{d}y}{\mathrm{d}x}\right) = \frac{\mathrm{d}}{\mathrm{d}x}(2t) = \frac{\mathrm{d}}{\mathrm{d}t}(2t) \cdot \frac{1}{\dfrac{\mathrm{d}x}{\mathrm{d}t}} = \frac{2}{\dfrac{1}{1 + t^2}} = 2(1 + t^2).$$

例 10　求由参数方程 $\begin{cases} x = t^2 + 2t, \\ t^2 - y + \varepsilon \sin y = 1 \end{cases}$ $(0 < \varepsilon < 1)$ 确定的隐函数的一阶导数.

解　由题意得

$$\begin{cases} \dfrac{\mathrm{d}x}{\mathrm{d}t} = 2t + 2, \\ 2t - \dfrac{\mathrm{d}y}{\mathrm{d}t} + \varepsilon \cos y \dfrac{\mathrm{d}y}{\mathrm{d}t} = 0, \end{cases}$$

解得

$$\begin{cases} \dfrac{\mathrm{d}x}{\mathrm{d}t} = 2(t+1), \\ \dfrac{\mathrm{d}y}{\mathrm{d}t} = \dfrac{2t}{1-\varepsilon\cos y}, \end{cases}$$

故

$$\dfrac{\mathrm{d}y}{\mathrm{d}x} = \dfrac{\dfrac{\mathrm{d}y}{\mathrm{d}t}}{\dfrac{\mathrm{d}x}{\mathrm{d}t}} = \dfrac{t}{(t+1)(1-\varepsilon\cos y)}.$$

4. 相关变化率

在实际问题中常常会遇到这样一类问题:在某一变化过程中,变量 x 与 y 都随另一变量 t 而变化,即 $x = x(t)$, $y = y(t)$,而变量 x 与 y 之间又存在着相互依赖关系,因而变化率 $\dfrac{\mathrm{d}x}{\mathrm{d}t}$ 与 $\dfrac{\mathrm{d}y}{\mathrm{d}t}$ 之间也存在某种依赖关系,这两个相互依赖的变化率称为**相关变化率**. 相关变化率问题,就是研究这两个变化率之间的关系,以便从其中一个变化率求出另一个变化率.

求相关变化率问题的一般步骤如下:

(1)建立变量 x 与 y 之间的关系式 $F(x,y) = 0$;

(2)将关系式 $F(x,y) = 0$ 两边同时对 t 求导(注意到 x 与 y 都是 t 的函数),得变化率 $\dfrac{\mathrm{d}x}{\mathrm{d}t}$ 与 $\dfrac{\mathrm{d}y}{\mathrm{d}t}$ 之间的关系式;

(3)将已知数据代入,解出待求的变化率.

例 11　一长 5m 的梯子,斜靠在墙上,顺墙下滑. 已知当梯子下端离墙 3m 时,梯子下端沿地面滑动的速度为 2m/s,问这时梯子上端沿墙面下滑的速度是多少?

解　建立坐标系如图 2.4 所示. 设在时刻 t,梯子上端的坐标为 $(0, y(t))$,梯子下端的坐标为 $(x(t), 0)$,因梯子长度为 5m,故有

$$x^2(t) + y^2(t) = 25,$$

上式两端对 t 求导,得

$$2x\dfrac{\mathrm{d}x}{\mathrm{d}t} + 2y\dfrac{\mathrm{d}y}{\mathrm{d}t} = 0,$$

从中解得

$$\dfrac{\mathrm{d}y}{\mathrm{d}t} = -\dfrac{x}{y}\dfrac{\mathrm{d}x}{\mathrm{d}t},$$

当 $x = 3\text{m}$ 时,$y = 4\text{m}$,$\dfrac{\mathrm{d}x}{\mathrm{d}t} = 2\text{m/s}$,

代入上式,得

$$\dfrac{\mathrm{d}y}{\mathrm{d}t} = -1.5\text{m/s},$$

即梯子上端沿墙面下滑的速度为 1.5m/s.

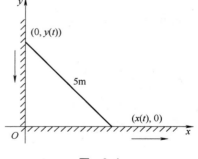

图　2.4

习题**2.4**

1. 求由下列方程所确定的隐函数 $y = y(x)$ 的导数 $\dfrac{\mathrm{d}y}{\mathrm{d}x}$:

（1）$y^2 - 2xy + 9 = 0$；   （2）$xy = e^{x+y}$；

（3）$x^3 + y^3 - 3axy = 0$；   （4）$y = 1 - xe^y$.

2. 求曲线 $x^{\frac{2}{3}} + y^{\frac{2}{3}} = a^{\frac{2}{3}}$ 在点 $\left(\dfrac{\sqrt{2}}{4}a, \dfrac{\sqrt{2}}{4}a\right)$ 处的切线方程和法线方程.

3. 求由下列方程所确定的隐函数的二阶导数 $\dfrac{d^2y}{dx^2}$：

（1）$x^2 - y^2 = 1$；   （2）$b^2x^2 + a^2y^2 = a^2b^2$；

（3）$y = \tan(x + y)$；   （4）$y = 1 + xe^y$.

4. 用对数求导法求下列函数的导数：

（1）$y = \left(\dfrac{x}{1+x}\right)^x$；   （2）$y = \sqrt[5]{\dfrac{x-5}{\sqrt[5]{x^2+2}}}$；

（3）$y = \dfrac{\sqrt{x+2}(3-x)^4}{(x+1)^5}$；   （4）$y = \sqrt{x \sin x \sqrt{1 - e^x}}$.

5. 求下列参数方程所确定的函数的导数 $\dfrac{dy}{dx}$：

（1）$\begin{cases} x = at^2, \\ y = bt^3; \end{cases}$ （2）$\begin{cases} x = \theta(1 - \sin\theta), \\ y = \theta\cos\theta. \end{cases}$

6. 已知 $\begin{cases} x = e^t\sin t, \\ y = e^t\cos t, \end{cases}$ 求当 $t = \dfrac{\pi}{3}$ 时 $\dfrac{dy}{dx}$ 的值.

7. 写出下列曲线在所给参数值相应的点处的切线方程和法线方程.

（1）$\begin{cases} x = \sin t, \\ y = \cos 2t, \end{cases}$ 在 $t = \dfrac{\pi}{4}$ 处；   （2）$\begin{cases} x = \dfrac{3at}{1+t^2}, \\ y = \dfrac{3at^2}{1+t^2}, \end{cases}$ 在 $t = 2$ 处.

8. 求由下列参数方程所确定的函数的二阶导数 $\dfrac{d^2y}{dx^2}$：

（1）$\begin{cases} x = \dfrac{t^2}{2}, \\ y = 1 - t; \end{cases}$ （2）$\begin{cases} x = a\cos t, \\ y = b\sin t; \end{cases}$

（3）$\begin{cases} x = 3e^{-t}, \\ y = 2e^t; \end{cases}$ （4）$\begin{cases} x = f'(t), \\ y = tf'(t) - f(t), \end{cases}$ 设 $f''(t)$ 存在且不为 0.

9. 落在平静水面上的石头，产生同心圆形波纹. 若最外一圈波半径的增大率总是 6m/s，问 2s 末扰动水面面积增大的速率为多少？

10. 注水入深 8m、上顶直径 8m 的正圆锥形容器中，其速率为 4m³/min. 当水深为 5m 时，其表面上升的速率为多少？

11. 溶液自深 18cm、顶直径为 12cm 的正圆锥形漏斗中漏入一直径为 10cm 的圆柱形筒中. 开始时漏斗中盛满了溶液. 已知当溶液在漏斗中深为 12cm 时，其表面下降的速率为 1cm/min. 问此时圆柱形筒中溶液表面上升的速率是多少？

2.5 函数的微分

1. 微分的定义

先分析一个具体问题:一块正方形金属薄片,受温度变化的影响,其边长从 x_0 变到 $x_0 + \Delta x$,问此金属薄片的面积改变了多少?

设薄片的面积为 $A = x^2$,则当边长从 x_0 变到 $x_0 + \Delta x$ 时(见图 2.5),面积 A 相应的改变量为

$$\Delta A = (x_0 + \Delta x)^2 - x_0^2 = 2x_0 \Delta x + (\Delta x)^2.$$

ΔA 由两部分组成,第一部分是 $2x_0 \Delta x$,它是 Δx 的线性函数. 第二部分是 $(\Delta x)^2$,当 $\Delta x \to 0$ 时,它是比 Δx 高阶的无穷小,即 $(\Delta x)^2 = o(\Delta x)$. 由此可见,如果边长的改变量很微小,即 $|\Delta x|$ 很小时,面积的改变量 ΔA 可用第一部分来近似代替,即 $\Delta A \approx 2x_0 \Delta x$. 我们把 $2x_0 \Delta x$ 称为 $A = x^2$ 在点 x_0 处的微分.

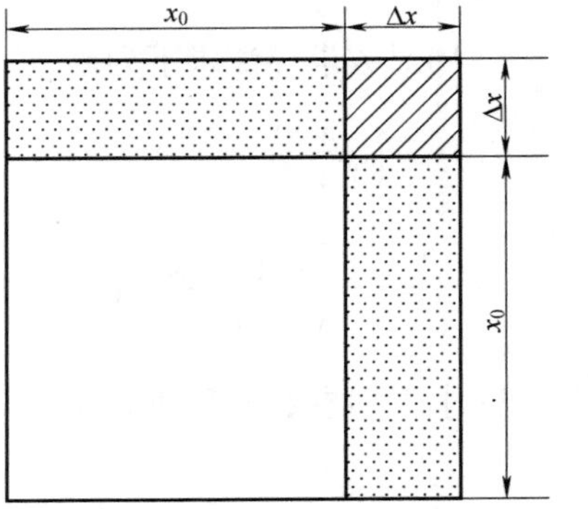

是否所有函数的改变量都能在一定的条件下表示为一个线性函数(改变量的主要部分)与一个高阶无穷小的和呢?这个线性部分是什么? 如何求? 本节将具体讨论这些问题.

图 2.5

定义   设函数 $y = f(x)$ 在某区间内有定义,x_0 及 $x_0 + \Delta x$ 在该区间内,如果函数的改变量可表示为

$$\Delta y = f(x_0 + \Delta x) - f(x_0) = A\Delta x + o(\Delta x),$$

其中 A 是与 Δx 无关的常数,则称函数 $f(x)$ 在点 x_0 处**可微**,$A\Delta x$ 称为**函数 $y = f(x)$ 在点 x_0 处相应于自变量的改变量 Δx 的微分**,记作 $\mathrm{d}y$,即

$$\mathrm{d}y = A\Delta x.$$

注   由定义可知,如果函数 $y = f(x)$ 在点 x_0 处可微,则

(1)函数 $y = f(x)$ 在点 x_0 处的微分 $\mathrm{d}y$ 是自变量改变量 Δx 的线性函数;

(2)$\Delta y - \mathrm{d}y$ 是比 Δx 高阶的无穷小.

(3)当 $A \neq 0$ 时,$\mathrm{d}y$ 与 Δy 是等价无穷小,事实上,

$$\frac{\Delta y}{\mathrm{d}y} = \frac{\mathrm{d}y + o(\Delta x)}{\mathrm{d}y} = 1 + \frac{1}{A} \cdot \frac{o(\Delta x)}{\Delta x} \to 1 \quad (\Delta x \to 0),$$

由此得到
$$\Delta y = \mathrm{d}y + o(\Delta x),$$

我们称 $\mathrm{d}y$ 是 Δy 的**线性主部**,上式还表明以微分 $\mathrm{d}y$ 近似代替函数增量 Δy 时,其误差为 $o(\Delta x)$,因此,当 $|\Delta x|$ 很小时,有近似等式

$$\Delta y \approx \mathrm{d}y.$$

根据定义仅知道微分 $\mathrm{d}y = A\Delta x$ 中 A 与 Δx 无关,那么 A 是怎样的量? 什么函数才可微? 下面我们将回答这些问题.

2. 函数可微的条件

定理   函数 $y = f(x)$ 在点 x_0 处可微的充分必要条件是函数 $y = f(x)$ 在点 x_0 处可导,且 $A =$

$f'(x_0)$，即

$$dy = f'(x_0)\Delta x.$$

证 必要性. 设 $y = f(x)$ 在点 x_0 处可微，即

$$\Delta y = f(x_0 + \Delta x) - f(x_0) = A\Delta x + o(\Delta x) \quad (\Delta x \to 0),$$

从而

$$\frac{\Delta y}{\Delta x} = A + \frac{o(\Delta x)}{\Delta x},$$

当 $\Delta x \to 0$ 时，由上式得

$$f'(x_0) = \lim_{\Delta x \to 0} \frac{\Delta y}{\Delta x} = \lim_{\Delta x \to 0} \left[A + \frac{o(\Delta x)}{\Delta x} \right] = A,$$

所以 $y = f(x)$ 在点 x_0 处可导，且 $A = f'(x_0)$.

充分性. 设 $y = f(x)$ 在点 x_0 处可导，则有

$$\lim_{\Delta x \to 0} \frac{\Delta y}{\Delta x} = f'(x_0),$$

由极限与无穷小的关系，上式可写成

$$\frac{\Delta y}{\Delta x} = f'(x_0) + \alpha \left(\lim_{\Delta x \to 0} \alpha = 0 \right),$$

从而有

$$\Delta y = f'(x_0)\Delta x + \alpha \Delta x,$$

因为

$$\lim_{\Delta x \to 0} \frac{\alpha \Delta x}{\Delta x} = \lim_{\Delta x \to 0} \alpha = 0,$$

所以

$$\Delta y = f'(x_0)\Delta x + o(\Delta x),$$

由于 $f'(x_0)$ 与 Δx 无关，因此 $y = f(x)$ 在点 x_0 处可微，且

$$dy = f'(x_0)\Delta x.$$

在一元函数中可导与可微是等价的，因此把求导运算和求微分运算统称为**微分法**.

若函数 $y = f(x)$ 在区间 I 上处处可微，则称 $y = f(x)$ 在区间 I 上可微，它在区间 I 上任意一点 x 处的微分为

$$dy = f'(x)\Delta x.$$

通常把自变量 x 的增量 Δx 称为**自变量的微分**，记作 dx，即 $dx = \Delta x$. 于是函数 $y = f(x)$ 的微分又可写为

$$dy = f'(x)dx.$$

用 dx 除上式两端，得

$$\frac{dy}{dx} = f'(x),$$

前面我们都把 $\dfrac{dy}{dx}$ 当作一个整体记号来表示导数，引进微分的概念之后，$\dfrac{dy}{dx}$ 便可以作为函数的微分与自变量的微分之商，所以导数又称为微商.

例 1 求函数 $y = x^3$ 在 $x = 1$ 和 $x = 3$ 处的微分.

解 函数 $y = x^3$ 在 $x = 1$ 处的微分为

$$dy = (x^3)'\big|_{x=1}\Delta x = 3\Delta x = 3dx,$$

在 $x = 3$ 处的微分为

$$dy = (x^3)'\big|_{x=3}\Delta x = 27\Delta x = 27dx.$$

例 2 求函数 $y = x^2$ 在 $x = 1$，$\Delta x = 0.02$ 时的微分.

解 函数 $y = x^2$ 在任意点 x 处的微分为

$$\mathrm{d}y = (x^2)' \Delta x = 2x\Delta x,$$

当 $x = 1$，$\Delta x = 0.02$ 时，函数的微分为

$$\mathrm{d}y = 2 \times 1 \times 0.02 = 0.04.$$

3. 微分的几何意义

为了对微分有比较直观的了解，我们来说明微分的几何意义.

如图 2.6 所示，MT 是曲线 $y = f(x)$ 在点 $M(x_0, y_0)$ 处的切线，切线的斜率 $\tan \alpha = f'(x_0)$. 当横坐标由 x_0 变到 $x_0 + \Delta x$ 时，有

$$MQ = \Delta x,$$
$$QN = \Delta y = f(x_0 + \Delta x) - f(x_0),$$
$$QT = MQ \cdot \tan \alpha = f'(x_0)\Delta x = \mathrm{d}y,$$

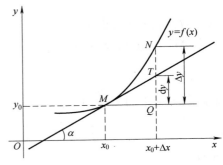

图 2.6

这表明，函数 $y = f(x)$ 在点 x_0 处的微分 $\mathrm{d}y$ 在几何上表示曲线 $y = f(x)$ 在对应点 $M(x_0, f(x_0))$ 处切线的纵坐标的改变量.

当 $|\Delta x|$ 很小时，$|\Delta y - \mathrm{d}y|$ 比 $|\Delta x|$ 小得多，因此在点 M 的邻近，可以用切线段近似地代替曲线段，在局部范围内用线性函数近似代替非线性函数，在几何上就是局部用切线段近似代替曲线段，这在数学上称为非线性函数的局部线性化，这是微分学的基本思想方法之一. 这种思想在自然科学和工程问题的研究中经常采用.

4. 基本初等函数的微分公式与微分运算法则

从函数的微分表达式

$$\mathrm{d}y = f'(x)\,\mathrm{d}x$$

可以看出，要计算函数的微分 $\mathrm{d}y$，只要计算函数的导数 $f'(x)$，再乘以自变量的微分 $\mathrm{d}x$ 即可. 因此可得到如下的微分公式和微分运算法则.

（1）基本初等函数的微分公式

1）$\mathrm{d}(C) = 0$（C 为常数）；

2）$\mathrm{d}(x^u) = ux^{u-1}\mathrm{d}x$；

3）$\mathrm{d}(a^x) = a^x \ln a\,\mathrm{d}x$　（$a > 0$）；

4）$\mathrm{d}(\mathrm{e}^x) = \mathrm{e}^x\mathrm{d}x$；

5）$\mathrm{d}(\log_a x) = \dfrac{1}{x \ln a}\,\mathrm{d}x$　（$a > 0$，且 $a \neq 1$）；

6）$\mathrm{d}(\ln x) = \dfrac{1}{x}\,\mathrm{d}x$；

7）$\mathrm{d}(\sin x) = \cos x\,\mathrm{d}x$；

8）$\mathrm{d}(\cos x) = -\sin x\,\mathrm{d}x$；

9）$\mathrm{d}(\tan x) = \sec^2 x\,\mathrm{d}x$；

10）$\mathrm{d}(\cot x) = -\csc^2 x\,\mathrm{d}x$；

11）$\mathrm{d}(\sec x) = \sec x \tan x\,\mathrm{d}x$；

12）$\mathrm{d}(\csc x) = -\csc x \cot x\,\mathrm{d}x$；

13）$\mathrm{d}(\arcsin x) = \dfrac{1}{\sqrt{1-x^2}}\,\mathrm{d}x$；

14）$\mathrm{d}(\arccos x) = -\dfrac{1}{\sqrt{1-x^2}}\,\mathrm{d}x$；

15）$\mathrm{d}(\arctan x) = \dfrac{1}{1+x^2}\,\mathrm{d}x$；

16）$\mathrm{d}(\operatorname{arccot} x) = -\dfrac{1}{1+x^2}\,\mathrm{d}x$.

（2）函数微分的四则运算法则

设函数 $u = u(x), v = v(x)$ 均可微，则

1）$\mathrm{d}[u(x) \pm v(x)] = \mathrm{d}u(x) \pm \mathrm{d}v(x)$；

2）$\mathrm{d}[u(x)v(x)] = v(x)\mathrm{d}u(x) + u(x)\mathrm{d}v(x)$；

3）$\mathrm{d}[Cu(x)] = C\mathrm{d}u(x)$；

4）$\mathrm{d}\left[\dfrac{u(x)}{v(x)}\right] = \dfrac{v(x)\mathrm{d}u(x) - u(x)\mathrm{d}v(x)}{v^2(x)}$　　$(v(x) \neq 0)$.

证　仅证明法则（2）：

$$\begin{aligned}\mathrm{d}[u(x)v(x)] &= [u(x)v(x)]'\mathrm{d}x = [u'(x)v(x) + u(x)v'(x)]\mathrm{d}x \\ &= v(x)u'(x)\mathrm{d}x + u(x)v'(x)\mathrm{d}x \\ &= v(x)\mathrm{d}u(x) + u(x)\mathrm{d}v(x).\end{aligned}$$

（3）复合函数的微分法则

设 $y = f(u)$ 可微，若 u 是自变量，则有

$$\mathrm{d}y = f'(u)\mathrm{d}u.$$

若 u 不是自变量，而是 x 的可微函数 $u = \varphi(x)$，则复合函数 $y = f(\varphi(x))$ 的微分为

$$\mathrm{d}y = [f(\varphi(x))]'\mathrm{d}x = f'(u) \cdot \varphi'(x)\mathrm{d}x,$$

但 $\mathrm{d}u = \varphi'(x)\mathrm{d}x$，故有

$$\mathrm{d}y = f'(u)\mathrm{d}u.$$

由此可见，无论 u 是自变量还是中间变量，函数 $y = f(u)$ 的微分总保持同一形式为 $\mathrm{d}y = f'(u)\mathrm{d}u$，这一性质称为**微分形式不变性**.

例 3　设 $y = \sin(2x + 1)$，求 $\mathrm{d}y$.

解　把 $2x + 1$ 看成中间变量 u，则

$$\begin{aligned}\mathrm{d}y &= \mathrm{d}(\sin u) = \cos u\,\mathrm{d}u = \cos(2x + 1)\mathrm{d}(2x + 1) \\ &= \cos(2x + 1) \cdot 2\,\mathrm{d}x = 2\cos(2x + 1)\mathrm{d}x.\end{aligned}$$

例 4　设 $y = \ln \sin \dfrac{1}{x}$，求 $\mathrm{d}y$.

解　把 $\sin \dfrac{1}{x}$ 看成中间变量 u，则

$$\mathrm{d}y = \mathrm{d}(\ln u) = \frac{1}{u}\,\mathrm{d}u = \frac{1}{\sin \dfrac{1}{x}}\,\mathrm{d}\left(\sin \frac{1}{x}\right) = \frac{1}{\sin \dfrac{1}{x}} \cdot \cos \frac{1}{x}\,\mathrm{d}\left(\frac{1}{x}\right)$$

$$= \cot \frac{1}{x}\left(-\frac{1}{x^2}\right)\mathrm{d}x = -\frac{1}{x^2}\cot \frac{1}{x}\,\mathrm{d}x.$$

例 5　设 $y = \mathrm{e}^{1-2x}\cos x^3$，求 $\mathrm{d}y$.

解　应用乘积的微分法则，得

$$\begin{aligned}\mathrm{d}y &= \mathrm{d}(\mathrm{e}^{1-2x}\cos x^3) = \cos x^3 \mathrm{d}(\mathrm{e}^{1-2x}) + \mathrm{e}^{1-2x}\mathrm{d}(\cos x^3) \\ &= \cos x^3 \mathrm{e}^{1-2x}\mathrm{d}(1 - 2x) + \mathrm{e}^{1-2x}(-\sin x^3)\mathrm{d}x^3 \\ &= -2\cos x^3 \mathrm{e}^{1-2x}\mathrm{d}x - 3x^2 \sin x^3 \mathrm{e}^{1-2x}\mathrm{d}x \\ &= -\mathrm{e}^{1-2x}(2\cos x^3 + 3x^2 \sin x^3)\mathrm{d}x.\end{aligned}$$

例 6　在下列等式左端的括号中填入适当的函数，使等式成立.

$(1)\mathrm{d}(\qquad) = x\,\mathrm{d}x;$ $(2)\mathrm{d}(\qquad) = \cos\omega x\,\mathrm{d}x\,(\omega\neq0);$

解 （1）我们知道

$$\mathrm{d}(x^2) = 2x\mathrm{d}x,$$

可见

$$x\mathrm{d}x = \frac{1}{2}\mathrm{d}(x^2) = \mathrm{d}\left(\frac{1}{2}x^2\right),$$

即

$$\mathrm{d}\left(\frac{1}{2}x^2\right) = x\mathrm{d}x.$$

一般地,有

$$\mathrm{d}\left(\frac{1}{2}x^2 + C\right) = x\mathrm{d}x.$$

（2）因为

$$\mathrm{d}(\sin\omega x) = \omega\cos\omega x\,\mathrm{d}x$$

可见

$$\cos\omega x\,\mathrm{d}x = \frac{1}{\omega}\mathrm{d}(\sin\omega x) = \mathrm{d}\left(\frac{1}{\omega}\sin\omega x\right),$$

即

$$\mathrm{d}\left(\frac{1}{\omega}\sin\omega x\right) = \cos\omega x\,\mathrm{d}x,$$

一般地,有

$$\mathrm{d}\left(\frac{1}{\omega}\sin\omega x + C\right) = \cos\omega x\,\mathrm{d}x.$$

习题 2.5

1. 已知 $y = x^3 - x$,计算在 $x = 2$ 处当 Δx 分别等于 $1, 0.1, 0.01$ 时的 Δy 及 $\mathrm{d}y$.

2. 求下列函数的微分:

$(1)\,y = \dfrac{1}{x} + 2\sqrt{x};$ $(2)\,y = x\sin 2x;$ $(3)\,y = \dfrac{x}{\sqrt{1+x^2}};$

$(4)\,y = \ln^2(1-x);$ $(5)\,y = x^2\mathrm{e}^{2x};$ $(6)\,y = \mathrm{e}^{-x}\cos(3-x);$

$(7)\,y = \arcsin\sqrt{1-x^2};$ $(8)\,y = \tan^2(1+2x^2);$

$(9)\,y = \arctan\dfrac{1-x^2}{1+x^2};$ $(10)\,s = A\sin(\omega t + \varphi)\,(A,\omega,\varphi$ 是常数$).$

3. 将适当的函数填入括号内,使下列各式成为等式.

$(1)\,\mathrm{d}(\qquad) = 2x\,\mathrm{d}x;$ $(2)\,\mathrm{d}(\qquad) = \dfrac{1}{1+x}\,\mathrm{d}x;$

$(3)\,\mathrm{d}(\qquad) = -\dfrac{1}{x^2}\,\mathrm{d}x;$ $(4)\,\mathrm{d}(\qquad) = \mathrm{e}^{-2x}\,\mathrm{d}x;$

$(5)\,\mathrm{d}(\qquad) = \dfrac{1}{\sqrt{x}}\,\mathrm{d}x;$ $(6)\,\mathrm{d}(\qquad) = \sin\omega x\,\mathrm{d}x;$

$(7)\,\mathrm{d}(\qquad) = \cos t\,\mathrm{d}t;$ $(8)\,\mathrm{d}(\qquad) = \sec^2 3x\,\mathrm{d}x.$

4. 扇形的中心角 $\alpha = 60°$,半径 $r = 100\mathrm{cm}$,问:

（1）r 不变,α 减少 $30'$,面积大约改变了多少?

（2）α 不变,r 增加 $1\mathrm{cm}$,面积大约改变了多少?

第 2 章小结

导数是函数 $y = f(x)$ 关于自变量 x 的变化率,是特殊形式的极限: $\lim\limits_{\Delta x \to 0} \dfrac{f(x + \Delta x) - f(x)}{\Delta x}$,是研究非均匀量的变化快慢程度的有力工具. 导数的物理意义是质点做直线运动的瞬时速度,几何意义是曲线切线的斜率.

函数在可导点处一定连续,反之未必.

在基本导数公式表中,函数 $x^u, a^x, \log_a x, \sin x, \cos x$ 及常数函数的导数公式是由导数的定义推出的,其余公式是根据导数的四则运算法则、复合函数与反函数的求导法则推出的.

复合函数求导法则把复合函数求导问题,转化为若干个简单函数的求导问题. 它是导数运算的核心,也是对数求导法、求隐函数与参数方程所确定的函数的导数的基础.

函数的微分 $\mathrm{d}y$ 与函数的增量 Δy 具有密切关系: $\Delta y = \mathrm{d}y + o(\Delta x)$,当 $|\Delta x|$ 很小,且 $f'(x) \neq 0$ 时,得近似计算公式 $f(x + \Delta x) \approx f(x) + f'(x)\Delta x$. 由于 $\mathrm{d}y = f'(x)\mathrm{d}x$,因此 $f'(x) = \dfrac{\mathrm{d}y}{\mathrm{d}x}$,故导数也称为微商. 求函数的导数与微分的方法统称为微分法.

本章的要点是:

1. 理解导数的概念. 理解导数的几何意义,会求平面曲线的切线方程和法线方程. 了解导数的物理意义,会用导数描述一些物理量. 理解函数的可导性与连续性之间的关系.

2. 掌握导数的四则运算法则和基本初等函数的导数公式.

3. 掌握复合函数求导法则,会求反函数的导数.

4. 会求隐函数和由参数方程所确定的函数的一阶、二阶导数.

5. 会求分段函数的一阶、二阶导数.

6. 了解高阶导数的概念,了解莱布尼茨公式,会求简单函数的 n 阶导数.

7. 理解微分的概念,理解导数与微分的关系. 了解微分的四则运算法则和一阶微分形式的不变性,会求函数的微分.

本章主要内容如下:

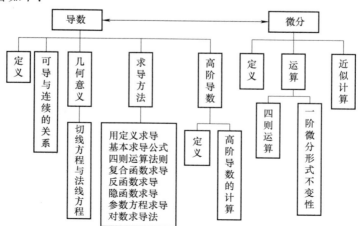

微信扫描右侧二维码,可获得本章更多知识.

 总习题2

1. 在"充分""必要"和"充分必要"三者中选择一个正确的填入下列空格内:

(1)$f(x)$在点x_0可导是$f(x)$在点x_0连续的_____条件.$f(x)$在点x_0连续是$f(x)$在点x_0可导的_____条件.

(2)$f(x)$在点x_0的左导数$f'_-(x_0)$及右导数$f'_+(x_0)$都存在且相等是$f(x)$在点x_0可导的_____条件.

(3)$f(x)$在点x_0可导是$f(x)$在点x_0可微的_____条件.

2. 设$f(x) = x(x+1)(x+2)\cdots(x+n)$ $(n \geqslant 2)$,则$f'(0) = $_____.

3. 选择题:

设$f(x)$在$x = a$的某个邻域内有定义,则$f(x)$在$x = a$处可导的一个充分条件是( ).

(A)$\lim\limits_{h \to +\infty} h\left[f\left(a + \dfrac{1}{h}\right) - f(a)\right]$存在

(B)$\lim\limits_{h \to 0} \dfrac{f(a + 2h) - f(a + h)}{h}$存在

(C)$\lim\limits_{h \to 0} \dfrac{f(a + h) - f(a - h)}{2h}$存在

(D)$\lim\limits_{h \to 0} \dfrac{f(a) - f(a - h)}{2h}$存在

4. 设有一根细棒,取棒的一端作为原点,棒上任意点的坐标为x,于是分布在区间$[0,x]$上细棒的质量m与x存在函数关系$m = m(x)$.应怎样确定细棒在点x_0处的线密度(对于均匀细棒来说,单位长度细棒的质量叫作这细棒的线密度)?

5. 根据导数的定义,求$f(x) = \dfrac{1}{x}$的导数.

6. 求下列函数$f(x)$的$f'_-(0)$及$f'_+(0)$:

$(1)f(x) = \begin{cases} \sin x, & x < 0, \\ \ln(1 + x), & x \geqslant 0; \end{cases}$ $\quad(2)f(x) = \begin{cases} \dfrac{x}{1 + \mathrm{e}^{\frac{1}{x}}}, & x \neq 0, \\ 0, & x = 0, \end{cases}$

试问$f'(0)$是否存在?

7. 讨论函数

$$f(x) = \begin{cases} x\sin\dfrac{1}{x}, & x \neq 0, \\ 0, & x = 0 \end{cases}$$

在$x = 0$处的连续性与可导性.

8. 求下列函数的导数:

$(1) y = \arcsin(\sin x)$；　　　　　　$(2) y = \arctan \dfrac{1+x}{1-x}$；

$(3) y = \ln \tan \dfrac{x}{2} - \cos x \cdot \ln \tan x$；　$(4) y = \ln(e^x + \sqrt{1+e^{2x}})$；

$(5) y = x^{\frac{1}{x}} \ (x > 0)$.

9. 求下列函数的二阶导数：

$(1) y = \cos^2 x \cdot \ln x$；　　　　　$(2) y = \dfrac{x}{\sqrt{1-x^2}}$.

10. 设函数 $y = y(x)$ 由方程 $e^y + xy = e$ 所确定，求 $y''(0)$.

11. 求下列由参数方程所确定的函数的一阶导数 $\dfrac{\mathrm{d}y}{\mathrm{d}x}$ 及二阶导数 $\dfrac{\mathrm{d}^2 y}{\mathrm{d}x^2}$：

$(1) \begin{cases} x = a \cos^3 \theta, \\ y = a \sin^3 \theta; \end{cases}$　　　　　$(2) \begin{cases} x = \ln \sqrt{1+t^2}, \\ y = \arctan t. \end{cases}$

12. 求曲线 $\begin{cases} x = 2e^t, \\ y = e^{-t} \end{cases}$ 在 $t = 0$ 相应的点处的切线方程及法线方程.

13. 已知 $f(x)$ 是周期为 5 的连续函数，它在 $x = 0$ 的某个邻域内满足关系式
$$f(1 + \sin x) - 3f(1 - \sin x) = 8x + o(x),$$
且 $f(x)$ 在 $x = 1$ 处可导，求曲线 $y = f(x)$ 在点 $(6, f(6))$ 处的切线方程.

14. 甲船以 6km/h 的速率向东行驶，乙船以 8km/h 的速率向南行驶，在中午十二点整，乙船位于甲船之北 16km 处. 问下午一点整两船相离的速率为多少？

第 3 章

微分中值定理与导数应用

本章首先讨论微分学中的几个基本定理,它们揭示了在一定条件下函数在区间端点处的函数值与函数在区间内部某点处导数值之间的关系,统称为微分中值定理.通过这些定理,可利用导数研究函数的各种性质,包括函数的局部性质(即函数在一点附近的性质),例如函数的极值、泰勒(Taylor)展开等,以及函数在某个区间上的全局性质,例如函数的单调性、曲线的凹凸性等,另外还有对于求函数极限十分有效的洛必达(L'Hospital)法则,所有这些结果对于今后的理论研究和实际应用都是非常重要的.

3.1　微分中值定理

微分中值定理包括罗尔(Rolle)定理、拉格朗日(Lagrange)中值定理和柯西(Cauchy)中值定理.

1. 罗尔定理

费马引理　若函数 $f(x)$ 在点 x_0 的某个邻域 $U(x_0)$ 内有定义,并且在点 x_0 处可导,如果对任意的 $x \in U(x_0)$,有 $f(x) \leqslant f(x_0)$(或 $f(x) \geqslant f(x_0)$),则 $f'(x_0) = 0$.

引理的几何解释是:如果函数 $f(x)$ 在点 x_0 的值不小于 $f(x)$ 在点 x_0 近旁的其他点的值(或者函数 $f(x)$ 在点 x_0 的值不大于 $f(x)$ 在点 x_0 近旁的其他点的值),并且曲线 $y = f(x)$ 在点 x_0 处具有切线,那么,费马引理就表明,切线必水平(见图 3.1).

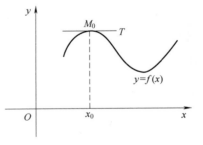

图　3.1

证　不妨设 $x \in U(x_0)$ 时,$f(x) \leqslant f(x_0)$(如果 $f(x) \geqslant f(x_0)$,可以类似地证明). 由于 $f'(x_0)$ 存在,也就是
$$f'_+(x_0) = f'_-(x_0) = f'(x_0),$$
$y = f(x)$所以对 $(x_0, x_0 + \delta)$ 上的各点 x 有
$$\frac{f(x) - f(x_0)}{x - x_0} \leqslant 0;$$
而对 $(x_0 - \delta, x_0)$ 上的各点 x 有

$$\frac{f(x) - f(x_0)}{x - x_0} \geqslant 0.$$

根据函数极限的保号性,便得到

$$f'(x_0) = f'_+(x_0) = \lim_{x \to x_0^+} \frac{f(x) - f(x_0)}{x - x_0} \leqslant 0,$$

$$f'(x_0) = f'_-(x_0) = \lim_{x \to x_0^-} \frac{f(x) - f(x_0)}{x - x_0} \geqslant 0.$$

所以,$f'(x_0) = 0$,证毕.

通常称满足方程 $f'(x) = 0$ 的点为驻点(或稳定点、临界点).

定理 1　**罗尔定理**

设函数 $f(x)$ 满足:

(1)在闭区间 $[a,b]$ 上连续;

(2)在开区间 (a,b) 内可导;

(3)在区间两端的函数值相等,即 $f(a) = f(b)$,

则在开区间 (a,b) 内至少存在一点 $\xi (a < \xi < b)$,使得 $f'(\xi) = 0$.

证　由于 $f(x)$ 在闭区间 $[a,b]$ 上连续,根据闭区间上连续函数的最大值最小值定理,$f(x)$ 在闭区间 $[a,b]$ 上必有最大值 M 和最小值 m,考虑两种情形:

(1)$M = m$,则对任意 $x \in (a,b)$ 都有 $f(x) = m(= M)$,这时对任意 $x \in (a,b)$,都有 $f'(x) = 0$. 因此,任取 $\xi \in (a,b)$,有 $f'(\xi) = 0$.

(2)$M > m$,因为 $f(a) = f(b)$,这时 M 和 m 中至少有一个数不等于 $f(a)$ 和 $f(b)$,不妨设 $M \neq f(a)$(如果设 $m \neq f(a)$,证法完全类似),于是存在 $\xi \in (a,b)$,使 $f(\xi) = M$. 因此,$\forall x \in [a,b]$,有 $f(x) \leqslant f(\xi)$,由费马引理知 $f'(\xi) = 0$.

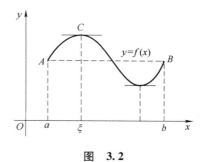

罗尔定理有明显的几何意义,图 3.2 画出了 $[a,b]$ 上的一条连续曲线 $y = f(x)$,除去两端外曲线上每一点都存在非铅直的切线,且在闭区间的两个端点处的函数值相等,即连接该曲线两个端点的弦是水平的,那么曲线上至少有一点,在这点的切线也是水平的.

图　**3.2**

例 1　不求导数,判断函数 $f(x) = (x-1)(x-2)(x-3)$ 的导数有几个零点及这些零点所在的范围.

解　因为 $f(1) = f(2) = f(3) = 0$,所以 $f(x)$ 在闭区间 $[1,2]$、$[2,3]$ 上满足罗尔定理的三个条件,因此,在 $(1,2)$ 内至少存在一点 ξ_1,使得 $f'(\xi_1) = 0$,即 ξ_1 是 $f'(x)$ 的一个零点;在 $(2,3)$ 内至少存在一点 ξ_2,使 $f'(\xi_2) = 0$,即 ξ_2 是 $f'(x)$ 的一个零点.

又因为 $f'(x)$ 为二次多项式,最多只能有两个零点,故 $f'(x)$ 恰好有两个零点,分别在区间 $(1,2)$ 和 $(2,3)$ 内.

例 2　证明方程 $x^5 - 5x + 1 = 0$ 有且仅有一个小于 1 的正实根.

证　设 $f(x) = x^5 - 5x + 1$,则 $f(x)$ 在 $[0,1]$ 上连续,且 $f(0) = 1$,$f(1) = -3$. 由介值定理知,存在点 $x_0 \in (0,1)$,使 $f(x_0) = 0$. 即 x_0 是题设方程小于 1 的正实根.

再来证明 x_0 是题设方程小于 1 的唯一正实根. 用反证法,设另有 $x_1 \in (0,1)$,$x_1 \neq x_0$,使

$f(x_1) = 0$. 易见函数 $f(x)$ 在以 x_0, x_1 为端点的区间上满足罗尔定理的条件,故至少存在一点 ξ(介于 x_0, x_1 之间),使得 $f'(\xi) = 0$. 但

$$f'(x) = 5(x^4 - 1) < 0, x \in (0, 1),$$

矛盾,所以 x_0 即为题设方程的小于 1 的唯一正实根.

2. 拉格朗日中值定理

罗尔定理中 $f(a) = f(b)$ 这个条件是相当特殊的,它使罗尔定理的应用受到限制. 若把 $f(a) = f(b)$ 这个条件取消,但仍保留其余两个条件,并相应地改变结论,那么就得到微分学中十分重要的拉格朗日中值定理.

定理 2 **拉格朗日中值定理**

设函数 $f(x)$ 满足:

(1)在闭区间 $[a, b]$ 上连续;

(2)在开区间 (a, b) 内可导,

则在 (a, b) 内至少存在一点 ξ,使

$$f'(\xi) = \frac{f(b) - f(a)}{b - a}. \tag{3.1.1}$$

在证明之前,先看一下定理的几何意义.

从图 3.3 可见,$\dfrac{f(b) - f(a)}{b - a}$ 为弦 AB 的斜率,而 $f'(\xi)$ 为曲线 $y = f(x)$ 在点 C 处的切线的斜率. 拉格朗日中值定理表明,在满足定理条件的情况下,曲线 $y = f(x)$ 上至少有一点 C,使曲线在点 C 处的切线平行于弦 AB.

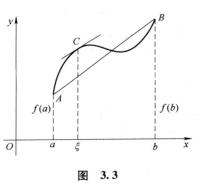

图 3.3

从图 3.2 看出,在罗尔定理中,由于 $f(a) = f(b)$,弦 AB 是平行于 x 轴的,因此点 C 处的切线实际上也平行于弦 AB. 由此可见,罗尔定理是拉格朗日中值定理的特殊情形.

证 作辅助函数

$$\varphi(x) = f(x) - \frac{f(b) - f(a)}{b - a}(x - a).$$

则函数 $\varphi(x)$ 在 $[a, b]$ 上连续,在 (a, b) 内可导,且 $\varphi(a) = \varphi(b)$,于是由罗尔定理知,存在 $\xi \in (a, b)$,使 $\varphi'(\xi) = 0$,即

$$f'(\xi) - \frac{f(b) - f(a)}{b - a} = 0,$$

由此得

$$f'(\xi) = \frac{f(b) - f(a)}{b - a}.$$

定理证毕.

拉格朗日中值定理常称为微分中值定理,式(3.1.1)往往写成

$$f(b) - f(a) = f'(\xi)(b - a) \quad (a < \xi < b), \tag{3.1.2}$$

称为微分中值公式.

由于 ξ 介于 a,b 之间,所以也可以写成

$$\xi = a + \theta(b-a) \quad (0 < \theta < 1).$$

于是式(3.1.2)可写为

$$f(b) - f(a) = f'(a + \theta(b-a))(b-a) \quad (0 < \theta < 1). \tag{3.1.3}$$

如果函数 $y = f(x)$ 在由 $x, x + \Delta x$ 所构成的区间上满足拉格朗日中值定理的条件,那么就有

$$\Delta y = f(x + \Delta x) - f(x) = f'(x + \theta \Delta x)\Delta x \quad (0 < \theta < 1). \tag{3.1.4}$$

这个等式给出了自变量取得有限增量 Δx(式中 $|\Delta x|$ 不一定很小)时,函数增量 Δy 的精确表示式,称式(3.1.4)为有限增量公式.

推论 1　若函数 $f(x)$ 在区间 I 上可导,且 $f'(x) \equiv 0, x \in I$,则 $f(x)$ 为 I 上的一个常函数.

证　任取两点 $x_1, x_2 \in I$(设 $x_1 < x_2$),在区间 $[x_1, x_2]$ 上应用拉格朗日中值定理,存在 $\xi \in (x_1, x_2) \subset I$,使得

$$f(x_2) - f(x_1) = f'(\xi)(x_2 - x_1).$$

由假定 $f'(\xi) = 0$,所以 $f(x_2) - f(x_1) = 0$,即

$$f(x_2) - f(x_1) = 0.$$

再由 x_1, x_2 的任意性知,$f(x)$ 在区间 I 上任意点处的函数值都相等,即 $f(x)$ 在区间 I 上是一个常数.

推论 2　如果函数 $f(x)$ 与 $g(x)$ 在区间 I 上恒有 $f'(x) = g'(x)$,则在区间 I 上有 $f(x) = g(x) + C$(C 为某一常数).

例 3　证明当 $x > 0$ 时,$\dfrac{x}{1+x} < \ln(1+x) < x$.

证　设 $f(t) = \ln(1+t)$,显然 $f(t)$ 在区间 $[0, x]$ 上满足拉格朗日中值定理的条件,根据定理有

$$f(x) - f(0) = f'(\xi)(x - 0) \quad (0 < \xi < x).$$

由于 $f(0) = 0, f'(t) = \dfrac{1}{1+t}$,因此上式即为

$$\ln(1+x) = \frac{x}{1+\xi}.$$

又由于 $0 < \xi < x$,有

$$\frac{x}{1+x} < \frac{x}{1+\xi} < x,$$

即

$$\frac{x}{1+x} < \ln(1+x) < x \quad (x > 0).$$

3. 柯西中值定理

在前面已经解释了拉格朗日中值定理的几何意义,即由显式函数 $y = f(x)$ 所表示的可微曲线段上,至少存在一点,使该点的切线平行于连接该曲线两端点的弦.

一般地,如果平面上的曲线 L 是由参数方程

$$\begin{cases} X = g(x), \\ Y = f(x) \end{cases} \quad (a \le x \le b)$$

表示,可以想象在此曲线上存在一点 M,使曲线在该点的切线与两端点的连线平行(见图3.4),设点 M 的对应参数为 $\xi(a<\xi<b)$,则曲线点 M 处的切线斜率就是 $\dfrac{f'(\xi)}{g'(\xi)}$,而两端点连线的斜率是 $\dfrac{f(b)-f(a)}{g(b)-g(a)}$,这个结果实际上是柯西中值定理的几何解释.

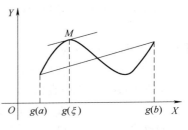

图 3.4

定理3 柯西中值定理

设函数 $f(x)$ 和 $g(x)$ 满足:

(1)在闭区间 $[a,b]$ 上连续;

(2)在开区间 (a,b) 内可导;

(3)对任意 $x\in(a,b)$,$g'(x)\neq0$,

则在 (a,b) 内至少存在一点 ξ,使

$$\frac{f(b)-f(a)}{g(b)-g(a)}=\frac{f'(\xi)}{g'(\xi)}.$$

证 构造辅助函数

$$\varphi(x)=f(x)-f(a)-\frac{f(b)-f(a)}{g(b)-g(a)}[g(x)-g(a)].$$

易知 $\varphi(x)$ 满足罗尔定理的条件,故在 (a,b) 内至少存在一点 ξ,使得 $\varphi'(\xi)=0$. 即

$$f'(\xi)-\frac{f(b)-f(a)}{g(b)-g(a)}\cdot g'(\xi)=0,$$

从而

$$\frac{f(b)-f(a)}{g(b)-g(a)}=\frac{f'(\xi)}{g'(\xi)}.$$

在柯西中值定理中,若取 $g(x)=x$,就得到拉格朗日中值定理,因此拉格朗日中值定理是柯西中值定理的特殊情形.

请读者注意,本节介绍的三个中值定理中,定理的条件都只是充分的. 如果定理中的某个条件不满足,就可能导致结论不成立. 例如,函数

$$f(x)=x^{\frac{2}{3}},\quad -8\leqslant x\leqslant8.$$

该函数在闭区间 $[-8,8]$ 上连续,且 $f(-8)=f(8)=4$. 当 $x\neq0$ 时,$f'(x)=\dfrac{2}{3}x^{-\frac{1}{3}}$;当 $x=0$ 时,$f'(x)$ 不存在. 也就是说满足罗尔定理的条件(1)(3),而条件(2)不满足. 容易看出这个函数在开区间 $(-8,8)$ 内不存在使导数为零的点(见图3.5).

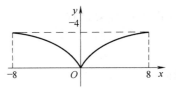

图 3.5

例4 设函数 $f(x)$ 在 $[0,1]$ 上连续,在 $(0,1)$ 内可导. 试证明至少存在一点 $\xi\in(0,1)$,使

$$f'(\xi)=2\xi[f(1)-f(0)].$$

证 题设结论可变形为

$$\frac{f(1)-f(0)}{1-0}=\frac{f'(\xi)}{2\xi}=\frac{f'(x)}{(x^2)'}\bigg|_{x=\xi}.$$

因此,可设 $g(x)=x^2$,则 $f(x)$,$g(x)$ 在 $[0,1]$ 上满足柯西中值定理的条件,所以在 $(0,1)$ 内至少存

在一点 ξ，使 $\dfrac{f(1)-f(0)}{1-0}=\dfrac{f'(\xi)}{2\xi}$，即

$$f'(\xi)=2\xi[f(1)-f(0)].$$

习题 3.1

1. 验证函数 $f(x)=\ln\sin x$ 在区间 $\left[\dfrac{\pi}{6},\dfrac{5\pi}{6}\right]$ 上罗尔定理成立.

2. 验证函数 $f(x)=4x^3-5x^2+x-2$ 在区间 $[0,1]$ 上拉格朗日中值定理成立.

3. 验证函数 $f(x)=\sin x$ 及 $F(x)=x+\cos x$ 在区间 $\left[0,\dfrac{\pi}{2}\right]$ 上柯西中值定理成立.

4. 试证明函数 $f(x)=ax^2+bx+c$ 在任一区间上应用拉格朗日中值定理时所求得的点 ξ 总是在该区间的正中间.

5. 不用求出函数 $f(x)=(x-1)(x-2)(x-3)(x-4)$ 的导数，说明方程 $f'(x)=0$ 有几个实根，并指出它们所在的区间.

6. 证明恒等式：$\arcsin x+\arccos x=\dfrac{\pi}{2}(-1\leqslant x\leqslant 1)$.

7. 若函数 $f(x)$ 在 (a,b) 内具有二阶导数，且 $f(x_1)=f(x_2)=f(x_3)$，其中 $a<x_1<x_2<x_3<b$，证明：在 (x_1,x_3) 内至少有一点 ξ，使得 $f''(\xi)=0$.

8. 设函数 $f(x)$ 在 $[0,1]$ 上连续，在 $(0,1)$ 内可导，且 $f(1)=0$，证明存在 $\xi\in(0,1)$，使 $f'(\xi)=-\dfrac{f(\xi)}{\xi}$.

9. 证明下列不等式：

（1）$|\arctan a-\arctan b|\leqslant|a-b|$；

（2）当 $0<b<a,n>1$ 时，$nb^{n-1}(a-b)<a^n-b^n<na^{n-1}(a-b)$；

（3）当 $0<b<a$ 时，$\dfrac{a-b}{a}<\ln\dfrac{a}{b}<\dfrac{a-b}{b}$；

（4）当 $x>1$ 时，$\mathrm{e}^x>\mathrm{e}x$.

10. 证明：若函数 $f(x)$ 在 $(-\infty,+\infty)$ 内满足关系式 $f'(x)=f(x)$，且 $f(0)=1$，则 $f(x)=\mathrm{e}^x$.

3.2　洛必达法则

在求函数的极限时，两个无穷小或两个无穷大之比的极限，可能存在也可能不存在，通常将这种极限叫作未定式，并记为 $\dfrac{0}{0}$ 或 $\dfrac{\infty}{\infty}$.

例如，$\lim\limits_{x\to 0}\dfrac{\sin x}{x}$，$\lim\limits_{x\to 0}\dfrac{1-\cos x}{x^2}$，$\lim\limits_{x\to+\infty}\dfrac{x^3}{\mathrm{e}^x}$ 等就是未定式.

本节运用微分中值定理，推证利用导数求未定式极限的重要方法，即洛必达法则. 此外，本节还将通过例题介绍如何将其他类型的未定式化为 $\dfrac{0}{0}$ 或 $\dfrac{\infty}{\infty}$ 型，然后利用洛必达法则计算极限.

1. $\dfrac{0}{0}$ 型未定式的极限

定理 1　设函数 $f(x)$ 与 $g(x)$ 满足：

（1）在点 x_0 的某个去心邻域 $\mathring{U}(x_0)$ 内有定义，且 $\lim\limits_{x\to x_0} f(x)=0$，$\lim\limits_{x\to x_0} g(x)=0$；

（2）在 $\mathring{U}(x_0)$ 内，$f'(x)$ 与 $g'(x)$ 存在，且 $g'(x)\neq 0$；

（3）$\lim\limits_{x\to x_0} \dfrac{f'(x)}{g'(x)}=A$（或 ∞），

则
$$\lim_{x\to x_0} \frac{f(x)}{g(x)}=\lim_{x\to x_0} \frac{f'(x)}{g'(x)}=A\ (\text{或}\ \infty).$$

证 因为求 $\dfrac{f(x)}{g(x)}$ 当 $x\to x_0$ 时的极限与 $f(x_0)$ 及 $g(x_0)$ 无关，所以可以假定 $f(x_0)=g(x_0)=0$，于是由于条件（1）（2）知，$f(x)$ 及 $g(x)$ 在点 x_0 的某一邻域内是连续的. 设 x 为这邻域内任意一点（$x\neq x_0$），那么 $f(x)$ 及 $g(x)$ 在以 x 及 x_0 为端点的区间上柯西中值定理的条件均满足，因此有

$$\frac{f(x)}{g(x)}=\frac{f(x)-f(x_0)}{g(x)-g(x_0)}=\frac{f'(\xi)}{g'(\xi)}\quad (\xi\ \text{在}\ x\ \text{与}\ x_0\ \text{之间}).$$

显然，当 $x\to x_0$ 时，有 $\xi\to x_0$，于是，当 $x\to x_0$ 时对上式两边取极限，得

$$\lim_{x\to x_0} \frac{f(x)}{g(x)}=\lim_{\xi\to x_0} \frac{f'(\xi)}{g'(\xi)}=\lim_{x\to x_0} \frac{f'(x)}{g'(x)}=A\quad (\text{或}\ \infty).$$

上述定理给出的这种在一定条件下通过对分子、分母分别求导来确定未定式的极限值的方法称为洛必达法则. 其中的极限过程 $x\to x_0$ 换为 $x\to\infty$，$x\to+\infty$，$x\to-\infty$ 或单侧极限 $x\to x_0^+$，$x\to x_0^-$ 中的任何一个时，可以证明相应的结论也成立.

如果 $\dfrac{f'(x)}{g'(x)}$ 当 $x\to x_0$ 时仍属于 $\dfrac{0}{0}$ 型，且这时 $f'(x)$，$g'(x)$ 能满足定理中 $f(x)$，$g(x)$ 所要满足的条件，那么可以继续使用洛必达法则先确定 $\lim\limits_{x\to x_0} \dfrac{f'(x)}{g'(x)}$，从而确定 $\lim\limits_{x\to x_0} \dfrac{f(x)}{g(x)}$，即

$$\lim_{x\to x_0} \frac{f(x)}{g(x)}=\lim_{x\to x_0} \frac{f'(x)}{g'(x)}=\lim_{x\to x_0} \frac{f''(x)}{g''(x)}.$$

且可以以此类推.

例 1 求 $\lim\limits_{x\to 1} \dfrac{x^3-3x+2}{x^3-x^2-x+1}$.

解 这是 $\dfrac{0}{0}$ 型未定式，不难验证满足定理 1 的条件，于是

$$\lim_{x\to 1} \frac{x^3-3x+2}{x^3-x^2-x+1}=\lim_{x\to 1} \frac{3x^2-3}{3x^2-2x-1},$$

到这一步仍是 $\dfrac{0}{0}$ 型未定式，可继续应用洛必达法则，得

$$\lim_{x\to 1} \frac{x^3-3x+2}{x^3-x^2-x+1}=\lim_{x\to 1} \frac{3x^2-3}{3x^2-2x-1}=\lim_{x\to 1} \frac{6x}{6x-2}=\frac{3}{2}.$$

注 $\lim\limits_{x\to 1} \dfrac{6x}{6x-2}$ 已经不是未定式，不能再用洛必达法则，否则会导致错误.

例 2 求 $\lim\limits_{x\to 0} \dfrac{x-\sin x}{x^3}$.

解 这是 $\dfrac{0}{0}$ 型未定式，使用洛必达法则，得

$$\lim_{x \to 0} \frac{x - \sin x}{x^3} = \lim_{x \to 0} \frac{1 - \cos x}{3x^2} = \lim_{x \to 0} \frac{\sin x}{6x} = \frac{1}{6}.$$

例 3　求 $\lim\limits_{x \to 0} \dfrac{e^x - e^{-x} - 2x}{x - \sin x}$.

解　$\lim\limits_{x \to 0} \dfrac{e^x - e^{-x} - 2x}{x - \sin x} = \lim\limits_{x \to 0} \dfrac{e^x + e^{-x} - 2}{1 - \cos x} = \lim\limits_{x \to 0} \dfrac{e^x - e^{-x}}{\sin x} = \lim\limits_{x \to 0} \dfrac{e^x + e^{-x}}{\cos x} = 2.$

2. $\dfrac{\infty}{\infty}$ 型未定式的极限

关于 $\dfrac{\infty}{\infty}$ 型的未定式,有类似的洛必达法则(定理证明从略).

定理 2　设函数 $f(x)$ 与 $g(x)$ 满足:

(1)在点 x_0 的某个去心邻域 $\overset{\circ}{U}(x_0)$ 内有定义,且 $\lim\limits_{x \to x_0} f(x) = \infty$,$\lim\limits_{x \to x_0} g(x) = \infty$;

(2)在 $\overset{\circ}{U}(x_0)$ 内,$f'(x)$ 与 $g'(x)$ 都存在,且 $g'(x) \neq 0$;

(3)$\lim\limits_{x \to x_0} \dfrac{f'(x)}{g'(x)} = A$(或 ∞),

则

$$\lim_{x \to x_0} \frac{f(x)}{g(x)} = \lim_{x \to x_0} \frac{f'(x)}{g'(x)} = A (\text{或} \infty).$$

例 4　求 $\lim\limits_{x \to +\infty} \dfrac{\dfrac{\pi}{2} - \arctan x}{\dfrac{1}{x}}$.

解　$\lim\limits_{x \to +\infty} \dfrac{\dfrac{\pi}{2} - \arctan x}{\dfrac{1}{x}} = \lim\limits_{x \to +\infty} \dfrac{-\dfrac{1}{1 + x^2}}{-\dfrac{1}{x^2}} = \lim\limits_{x \to +\infty} \dfrac{x^2}{1 + x^2} = 1.$

例 5　求 $\lim\limits_{x \to 0^+} \dfrac{\ln \cot x}{\ln x}$.

解　$\lim\limits_{x \to 0^+} \dfrac{\ln \cot x}{\ln x} = \lim\limits_{x \to 0^+} \dfrac{\dfrac{1}{\cot x}\left(-\dfrac{1}{\sin^2 x}\right)}{\dfrac{1}{x}} = -\lim\limits_{x \to 0^+} \dfrac{x}{\sin x \cos x} = -1.$

例 6　求 $\lim\limits_{x \to +\infty} \dfrac{\ln x}{x^n} (n > 0)$.

解　$\lim\limits_{x \to +\infty} \dfrac{\ln x}{x^n} = \lim\limits_{x \to +\infty} \dfrac{\dfrac{1}{x}}{nx^{n-1}} = \lim\limits_{x \to +\infty} \dfrac{1}{nx^n} = 0.$

例 7　求 $\lim\limits_{x \to +\infty} \dfrac{x^n}{e^{\lambda x}} (n$ 为正整数,$\lambda > 0)$.

解　相继应用洛必达法则 n 次,得

$$\lim_{x \to +\infty} \frac{x^n}{e^{\lambda x}} = \lim_{x \to +\infty} \frac{nx^{n-1}}{\lambda e^{\lambda x}} = \lim_{x \to +\infty} \frac{n(n-1)x^{n-2}}{\lambda^2 e^{\lambda x}} = \cdots = \lim_{x \to +\infty} \frac{n!}{\lambda^n e^{\lambda x}} = 0.$$

事实上,如果例 7 中的 n 不是正整数而是任何正数,那么极限仍为零.

对数函数 $\ln x$、幂函数 $x^n (n > 0)$、指数函数 $e^{\lambda x} (\lambda > 0)$ 均为当 $x \to +\infty$ 时的无穷大,但从例 6、例 7 可以看出,这三个函数增大速度很不一样,指数函数增长最快,幂函数次之,对数函数增长最慢.

3. 其他类型未定式的极限

其他类型的未定式($0 \cdot \infty$ 型、$\infty - \infty$ 型、1^∞ 型、∞^0 型、0^0 型)都可通过变形转化为 $\dfrac{0}{0}$ 型或 $\dfrac{\infty}{\infty}$ 型未定式,从而使用洛必达法则求极限,举例如下.

例 8 求 $\lim\limits_{x \to 0^+} x^n \ln x (n > 0)$.

解 这是未定式 $0 \cdot \infty$. 因为

$$\lim_{x \to 0^+} x^n \ln x = \lim_{x \to 0^+} \frac{\ln x}{\dfrac{1}{x^n}},$$

当 $x \to 0^+$ 时,上式右端是未定式 $\dfrac{\infty}{\infty}$,应用洛必达法则得

$$\lim_{x \to 0^+} x^n \ln x = \lim_{x \to 0^+} \frac{\ln x}{x^{-n}} = \lim_{x \to 0^+} \frac{\dfrac{1}{x}}{-nx^{-n-1}} = \lim_{x \to 0^+} \left(\frac{-x^n}{n} \right) = 0.$$

例 9 求 $\lim\limits_{x \to \frac{\pi}{2}} (\sec x - \tan x)$.

解 这是未定式 $\infty - \infty$. 因为

$$\sec x - \tan x = \frac{1 - \sin x}{\cos x},$$

当 $x \to \dfrac{\pi}{2}$ 时,上式右端是未定式 $\dfrac{0}{0}$,应用洛必达法则得

$$\lim_{x \to \frac{\pi}{2}} (\sec x - \tan x) = \lim_{x \to \frac{\pi}{2}} \frac{1 - \sin x}{\cos x} = \lim_{x \to \frac{\pi}{2}} \frac{-\cos x}{-\sin x} = 0.$$

对 $1^\infty, \infty^0, 0^0$ 型,可先化为以 e 为底的指数函数的极限,再利用指数函数的连续性,化为直接求指数的极限,而指数的极限为 $0 \cdot \infty$ 的形式,再化为 $\dfrac{0}{0}$ 或 $\dfrac{\infty}{\infty}$ 型未定式来计算.

例 10 求 $\lim\limits_{x \to 0^+} x^{\tan x}$.

解 这是未定式 0^0,将它变形为 $\lim\limits_{x \to 0^+} x^{\tan x} = e^{\lim\limits_{x \to 0^+} \tan x \ln x}$,由于

$$\lim_{x \to 0^+} \tan x \ln x = \lim_{x \to 0^+} \frac{\ln x}{\cot x} = \lim_{x \to 0^+} \frac{\dfrac{1}{x}}{-\csc^2 x}$$

$$= \lim_{x \to 0^+} \frac{-\sin^2 x}{x} = \lim_{x \to 0^+} \frac{-2\sin x \cos x}{1} = 0.$$

所以

$$\lim_{x \to 0^+} x^{\tan x} = e^0 = 1.$$

例 11 求

$$\lim_{x \to 0} \frac{\tan x - x}{x^2 \sin x}.$$

解 如果直接用洛必达法则,那么分母的导数(尤其是高阶导数)较繁. 如果作一个等价无穷小替代,那么计算就方便得多. 其运算如下:

$$\lim_{x \to 0} \frac{\tan x - x}{x^2 \sin x} = \lim_{x \to 0} \frac{\tan x - x}{x^3} = \lim_{x \to 0} \frac{\sec^2 x - 1}{3x^2} = \lim_{x \to 0} \frac{2\sec^2 x \tan x}{6x} = \frac{1}{3} \lim_{x \to 0} \frac{\tan x}{x} = \frac{1}{3}.$$

最后,我们指出,本节定理给出的是求未定式的一种方法. 当定理条件满足时,所求的极限当然存在(或为∞),但当定理条件不满足时,所求极限却不一定不存在,这就是说,当$\lim \frac{f'(x)}{g'(x)}$不存在时(等于无穷大的情况除外),$\lim \frac{f(x)}{g(x)}$仍可能存在(见本节习题第 2 题).

 **习题3.2**

1. 求下列极限:

$(1) \lim\limits_{x \to \pi} \dfrac{\sin 3x}{\tan 5x}$;

$(2) \lim\limits_{x \to 0} \dfrac{e^x - e^{-x}}{\sin x}$;

$(3) \lim\limits_{x \to 0} \dfrac{a^x - b^x}{x}$;

$(4) \lim\limits_{x \to \frac{\pi}{2}} \dfrac{\ln \sin x}{(\pi - 2x)^2}$;

$(5) \lim\limits_{x \to 0} \dfrac{\tan x - x}{x - \sin x}$;

$(6) \lim\limits_{x \to a} \dfrac{x^m - a^m}{x^n - a^n} (a \neq 0)$;

$(7) \lim\limits_{x \to +\infty} \dfrac{\ln\left(1 + \dfrac{1}{x}\right)}{\operatorname{arccot} x}$;

$(8) \lim\limits_{x \to 0} \dfrac{\ln(1 + x^2)}{\sec x - \cos x}$;

$(9) \lim\limits_{x \to 0} \dfrac{3x - \sin 3x}{(1 - \cos x)\ln(1 + 2x)}$;

$(10) \lim\limits_{x \to 0} \dfrac{e^{ax} + \dfrac{x^2}{2} - ax - 1}{x \sin \dfrac{x}{4}}$;

$(11) \lim\limits_{x \to 0^+} \dfrac{\ln \tan 7x}{\ln \tan 2x}$;

$(12) \lim\limits_{x \to \frac{\pi}{2}} \dfrac{\tan x}{\tan 3x}$;

$(13) \lim\limits_{x \to 0} x \cot 2x$;

$(14) \lim\limits_{x \to 0} x^2 e^{\frac{1}{x^2}}$;

$(15) \lim\limits_{x \to 1} \left(\dfrac{2}{x^2 - 1} - \dfrac{1}{x - 1}\right)$;

$(16) \lim\limits_{x \to \infty} \left(1 + \dfrac{a}{x}\right)^x$;

$(17) \lim\limits_{x \to 0^+} x^{\sin x}$;

$(18) \lim\limits_{x \to 0^+} \left(\dfrac{1}{x}\right)^{\tan x}$.

2. 验证极限 $\lim\limits_{x \to \infty} \dfrac{x + \sin x}{x}$ 存在,但不能用洛必达法则得出.

3. 验证极限 $\lim\limits_{x \to 0} \dfrac{x^2 \sin \dfrac{1}{x}}{\sin x}$ 存在,但不能用洛必达法则得出.

3.3 泰勒公式

用简单函数逼近(近似表示)复杂函数是工程技术中的常用方法之一,本节介绍的泰勒

(Taylor)中值定理就是用多项式来逼近函数的一个重要定理.

1. 泰勒中值定理

我们知道,如果函数$f(x)$在点x_0处可微,则有
$$f(x) = f(x_0) + f'(x_0)(x - x_0) + o(x - x_0).$$

在点x_0附近可以用线性函数(一次多项式)$p_1(x) = f(x_0) + f'(x_0)(x - x_0)$来近似表示$f(x)$,其误差为$o(x - x_0)(x \to x_0)$. 近似公式具有形式简单、计算方便的优点,但也存在精度不高、误差无法估计的缺点. 并且在很多场合下,取一次多项式逼近是不够的,往往需要用二次或高于二次的多项式去逼近. 于是,提出如下问题:

设函数$f(x)$在含有点x_0的开区间(a, b)内具有直到$n + 1$阶的导数,试找出一个关于$(x - x_0)$的n次多项式
$$p_n(x) = a_0 + a_1(x - x_0) + a_2(x - x_0)^2 + \cdots + a_n(x - x_0)^n \tag{3.3.1}$$
来近似表达$f(x)$,其误差$R_n(x) = f(x) - p_n(x)$是当$x \to x_0$时比$(x - x_0)^n$高阶的无穷小.

下面我们来讨论这个问题. 设$p_n(x)$在点x_0处的函数值及它的直到n阶导数在点x_0处的值依次与$f(x_0), f'(x_0), f''(x_0), \cdots, f^{(n)}(x_0)$相等,即有
$$p_n(x_0) = f(x_0), p_n^{(k)}(x_0) = f^{(k)}(x_0) \quad (k = 1, 2, \cdots, n) \tag{3.3.2}$$

要按这些等式来确定多项式(3.3.1)的系数$a_0, a_1, a_2, \cdots, a_n$. 为此,对式(3.3.1)求各阶导数,并分别代入式(3.3.2)中,得
$$a_0 = f(x_0), 1 \cdot a_1 = f'(x_0), 2! \cdot a_2 = f''(x_0), \cdots, n! \cdot a_n = f^{(n)}(x_0),$$
即
$$a_0 = f(x_0), a_k = \frac{1}{k!} f^{(k)}(x_0) \quad (k = 1, 2, \cdots, n). \tag{3.3.3}$$

将所求系数$a_0, a_1, a_2, \cdots, a_n$代入式(3.3.1),有
$$p(x) = f(x_0) + f'(x_0)(x - x_0) + \frac{f''(x_0)}{2!}(x - x_0)^2 + \cdots + \frac{f^{(n)}(x_0)}{n!}(x - x_0)^n. \tag{3.3.4}$$

下面的定理表明,多项式(3.3.4)就是我们要寻找的n次多项式.

泰勒中值定理 如果函数$f(x)$在含有点x_0的某个开区间(a, b)内具有直到$n + 1$阶的导数,则对任一$x \in (a, b)$,有
$$f(x) = f(x_0) + f'(x_0)(x - x_0) + \frac{f''(x_0)}{2!}(x - x_0)^2 + \cdots + \frac{f^{(n)}(x_0)}{n!}(x - x_0)^n + R_n(x),$$
$$\tag{3.3.5}$$

其中
$$R_n(x) = \frac{f^{(n+1)}(\xi)}{(n+1)!}(x - x_0)^{n+1}. \tag{3.3.6}$$
这里ξ是介于x_0与x之间的某个值.

证 由于$R_n(x) = f(x) - p_n(x)$,根据题意,只需证明式(3.3.6)成立. 从题设条件知,$R_n(x)$在(a, b)内具有直到$n + 1$阶导数,且
$$R_n(x_0) = R_n'(x_0) = R_n''(x_0) = \cdots = R_n^{(n)}(x_0) = 0,$$
函数$R_n(x)$及$(x - x_0)^{n+1}$在以x_0及x为端点的区间上满足柯西中值定理的条件,所以
$$\frac{R_n(x)}{(x - x_0)^{n+1}} = \frac{R_n(x) - R_n(x_0)}{(x - x_0)^{n+1} - 0} = \frac{R_n'(\xi_1)}{(n+1)(\xi_1 - x_0)^n} \quad (\xi_1 \text{在} x_0 \text{与} x \text{之间}),$$

又函数 $R_n{}'(x)$ 及 $(n+1)(x-x_0)^n$ 在以 x_0 及 ξ_1 为端点的区间上满足柯西中值定理的条件,所以

$$\frac{R_n{}'(\xi_1)}{(n+1)(\xi_1-x_0)^n} = \frac{R_n{}'(\xi_1)-R_n{}'(x_0)}{(n+1)(\xi_1-x_0)^n-0} = \frac{R_n{}''(\xi_2)}{n(n+1)(\xi_2-x_0)^{n-1}} \quad (\xi_2 在 x_0 与 \xi_1 之间).$$

按此方法继续做下去,经过 $n+1$ 次后,可得

$$\frac{R_n(x)}{(x-x_0)^{n+1}} = \frac{R_n{}^{(n+1)}(\xi)}{(n+1)!},$$

其中 ξ 在 x_0 与 ξ_n 之间(也在 x_0 与 x 之间),因为 $p_n^{(n+1)}(x)=0$,所以

$$R_n^{(n+1)}(x) = f^{(n+1)}(x),$$

从而证得

$$R_n(x) = \frac{f^{(n+1)}(\xi)}{(n+1)!}(x-x_0)^{n+1} \quad (\xi 在 x_0 与 x 之间).$$

多项式(3.3.4)称为函数 $f(x)$ 按 $(x-x_0)$ 的幂展开的 n 次近似多项式,式(3.3.5)称为 $f(x)$ 按 $(x-x_0)$ 的幂展开的 n **阶泰勒公式**,$R_n(x)$ 的表达式(3.3.6)称为**拉格朗日余项**.

当 $n=0$ 时,泰勒公式变为拉格朗日中值公式:

$$f(x) = f(x_0) + f'(\xi)(x-x_0) \quad (\xi 在 x_0 与 x 之间),$$

这表明泰勒中值定理是拉格朗日中值定理的推广.

如果对于固定的 n,当 $x \in (a,b)$ 时,有 $|f^{(n+1)}(x)| \leqslant M$,则有

$$|R_n(x)| = \left| \frac{f^{(n+1)}(\xi)}{(n+1)!}(x-x_0)^{n+1} \right| \leqslant \frac{M}{(n+1)!}|x-x_0|^{n+1}, \tag{3.3.7}$$

从而

$$\lim_{x \to x_0} \frac{R_n(x)}{(x-x_0)^n} = 0.$$

故当 $x \to x_0$ 时,误差 $R_n(x)$ 是比 $(x-x_0)^n$ 高阶的无穷小,即

$$R_n(x) = o((x-x_0)^n). \tag{3.3.8}$$

$R_n(x)$ 的表达式(3.3.8)称为**皮亚诺余项**.

至此,提出的问题全部得到解决.

在不需要余项的精确表达式时,n 阶泰勒公式也可以写成

$$f(x) = f(x_0) + f'(x_0)(x-x_0) + \frac{f''(x_0)}{2!}(x-x_0)^2$$

$$+ \cdots + \frac{f^{(n)}(x_0)}{n!}(x-x_0)^n + o((x-x_0)^n). \tag{3.3.9}$$

式(3.3.9)称为 $f(x)$ 按 $(x-x_0)$ 的幂展开的带有皮亚诺余项的 n 阶泰勒公式.

泰勒公式(3.3.5)中,取 $x_0=0$,则 ξ 在 0 与 x 之间,因此令 $\xi = \theta x (0 < \theta < 1)$,由式(3.3.5)、式(3.3.6),得

$$f(x) = f(0) + f'(0)x + \frac{f''(0)}{2!}x^2 + \cdots + \frac{f^{(n)}(0)}{n!}x^n + \frac{f^{(n+1)}(\theta x)}{(n+1)!}x^{n+1} \quad (0 < \theta < 1). \tag{3.3.10}$$

式(3.3.10)称为带有拉格朗日余项的**麦克劳林公式**.

在泰勒公式(3.3.9)中,取 $x_0=0$,则得到带有皮亚诺余项的麦克劳林公式

$$f(x) = f(0) + f'(0)x + \frac{f''(0)}{2!}x^2 + \cdots + \frac{f^{(n)}(0)}{n!}x^n + o(x^n). \tag{3.3.11}$$

从式(3.3.10)或式(3.3.11)可得近似公式

$$f(x) \approx f(0) + f'(0)x + \frac{f''(0)}{2!}x^2 + \cdots + \frac{f^{(n)}(0)}{n!}x^n.$$

误差估计式(3.3.7)相应变成

$$|R_n(x)| \leqslant \frac{M}{(n+1)!}|x|^{n+1}.$$

2. 几个初等函数的麦克劳林公式

下面利用式(3.3.10)求出几个常用初等函数的麦克劳林公式

(1)$f(x) = e^x$

因 $f^{(k)}(x) = e^x (k = 1,2,\cdots,n+1)$,从而有 $f^{(k)}(0) = 1$ $(k = 1,2,\cdots,n)$,代入式(3.3.10)得

$$e^x = 1 + x + \frac{x^2}{2!} + \cdots + \frac{x^n}{n!} + \frac{x^{n+1}}{(n+1)!}e^{\theta x} \quad (0 < \theta < 1).$$

(2)$f(x) = \sin x$

因 $f^{(k)}(x) = \sin\left(x + k \times \frac{\pi}{2}\right)(k = 1,2,\cdots,2n+1)$,从而有

$$f^{(k)}(0) = \sin\frac{k\pi}{2} = \begin{cases} 0, & k = 2m, \\ (-1)^m, & k = 2m+1, \end{cases} m \in \mathbf{N}_+,$$

代入式(3.3.10)得

$$\sin x = x - \frac{x^3}{3!} + \frac{x^5}{5!} - \cdots + (-1)^{n-1}\frac{x^{2n-1}}{(2n-1)!} + \frac{x^{2n+1}}{(2n+1)!}\sin\left(\theta x + (2n+1)\frac{\pi}{2}\right) \quad (0 < \theta < 1).$$

类似地,可得

$$\cos x = 1 - \frac{x^2}{2!} + \frac{x^4}{4!} - \cdots + (-1)^n\frac{x^{2n}}{(2n)!} + \frac{x^{2n+2}}{(2n+2)!}\cos\left(\theta x + (2n+2)\frac{\pi}{2}\right) \quad (0 < \theta < 1).$$

3. $f(x) = \ln(1+x)$

因 $f^{(k)}(x) = \frac{(-1)^{k-1}(k-1)!}{(1+x)^k}$ $(k = 1,2,\cdots,n+1)$,从而有

$$f(0) = 0, f^{(k)}(0) = (-1)^{k-1}(k-1)! \quad (k = 1,2,\cdots,n),$$

代入式(3.3.10)得

$$\ln(1+x) = x - \frac{x^2}{2} + \frac{x^3}{3} - \frac{x^4}{4} + \cdots + (-1)^{n-1}\frac{x^n}{n} + (-1)^n\frac{x^{n+1}}{(n+1)(1+\theta x)^{n+1}} \quad (0 < \theta < 1).$$

(4)$f(x) = (1+x)^\alpha$,其中 $\alpha \in \mathbf{R}$ 且 $\alpha \notin \mathbf{N}$.

因 $f^{(k)}(x) = \alpha(\alpha-1)\cdots(\alpha-k+1)(1+x)^{\alpha-k}$ $(k = 1,2,\cdots,n+1)$,从而有

$$f^{(k)}(0) = \alpha(\alpha-1)\cdots(\alpha-k+1) \quad (k = 1,2,\cdots,n),$$

代入式(3.3.10)得

$$(1+x)^\alpha = 1 + \alpha x + \frac{\alpha(\alpha-1)}{2!}x^2 + \cdots + \frac{\alpha(\alpha-1)\cdots(\alpha-n+1)}{n!}x^n$$

$$+ \frac{\alpha(\alpha-1)\cdots(\alpha-n)x^{n+1}}{(n+1)!\ (1+\theta x)^{n+1-\alpha}} \quad (0 < \theta < 1).$$

特别地,当 α 为正整数 n 时,因 $f^{(n+1)}(x) \equiv 0$,所以 $R_n(x) = 0$,从而有

$$(1 + x)^n = 1 + nx + \frac{n(n-1)}{2!}x^2 + \cdots + \frac{n \cdot (n-1) \cdot \cdots \cdot 2 \cdot 1}{n!}x^n.$$

即二项式公式.

以上几个常用公式都是带有拉格朗日余项的麦克劳林公式. 带有皮亚诺余项的麦克劳林公式形式上要简单些, 下面也列出以供应用.

$$e^x = 1 + x + \frac{x^2}{2!} + \cdots + \frac{x^n}{n!} + o(x^n),$$

$$\sin x = x - \frac{x^3}{3!} + \frac{x^5}{5!} - \cdots + (-1)^{n-1}\frac{x^{2n-1}}{(2n-1)!} + o(x^{2n-1}),$$

$$\cos x = 1 - \frac{x^2}{2!} + \frac{x^4}{4!} - \cdots + (-1)^n\frac{x^{2n}}{(2n)!} + o(x^{2n}),$$

$$\ln(1 + x) = x - \frac{x^2}{2} + \frac{x^3}{3} - \cdots + \frac{(-1)^{n-1}}{n}x^n + o(x^n),$$

$$(1 + x)^\alpha = 1 + \alpha x + \frac{\alpha(\alpha-1)}{2!}x^2 + \cdots + \frac{\alpha(\alpha-1)\cdots(\alpha-n+1)}{n!}x^n + o(x^n).$$

由于求函数在一点的高阶导数并不容易, 因此总是尽量设法通过转换应用以上的已有公式, 来求函数在 $x = x_0$ 的泰勒公式及一般函数的麦克劳林公式.

例 1　求函数 $f(x) = \dfrac{1}{3-x}$ 在 $x = 1$ 处的 n 阶带皮亚诺余项的泰勒公式.

解　$f(x) = \dfrac{1}{2-(x-1)} = \dfrac{1}{2} \cdot \dfrac{1}{1-\dfrac{x-1}{2}} = \dfrac{1}{2}\left(1-\dfrac{x-1}{2}\right)^{-1} = \dfrac{1}{2}(1+t)^{-1},$

其中 $t = -\dfrac{x-1}{2}$, 在 $x = 1$ 时, $t = 0$. 由麦克劳林公式

$$(1+t)^{-1} = 1 - t + t^2 - t^3 + \cdots + (-1)^n t^n + o(t^n)$$

$$= 1 - \left(-\frac{x-1}{2}\right) + \left(-\frac{x-1}{2}\right)^2 - \left(-\frac{x-1}{2}\right)^3 + \cdots + (-1)^n\left(-\frac{x-1}{2}\right)^n + o\left(\left(-\frac{x-1}{2}\right)^n\right)$$

$$= 1 + \frac{x-1}{2} + \frac{(x-1)^2}{2^2} + \cdots + \frac{(x-1)^n}{2^n} + o((x-1)^n),$$

于是

$$f(x) = \frac{1}{2}(1+t)^{-1} = \frac{1}{2} + \frac{x-1}{2^2} + \frac{(x-1)^2}{2^3} + \cdots + \frac{(x-1)^n}{2^{n+1}} + o((x-1)^n).$$

例 2　求函数 $f(x) = \cos^2 x$ 的 $2n$ 阶带皮亚诺余项的麦克劳林公式.

解　由 $\cos x$ 的麦克劳林公式, 得

$$\cos^2 x = \frac{1 + \cos 2x}{2}$$

$$= \frac{1}{2} + \frac{1}{2}\left[1 - \frac{(2x)^2}{2!} + \frac{(2x)^4}{4!} - \cdots + (-1)^n\frac{(2x)^{2n}}{(2n)!} + o((2x)^{2n})\right]$$

$$= 1 - x^2 + \frac{x^4}{3} - \cdots + (-1)^n\frac{2^{2n-1}}{(2n)!}x^{2n} + o(x^{2n}).$$

3. 泰勒公式应用举例

(1) 用于近似计算

利用泰勒公式近似计算函数值较之利用微分精确度更高,适用范围更广,并可估计误差.

例 3 计算 e 的近似值,并使其误差小于 10^{-6}.

解 由 e^x 的带有拉格朗日余项的麦克劳林公式知,若把 e^x 用它的 n 次多项式近似表达为

$$e^x \approx 1 + x + \frac{x^2}{2!} + \cdots + \frac{x^n}{n!},$$

则所产生的误差为

$$\left| R_n(x) \right| = \left| \frac{e^{\theta x}}{(n+1)!} x^{n+1} \right| < \frac{e^{|x|}}{(n+1)!} |x|^{n+1} \quad (0 < \theta < 1).$$

若取 $x = 1$,得无理数 e 的近似式表达式为

$$e \approx 1 + 1 + \frac{1}{2!} + \cdots + \frac{1}{n!},$$

其误差

$$|R_n| < \frac{e}{(n+1)!} < \frac{3}{(n+1)!}.$$

当 $n = 10$ 时,可算出 $e \approx 2.718282$,其误差不超过 10^{-6}.

(2) 用于求某些极限

对于某些复杂的极限,利用带皮亚诺余项的泰勒公式计算,是有效的方法之一.

例 4 计算 $\lim\limits_{x \to 0} \dfrac{\cos x - e^{-\frac{x^2}{2}}}{x^4}$

解 原式 $= \lim\limits_{x \to 0} \dfrac{\left[1 - \frac{1}{2}x^2 + \frac{x^4}{24} + o(x^4) \right] - \left[1 - \frac{1}{2}x^2 + \frac{1}{8}x^4 + o(x^4) \right]}{x^4}$

$= \lim\limits_{x \to 0} \dfrac{-\frac{1}{12}x^4 + o(x^4)}{x^4} = \lim\limits_{x \to 0} \left(-\frac{1}{12} + \frac{o(x^4)}{x^4} \right) = -\frac{1}{12}.$

习题 3.3

1. 按 $(x-4)$ 的幂展开多项式 $f(x) = x^4 - 5x^3 + x^2 - 3x + 4$.

2. 应用麦克劳林公式,按 x 的幂展开函数 $f(x) = (x^2 - 3x + 1)^3$.

3. 求函数 $f(x) = \sqrt{x}$ 按 $(x-4)$ 的幂展开的带有拉格朗日余项的三阶泰勒公式.

4. 求函数 $f(x) = \ln x$ 按 $(x-2)$ 的幂展开的带有皮亚诺余项的 n 阶泰勒公式.

5. 求函数 $f(x) = \dfrac{1}{x}$ 按 $(x+1)$ 的幂展开的带有拉格朗日余项的 n 阶泰勒公式.

6. 求函数 $f(x) = \tan x$ 的带有皮亚诺余项的三阶麦克劳林公式.

7. 求函数 $f(x) = x e^x$ 的带有皮亚诺余项的 n 阶麦克劳林公式.

8. 验证当 $0 < x \leqslant \dfrac{1}{2}$ 时,按公式 $e^x \approx 1 + x + \dfrac{x^2}{2} + \dfrac{x^3}{6}$ 计算 e^x 的近似值时,所产生的误差小于

0.01,并求 $\sqrt{e}$ 的近似值,使误差小于 0.01.

9. 应用 3 阶泰勒公式求下列各数的近似值,并估计误差:

(1) $\sqrt[3]{30}$;　　　　　　　　　　　　　(2) $\sin 18°$.

10. 利用泰勒公式求下列极限:

(1) $\lim\limits_{x \to +\infty} (\sqrt[3]{x^3 + 3x^2} - \sqrt[4]{x^4 - 2x^3})$;　　(2) $\lim\limits_{x \to \infty} \left[x - x^2 \ln \left(1 + \dfrac{1}{x} \right) \right]$;

(3) $\lim\limits_{x \to 0} \dfrac{1 + \dfrac{1}{2}x^2 - \sqrt{1 + x^2}}{(\cos x - e^{x^2}) \sin x^2}$;　　(4) $\lim\limits_{x \to 0} \dfrac{\cos x - e^{-\frac{x^2}{2}}}{x^2 [x + \ln(1 - x)]}$.

3.4　函数的单调性与极值

利用微分中值定理,我们可以由函数的导数来研究函数本身的一些重要特性.

1. 函数的单调性

我们知道,如果函数 $f(x)$ 在区间 I 上单调增加(或单调减少),则当 $x, x + \Delta x \in I$ 时,有

$$\frac{f(x + \Delta x) - f(x)}{\Delta x} > 0 \quad (或 < 0).$$

若 $f(x)$ 在区间 I 上可导,则

$$f'(x) = \lim\limits_{\Delta x \to 0} \frac{f(x + \Delta x) - f(x)}{\Delta x} > 0 \quad (或 < 0).$$

由此可见,函数的单调性与导数的符号有着密切的联系.

反过来,能否用导数的符号来判断函数的单调性呢?

下面我们利用拉格朗日中值定理来进行讨论.

设函数 $f(x)$ 在 $[a, b]$ 上连续,在 (a, b) 内可导,在 $[a, b]$ 上任取两点 $x_1, x_2 (x_1 < x_2)$,应用拉格朗日中值定理,得到

$$f(x_2) - f(x_1) = f'(\xi)(x_2 - x_1) \quad (x_1 < \xi < x_2).$$

由于在上式中,$x_2 - x_1 > 0$,因此,如果在 (a, b) 内导数 $f'(x)$ 保持正号,即 $f'(x) > 0$,那么也有 $f'(\xi) > 0$. 于是

$$f(x_2) - f(x_1) = f'(\xi)(x_2 - x_1) > 0,$$

即

$$f(x_1) < f(x_2).$$

这表明函数 $y = f(x)$ 在 $[a, b]$ 上单调增加. 同理,如果在 (a, b) 内导数 $f'(x)$ 保持负号,即 $f'(x) < 0$,那么 $f'(\xi) < 0$,于是 $f(x_2) - f(x_1) < 0$,即 $f(x_1) > f(x_2)$,表明函数 $y = f(x)$ 在 $[a, b]$ 上单调减少.

归纳以上讨论,即得:

定理 1　设函数 $y = f(x)$ 在 $[a, b]$ 上连续,在 (a, b) 内可导.

(1) 若在 (a, b) 内 $f'(x) > 0$,则 $y = f(x)$ 在 $[a, b]$ 上单调增加;

(2) 若在 (a, b) 内 $f'(x) < 0$,则 $y = f(x)$ 在 $[a, b]$ 上单调减少.

注 将此定理中的闭区间换成其他各种区间(包括无穷区间),结论仍成立.

函数的单调性是一个区间上的性质,要用导数在这一区间上的符号来判定,而不能用导数在一点处的符号来判别函数在一个区间上的单调性,区间内个别点导数为零并不影响函数在该区间上的单调性.

例如,函数 $y = x^3$ 在其定义域 $(-\infty, +\infty)$ 内是单调增加的,但其导数 $y' = 3x^2$ 在 $x = 0$ 处为零.

如果函数在其定义域的某个区间内是单调的,则该区间称为函数的单调区间.

例 1 讨论函数 $y = e^x - x - 1$ 的单调性.

解 该函数的定义域为 $(-\infty, +\infty)$,又 $y' = e^x - 1$,令 $y' = 0$,得 $x = 0$,因此 $x = 0$ 将定义域分成两个部分.

当 $x \in (-\infty, 0)$ 时,$y' < 0$,所以函数在 $(-\infty, 0]$ 上单调减少;

当 $x \in (0, +\infty)$ 时,$y' > 0$,所以函数在 $[0, +\infty)$ 上单调增加.

例 2 讨论函数 $y = \sqrt[3]{x^2}$ 的单调性.

解 该函数的定义域为 $(-\infty, +\infty)$,当 $x \neq 0$ 时,$y' = \dfrac{2}{3\sqrt[3]{x}}$,

当 $x = 0$ 时,函数的导数不存在,因此 $x = 0$ 将定义域分成两个部分.

当 $x \in (-\infty, 0)$ 时,$y' < 0$,所以函数在 $(-\infty, 0]$ 上单调减少;

当 $x \in (0, +\infty)$ 时,$y' > 0$,所以函数在 $[0, +\infty)$ 上单调增加.

注:从上述两个例子可以看出,对函数 $y = f(x)$ 单调性的讨论,应先求出使导数等于零的点或使导数不存在的点,并用这些点将函数的定义域划分为若干个子区间,然后逐个判断函数的导数 $f'(x)$ 在各子区间的符号,从而确定出函数 $y = f(x)$ 在各子区间上的单调性,每个使得 $f'(x)$ 的符号保持不变的子区间都是函数 $y = f(x)$ 的单调区间.

例 3 确定函数 $f(x) = 2x^3 - 9x^2 + 12x - 3$ 的单调区间.

解 该函数的定义域为 $(-\infty, +\infty)$,又 $f'(x) = 6x^2 - 18x + 12 = 6(x-1)(x-2)$,令 $f'(x) = 0$,得 $x = 1, 2$,因此 $x = 1, 2$ 将定义域分成三个部分 $(-\infty, 1)$,$(1, 2)$ 及 $(2, +\infty)$,列表给出 $f'(x)$ 在这三个区间的符号,以确定 $f(x)$ 的单调性:

x	$(-\infty, 1)$	1	$(1, 2)$	2	$(2, +\infty)$
$f'(x)$	+	0	−	0	+
$f(x)$	↗	2	↘	1	↗

即 $f(x)$ 在区间 $(-\infty, 1]$,$[2, +\infty)$ 上单调增加;在区间 $[1, 2]$ 上单调减少.

2. 函数单调性的应用

(1)利用函数的单调性证明不等式

例 4 试证明:当 $x > 0$ 时,$\ln(1 + x) > x - \dfrac{1}{2}x^2$.

证 作辅助函数

$$f(x) = \ln(1 + x) - x + \frac{1}{2}x^2,$$

因为 $f(x)$ 在 $[0, +\infty)$ 上连续,在 $(0, +\infty)$ 内可导,且

$$f'(x) = \frac{1}{1+x} - 1 + x = \frac{x^2}{1+x},$$

当 $x > 0$ 时，$f'(x) > 0$，又 $f(0) = 0$. 故当 $x > 0$ 时，$f(x) > f(0) = 0$，即

$$\ln(1+x) > x - \frac{1}{2}x^2.$$

（2）应用函数的单调性证明根的唯一性

例 5　证明方程 $x^5 + x + 1 = 0$ 在区间 $(-1, 0)$ 内有且只有一个实根.

证　存在性，令 $f(x) = x^5 + x + 1$，因为 $f(x)$ 在闭区间 $[-1, 0]$ 上连续，且 $f(-1) = -1 < 0$，$f(0) = 1 > 0$. 根据零点定理知，$f(x)$ 在 $(-1, 0)$ 内至少有一个零点.

唯一性，对于任意实数 x，有

$$f'(x) = 5x^4 + 1 > 0,$$

所以 $f(x)$ 在 $(-\infty, +\infty)$ 内单调增加，因此，曲线 $y = f(x)$ 在 x 轴至多只有一个交点.

综上所述，方程 $x^5 + x + 1 = 0$ 在区间 $(-1, 0)$ 内有且只有一个实根.

3. 函数的极值

我们已经知道，闭区间上的连续函数必取得最大值和最小值，这是函数在区间上的"整体性质". 把这种最大值、最小值的概念限制在"局部"一点 x 的邻域，就可引出极大值、极小值的概念.

定义　设函数 $f(x)$ 在点 x_0 的某一邻域内有定义，若对该邻域内一切异于 x_0 的点 x，都有

$$f(x) < f(x_0) \quad (\text{或 } f(x) > f(x_0)),$$

则称 $f(x_0)$ 为函数 $f(x)$ 的一个极大值（或极小值），极大值与极小值统称为极值. 取得极值的点 x_0，相应称为 $f(x)$ 的极大值点（或极小值点），极大值点与极小值点统称为极值点.

如图 3.6 所示的曲线所对应的函数 $f(x)$ 在 (a, b) 内有两个极大值 $f(x_2)$，$f(x_4)$，极大值点为 x_2，x_4；有三个极小值 $f(x_1)$，$f(x_3)$，$f(x_5)$，极小值点为 x_1，x_3，x_5.

由费马引理可知，可导的极值点是稳定点. 但反过来，函数的稳定点却不一定是极值点. 例如，$f(x) = x^3$ 的导数 $f'(x) = 3x^2$，$f'(0) = 0$，因此 $x = 0$ 是函数的稳定点，但 $x = 0$ 却不是这函数的极值点，这说明使 $f'(x) = 0$ 的点只是可能的极值点. 此外函数在它的导数不存在的点处也可能取得极值. 例如函数 $y = |x|$ 在 $x = 0$ 处不可导，但

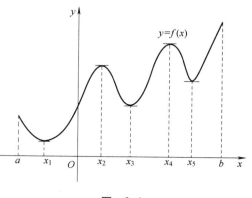

图 3.6

$x = 0$ 是这个函数的极小值点. 如果 x_0 是极值点，则 $f'(x_0) = 0$，或者 $f'(x_0)$ 不存在.

怎样判定函数在稳定点或不可导点处究竟是否取得极值？如果是的话，究竟取得极大值还是极小值？下面给出两个判定极值的充分条件：

定理 2（第一充分条件）　设函数 $f(x)$ 在 x_0 处连续，且在 x_0 的某去心邻域 $\overset{\circ}{U}(x_0, \delta)$ 内可导.

（1）若 $x \in (x_0 - \delta, x_0)$ 时，$f'(x) > 0$，而 $x \in (x_0, x_0 + \delta)$ 时，$f'(x) < 0$，则函数 $f(x)$ 在 x_0 处取得极大值；

（2）若 $x \in (x_0 - \delta, x_0)$ 时，$f'(x) < 0$，而 $x \in (x_0, x_0 + \delta)$ 时，$f'(x) > 0$，则函数 $f(x)$ 在 x_0 处取

得极小值;

(3)若 $x \in \overset{\circ}{U}(x_0, \delta)$ 时, $f'(x)$ 的符号保持不变,则函数 $f(x_0)$ 在 x_0 处没有极值.

证 可由函数 $f(x)$ 在 x_0 两侧邻近的单调性变化来得出. 函数 $f(x)$ 在 x_0 处连续,当 x 增大经过 x_0 时,如果 $f(x)$ 从单调增加到单调减少,则函数 $f(x)$ 在 x_0 处取得极大值;如果 $f(x)$ 从单调减少到单调增加,则函数 $f(x)$ 在 x_0 处取得极小值;如果在 x_0 两侧的单调性不改变,则函数 $f(x_0)$ 在 x_0 处没有极值.

在应用上述定理时,并没有要求 $f(x)$ 在 x_0 处可导,故可以同时用于判定稳定点与导数不存在点是否为极值点. 极值点是单调区间的分界点.

如果函数 $f(x)$ 在所讨论的区间内连续,除个别点外处处可导,则可按下列步骤来求函数的极值点和极值:

(1)确定函数 $f(x)$ 的定义域,并求其导数 $f'(x)$;

(2)解方程 $f'(x) = 0$,求出 $f(x)$ 的全部稳定点与不可导点;

(3)讨论 $f'(x)$ 在稳定点和不可导点左、右两侧邻近范围内符号变化的情况,确定函数的极值点;

(4)求出各极值点的函数值,就得到函数 $f(x)$ 的全部极值.

例6 求下列函数 $f(x) = (x+2)^2(x-1)^3$ 的极值点与极值.

解 函数 $f(x)$ 在 $(-\infty, +\infty)$ 内连续,且

$$f'(x) = 2(x+2)(x-1)^3 + 3(x+2)^2(x-1)^2$$
$$= (x+2)(x-1)^2(5x+4),$$

令 $f'(x) = 0$,得稳定点 $x = -2, -\dfrac{4}{5}, 1$,函数 $f(x)$ 没有导数不存在的点. 三个可能的极值点将 $f(x)$ 的定义域 $(-\infty, +\infty)$ 分为四个区间,今在下表中分别表示 $f'(x)$ 在各区间的正负与 $f(x)$ 的单调性:

x	$(-\infty, -2)$	-2	$\left(-2, -\dfrac{4}{5}\right)$	$-\dfrac{4}{5}$	$\left(-\dfrac{4}{5}, 1\right)$	1	$(1, +\infty)$
$f'(x)$	$+$	0	$-$	0	$+$	0	$+$
$f(x)$	↗	0 极大值	↘	-8.4 极小值	↗	0 非极值	↗

从上表可知, $x = -2$ 是极大值点,极大值为 $f(-2) = 0$; $x = -\dfrac{4}{5}$ 为极小值点,极小值为 $f\left(-\dfrac{4}{5}\right) \approx -8.4$;而 $x = 1$ 不是极值点.

当函数 $f(x)$ 在稳定点处的二阶导数存在且不为零时,也可利用下述定理来判定 $f(x)$ 在稳定点处取得极大值还是极小值.

定理3(第二充分条件) 设函数 $f(x)$ 在 x_0 处具有二阶导数且 $f'(x_0) = 0$, $f''(x_0) \neq 0$,则

(1)当 $f''(x_0) < 0$ 时,则函数 $f(x)$ 在 x_0 处取得极大值;

(2)当 $f''(x_0) > 0$ 时,则函数 $f(x)$ 在 x_0 处取得极小值.

证 设 $f''(x_0) < 0$,由 $f'(x_0) = 0$,由二阶导数的定义有

$$f''(x_0) = \lim_{x \to x_0} \frac{f'(x) - f'(x_0)}{x - x_0} = \lim_{x \to x_0} \frac{f'(x)}{x - x_0} < 0.$$

由函数极限的局部保号性可知,当 x 在 x_0 的足够小的去心邻域内时,有

$$\frac{f'(x)}{x - x_0} < 0.$$

从而知道,对于这去心邻域内的 x 来说,$f'(x)$ 与 $x - x_0$ 符号相反. 因此,当 $x - x_0 < 0$,即 $x < x_0$ 时,$f'(x) > 0$;当 $x - x_0 > 0$,即 $x > x_0$ 时,$f'(x) < 0$. 于是根据定理 2 知道,$f(x)$ 在 x_0 处取得极大值. 类似可证情形(2).

例 7　求函数 $f(x) = x^3 - 3x^2 - 9x + 5$ 的极值.

解　$f'(x) = 3x^2 - 6x - 9$,得稳定点 $x = -1, 3$,而 $f''(x) = 6x - 6$,$f''(-1) = -12 < 0$,根据定理 3,故 $x = -1$ 是极大值点,极大值 $f(-1) = 10$;$f''(3) = 12 > 0$,故 $x = 3$ 是极小值点,极小值 $f(3) = -22$.

4. 最值问题

在实际应用中,常常会遇到这样的问题:在一定的条件下,如何使"产量最高""用料最省""利润最大"或"效率最高"等. 把这类问题数量化,有些可归结为某个函数(目标函数)的最大值或最小值问题,简称为最值问题.

我们知道闭区间 $[a,b]$ 上的连续函数,它一定存在最大值和最小值. 如果取得最值的点在 (a,b) 的内部,则最值同时也为极值,该点为函数的稳定点或导数不存在的点. 最值也可能在区间的端点取得. 因此我们只要把 $f'(x) = 0$ 和 $f'(x)$ 不存在的点都找出来,再将 $f(x)$ 在这些点的函数值和区间端点的函数值 $f(a), f(b)$ 一起加以比较,其中最大的即为 $f(x)$ 在 $[a,b]$ 上的最大值,最小的就是 $f(x)$ 在 $[a,b]$ 上的最小值.

例 8　一快餐厅的快餐月需求量 x(份)与价格 p(元)的函数关系为 $p = \dfrac{60000 - x}{2000}$,而生产 x 份快餐的成本为 C 元,$C = 5000 + 5.6x$,求得到最大利润时的销售量.

解　销售 x 份快餐的收益为

$$R = px = \frac{(60000 - x)x}{2000} = 30x - \frac{x^2}{2000}.$$

故销售 x 份快餐的利润为

$$L(x) = R - C = 30x - \frac{x^2}{2000} - 5.6x - 5000 \quad (0 < x < 60000).$$

由

$$L'(x) = 24.4 - \frac{x}{1000} = 0.$$

得唯一可能的极值点 $x = 24400$.

由实际问题可知 $L(x)$ 在 $(0, 60000)$ 必有最大值,故当销售量为 24400 份时,可获最大利润.

例 9　某工厂 A 到铁路的距离 $AB = 20\text{km}$,要从距 B 为 150km 的 C 站运来原料,已知铁路与公路的运费之比为 3:5,问在铁路上如何选一点 D,修建公路 AD(见图 3.7),使运费最省?

解　设 $BD = x$(单位:km),则

$$|CD| = 150 - x, \quad |AD| = \sqrt{x^2 + 20^2},$$

如果公路运费为 a 元/km,则铁路运费为 $\dfrac{3}{5}a$ 元/km,故从原料供应站 C 途径中转站 D 到工

厂 A 所需总运费 y（目标函数）为

$$y = \frac{3}{5}a \mid CD \mid + a \mid AD \mid$$

$$= \frac{3}{5}a(150 - x) + a\sqrt{x^2 + 20^2} \quad (0 \leqslant x \leqslant 150).$$

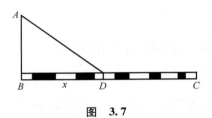

图 3.7

由 $\quad y' = -\frac{3}{5}a + \frac{ax}{\sqrt{x^2 + 400}} = \frac{a(5x - 3\sqrt{x^2 + 400})}{5\sqrt{x^2 + 400}}$,

解方程 $y' = 0$，即 $25x^2 = 9(x^2 + 400)$ 得驻点 $x_1 = 15, x_2 = -15$（舍去），因而 $x_1 = 15$ 是函数 y 在定义域内的唯一驻点. 由此知 $x_1 = 15$ 是函数 y 的极小值点，且是函数 y 的最小值点. 综上所述，车站 D 建在 B, C 之间且与 B 相距 15km 处时，运费最省.

习题 3.4

1. 判定函数 $f(x) = \arctan x - x$ 的单调性.

2. 判定函数 $f(x) = x + \cos x$ 的单调性.

3. 确定下列函数的单调区间：

(1) $y = 2x^3 - 6x^2 - 18x - 7$;

(2) $y = 2x + \dfrac{8}{x} \quad (x > 0)$;

(3) $y = \dfrac{10}{4x^3 - 9x^2 + 6x}$;

(4) $y = \ln(x + \sqrt{1 + x^2})$;

(5) $y = (x - 1)(x + 1)^3$;

(6) $y = \sqrt[3]{(2x - a)(a - x)^2} \quad (a > 0)$.

4. 证明下列不等式：

(1) 当 $0 < x < \dfrac{\pi}{2}$ 时，$\tan x > x + \dfrac{x^3}{3}$;

(2) 当 $0 < x < \dfrac{\pi}{2}$ 时，$\sin x + \tan x > 2x$;

(3) 当 $x > 0$ 时，$1 + \dfrac{1}{2}x > \sqrt{1 + x}$;

(4) 当 $x > 0$ 时，$1 + x\ln(x + \sqrt{1 + x^2}) > \sqrt{1 + x^2}$.

5. 求下列函数的极值：

(1) $y = -x^4 + 2x^2$;

(2) $y = x - \ln(1 + x)$;

(3) $y = x^{\frac{1}{x}}$;

(4) $y = x + \sqrt{1 - x}$;

(5) $y = \dfrac{1 + 3x}{\sqrt{4 + 5x^2}}$;

(6) $y = \dfrac{3x^2 + 4x + 4}{x^2 + x + 1}$.

6. 函数 $y = 2x^3 - 6x^2 - 18x - 7 (1 \leqslant x \leqslant 4)$ 在何处取得最大值？并求出最大值.

7. 问函数 $y = x^2 - \dfrac{54}{x}(x < 0)$ 在何处取得最小值？

8. 设有质量 $m = 5\text{kg}$ 的物体置于水平桌面上，受力 $\boldsymbol{F}$ 的作用而开始移动（见图 3.8）. 设摩擦系数 $\mu = 0.25$，问力 $\boldsymbol{F}$ 与水平线的交角 φ 为多少时，才可使力 $\boldsymbol{F}$ 的大小为最小？

9. 已知制作一个背包的成本为 40 元. 如果每一个背包的售出价为 x 元，售出的背包数由

$$n = \frac{a}{x - 40} + b(80 - x)$$

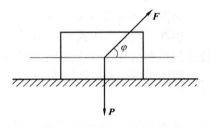

图 3.8

给出,其中 a,b 为正常数. 问什么样的售出价格能带来最大利润?

10. 一房地产公司有 50 套公寓要出租. 当月租金定为 4000 元时,公寓会全部租出去. 当月租金每增加 200 元时,就会多一套公寓租不出去,而租出去的公寓平均每月需花费 400 元的维修费. 试问房租定为多少可获得最大收入?

3.5　函数图形的描绘

在上节我们利用导数讨论了函数的单调性,反映在图形上,就是曲线的上升或下降. 但是曲线在上升或下降的过程当中,还有一个弯曲方向的问题,即曲线的凹凸性是不同的,下面我们来研究曲线的凹凸性及其判定方法.

1. 曲线的凹凸性与拐点

设函数 $y=f(x)$ 在 (a,b) 内连续可微,其图形为曲线 C,若 C 恒保持在其任何一点处切线的上方(见图 3.9a),而有的曲线弧则正好相反(见图 3.9b),曲线的这种性质就是曲线的凹凸性,下面给出曲线凹凸性的定义.

定义　设 $f(x)$ 在区间 I 上连续,如果对 I 上任意两点 x_1,x_2 恒有

$$f\left(\frac{x_1+x_2}{2}\right)<\frac{f(x_1)+f(x_2)}{2},$$

那么称 $f(x)$ 在 I 上的图形是(向上)凹的(或凹弧);如果恒有

$$f\left(\frac{x_1+x_2}{2}\right)>\frac{f(x_1)+f(x_2)}{2},$$

那么称 $f(x)$ 在 I 上的图形是(向上)凸的(或凸弧).

从图 3.9 可看出,在凹的曲线弧段上,各点处的切线斜率是随着 x 的增加而增加的,这说明 $f'(x)$ 为单调增加的;而在凸的曲线弧段上,各点处的切线斜率却随着 x 的增加而减少,这说明 $f'(x)$ 为单调减少的. 由此可见,函数的凹凸性与 $f'(x)$ 的符号有着密切的联系. 反过来,能否用 $f'(x)$ 的符号来判断函数的凹凸性呢? 这就是下面曲线凹凸性的判定定理.

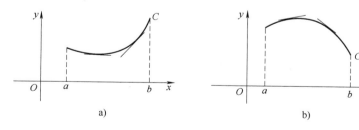

图　3.9

定理 1　设 $f(x)$ 在 $[a,b]$ 上连续,在 (a,b) 内具有一阶和二阶导数,则
(1)若在 (a,b) 内, $f''(x)>0$,则曲线弧 $y=f(x)$ 在 $[a,b]$ 上的图形是凹的;
(2)若在 (a,b) 内, $f''(x)<0$,则曲线弧 $y=f(x)$ 在 $[a,b]$ 上的图形是凸的.

证　在情形(1),设 x_1 和 x_2 为 $[a,b]$ 内任意两点,且 $x_1<x_2$,记 $\dfrac{x_1+x_2}{2}=x_0$,并记 $x_2-x_0=x_0-$

$x_1 = h$，则 $x_1 = x_0 - h$，$x_2 = x_0 + h$，由拉格朗日中值公式，得

$$f(x_0 + h) - f(x_0) = f'(x_0 + \theta_1 h) h,$$
$$f(x_0) - f(x_0 - h) = f'(x_0 - \theta_2 h) h,$$

其中 $0 < \theta_1 < 1, 0 < \theta_2 < 1$. 两式相减，即得

$$f(x_0 + h) + f(x_0 - h) - 2f(x_0) = [f'(x_0 + \theta_1 h) - f'(x_0 - \theta_2 h)] h.$$

对 $f'(x)$ 在区间 $[x_0 - \theta_2 h, x_0 + \theta_1 h]$ 上再利用拉格朗日中值公式，得

$$[f'(x_0 + \theta_1 h) - f'(x_0 - \theta_2 h)] h = f''(\xi)(\theta_1 + \theta_2) h^2,$$

其中 $x_0 - \theta_2 h < \xi < x_0 + \theta_1 h$. 按情形（1）的假设，$f''(\xi) > 0$，故有

$$f(x_0 + h) + f(x_0 - h) - 2f(x_0) > 0,$$

即

$$\frac{f(x_0 + h) + f(x_0 - h)}{2} > f(x_0),$$

也即

$$\frac{f(x_1) + f(x_2)}{2} > f\left(\frac{x_1 + x_2}{2}\right),$$

所以 $f(x)$ 在 $[a, b]$ 上的图形是凹的.

类似地可证明情形（2）.

如果把这个判定法中的闭区间换成其他各种区间（包括无穷区间），那么结论也成立.

例1 判定曲线 $y = \ln x$ 的凹凸性.

解 因 $y' = \dfrac{1}{x}$，$y'' = -\dfrac{1}{x^2}$，所以函数 $y = \ln x$ 在定义域 $(0, +\infty)$ 内 $y'' < 0$，由定理 1 可知，曲线 $y = \ln x$ 是凸的.

例2 判断曲线 $y = x^3$ 的凹凸性.

解 因 $y' = 3x^2$，$y'' = 6x$. 当 $x < 0$ 时，$y'' < 0$，所以曲线在 $(-\infty, 0]$ 内为凸弧；当 $x > 0$ 时，$y'' > 0$，所以曲线在 $[0, +\infty)$ 内为凹弧.

一般地，设 $y = f(x)$ 在区间 I 上连续，x_0 是 I 内的点. 如果曲线 $y = f(x)$ 在经过点 $(x_0, f(x_0))$ 时，曲线的凹凸性改变了，那么就称点 $(x_0, f(x_0))$ 为这曲线的拐点.

如何来寻找曲线 $y = f(x)$ 的拐点呢？

从上面的定理知道，由 $f''(x)$ 的符号可以判定曲线的凹凸性，因此，如果 $f''(x)$ 在 x_0 的左、右两侧邻近异号，那么点 $(x_0, f(x_0))$ 就是曲线的一个拐点，所以，要寻找拐点，只要找出 $f''(x)$ 符号发生变化的分界点即可. 因此，如果 $f(x)$ 在区间 (a, b) 内具有二阶导数，那么在这样的分界点处必然有 $f''(x) = 0$；除此之外，$f(x)$ 的二阶导数不存在的点，也有可能是 $f''(x)$ 的符号发生变化的分界点. 拐点（横坐标）是凹凸区间的分界点. 综合以上分析，我们可以按下述步骤来判定区间 I 上的连续曲线 $y = f(x)$ 的拐点：

（1）求 $f''(x)$；

（2）令 $f''(x) = 0$，解出这方程在区间 I 内的实根，并求在区间 I 内 $f''(x)$ 不存在的点；

（3）对于（2）中求出的每一个实根或二阶导数不存在的点 x_0，讨论 $f''(x)$ 在 x_0 左、右两侧邻近范围内符号变化情况，当两侧的符号相反时，点 $(x_0, f(x_0))$ 是拐点，当两侧符号相同时，点 $(x_0, f(x_0))$ 不是拐点.

例3 求曲线 $y = 3x^4 - 4x^3 + 1$ 的拐点及凹、凸区间.

解 函数 $y = 3x^4 - 4x^3 + 1$ 的定义区间为 $(-\infty, +\infty)$.

$$y' = 12x^3 - 12x^2,$$

$$y'' = 36x^2 - 24x = 36x\left(x - \frac{2}{3}\right).$$

解方程 $y'' = 0$，得 $x = 0, \frac{2}{3}$．因此 $x = 0, \frac{2}{3}$ 将定义域分成三个部分 $(-\infty, 0]$，$\left[0, \frac{2}{3}\right]$ 及 $\left[\frac{2}{3}, +\infty\right)$，列表给出 $f''(x)$ 在这三个区间的符号，以确定 $f(x)$ 的单调性．

x	$(-\infty, 0)$	0	$\left(0, \frac{2}{3}\right)$	$\frac{2}{3}$	$\left(\frac{2}{3}, +\infty\right)$
$f''(x)$	$+$	0	$-$	0	$+$
$f(x)$	凹的	1	凸的	$\frac{11}{27}$	凹的

所以曲线在区间 $(-\infty, 0)$ 及 $\left(\frac{2}{3}, +\infty\right)$ 是凹的，在 $\left(0, \frac{2}{3}\right)$ 是凸的；点 $(0, 1)$ 及 $\left(\frac{2}{3}, \frac{11}{27}\right)$ 为曲线的拐点．

例4 求曲线 $y = \sqrt[3]{x}$ 的拐点．

解 这函数在 $(-\infty, +\infty)$ 内连续，当 $x \neq 0$ 时，

$$y' = \frac{1}{3\sqrt[3]{x^2}}, \quad y'' = -\frac{2}{9x\sqrt[3]{x^2}},$$

当 $x = 0$ 时，y', y'' 都不存在．故二阶导数在 $(-\infty, +\infty)$ 内不连续且不具有零点．但 $x = 0$ 是 y'' 不存在的点，它把 $(-\infty, +\infty)$ 分成两个部分区间：$(-\infty, 0]$、$[0, +\infty)$．

在 $(-\infty, 0)$ 内，$y'' > 0$，这曲线在 $(-\infty, 0]$ 上是凹的．在 $(0, +\infty)$ 内，$y'' < 0$，这曲线在 $[0, +\infty)$ 上是凸的．

当 $x = 0$ 时，$y = 0$，点 $(0, 0)$ 是这曲线的一个拐点．

2. 函数图形的描绘

借助于一阶导数的符号，可以确定函数图形在哪个区间上上升，在哪个区间上下降；借助于二阶导数的符号，可以确定函数图形在哪个区间上为凹，在哪个区间上为凸，在什么地方有拐点．知道了函数图形的升降、凹凸以及拐点后，也就可以掌握函数的性态，并把函数的图形画得比较准确．

现在，随着现代计算机技术的发展，借助于计算机和许多数学软件，可以方便地画出各种函数的图形．但是，如何识别机器作图中的误差，如何掌握图形上的关键点，如何选择作图的范围等，从而进行人工干预，仍然需要我们有运用微分学的方法描绘函数图形的基本知识．

利用导数描绘函数图形的一般步骤如下：

第一步，确定函数 $y = f(x)$ 的定义域及函数所具有的某些特性（如奇偶性、周期性等），并求出函数的一阶导数 $f'(x)$ 和二阶导数 $f''(x)$；

第二步，求出一阶导数 $f'(x)$ 和二阶导数 $f''(x)$ 在函数定义域内的全部零点，并求出函数 $f(x)$ 的间断点及 $f'(x)$ 和 $f''(x)$ 不存在的点，用这些点把函数的定义域划分为几个部分区间；

第三步，确定在这些部分区间内 $f'(x)$ 和 $f''(x)$ 的符号，并由此确定函数图形的升降、凹凸和

拐点；

第四步，确定函数图形的水平渐近线、铅直渐近线以及其他变化趋势；

第五步，算出 $f'(x)$ 和 $f''(x)$ 的零点以及不存在的点所对应的函数值，定出图形上相应的点；为了把图形描绘得准确些，有时还需要补充一些点，然后结合第三、第四步中得到的结果，连接这些点画出函数 $y = f(x)$ 的图形.

例5 作函数 $y = \dfrac{x^2}{x+1}$ 的图形.

解 （1）定义域为 $(-\infty, -1), (-1, +\infty)$，无对称性和周期性. 而

$$y' = \frac{x(x+2)}{(x+1)^2}, y'' = \frac{2}{(x+1)^3}.$$

（2）由 $f'(x) = 0$ 得稳定点为 $x = 0, x = -2$. 导数不存在的点为 $x = -1$，用这三点把定义域划分成下列四个部分区间：

$$(-\infty, -2), (-2, -1), (-1, 0), (0, +\infty).$$

（3）在各部分区间内 $f'(x)$ 及 $f''(x)$ 的符号、相应曲线弧的升降、凹凸和拐点等见下表：

x	$(-\infty, -2)$	-2	$(-2, -1)$	-1	$(-1, 0)$	0	$(0, +\infty)$
$f'(x)$	$+$	0	$-$	无	$-$	0	$+$
$f''(x)$	$-$	$-$	$-$	无	$+$	$+$	$+$
$f(x)$	↗	极大值	↘	无	↘	极小值	↗

（4）因为 $\lim\limits_{x \to -1} f(x) = \lim\limits_{x \to -1} \dfrac{x^2}{x+1} = \infty$，所以直线 $x = -1$ 为铅直渐近线；又因

$$\lim_{x \to \infty} \frac{f(x)}{x} = \lim_{x \to \infty} \frac{\dfrac{x^2}{x+1}}{x} = 1,$$

$$\lim_{x \to \infty} (f(x) - x) = \lim_{x \to \infty} \left(\frac{x^2}{x+1} - x \right) = \lim_{x \to \infty} \frac{-x}{x+1} = -1.$$

所以直线 $y = x - 1$ 为斜渐近线.

（5）极大值 $y(-2) = -4$，极小值 $y(0) = 0$，无拐点，再补充描出几个点.

$$\left(-3, -\frac{9}{2} \right), \left(2, \frac{4}{3} \right), \left(3, \frac{9}{4} \right)$$

结合（3）（4）中得到的结果，就可以画出函数 $y = \dfrac{x^2}{x+1}$ 的图形（见图3.10）.

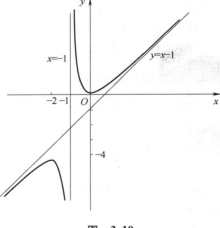

图 3.10

例6 作函数 $y = \dfrac{1}{\sqrt{2\pi}} e^{-\frac{x^2}{2}}$ 的图形.

解 （1）所给函数 $f(x) = \dfrac{1}{\sqrt{2\pi}} e^{-\frac{x^2}{2}}$ 的定义域为 $(-\infty, +\infty)$. 由于

$$f(-x) = \frac{1}{\sqrt{2\pi}} e^{-\frac{(-x)^2}{2}} = \frac{1}{\sqrt{2\pi}} e^{-\frac{x^2}{2}} = f(x),$$

所以 $f(x)$ 是偶函数，它的图形关于 y 轴对称. 因此可以只讨论 $[0, +\infty)$ 上该函数的图形. 求出

$$f'(x) = \frac{1}{\sqrt{2\pi}} e^{-\frac{x^2}{2}} \cdot (-x) = -\frac{1}{\sqrt{2\pi}} x e^{-\frac{x^2}{2}},$$

$$f''(x) = -\frac{1}{\sqrt{2\pi}} \left[e^{-\frac{x^2}{2}} + x e^{-\frac{x^2}{2}} \cdot (-x) \right] = \frac{1}{\sqrt{2\pi}} e^{-\frac{x^2}{2}} (x^2 - 1).$$

（2）在 $[0, +\infty)$ 上，$f'(x)$ 的零点为 $x = 0$；$f''(x)$ 的零点为 $x = 1$. 用点 $x = 1$ 把 $[0, +\infty)$ 划分成两个区间 $[0,1]$ 和 $[1, +\infty)$.

（3）在 $(0,1)$ 内，$f'(x) < 0$，$f''(x) < 0$，所以在 $[0,1]$ 上的曲线弧下降而且是凸的.

在 $(1, +\infty)$ 内，$f'(x) < 0$，$f''(x) > 0$，所以 $[1, +\infty)$ 上的曲线弧下降而且是凹的.

上述的这些结果，可以列成下表：

x	0	$(0,1)$	1	$(1, +\infty)$
$f'(x)$	0	$-$	$-$	$-$
$f''(x)$	$-$	$-$	0	$+$
$f(x)$		↘	拐点	↘

（4）因为 $\lim\limits_{x \to +\infty} f(x) = 0$，所以图形有一条水平渐近线 $y = 0$.

（5）算出 $f(0) = \frac{1}{\sqrt{2\pi}}$，$f(1) = \frac{1}{\sqrt{2\pi e}}$. 从而得到函数 $y = \frac{1}{\sqrt{2\pi}} e^{-\frac{x^2}{2}}$ 图形上的两点 $M_1\left(0, \frac{1}{\sqrt{2\pi}}\right)$ 和 $M_2\left(1, \frac{1}{\sqrt{2\pi e}}\right)$. 又由 $f(2) = \frac{1}{\sqrt{2\pi e^2}}$ 得 $M_3\left(2, \frac{1}{\sqrt{2\pi e^2}}\right)$.

结合（3）（4）中得到的结果，就可以画出函数 $y = \frac{1}{\sqrt{2\pi}} e^{-\frac{x^2}{2}}$ 在 $[0, +\infty)$ 上的图形. 最后，利用图形的对称性，便能得到函数在 $(-\infty, 0]$ 上的图形（见图 3.11）. 这曲线在概率论中称为标准正态分布曲线.

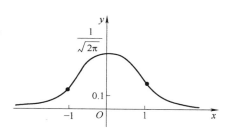

图 3.11

习题 3.5

1. 判断下列曲线的凹凸性：

（1）$y = 4x - x^2$；　　　　　　　　　　（2）$y = x \arctan x$.

2. 求下列函数图形的拐点及凹或凸的区间：

（1）$y = x^3 - 5x^2 + 3x + 5$；　　　　　（2）$y = x e^{-x}$；

（3）$y = (x+1)^4 + e^x$；　　　　　　　　（4）$y = \ln(x^2 + 1)$；

（5）$y = e^{\arctan x}$；　　　　　　　　　（6）$y = x^4 (12 \ln x - 7)$.

3. 利用函数图形的凹凸性，证明下列不等式：

（1）$\dfrac{1}{2}(x^n + y^n) > \left(\dfrac{x+y}{2}\right)^n$　$(x>0, y>0, x \neq y, n>1)$；

（2）$\dfrac{e^x + e^y}{2} > e^{\frac{x+y}{2}}$　$(x \neq y)$；

（3）$x \ln x + y \ln y > (x+y) \ln \dfrac{x+y}{2}$　$(x>0, y>0, x \neq y)$.

4. 问 a,b 取何值时,点 $(1,3)$ 是曲线 $y = ax^3 + bx^2$ 的拐点?

5. 描绘下列函数的图形:

$(1) y = \dfrac{1}{5}(x^4 - 6x^2 + 8x + 7);$ 　　　　$(2) y = \dfrac{x}{1 + x^2};$

$(3) y = x^2 + \dfrac{1}{x};$ 　　　　　　　　　$(4) y = e^{-(x-1)^2}.$

3.6 曲率

杆件受力发生弯曲变形,断裂往往发生在弯曲最厉害的地方,火车在拐弯越急的地方产生的离心力也越大;光学仪器的制造要精密计算镜面的弯曲程度,所有这些都要求对曲线的"弯曲程度"有一个准确的度量,本节讨论曲线弯曲程度的度量——曲率.

1. 弧微分

为讨论曲率做准备,我们先介绍弧微分的概念.

设函数 $f(x)$ 定义在区间 I 上,$f'(x)$ 在 I 上连续,在曲线 $C : y = f(x)$ 上固定点 $M_0(x_0, f(x_0))$ 作为计算弧长的起点,对 C 上的任一点 $M(x, f(x))$,记弧 $\overset{\frown}{M_0 M}$ 的长为 $s = s(x)$,我们约定沿 x 增加的方向弧长 s 为正;沿 x 减少的方向弧长 s 为负,因此 $s(x)$ 是 x 的单调增加函数. 今推导 $s'(x) = \dfrac{\mathrm{d}s}{\mathrm{d}x}$ 的表达式.

设 $x, x + \Delta x$ 为 I 上邻近的两点,它们在曲线 C 上的对应点为 M, N(见图 3.12),对应于 x 的增量 Δx,s 的增量为 Δs,

$$\Delta s = \overset{\frown}{M_0 N} - \overset{\frown}{M_0 M} = \overset{\frown}{MN},$$

于是

$$\left(\frac{\Delta s}{\Delta x} \right)^2 = \frac{\overset{\frown}{MN}^2}{(\Delta x)^2} = \left(\frac{\overset{\frown}{MN}}{|MN|} \right)^2 \left(\frac{|MN|}{\Delta x} \right)^2$$

$$= \left(\frac{\overset{\frown}{MN}}{|MN|} \right)^2 \cdot \frac{(\Delta x)^2 + (\Delta y)^2}{(\Delta x)^2} = \left(\frac{\overset{\frown}{MN}}{|MN|} \right)^2 \left[1 + \left(\frac{\Delta y}{\Delta x} \right)^2 \right],$$

$$\frac{\Delta s}{\Delta x} = \pm \sqrt{ \left(\frac{\overset{\frown}{MN}}{|MN|} \right)^2 \left[1 + \left(\frac{\Delta y}{\Delta x} \right)^2 \right] },$$

当 $\Delta x \to 0$ 时,$N \to M$,这时以直代曲得

$$\left| \frac{\overset{\frown}{MN}}{|MN|} \right| \to 1,$$

又

$$\lim_{\Delta x \to 0} \frac{\Delta y}{\Delta x} = y',$$

因此得

$$\frac{\mathrm{d}s}{\mathrm{d}x} = \pm \sqrt{1 + y'^2}.$$

由于 $s = s(x)$ 是单调增加函数,从而根号前应取正号,于

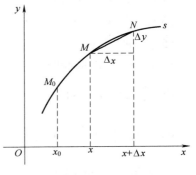

图　3.12

是有

$$ds = \sqrt{1 + y'^2}\, dx.$$ (3.6.1)

这就是弧微分公式.

2. 曲率及其计算公式

我们直觉地认识到,直线不弯曲,半径较小的圆比半径较大的圆弯曲得厉害,而其他曲线的不同部分有不同的弯曲程度,例如抛物线 $y = x^2$ 在顶点附近比远离顶点的部分弯曲得厉害些.

在工程技术中,有时需要研究曲线的弯曲程度. 例如,船体结构中的钢梁、机床的转轴等,它们在荷载作用下要产生弯曲变形,在设计时对它们的弯曲必须有一定的限制,这就要定量地研究它们的弯曲程度. 为此首先要讨论如何用数量来描述曲线的弯曲程度.

在图 3.13a 中,设曲线弧 $\overset{\frown}{AB}$ 与 $\overset{\frown}{AB'}$ 的长度相等,当动点分别沿这两条曲线弧从 A 移动到 B,B' 时,切线转过的角度(简称为转角)分别为 $\Delta\alpha$ 和 $\Delta\beta$,由图易见,转角越大,弯曲程度越大,但转角的大小还不能完全反映曲线的弯曲程度.

从图 3.13b 可以看到,尽管曲线切线的转角 $\Delta\alpha$ 相同,然而弯曲程度并不相同,曲线弧短的比曲线弧长的弯曲得更厉害些. 由此可见,弯曲程度还与弧段的长度 Δs 有关.

我们用比值 $\left|\dfrac{\Delta\alpha}{\Delta s}\right|$,即单位弧段上切线转角的大小,来表示曲线弧的平均弯曲程度,称为平均曲率,记作 $\bar{k}$,即

$$\bar{k} = \left|\frac{\Delta\alpha}{\Delta s}\right|.$$

类似于从平均速度引进瞬时速度的方法,当 $\Delta s \to 0$ 时(即曲线弧趋于曲线上一点 M 时),上述平均曲率的极限称为曲线 C 上点 M 处的曲率,记作 k,即

$$k = \lim_{\Delta s \to 0} \left|\frac{\Delta\alpha}{\Delta s}\right|.$$ (3.6.2)

在 $\lim\limits_{\Delta s \to 0} \dfrac{\Delta\alpha}{\Delta s} = \dfrac{d\alpha}{ds}$ 存在的条件下,k 可表示为

$$k = \left|\frac{d\alpha}{ds}\right|.$$

下面来推导曲率的计算公式.

设曲线为 $y = f(x)$,且 $f(x)$ 具有二阶导数,因 $\tan\alpha = f'(x)$,$\alpha = \arctan f'(x)$,所以

$$\sec^2\alpha \frac{d\alpha}{dx} = y'',$$

$$\frac{d\alpha}{dx} = \frac{y''}{1 + \tan^2\alpha} = \frac{y''}{1 + y'^2},$$

于是

$$d\alpha = \frac{y''}{1 + y'}\, dx.$$

又由式(3.6.1)知道

$$ds = \sqrt{1 + y'^2}\, dx.$$

从而,根据曲率 k 的表达式(3.6.2),有

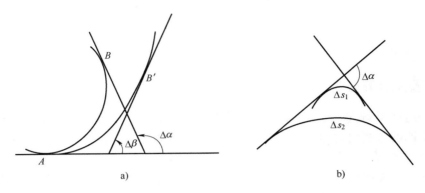

图 3.13

$$k = \left| \frac{\mathrm{d}\alpha}{\mathrm{d}s} \right| = \frac{|y''|}{(1 + y'^2)^{3/2}}. \qquad (3.6.3)$$

设曲线由参数方程

$$\begin{cases} x = \varphi(t), \\ y = \psi(t) \end{cases}$$

给出,则可利用由参数方程所确定的函数的求导法,求出 y'_x 及 y''_x,代入式(3.6.3)得

$$k = \frac{|\varphi'(t)\psi''(t) - \varphi''(t)\psi'(t)|}{[\varphi'^2(t) + \psi'^2(t)]^{3/2}}.$$

例 1 计算直线 $y = ax + b$ 在任意一点处的曲率.

解 由于 $y' = a$,$y'' = 0$,根据曲率公式即得 $k = 0$. 即直线上任意一点处的曲率都等于零,这与我们的直觉认识"直线不弯曲"一致.

例 2 计算半径为 R 的圆在任意一点的曲率.

解 半径为 R 的圆用参数式表示为

$$\begin{cases} x = R\cos t + a, \\ y = R\sin t + b \end{cases} \quad (0 \leqslant t \leqslant 2\pi),$$

其中 (a, b) 为圆心坐标.

$$x'(t) = -R\sin t, \quad y'(t) = R\cos t,$$

因此

$$\frac{\mathrm{d}y}{\mathrm{d}x} = \frac{y'(t)}{x'(t)} = -\cot t,$$

$$\frac{\mathrm{d}^2 y}{\mathrm{d}x^2} = \frac{\mathrm{d}}{\mathrm{d}t}(-\cot t) \bigg/ \frac{\mathrm{d}x}{\mathrm{d}t} = -\frac{1}{R\sin^3 t}.$$

从而

$$k = \frac{|y''|}{(1 + y'^2)^{3/2}} = \frac{1}{R|\sin^3 t|(1 + \cot^2 t)^{3/2}} = \frac{1}{R}.$$

这表明圆上各点处的曲率相等,且曲率等于半径 R 的倒数 $\frac{1}{R}$,也就是说,半径越大,曲率越小(弯曲越小).

例 3 抛物线 $y = ax^2 + bx + c$ 上哪一点的曲率最大?

解 由 $y = ax^2 + bx + c$ 得

$$y' = 2ax + b, y'' = 2a,$$

代入式(3.6.3)得

$$k = \frac{|2a|}{[1 + (2ax + b)^2]^{3/2}}.$$

由于分子为常数 $|2a|$，所以只要分母取最小值，k 就取最大值，显然，当 $2ax + b = 0$，即 $x = -\frac{b}{2a}$ 时，曲率最大，此时相应的

$$y\left(-\frac{b}{2a}\right) = \frac{4ac - b^2}{4a},$$

即在抛物线上的点 $\left(-\frac{b}{2a}, \frac{4ac - b^2}{4a}\right)$ 处曲率最大，该点恰为抛物线的顶点.

3. 曲率圆

如果曲线 $C: y = f(x)$ 在点 $M(x, y)$ 处的曲率不为零，则称曲率的倒数为曲线在点 M 的**曲率半径**，记作 ρ，即 $\rho = \frac{1}{k}$.

作曲线 $C: y = f(x)$ 在点 M 处的法线，并在曲线凹的一侧的法线上取一点 D，使 $|DM| = \frac{1}{k} = \rho$，称点 D 为曲线 C 在点 M 的**曲率中心**. 以点 D 为圆心，ρ 为半径做成的圆，称为曲线 C 在点 M 处的**曲率圆**(见图 3.14).

曲率圆与曲线在点 M 有相同的切线和曲率，且在点 M 附近有相同的弯曲方向，所以在实际应用中常常在 M 点局部小范围内以曲率圆近似地代替曲线弧，它比切线近似更为精确.

例 4 设工件内表面的截线为抛物线 $y = 0.4x^2$(见图 3.15). 现在要用砂轮磨削内表面，问用直径多大的砂轮才比较合适？

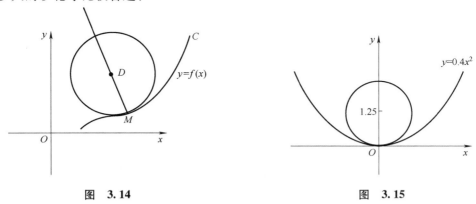

图 3.14　　　　　　　图 3.15

解 取坐标系如图 3.15 所示，砂轮的半径不应大于抛物线上各点的曲率半径，否则会把工件磨得过多，抛物线上各点的曲率以顶点为最大，即顶点处的曲率半径最小，所以砂轮半径应不超过顶点的曲率半径. 由于

$$y' = 0.8x,$$
$$y'' = 0.8,$$

在 $(0,0)$ 处，$y'(0) = 0$，$y''(0) = 0.8$，所以 $k = 0.8$，$\rho = \dfrac{1}{0.8} = 1.25$. 故选用砂轮的直径不得超过 2.5 单位长.

习题 3.6

1. 求椭圆 $4x^2 + y^2 = 4$ 在点 $(0,2)$ 处的曲率.

2. 求曲线 $y = \ln \sec x$ 在点 (x,y) 处的曲率及曲率半径.

3. 求抛物线 $y = x^2 - 4x + 3$ 在其顶点处的曲率及曲率半径.

4. 求曲线 $x = a\cos^3 t$，$y = a\sin^3 t$ 在 $t = t_0$ 相应的点处的曲率.

5. 对数曲线 $y = \ln x$ 上哪一点的曲率半径最小？求出该点的曲率半径.

6. 一飞机沿抛物线路径 $y = \dfrac{x^2}{10000}$（y 轴铅直向上，单位为 m）做俯冲飞行. 在坐标原点处飞机的速度为 $v = 200\,\text{m/s}$，飞行员体重 $m = 70\,\text{kg}$，求飞机俯冲至最低点（即原点）时，座椅所受到的压力.

7. 汽车连同载重共 5t，在抛物线拱桥上行驶，速度为 21.6km/h，桥的跨度为 10m，拱的矢高为 0.25m. 求汽车越过桥顶时对桥的压力.

第3章小结

本章重点是掌握罗尔定理、拉格朗日中值定理、柯西中值定理及泰勒中值定理的条件及结论，并会用这些定理的结论证明有关的命题及不等式. 掌握洛必达法则的条件与结论，能够熟练利用洛必达法则计算未定式的极限. 掌握函数单调性与极值的判定法，能够求出函数的最大值与最小值. 了解函数曲线的凹凸性态并会求曲线的拐点. 能够综合函数的各种性态较准确地描绘出函数的图形. 了解弧微分、曲率及曲率半径的概念，掌握弧微分公式与曲率和曲率半径的计算方法.

本章主要内容如下：

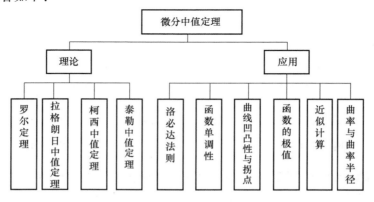

微信扫描右侧二维码，可获得本章更多知识.

总习题 3

1. 填空题：

设常数 $k > 0$，函数 $f(x) = \ln x - \dfrac{x}{e} + k$ 在 $(0, +\infty)$ 内零点的个数为_____.

2. 选择题：

(1) 设在 $[0,1]$ 上 $f''(x) > 0$，则 $f'(0)$，$f'(1)$，$f(1) - f(0)$ 或 $f(0) - f(1)$ 几个数的大小顺序为（   ）.

$(A) f'(1) > f'(0) > f(1) - f(0)$ 　　　　　 $(B) f'(1) > f(1) - f(0) > f'(0)$

$(C) f(1) - f(0) > f'(1) > f'(0)$ 　　　　　 $(D) f'(1) > f(0) - f(1) > f'(0)$

(2) 设 $f'(x_0) = f''(x_0) = 0$，$f'''(x_0) > 0$，则（   ）.

$(A) f'(x_0)$ 是 $f'(x)$ 的极大值 　　　　　 $(B) f(x_0)$ 是 $f(x)$ 的极大值

$(C) f(x_0)$ 是 $f(x)$ 的极小值 　　　　　 $(D) (x_0, f(x_0))$ 是曲线 $y = f(x)$ 的拐点

3. 列举一个函数 $f(x)$ 满足：$f(x)$ 在 $[a,b]$ 上连续，在 (a,b) 内除某一点外处处可导，但在 (a,b) 内不存在点 ξ，使 $f(b) - f(a) = f'(\xi)(b - a)$.

4. 设 $\lim\limits_{x \to \infty} f'(x) = k$，求 $\lim\limits_{x \to \infty} [f(x + a) - f(x)]$.

5. 证明多项式 $f(x) = x^3 - 3x + a$ 在 $[0,1]$ 上不可能有两个零点.

6. 设 $a_0 + \dfrac{a_1}{2} + \cdots + \dfrac{a_n}{n+1} = 0$，证明多项式

$$f(x) = a_0 + a_1 x + \cdots + a_n x^n$$

在 $(0,1)$ 内至少有一个零点.

7. 设 $f(x)$ 和 $g(x)$ 都是可导函数，且 $|f'(x)| < g'(x)$，证明：当 $x > a$ 时，$|f(x) - f(a)| < g(x) - g(a)$.

8. 求下列极限：

$(1) \lim\limits_{x \to 1} \dfrac{x - x^x}{1 - x + \ln x}$；

$(2) \lim\limits_{x \to 0} \left[\dfrac{1}{\ln(1+x)} - \dfrac{1}{x} \right]$；

$(3) \lim\limits_{x \to +\infty} \left(\dfrac{2}{\pi} \arctan x \right)^x$；

$(4) \lim\limits_{x \to \infty} \left[\left(a_1^{\frac{1}{x}} + a_2^{\frac{1}{x}} + \cdots + a_n^{\frac{1}{x}} \right) / n \right]^{nx}$　（其中 $a_1 > 0, a_2 > 0, \cdots, a_n > 0$）.

9. 求下列函数在指定点 x_0 处具有指定阶数及余项的泰勒公式：

$(1) f(x) = x^3 \ln x$，$x_0 = 1$，$n = 4$，拉格朗日余项；

$(2) f(x) = \arctan x$，$x_0 = 0$，$n = 3$，皮亚诺余项；

$(3) f(x) = e^{\sin x}$，$x_0 = 0$，$n = 3$，皮亚诺余项；

$(4) f(x) = \ln \cos x$，$x_0 = 0$，$n = 6$，皮亚诺余项.

10. 证明下列不等式：

(1) 当 $0 < x_1 < x_2 < \dfrac{\pi}{2}$ 时, $\dfrac{\tan x_2}{\tan x_1} > \dfrac{x_2}{x_1}$;

(2) 当 $x > 0$ 时, $\ln(1+x) > \dfrac{\arctan x}{1+x}$;

(3) 当 $e < a < b < e^2$, $\ln^2 b - \ln^2 a > \dfrac{4}{e^2}(b-a)$.

11. 设 $a > 1$, $f(x) = a^x - ax$ 在 $(-\infty, +\infty)$ 内的驻点为 $x(a)$. 问 a 为何值时, $x(a)$ 最小? 并求出最小值.

12. 求椭圆 $x^2 - xy + y^2 = 3$ 上纵坐标最大和最小的点.

13. 求数列 $\{\sqrt[n]{n}\}$ 的最大项.

14. 曲线弧 $y = \sin x (0 < x < \pi)$ 上哪一点处的曲率半径最小? 求出该点处的曲率半径.

15. 证明方程 $x^3 - 5x - 2 = 0$ 只有一个正根, 并求此正根的近似值, 精确到 10^{-3}.

16. 设 $f(x)$ 在 (a,b) 内二阶可导, 且 $f''(x) \geq 0$. 证明对于 (a,b) 内任意两点 x_1, x_2 及 $0 \leq t \leq 1$, 有

$$f[(1-t)x_1 + tx_2] \leq (1-t)f(x_1) + tf(x_2).$$

第4章

不 定 积 分

在第2章中,我们学习了已知函数求导数的问题,本章我们要考虑它的反问题:即求一个函数,使其导数恰好是某个已知函数. 这种求导数或微分的逆运算问题称为不定积分. 本章将介绍不定积分的概念、性质及其计算方法.

4.1 不定积分的概念与性质

1. 原函数的概念

引例 若已知曲线方程 $y = f(x)$,则该曲线在任一点 x 处的切线的斜率为

$$k = f'(x).$$

逆问题:已知曲线上任意一点 x 处的切线的斜率,要求该曲线方程.

定义1 设 $f(x)$ 是定义在区间 I 上的函数,若存在函数 $F(x)$,使得对于 $\forall x \in I$,都有

$$F'(x) = f(x) \quad \text{或} \quad \mathrm{d}F(x) = f(x)\mathrm{d}x,$$

则称函数 $F(x)$ 为 $f(x)$ 在区间 I 上的原函数.

例如,因为 $(\sin x)' = \cos x$,所以 $\sin x$ 是 $\cos x$ 的一个原函数.

因为 $(x^2)' = 2x$,所以 x^2 是 $2x$ 的一个原函数.

因为 $(x^2 + 1)' = 2x$,所以 $x^2 + 1$ 也是 $2x$ 的一个原函数.

说明 ①要验证 $F(x)$ 是否为 $f(x)$ 的原函数,只要验证 $F(x)$ 的导数是否为 $f(x)$ 即可;②从上述后面两个例子可以看出,一个函数的原函数不是唯一的.

事实上,若 $F(x)$ 为 $f(x)$ 在区间 I 上的原函数,则有

$$F'(x) = f(x), [F(x) + C]' = f(x)(C \text{ 为任意常数}).$$

这表明 $F(x) + C$ 也是 $f(x)$ 在区间 I 上的原函数.

由此,可得到如下定理:

定理1 若 $F(x)$ 为 $f(x)$ 的一个原函数,则 $F(x) + C$(其中 C 为任意常数)也是 $f(x)$ 的原函数,且 $f(x)$ 的任意两个原函数之间仅差一个常数.

证 假设 $G(x)$ 也是 $f(x)$ 的一个原函数,则

$$F'(x) = G'(x) = f(x),$$

于是,有

$$[F(x) - G(x)]' = F'(x) - G'(x) = f(x) - f(x) = 0,$$

即有 $F(x) - G(x) = C(C$ 为任意常数$)$.

结论　若 $F(x)$ 为 $f(x)$ 在区间 I 上的一个原函数,则函数 $f(x)$ 的全体原函数为

$$F(x) + C(C 为任意常数).$$

原函数存在定理　连续函数一定有原函数.

2. 不定积分的概念

定义 2　在区间 I 上,函数 $f(x)$ 的全体原函数称为 $f(x)$ 在区间 I 上的**不定积分**,记作

$$\int f(x)\,\mathrm{d}x = F(x) + C.$$

其中记号 $\int$ 称为**积分号**, $f(x)$ 称为**被积函数**, $f(x)\,\mathrm{d}x$ 称为**被积表达式**, x 称为**积分变量**, C 称为**积分常数**.

说明　若 $f(x)$ 在区间 I 上存在原函数,则称 $f(x)$ 为**可积函数**. 函数 $f(x)$ 的原函数的图形称为 $f(x)$ 的**积分曲线**.

例 1　求 $\int x^2\,\mathrm{d}x$.

解　因为 $(x^3)' = 3x^2$,即 $\left(\dfrac{1}{3}x^3\right)' = x^2$,所以 $\dfrac{1}{3}x^3$ 是 x^2 的一个原函数. 从而

$$\int x^2\,\mathrm{d}x = \frac{1}{3}x^3 + C.$$

例 2　求 $\int \dfrac{1}{1 + x^2}\,\mathrm{d}x$.

解　因为 $(\arctan x)' = \dfrac{1}{1 + x^2}$,所以 $\arctan x$ 是 $\dfrac{1}{1 + x^2}$ 的一个原函数. 从而

$$\int \frac{1}{1 + x^2}\,\mathrm{d}x = \arctan x + C.$$

例 3　求 $\int \dfrac{1}{x}\,\mathrm{d}x$.

解　当 $x > 0$ 时,有 $(\ln x)' = \dfrac{1}{x}$. 所以,在 $(0, +\infty)$ 内有

$$\int \frac{1}{x}\,\mathrm{d}x = \ln x + C.$$

当 $x < 0$ 时,有 $[\ln(-x)]' = \dfrac{1}{x}$. 所以,在 $(-\infty, 0)$ 内有

$$\int \frac{1}{x}\,\mathrm{d}x = \ln(-x) + C.$$

综合 $x > 0$ 及 $x < 0$ 的情况,即有

$$\int \frac{1}{x}\,\mathrm{d}x = \ln|x| + C.$$

例 4　已知曲线 $y = f(x)$ 通过点 $(1, 2)$,且其上任一点处的切线斜率等于该点横坐标的两倍,求此曲线的方程.

解　由题意,曲线上任一点(x,y)处的切线斜率为

$$y' = 2x.$$

而 $y = \int 2x \mathrm{d}x = x^2 + C$,且所求曲线通过点$(1,2)$,故

$$2 = 1^2 + C,$$

解得 $C = 1$. 于是所求曲线方程为

$$y = x^2 + 1.$$

3. 不定积分的性质

由原函数和不定积分的定义,有:若 $F(x)$ 为 $f(x)$ 在区间 I 上的原函数,则

$$F'(x) = f(x) \quad 或 \quad \mathrm{d}F(x) = f(x)\mathrm{d}x,$$

同时也有

$$\int f(x)\mathrm{d}x = F(x) + C.$$

由此,可以得到如下两个性质:

性质 1　$\left(\int f(x)\mathrm{d}x \right)' = f(x)$ 或 $\mathrm{d}\left(\int f(x)\mathrm{d}x \right) = f(x)\mathrm{d}x.$

性质 2　$\int F'(x)\mathrm{d}x = F(x) + C$ 或 $\int \mathrm{d}(F(x)) = F(x) + C.$

说明　由此可见,不定积分的运算实质上就是求导运算的逆运算.

利用微分运算法则和不定积分的定义,可得下列运算性质:

性质 3　设 $f(x)$ 和 $g(x)$ 均为可积函数,则

$$\int [f(x) \pm g(x)]\mathrm{d}x = \int f(x)\mathrm{d}x \pm \int g(x)\mathrm{d}x.$$

即两个函数和或差的不定积分等于它们各自不定积分的和或差.

说明　性质 3 可推广到有限多个函数之和的情形.

性质 4　设 $f(x)$ 为可积函数,k 为非零常数,则

$$\int k f(x)\mathrm{d}x = k \int f(x)\mathrm{d}x.$$

即求不定积分时,非零常数因子可提到积分号外面.

4. 基本积分表

根据不定积分的定义,由导数或微分的积分公式,便可得到相应的基本积分公式. 下面我们把这些基本积分公式列成一张表,称为**基本积分表**.

(1) $\int k \mathrm{d}x = kx + C$($k$ 是常数);

(2) $\int x^\alpha \mathrm{d}x = \dfrac{x^{\alpha+1}}{\alpha + 1} + C$　$(\alpha \neq -1)$;

(3) $\int \dfrac{1}{x} \mathrm{d}x = \ln |x| + C$;

(4) $\int a^x \mathrm{d}x = \dfrac{a^x}{\ln a} + C$　$(a > 0, 且 a \neq 1)$;

(5) $\int e^x dx = e^x + C$;

(6) $\int \cos x \, dx = \sin x + C$;

(7) $\int \sin x \, dx = -\cos x + C$;

(8) $\int \dfrac{dx}{\cos^2 x} = \int \sec^2 x \, dx = \tan x + C$;

(9) $\int \dfrac{dx}{\sin^2 x} = \int \csc^2 x \, dx = -\cot x + C$;

(10) $\int \sec x \tan x \, dx = \sec x + C$;

(11) $\int \csc x \cot x \, dx = -\csc x + C$;

(12) $\int \dfrac{1}{\sqrt{1-x^2}} \, dx = \arcsin x + C = -\arccos x + C$;

(13) $\int \dfrac{1}{1+x^2} \, dx = \arctan x + C = -\text{arccot } x + C$.

5. 直接积分法

直接积分法:利用不定积分的运算性质和基本公式,直接求出不定积分的方法.

例 5 求 $\int \dfrac{x\sqrt{x} - \sqrt{x}}{\sqrt[3]{x}} \, dx$.

解 $\int \dfrac{x\sqrt{x} - \sqrt{x}}{\sqrt[3]{x}} \, dx = \int (x^{\frac{7}{6}} - x^{\frac{1}{6}}) \, dx = \int x^{\frac{7}{6}} \, dx - \int x^{\frac{1}{6}} \, dx$

$$= \frac{6}{13} x^{\frac{13}{6}} - \frac{6}{7} x^{\frac{7}{6}} + C.$$

例 6 求 $\int (e^x - 3\cos x) \, dx$.

解 $\int (e^x - 3\cos x) \, dx = \int e^x dx - 3\int \cos x \, dx = e^x - 3\sin x + C.$

例 7 求 $\int 2^x e^x dx$.

解 $\int 2^x e^x dx = \int (2e)^x dx = \dfrac{(2e)^x}{\ln(2e)} + C = \dfrac{2^x e^x}{\ln 2 + 1} + C.$

例 8 求 $\int \dfrac{\sqrt{1+x^2}}{\sqrt{1-x^4}} \, dx$.

解 $\int \dfrac{\sqrt{1+x^2}}{\sqrt{1-x^4}} \, dx = \int \dfrac{\sqrt{1+x^2}}{\sqrt{1-x^2}\sqrt{1+x^2}} \, dx = \int \dfrac{1}{\sqrt{1-x^2}} \, dx = \arcsin x + C.$

例 9 求 $\int \tan^2 x \, dx$.

解 $\int \tan^2 x \, dx = \int (\sec^2 x - 1) \, dx = \int \sec^2 x \, dx - \int dx = \tan x - x + C.$

例 10 求 $\int \sin^2 \dfrac{x}{2} \, dx.$

解 $\int \sin^2 \dfrac{x}{2} \, dx = \dfrac{1}{2} \int (1 - \cos x) \, dx = \dfrac{1}{2} \int dx - \dfrac{1}{2} \int \cos x \, dx = \dfrac{1}{2}(x - \sin x) + C.$

例 11 设 $f'(\ln x) = 1 + x$, 求 $f(x)$.

解 设 $\ln x = t$, 则 $f'(t) = 1 + e^t$. 于是, 有
$$f(x) = \int (1 + e^x) \, dx = x + e^x + C.$$

例 12 求 $\int \dfrac{1 + x + x^2}{x(1 + x^2)} \, dx.$

解 $\int \dfrac{1 + x + x^2}{x(1 + x^2)} \, dx = \int \dfrac{x + (1 + x^2)}{x(1 + x^2)} \, dx = \int \dfrac{1}{1 + x^2} \, dx + \int \dfrac{1}{x} \, dx$
$$= \arctan x + \ln |x| + C.$$

例 13 求 $\int \dfrac{2x^4 + x^2 + 3}{x^2 + 1} \, dx.$

解 $\int \dfrac{2x^4 + x^2 + 3}{x^2 + 1} \, dx = \int \dfrac{(2x^2 - 1)(x^2 + 1) + 4}{x^2 + 1} \, dx = \int \left(2x^2 - 1 + \dfrac{4}{x^2 + 1}\right) dx$
$$= 2 \int x^2 \, dx - \int dx + 4 \int \dfrac{1}{x^2 + 1} \, dx$$
$$= \dfrac{2}{3} x^3 - x + 4 \arctan x + C.$$

习题 4.1

1. 求下列不定积分:

(1) $\int \left(x \sqrt[3]{x} - \dfrac{2}{\sqrt{x}}\right) dx$;

(2) $\int \tan^2 x \, dx$;

(3) $\int \cos^2 \dfrac{x}{2} \, dx$;

(4) $\int (2^x + x^2) \, dx$;

(5) $\int \dfrac{3x^2}{1 + x^2} \, dx$;

(6) $\int \left(1 - \dfrac{1}{x^2}\right) \sqrt{x \sqrt{x}} \, dx$;

(7) $\int \dfrac{3x^4 + 3x^2 + 1}{x^2 + 1} \, dx$;

(8) $\int 3^x e^x \, dx$;

(9) $\int \left(\dfrac{-1}{\sqrt{1 - x^2}} + \dfrac{2}{1 + x^2}\right) dx$;

(10) $\int \csc x \cdot (\csc x - \cot x) \, dx$;

(11) $\int \left(\dfrac{x}{2} - \dfrac{1}{x} + \dfrac{3}{x^3} - \dfrac{4}{x^4}\right) dx$;

(12) $\int \dfrac{(1 - x)^2}{\sqrt{x}} \, dx$;

(13) $\int \dfrac{dx}{1 + \cos 2x}$;

(14) $\int (\sqrt{x} + 1)(\sqrt{x^3} - 1) \, dx$;

(15) $\int \dfrac{\cos 2x}{\cos x - \sin x} \, dx$;

(16) $\int \dfrac{e^{2x} - 1}{e^x - 1} \, dx$;

$(17) \int \left(\sqrt{\dfrac{1-x}{1+x}} + \sqrt{\dfrac{1+x}{1-x}} \right) \mathrm{d}x;$　　　　$(18) \int \mathrm{e}^x \left(1 - \dfrac{\mathrm{e}^{-x}}{\sqrt{x}} \right) \mathrm{d}x;$

$(19) \int \dfrac{\cos 2x}{\sin^2 x \cos^2 x} \, \mathrm{d}x;$　　　　$(20) \int \dfrac{2 \cdot 3^x - 5 \cdot 2^x}{3^x} \, \mathrm{d}x;$

$(21) \int \dfrac{1}{x^2(1+x^2)} \, \mathrm{d}x;$　　　　$(22) \int \dfrac{3x^4 + 2x^2}{x^2 + 1} \, \mathrm{d}x.$

2. 设 $f(x)$ 的导函数是 $\sin x$,求 $f(x)$ 的原函数的全体.

3. 设 $\int x f(x) \mathrm{d}x = \arccos x + C$,求 $f(x)$.

4. 一曲线过点 $(\mathrm{e}^2, 3)$,且在任一点处的切线斜率等于该点横坐标的倒数,求该曲线方程.

5. 证明函数 $\arcsin(2x-1), \arccos(1-2x), 2\arcsin\sqrt{x}$ 及 $2\arctan\sqrt{\dfrac{x}{1-x}}$ 都是 $\dfrac{1}{\sqrt{x(1-x)}}$ 的原函数.

4.2　不定积分的换元法

　　利用直接积分法所能计算的不定积分是非常有限的. 因此,有必要引进其他的计算不定积分的方法. 本节是把复合函数的微分法反过来用于求不定积分,利用对中间变量的换元,把某些复杂的不定积分转化为可利用直接积分法来计算的情形,这种方法就是复合函数的积分法,即**换元积分法**. 换元积分法一般分成两类,下面先介绍第一类换元积分法.

1. 第一类换元法(凑微分法)

定理 1(第一类换元法)　设 $f(u)$ 的原函数为 $F(u)$,且 $u = \varphi(x)$ 可导,则有换元公式

$$\int f(\varphi(x)) \varphi'(x) \mathrm{d}x = \int f(\varphi(x)) \mathrm{d}(\varphi(x)) = \int f(u) \mathrm{d}u = F(u) + C = F(\varphi(x)) + C.$$

　　第一类换元法的问题,解决的是不定积分 $\int g(x) \mathrm{d}x$ 用直接积分法不易求出,但被积函数可分解为

$$g(x) = f(\varphi(x)) \varphi'(x).$$

将 $g(x)$ 视为两部分的乘积,其中一部分是中间变量的函数 $f(\varphi(x))$,另一部分是中间变量的导数 $\varphi'(x)$. 作变量代换 $u = \varphi(x)$,于是

$$\int f(\varphi(x)) \varphi'(x) \mathrm{d}x = \int f(\varphi(x)) \mathrm{d}(\varphi(x)) = \int f(u) \mathrm{d}u.$$

如果 $\int f(u) \mathrm{d}u$ 可以求出,那么不定积分 $\int g(x) \mathrm{d}x$ 的问题就解决了,这就是**第一类换元(积分)法**. 使用第一类换元法的关键在于把被积函数 $g(x)$ 表示为 $f(\varphi(x)) \varphi'(x)$ 的形式,且使其中一个乘积因子 $\varphi'(x)$ 与 $\mathrm{d}x$ 结合凑成 $\mathrm{d}(\varphi(x))$. 因此,第一类换元法也称为**凑微分法**.

　　例 1　求不定积分 $\int 2\cos 2x \, \mathrm{d}x.$

解 　令 $u = 2x$, 则 $\mathrm{d}u = 2\mathrm{d}x$. 于是

$$\int 2\cos 2x \, \mathrm{d}x = \int 2\cos u \cdot \frac{1}{2} \, \mathrm{d}u = \int \cos u \, \mathrm{d}u = \sin u + C = \sin 2x + C.$$

例 2 　求不定积分 $\int \mathrm{e}^{-2x} \mathrm{d}x$.

解 　令 $u = -2x$, 则 $\mathrm{d}u = -2\mathrm{d}x$. 于是

$$\int \mathrm{e}^{-2x} \mathrm{d}x = -\frac{1}{2} \int \mathrm{e}^u \mathrm{d}u = -\frac{1}{2} \mathrm{e}^u + C = -\frac{1}{2} \mathrm{e}^{-2x} + C.$$

说明 　第一类换元法分为"换元→直接积分法→回代"的过程. 当我们对凑微分法比较熟练之后, 换元的过程可以省去不写.

例 3 　求不定积分 $\int \dfrac{1}{a^2 + x^2} \, \mathrm{d}x$.

解
$$\int \frac{1}{a^2 + x^2} \, \mathrm{d}x = \int \frac{1}{a^2} \cdot \frac{1}{1 + \left(\dfrac{x}{a}\right)^2} \, \mathrm{d}x = \int \frac{1}{a} \cdot \frac{1}{1 + \left(\dfrac{x}{a}\right)^2} \, \mathrm{d}\left(\frac{x}{a}\right)$$

$$= \frac{1}{a} \int \frac{1}{1 + \left(\dfrac{x}{a}\right)^2} \, \mathrm{d}\left(\frac{x}{a}\right) = \frac{1}{a} \arctan \frac{x}{a} + C.$$

例 4 　求不定积分 $\int \dfrac{\mathrm{d}x}{\sqrt{a^2 - x^2}}$ 　$(a > 0)$.

解
$$\int \frac{\mathrm{d}x}{\sqrt{a^2 - x^2}} = \int \frac{\mathrm{d}x}{a\sqrt{1 - \left(\dfrac{x}{a}\right)^2}} = \int \frac{\mathrm{d}\left(\dfrac{x}{a}\right)}{\sqrt{1 - \left(\dfrac{x}{a}\right)^2}} = \arcsin \frac{x}{a} + C.$$

例 5 　求不定积分 $\int \dfrac{\mathrm{d}x}{x^2 - a^2}$.

解 　因为

$$\frac{1}{x^2 - a^2} = \frac{1}{(x-a)(x+a)} = \frac{1}{2a}\left(\frac{1}{x-a} - \frac{1}{x+a}\right),$$

所以

$$\int \frac{\mathrm{d}x}{x^2 - a^2} = \frac{1}{2a}\left[\int \frac{\mathrm{d}x}{x-a} - \int \frac{\mathrm{d}x}{x+a}\right] = \frac{1}{2a}\left[\int \frac{\mathrm{d}(x-a)}{x-a} - \int \frac{\mathrm{d}(x+a)}{x+a}\right]$$

$$= \frac{1}{2a}\left[\ln|x-a| - \ln|x+a|\right] + C$$

$$= \frac{1}{2a} \ln\left|\frac{x-a}{x+a}\right| + C.$$

下面将介绍第一类换元法的不同类型问题.

题型 1 　对积分 $\int f(ax+b)\mathrm{d}x$ 　$(a \neq 0)$, 则有

$$\int f(ax+b)\mathrm{d}x = \frac{1}{a}\int f(ax+b) \cdot (ax+b)' \mathrm{d}x = \frac{1}{a}\int f(ax+b)\mathrm{d}(ax+b).$$

例 6 　求不定积分 $\int \dfrac{1}{3+2x} \, \mathrm{d}x$.

解 $\displaystyle\int \frac{1}{3+2x}\,\mathrm{d}x = \frac{1}{2}\int \frac{1}{3+2x}\cdot(3+2x)'\mathrm{d}x = \frac{1}{2}\ln|3+2x|+C.$

题型 2 对积分 $\int f(x^\alpha)\cdot x^{\alpha-1}\mathrm{d}x$ $(\alpha\neq 0)$，则有

$$\int f(x^\alpha)\cdot x^{\alpha-1}\mathrm{d}x = \frac{1}{\alpha}\int f(x^\alpha)\mathrm{d}(x^\alpha) \quad (\alpha\neq 0).$$

特别地，有

$$\int f(\sqrt{x})\cdot\frac{1}{\sqrt{x}}\,\mathrm{d}x = 2\int f(\sqrt{x})\mathrm{d}(\sqrt{x}),$$

$$\int f\Big(\frac{1}{x}\Big)\cdot\frac{1}{x^2}\,\mathrm{d}x = -\int f\Big(\frac{1}{x}\Big)\mathrm{d}\Big(\frac{1}{x}\Big).$$

例 7 求不定积分 $\int 2x\mathrm{e}^{x^2}\mathrm{d}x.$

解 $\displaystyle\int 2x\mathrm{e}^{x^2}\mathrm{d}x = \int \mathrm{e}^{x^2}\cdot 2x\,\mathrm{d}x = \int \mathrm{e}^{x^2}\cdot(x^2)'\mathrm{d}x = \mathrm{e}^{x^2}+C.$

例 8 求不定积分 $\int \dfrac{\mathrm{e}^{3\sqrt{x}}}{\sqrt{x}}\,\mathrm{d}x.$

解 $\displaystyle\int \frac{\mathrm{e}^{3\sqrt{x}}}{\sqrt{x}}\,\mathrm{d}x = 2\int \mathrm{e}^{3\sqrt{x}}\,\mathrm{d}(\sqrt{x}) = \frac{2}{3}\int \mathrm{e}^{3\sqrt{x}}\,\mathrm{d}(3\sqrt{x}) = \frac{2}{3}\mathrm{e}^{3\sqrt{x}}+C.$

例 9 求不定积分 $\int \sin\dfrac{1}{x}\cdot\dfrac{1}{x^2}\,\mathrm{d}x.$

解 $\displaystyle\int \sin\frac{1}{x}\cdot\frac{1}{x^2}\,\mathrm{d}x = -\int \sin\frac{1}{x}\,\mathrm{d}\Big(\frac{1}{x}\Big) = \cos\frac{1}{x}+C.$

题型 3 对积分 $\int f(\ln x)\cdot\dfrac{1}{x}\,\mathrm{d}x$，则有

$$\int f(\ln x)\cdot\frac{1}{x}\,\mathrm{d}x = \int f(\ln x)\mathrm{d}(\ln x).$$

例 10 求不定积分 $\int \dfrac{1}{x(1+2\ln x)}\,\mathrm{d}x.$

解 $\displaystyle\int \frac{1}{x(1+2\ln x)}\,\mathrm{d}x = \int \frac{\mathrm{d}(\ln x)}{1+2\ln x} = \frac{1}{2}\int \frac{\mathrm{d}(1+2\ln x)}{1+2\ln x} = \frac{1}{2}\ln|1+2\ln x|+C.$

题型 4 对积分 $\int f(a^x)\cdot a^x\mathrm{d}x$，则有

$$\int f(a^x)\cdot a^x\mathrm{d}x = \frac{1}{\ln a}\int f(a^x)\mathrm{d}(a^x).$$

特别地，有

$$\int f(\mathrm{e}^x)\cdot \mathrm{e}^x\mathrm{d}x = \int f(\mathrm{e}^x)\mathrm{d}(\mathrm{e}^x).$$

例 11 求不定积分 $\int \dfrac{\mathrm{d}x}{1+\mathrm{e}^x}.$

解 1 $\displaystyle\int \frac{\mathrm{d}x}{1+\mathrm{e}^x} = \int \frac{(1+\mathrm{e}^x)-\mathrm{e}^x}{1+\mathrm{e}^x}\mathrm{d}x = \int \mathrm{d}x - \int \frac{\mathrm{d}(1+\mathrm{e}^x)}{1+\mathrm{e}^x} = x-\ln(1+\mathrm{e}^x)+C.$

解 2 $\int \dfrac{\mathrm{d}x}{1 + \mathrm{e}^x} = \int \dfrac{\mathrm{e}^{-x}}{1 + \mathrm{e}^{-x}}\mathrm{d}x = -\int \dfrac{\mathrm{d}(1 + \mathrm{e}^{-x})}{1 + \mathrm{e}^{-x}} = -\ln(1 + \mathrm{e}^{-x}) + C.$

说明 不同换元法的积分结果形式可能不一样,但可以相互转换.

题型 5 三角函数情形,有

$$\int f(\sin x) \cdot \cos x\,\mathrm{d}x = \int f(\sin x)\mathrm{d}(\sin x),$$

$$\int f(\cos x) \cdot \sin x\,\mathrm{d}x = -\int f(\cos x)\mathrm{d}(\cos x),$$

$$\int f(\tan x) \cdot \sec^2 x\,\mathrm{d}x = \int f(\tan x)\mathrm{d}(\tan x),$$

$$\int f(\cot x) \cdot \csc^2 x\,\mathrm{d}x = -\int f(\cot x)\mathrm{d}(\cot x).$$

例 12 求不定积分 $\int \tan x\,\mathrm{d}x.$

解 $\int \tan x\,\mathrm{d}x = \int \dfrac{\sin x}{\cos x}\mathrm{d}x = -\int \dfrac{\mathrm{d}(\cos x)}{\cos x} = -\ln|\cos x| + C.$

类似地,有

$$\int \cot x\,\mathrm{d}x = \int \dfrac{\cos x}{\sin x}\,\mathrm{d}x = \int \dfrac{\mathrm{d}(\sin x)}{\sin x} = \ln|\sin x| + C.$$

例 13 求不定积分 $\int \sec x\,\mathrm{d}x.$

解 1 $\begin{aligned}\int \sec x\,\mathrm{d}x &= \int \dfrac{\cos x}{\cos^2 x}\,\mathrm{d}x = \int \dfrac{\mathrm{d}(\sin x)}{1 - \sin^2 x}\\ &= \dfrac{1}{2}\int \left(\dfrac{1}{1 + \sin x} + \dfrac{1}{1 - \sin x}\right)\mathrm{d}(\sin x)\\ &= \dfrac{1}{2}\left[\ln|1 + \sin x| - \ln|1 - \sin x|\right] + C\\ &= \dfrac{1}{2}\ln\left|\dfrac{1 + \sin x}{1 - \sin x}\right| + C.\end{aligned}$

解 2 $\begin{aligned}\int \sec x\,\mathrm{d}x &= \int \dfrac{\sec x(\sec x + \tan x)}{\sec x + \tan x}\,\mathrm{d}x = \int \dfrac{\sec^2 x + \sec x \tan x}{\sec x + \tan x}\,\mathrm{d}x\\ &= \int \dfrac{\mathrm{d}(\sec x + \tan x)}{\sec x + \tan x} = \ln|\sec x + \tan x| + C.\end{aligned}$

同样可证 $\int \csc x\,\mathrm{d}x = \ln|\csc x - \cot x| + C = \ln\left|\tan \dfrac{x}{2}\right| + C.$

题型 6 形如 $\int \sin^m x \cos^n x\,\mathrm{d}x$ $(m,n \in \mathbf{N}_+)$.

(1)当 m,n 至少有一个是奇数时,则拆开奇次项凑微分;
(2)当 m,n 全是偶数时,则通过降幂方法来计算.

例 14 求不定积分 $\int \sin^2 x\,\mathrm{d}x.$

解 $\int \sin^2 x\,\mathrm{d}x = \int \dfrac{1 - \cos 2x}{2}\mathrm{d}x = \dfrac{1}{2}\int \mathrm{d}x - \dfrac{1}{4}\int \cos 2x\,\mathrm{d}(2x) = \dfrac{1}{2}x - \dfrac{1}{4}\sin 2x + C.$

例 15 求不定积分 $\int \sin^2 x \cos^5 x \, dx$.

解 $\int \sin^2 x \cos^5 x \, dx = \int \sin^2 x \cos^4 x \, d(\sin x) = \int \sin^2 x (1 - \sin^2 x)^2 d(\sin x)$

$$= \int (\sin^2 x - 2\sin^4 x + \sin^6 x) d(\sin x)$$

$$= \frac{1}{3} \sin^3 x - \frac{2}{5} \sin^5 x + \frac{1}{7} \sin^7 x + C.$$

题型 7 形如 $\int \sin mx \cos nx \, dx$, $\int \sin mx \sin nx \, dx$, $\int \cos mx \cos nx \, dx$ 的积分, 先利用积化和差公式, 再积分.

例 16 求不定积分 $\int \cos 3x \cos 2x \, dx$.

解 $\int \cos 3x \cos 2x \, dx = \frac{1}{2} \int (\cos 5x + \cos x) dx = \frac{1}{2} \int \cos 5x \, dx + \frac{1}{2} \int \cos x \, dx$

$$= \frac{1}{10} \int \cos 5x \, d(5x) + \frac{1}{2} \int \cos x \, dx$$

$$= \frac{1}{10} \sin 5x + \frac{1}{2} \sin x + C.$$

题型 8 形如 $\int \tan^m x \sec^n x \, dx \quad (m, n \in \mathbf{N}_+)$.

(1) 当 n 为偶数时, 拆一个 $\sec^2 x$ 与 dx 凑微分, 即

$$\int \tan^m x \sec^n x \, dx = \int \tan^m x \sec^{n-2} x \, d(\tan x) = \int \tan^m x (1 + \tan^2 x)^{\frac{n}{2}-1} d(\tan x).$$

(2) 当 m 为奇数时, 拆一个 $\sec x \tan x$ 与 dx 凑微分, 即

$$\int \tan^m x \sec^n x \, dx = \int \tan^{m-1} x \sec^{n-1} x \, d(\sec x) = \int (\sec^2 x - 1)^{\frac{m-1}{2}} \sec^{n-1} x \, d(\sec x).$$

例 17 求不定积分 $\int \sec^6 x \, dx$.

解 $\int \sec^6 x \, dx = \int \sec^4 x \cdot \sec^2 x \, dx = \int (\sec^2 x)^2 d(\tan x)$

$$= \int (1 + \tan^2 x)^2 d(\tan x) = \int (1 + 2\tan^2 x + \tan^4 x) d(\tan x)$$

$$= \tan x + \frac{2}{3} \tan^3 x + \frac{1}{5} \tan^5 x + C.$$

题型 9 反三角函数情形, 有

$$\int f(\arcsin x) \cdot \frac{1}{\sqrt{1-x^2}} \, dx = \int f(\arcsin x) d(\arcsin x),$$

$$\int f(\arccos x) \cdot \frac{1}{\sqrt{1-x^2}} \, dx = -\int f(\arccos x) d(\arccos x),$$

$$\int f(\arctan x) \cdot \frac{1}{1+x^2} \, dx = \int f(\arctan x) d(\arctan x),$$

$$\int f(\text{arccot } x) \cdot \frac{1}{1+x^2} \, dx = -\int f(\text{arccot } x) d(\text{arccot } x).$$

例 18　求不定积分 $\displaystyle\int \frac{\mathrm{e}^{\arctan x}}{1 + x^2}\,\mathrm{d}x$.

解　$\displaystyle\int \frac{\mathrm{e}^{\arctan x}}{1 + x^2}\,\mathrm{d}x = \int \mathrm{e}^{\arctan x}\mathrm{d}(\arctan x) = \mathrm{e}^{\arctan x} + C.$

例 19　求不定积分 $\displaystyle\int \frac{1}{(\arcsin x)^2\,\sqrt{1 - x^2}}\,\mathrm{d}x$.

解　$\displaystyle\int \frac{1}{(\arcsin x)^2\,\sqrt{1 - x^2}}\,\mathrm{d}x = \int \frac{1}{(\arcsin x)^2}\,\mathrm{d}(\arcsin x) = -\frac{1}{\arcsin x} + C.$

题型 10　形如 $\displaystyle\int \frac{f'(x)}{f(x)}\,\mathrm{d}x$，则有

$$\int \frac{f'(x)}{f(x)}\,\mathrm{d}x = \int \frac{1}{f(x)}\,\mathrm{d}[f(x)] = \ln\,|f(x)| + C.$$

例 20　求不定积分 $\displaystyle\int \frac{1 + \ln x}{(x\ln x)^2}\,\mathrm{d}x$.

解　$\displaystyle\int \frac{1 + \ln x}{(x\ln x)^2}\,\mathrm{d}x = \int \frac{(x\ln x)'}{(x\ln x)^2}\,\mathrm{d}x = \int \frac{1}{(x\ln x)^2}\,\mathrm{d}(x\ln x) = -\frac{1}{x\ln x} + C.$

2. 第二类换元法

上面介绍的第一类换元法是通过变量代换 $u = \varphi(x)$，将不容易求出的不定积分 $\displaystyle\int g(x)\mathrm{d}x$ 通过"收"的方式转化为容易求出的不定积分 $\displaystyle\int f(u)\mathrm{d}u$.

下面将介绍第二类换元法，它是通过变量代换 $x = \psi(t)$，将不容易求出的不定积分 $\displaystyle\int f(x)\mathrm{d}x$ 通过"放"的方式转化为容易求出的不定积分 $\displaystyle\int f(\psi(t))\psi'(t)\mathrm{d}t$，这就是**第二类换元(积分)法**.

定理 2(第二类换元法)　设 $x = \psi(t)$ 是单调可导函数，且 $\psi'(t) \neq 0$. 又 $f(\psi(t))\psi'(t)$ 具有原函数 $F(t)$，则

$$\int f(x)\mathrm{d}x = \left[\int f(\psi(t))\psi'(t)\mathrm{d}t\right]_{t = \psi^{-1}(x)} = F(t) + C = F(\psi^{-1}(x)) + C,$$

其中 $\psi^{-1}(x)$ 是 $x = \psi(t)$ 的反函数.

证　因为 $F(t)$ 是 $\displaystyle\int f(\psi(t))\psi'(t)\mathrm{d}t$ 的原函数，令

$$G(x) = F(\psi^{-1}(x)),$$

根据复合函数及反函数的求导法则，有

$$G'(x) = \frac{\mathrm{d}F}{\mathrm{d}t} \cdot \frac{\mathrm{d}t}{\mathrm{d}x} = f(\psi(t))\psi'(t) \cdot \frac{1}{\psi'(t)} = f(\psi(t)) = f(x),$$

这表明 $G(x)$ 为 $f(x)$ 的一个原函数，从而结论成立.

说明　由定理 2 可见，第二类换元积分法与回代过程和第一类换元积分法的正好相反，即"收"与"放"的两个过程.

题型 1　形如

$$\int f(x, \sqrt{a^2 - x^2})\,dx, 令 x = a\sin t 或 x = a\cos t;$$

$$\int f(x, \sqrt{a^2 + x^2})\,dx, 令 x = a\tan t;$$

$$\int f(x, \sqrt{x^2 - a^2})\,dx, 令 x = a\sec t.$$

特点:根号内的 x 幂为二次,此时采用**三角代换**,三角代换的目的是去根号.

例 21 求不定积分 $\int \sqrt{a^2 - x^2}\,dx\,(a > 0)$.

解 令 $x = a\sin t$, $t \in \left(-\dfrac{\pi}{2}, \dfrac{\pi}{2}\right)$,则

$$\sqrt{a^2 - x^2} = a\sqrt{1 - \sin^2 t} = a\cos t, dx = a\cos t\,dt.$$

所以

$$\int \sqrt{a^2 - x^2}\,dx = \int a\cos t \cdot a\cos t\,dt = a^2 \int \cos^2 t\,dt = a^2\left(\frac{t}{2} + \frac{\sin 2t}{4}\right) + C$$

$$= \frac{a^2}{2}(t + \sin t\cos t) + C.$$

下面将积分结果回代成积分变量 x 的表达式,由 $x = a\sin t$ 作直角

三角形(见图 4.1),可知 $\cos t = \dfrac{\sqrt{a^2 - x^2}}{a}$. 又 $t = \arcsin\dfrac{x}{a}$,则有

$$\int \sqrt{a^2 - x^2}\,dx = \frac{a^2}{2}(t + \sin t\cos t) + C$$

$$= \frac{a^2}{2}\arcsin\frac{x}{a} + \frac{1}{2}x\sqrt{a^2 - x^2} + C.$$

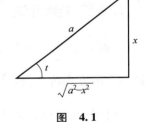

图 4.1

例 22 求不定积分 $\int \dfrac{dx}{\sqrt{x^2 + a^2}}(a > 0)$.

解 令 $x = a\tan t$, $t \in \left(-\dfrac{\pi}{2}, \dfrac{\pi}{2}\right)$,则

$$\sqrt{x^2 + a^2} = \sqrt{a^2\tan^2 t + a^2} = a\sec t, dx = a\sec^2 t\,dt.$$

所以

$$\int \frac{dx}{\sqrt{x^2 + a^2}} = \int \frac{a\sec^2 t}{a\sec t}\,dt = \int \sec t\,dt$$

$$= \ln|\sec t + \tan t| + C_1 = \ln\left(\frac{\sqrt{x^2 + a^2}}{a} + \frac{x}{a}\right) + C_1$$

$$= \ln\left(x + \sqrt{x^2 + a^2}\right) + C.$$

这里 $C = C_1 - \ln a$,其中 $\sec t = \dfrac{\sqrt{a^2 + x^2}}{a}$由图 4.2 可以得到.

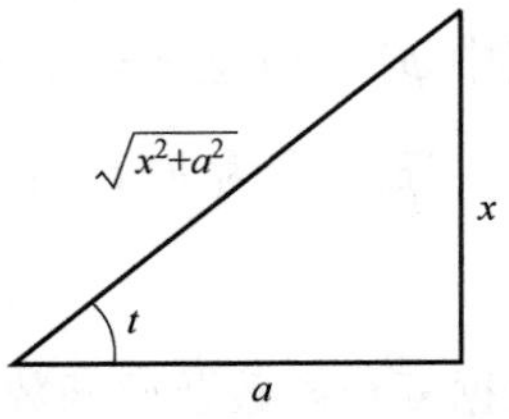

图 4.2

例 23 求不定积分 $\int \dfrac{dx}{\sqrt{x^2 - a^2}}$ $(a > 0)$.

解 注意到被积函数的定义域为 $x > a$ 和 $x < -a$ 两个区间,因此需要分别讨论在这两个区间上的不定积分.

当 $x > a$ 时, 令 $x = a \sec t$, $t \in \left(0, \dfrac{\pi}{2}\right)$, 则

$$\sqrt{x^2 - a^2} = \sqrt{a^2 \sec^2 t - a^2} = a \tan t, dx = a \sec t \tan t \, dt.$$

所以

$$\int \frac{dx}{\sqrt{x^2 - a^2}} = \int \frac{a \sec t \tan t}{a \tan t} \, dt = \int \sec t \, dt$$

$$= \ln |\sec t + \tan t| + C_1$$

$$= \ln \left| \frac{x}{a} + \frac{\sqrt{x^2 - a^2}}{a} \right| + C_1$$

$$= \ln |x + \sqrt{x^2 - a^2}| + C.$$

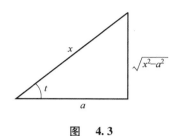

图 4.3

这里 $C = C_1 - \ln a$, 其中 $\tan t = \dfrac{\sqrt{x^2 - a^2}}{a}$ 由图 4.3 可得.

当 $x < -a$ 时, 令 $u = -x$, 则 $u > a$. 于是, 有

$$\int \frac{dx}{\sqrt{x^2 - a^2}} = -\int \frac{du}{\sqrt{u^2 - a^2}} = -\ln |u + \sqrt{u^2 - a^2}| + C_1$$

$$= -\ln |-x + \sqrt{x^2 - a^2}| + C_1 = -\ln \left| \frac{a^2}{-x - \sqrt{x^2 - a^2}} \right| + C_1$$

$$= \ln |x + \sqrt{x^2 - a^2}| + C.$$

这里 $C = C_1 - 2\ln a$. 综合 $x > a$ 和 $x < -a$ 两种情况, 有

$$\int \frac{dx}{\sqrt{x^2 - a^2}} = \ln |x + \sqrt{x^2 - a^2}| + C.$$

题型 2 设被积函数为有理分式, 即多项式之比的函数. 当分母的次数较高时, 可利用**倒代换**来求解.

例 24 求不定积分 $\displaystyle\int \frac{1}{x(x^7 + 2)} \, dx$.

解 令 $x = \dfrac{1}{t}$, 则 $dx = -\dfrac{1}{t^2} \, dt$. 于是

$$\int \frac{1}{x(x^7 + 2)} \, dx = \int \frac{t}{(1/t)^7 + 2} \cdot \left(-\frac{1}{t^2}\right) dt = -\int \frac{t^6}{2t^7 + 1} \, dt$$

$$= -\frac{1}{14} \int \frac{1}{2t^7 + 1} \, d(2t^7 + 1) = -\frac{1}{14} \ln |2t^7 + 1| + C$$

$$= -\frac{1}{14} \ln |2 + x^7| + \frac{1}{2} \ln |x| + C.$$

根式有理化是化简不定积分计算的常用方法之一, 去掉被积函数的根号并不一定都要用三角代换, 应根据实际情况来确定采用何种根式有理化代换.

例 25 求不定积分 $\displaystyle\int \frac{1}{\sqrt{1 + e^x}} \, dx$.

解 令 $t = \sqrt{1 + e^x}$, 则

$$e^x = t^2 - 1, \quad x = \ln(t^2 - 1), \quad dx = \frac{2t}{t^2 - 1}\, dt,$$

所以

$$\int \frac{1}{\sqrt{1+e^x}}\, dx = \int \frac{2}{t^2 - 1}\, dt = \int \left(\frac{1}{t-1} - \frac{1}{t+1}\right) dt = \ln\left|\frac{t-1}{t+1}\right| + C$$

$$= 2\ln(\sqrt{1+e^x} - 1) - x + C.$$

本节的例题中,有些积分是以后经常遇到的,所以它们通常也被当作公式来使用. 这样,常用的积分公式,除了基本积分表中的公式外,我们再添加下面几个(其中常数 $a > 0$).

$(14^{\ominus})\int \tan x\, dx = -\ln|\cos x| + C;$

$(15)\int \cot x\, dx = \ln|\sin x| + C;$

$(16)\int \sec x\, dx = \ln|\sec x + \tan x| + C;$

$(17)\int \csc x\, dx = \ln|\csc x - \cot x| + C;$

$(18)\int \dfrac{1}{a^2 + x^2}\, dx = \dfrac{1}{a}\arctan\dfrac{x}{a} + C;$

$(19)\int \dfrac{1}{x^2 - a^2}\, dx = \dfrac{1}{2a}\ln\left|\dfrac{x-a}{x+a}\right| + C;$

$(20)\int \dfrac{1}{\sqrt{a^2 - x^2}}\, dx = \arcsin\dfrac{x}{a} + C;$

$(21)\int \dfrac{1}{\sqrt{x^2 + a^2}}\, dx = \ln(x + \sqrt{x^2 + a^2}) + C;$

$(22)\int \dfrac{1}{\sqrt{x^2 - a^2}}\, dx = \ln|x + \sqrt{x^2 - a^2}| + C.$

习题 4.2

1. 求下列不定积分:

$(1)\int e^{3t}\, dt;$

$(2)\int (3 - 5x)^3\, dx;$

$(3)\int \dfrac{dx}{3 - 2x};$

$(4)\int \dfrac{1}{\sqrt[3]{5 - 3x}}\, dx;$

$(5)\int \left(\sin ax - e^{\frac{x}{b}}\right) dx;$

$(6)\int \dfrac{\cos\sqrt{t}}{\sqrt{t}}\, dt;$

$(7)\int \dfrac{e^{\frac{1}{x}}}{x^2}\, dx;$

$(8)\int \dfrac{\sin(\sqrt[3]{x})}{x^{2/3}}\, dx;$

$(9)\int \dfrac{3x^3}{1 - x^4}\, dx;$

$(10)\int \dfrac{x}{\sqrt{2 - 3x^2}}\, dx;$

$\ominus$ 续接第 117 页基本积分表中的序号。

$(11) \int \dfrac{x+1}{x^2+2x+5}\,\mathrm{d}x$；

$(12) \int \cos^2(\omega t) \cdot \sin(\omega t)\,\mathrm{d}t$；

$(13) \int \dfrac{\sin x}{\cos^3 x}\,\mathrm{d}x$；

$(14) \int \dfrac{\sin x + \cos x}{\sqrt[3]{\sin x - \cos x}}\,\mathrm{d}x$；

$(15) \int \tan^4 x \cdot \sec^2 x\,\mathrm{d}x$；

$(16) \int \tan^3 x \cdot \sec x\,\mathrm{d}x$；

$(17) \int \cos^2(\omega t + \varphi)\,\mathrm{d}t$；

$(18) \int \dfrac{\mathrm{d}x}{\mathrm{e}^x + \mathrm{e}^{-x}}$；

$(19) \int \dfrac{\mathrm{d}x}{x \ln x\, \ln\ln x}$；

$(20) \int \dfrac{\mathrm{d}x}{(\arcsin x)^2 \sqrt{1-x^2}}$；

$(21) \int \dfrac{10^{2\arccos x}}{\sqrt{1-x^2}}\,\mathrm{d}x$；

$(22) \int \dfrac{x^9}{\sqrt{x - x^{20}}}\,\mathrm{d}x$；

$(23) \int \tan \sqrt{1+x^2} \cdot \dfrac{x}{\sqrt{1+x^2}}\,\mathrm{d}x$；

$(24) \int \dfrac{\arctan \sqrt{x}}{\sqrt{x}\,(1+x)}\,\mathrm{d}x$；

$(25) \int \dfrac{1 + \ln x}{(x \ln x)^2}\,\mathrm{d}x$；

$(26) \int \dfrac{\mathrm{d}x}{\sin x \cos x}$；

$(27) \int \dfrac{\ln \tan x}{\cos x \sin x}\,\mathrm{d}x$；

$(28) \int \cos 4x \cdot \cos 3x\,\mathrm{d}x$；

$(29) \int \sin 2x \cdot \cos 3x\,\mathrm{d}x$；

$(30) \int \sin 5x \cdot \sin 7x\,\mathrm{d}x$.

2. 已知 $\int xf(x)\,\mathrm{d}x = \arctan x + C$，求 $\int \dfrac{\mathrm{d}x}{f(x)}$.

3. 求下列不定积分：

$(1) \int \dfrac{\mathrm{d}x}{3 + \sqrt{x}}$；

$(2) \int \dfrac{x\,\mathrm{d}x}{\sqrt{3 + 4x}}$；

$(3) \int \dfrac{\sqrt{x}\,\mathrm{d}x}{1 + \sqrt[4]{x^3}}$；

$(4) \int \dfrac{x^2\,\mathrm{d}x}{\sqrt{9 - x^2}}$；

$(5) \int \dfrac{\mathrm{d}x}{x\sqrt{25 - x^2}}$；

$(6) \int \dfrac{\mathrm{d}x}{x^2\sqrt{x^2 - 9}}$；

$(7) \int \sqrt{1 + \mathrm{e}^x}\,\mathrm{d}x$；

$(8) \int \dfrac{\mathrm{d}x}{x\sqrt{x^2 - 1}}\ (x > 1)$；

$(9) \int \dfrac{x^2\,\mathrm{d}x}{(1-x)^{20}}$；

$(10) \int \dfrac{\mathrm{d}x}{1 + \sqrt{1 - x^2}}$.

4. 求一个函数 $f(x)$，满足 $f'(x) = \dfrac{1}{\sqrt{x+1}}$，且 $f(0) = 1$.

5. 设 $f(x)$ 在 $[1, +\infty)$ 上可导，且满足 $f(1) = 0$，$f'(\mathrm{e}^x + 1) = 3\mathrm{e}^{2x} + 2$，求 $f(x)$.

4.3　分部积分法

前面介绍的直接积分法和换元积分法已经可以解决许多积分的计算问题，但对于某些被积函数为两个不同类型函数乘积的积分问题,仍然无法求解. 本节将介绍一种处理此类问题的基本积分法:**分部积分法**.

定理 设 $u = u(x)$, $v = v(x)$ 具有连续的一阶导数,则

$$\int u(x) v'(x) \mathrm{d}x = u(x) v(x) - \int v(x) u'(x) \mathrm{d}x,$$

该公式称为**分部积分公式**.

证 根据两个函数乘积的导数公式,有

$$[u(x) v(x)]' = u'(x) v(x) + u(x) v'(x),$$

移项,得到

$$u(x) v'(x) = [u(x) v(x)]' - u'(x) v(x),$$

两边积分,有

$$\int u(x) v'(x) \mathrm{d}x = \int [u(x) v(x)]' \mathrm{d}x - \int v(x) u'(x) \mathrm{d}x$$

$$= u(x) v(x) - \int v(x) u'(x) \mathrm{d}x.$$

为简便起见,分部积分公式可以写成下面的形式:

$$\int u \, \mathrm{d}v = uv - \int v \, \mathrm{d}u.$$

利用分部积分法求不定积分的关键在于如何将所给积分 $\int f(x) \mathrm{d}x$ 化为 $\int u \, \mathrm{d}v$ 形式,使它容易计算. 所采用的主要方法就是凑微分法.

利用分部积分法求不定积分,选择好 u 和 $\mathrm{d}v$ 非常重要,选择不当将会使积分的计算变得更加复杂. 例如,

$$\int x \mathrm{e}^x \mathrm{d}x = \int \mathrm{e}^x \mathrm{d}\left(\frac{x^2}{2}\right) = \frac{x^2}{2} \mathrm{e}^x - \int \frac{x^2}{2} \mathrm{d}(\mathrm{e}^x) = \frac{x^2}{2} \mathrm{e}^x - \int \frac{x^2}{2} \cdot \mathrm{e}^x \mathrm{d}x.$$

选择 u 和 $\mathrm{d}v$ 一般要考虑下面两点:

(1)由 $\mathrm{d}v$ 求 v 要容易求得;

(2)$\int v \, \mathrm{d}u$ 要比 $\int u \, \mathrm{d}v$ 容易求出.

说明 利用分部积分法计算积分时,应将被积函数视为两个函数的乘积,按"**反、对、幂、指、三**"的顺序,前者为 u,后者为 $\mathrm{d}v$. 其中:"**反**"表示反三角函数、"**对**"表示对数函数、"**幂**"表示幂函数、"**指**"表示指数函数、"**三**"表示三角函数.

下面将通过不同题型的例题介绍分部积分法的使用.

题型 1 两类函数乘积的分部积分法

例 1 求不定积分 $\int x \cos x \, \mathrm{d}x$.

解 令 $u = x$, $\mathrm{d}v = \cos x \, \mathrm{d}x$,则 $\mathrm{d}u = \mathrm{d}x$, $v = \sin x$. 于是,有

$$\int x \cos x \, \mathrm{d}x = x \sin x - \int \sin x \, \mathrm{d}x = x \sin x + \cos x + C.$$

例 2 求不定积分 $\int x \ln x \, \mathrm{d}x$.

解 令 $u = \ln x$, $\mathrm{d}v = x \, \mathrm{d}x$,则 $\mathrm{d}u = \frac{1}{x} \mathrm{d}x$, $v = \frac{1}{2} x^2$. 于是,有

$$\int x \ln x \, dx = \frac{1}{2}x^2\ln x - \frac{1}{2}\int x \, dx = \frac{1}{2}x^2\ln x - \frac{1}{4}x^2 + C.$$

例 3　求不定积分 $\int x \arctan x \, dx$.

解　令 $u = \arctan x, \quad dv = x \, dx$,则 $du = \frac{1}{1+x^2} \, dx, \quad v = \frac{1}{2}x^2.$ 于是,有

$$\int x \arctan x \, dx = \frac{1}{2}x^2\arctan x - \frac{1}{2}\int \frac{x^2}{1+x^2} \, dx$$

$$= \frac{1}{2}x^2\arctan x - \frac{1}{2}\int \left(1 - \frac{1}{1+x^2}\right) dx$$

$$= \frac{1}{2}x^2\arctan x - \frac{1}{2}(x - \arctan x) + C.$$

例 4　求不定积分 $\int \frac{\ln \cos x}{\cos^2 x} \, dx$.

解　令 $u = \ln \cos x, \quad dv = \frac{1}{\cos^2 x} \, dx$,则 $du = -\tan x \, dx, \quad v = \tan x.$ 于是,有

$$\int \frac{\ln \cos x}{\cos^2 x} \, dx = \tan x \cdot \ln \cos x + \int \tan^2 x \, dx$$

$$= \tan x \cdot \ln \cos x + \int (\sec^2 x - 1) \, dx$$

$$= \tan x \cdot \ln \cos x + \tan x - x + C.$$

注　通过上面四个例子可以知道,利用分部积分法计算积分可以分为以下三步骤:首先找到 u 和 dv,其次算出 du 和 v,最后利用分部积分公式计算即可. 在分部积分法运用比较熟练以后,可直接使用分部积分公式计算,而寻找 u 和 dv 以及计算 du 和 v 的过程可以省略不写.

例 5　求不定积分 $\int x^2 e^x \, dx$.

解　$\int x^2 e^x \, dx = x^2 e^x - \int e^x \cdot 2x \, dx = x^2 e^x - 2\int x \, d(e^x)$

$$= x^2 e^x - 2\left(xe^x - \int e^x dx\right) = (x^2 - 2x + 2)e^x + C.$$

题型 2　单个函数的分部积分法

当被积函数仅为对数函数或者反三角函数时,可采用先作**对数代换**或者**反三角代换**,再利用分部积分法计算;或直接使用分部积分法计算.

例 6　求不定积分 $\int \arccos x \, dx$.

解 1　先作反三角代换,再使用分部积分法计算:

令 $\arccos x = t$,则 $x = \cos t.$ 于是,有

$$\int \arccos x \, dx = \int t \, d(\cos t) = t \cos t - \int \cos t \, dt = t \cos t - \sin t + C$$

$$= x \arccos x - \sqrt{1 - x^2} + C.$$

解 2　直接使用分部积分法计算:

$$\int \arccos x \, dx = x \arccos x + \int \frac{x}{\sqrt{1-x^2}} \, dx = x \arccos x - \frac{1}{2}\int (1-x^2)^{-\frac{1}{2}} d(1-x^2)$$

$$= x\arccos x - \sqrt{1-x^2} + C.$$

注 例6中先作反三角代换,再使用分部积分法计算,实质上是先利用了换元积分法将单个函数的分部积分法转化为两类函数乘积的分部积分法.

例7 求不定积分 $\int e^{\sqrt{x}}\,dx$.

解 令 $\sqrt{x} = t$,则 $x = t^2$, $dx = 2t\,dt$. 于是,有

$$\int e^{\sqrt{x}}\,dx = 2\int te^t\,dt = 2\int t\,d(e^t) = 2\left(te^t - \int e^t\,dt\right)$$

$$= 2(te^t - e^t) + C = 2e^{\sqrt{x}}(\sqrt{x} - 1) + C.$$

题型3 方程型的分部积分法

例8 求不定积分 $\int e^x \sin x\,dx$.

解 因为

$$\int e^x \sin x\,dx = -e^x\cos x + \int e^x\cos x\,dx = -e^x\cos x + \int e^x\,d(\sin x)$$

$$= -e^x\cos x + e^x\sin x - \int e^x\sin x\,dx,$$

所以

$$\int e^x \sin x\,dx = \frac{1}{2}e^x(\sin x - \cos x) + C.$$

注 有些不定积分,多次运用分部积分公式之后,又回到原来的积分,且不能消去. 这时应通过解方程的手段,求出不定积分.

例9 求不定积分 $\int \sec^3 x\,dx$.

解 因为

$$\int \sec^3 x\,dx = \int \sec x\,d(\tan x) = \sec x\tan x - \int \sec x\tan^2 x\,dx$$

$$= \sec x\tan x - \int \sec x(\sec^2 x - 1)\,dx$$

$$= \sec x\tan x - \int \sec^3 x\,dx + \int \sec x\,dx$$

$$= \sec x\tan x + \ln|\sec x + \tan x| - \int \sec^3 x\,dx,$$

所以

$$\int \sec^3 x\,dx = \frac{1}{2}\left(\sec x\tan x + \ln|\sec x + \tan x|\right) + C.$$

灵活运用分部积分公式,可以解决许多不定积分的计算问题.

例10 已知 $f(x)$ 的一个原函数是 $\dfrac{\cos x}{x}$,求 $\int xf'(x)\,dx$.

解 $\displaystyle \int xf'(x)\,dx = \int x\,df(x) = xf(x) - \int f(x)\,dx = x\left(\frac{\cos x}{x}\right)' - \frac{\cos x}{x} + C$

$$= -\sin x - 2\frac{\cos x}{x} + C.$$

注 此题若先求出 $f'(x)$,再求积分反而复杂. 事实上,

$$\int xf'(x)\,\mathrm{d}x = \int \left(-\cos x + \frac{2\sin x}{x} + \frac{2\cos x}{x^2} \right)\mathrm{d}x.$$

习题4.3

1. 求下列不定积分:

(1) $\int x\mathrm{e}^{-x}\mathrm{d}x$;

(2) $\int x^2\cos x\,\mathrm{d}x$;

(3) $\int \arccos x\,\mathrm{d}x$;

(4) $\int \ln(x^2+1)\,\mathrm{d}x$;

(5) $\int x^2\mathrm{e}^{-x}\mathrm{d}x$;

(6) $\int x^2\arctan x\,\mathrm{d}x$;

(7) $\int \mathrm{e}^{-2x}\sin \frac{x}{2}\,\mathrm{d}x$;

(8) $\int x\sec^2 x\,\mathrm{d}x$;

(9) $\int \ln^2 x\,\mathrm{d}x$;

(10) $\int x\ln(x-1)\,\mathrm{d}x$;

(11) $\int \frac{\ln^2 x}{x^2}\,\mathrm{d}x$;

(12) $\int \frac{\ln x}{\sqrt{x}}\,\mathrm{d}x$;

(13) $\int \cos(\ln x)\,\mathrm{d}x$;

(14) $\int \frac{\ln(\ln x)}{x}\,\mathrm{d}x$;

(15) $\int x\sin x\cos x\,\mathrm{d}x$;

(16) $\int x^2\cos^2 \frac{x}{2}\,\mathrm{d}x$;

(17) $\int (\arcsin x)^2\mathrm{d}x$;

(18) $\int \mathrm{e}^x\sin^2 x\,\mathrm{d}x$;

(19) $\int \mathrm{e}^{\sqrt{x-1}}\,\mathrm{d}x$;

(20) $\int \sin \sqrt[3]{x}\,\mathrm{d}x$;

(21) $\int \frac{\ln(1+x)}{\sqrt{x}}\,\mathrm{d}x$;

(22) $\int \frac{\ln(\mathrm{e}^x+1)}{\mathrm{e}^x}\,\mathrm{d}x$;

(23) $\int x\ln \frac{1+x}{1-x}\,\mathrm{d}x$;

(24) $\int \frac{1}{\sin 2x\cos x}\,\mathrm{d}x$.

2. 已知 $\dfrac{\sin x}{x}$ 是 $f(x)$ 的原函数,求 $\int xf'(x)\,\mathrm{d}x$.

3. 已知 $f(x) = \dfrac{\mathrm{e}^x}{x}$,求 $\int xf''(x)\,\mathrm{d}x$.

4. 设 $f(x)$ 是连续单调函数,$f^{-1}(x)$ 是它的反函数,且 $\int f(x)\,\mathrm{d}x = F(x) + C$,求 $\int f^{-1}(x)\,\mathrm{d}x$.

4.4 有理函数的积分

本节我们将介绍一些比较简单的特殊类型函数的不定积分,包括有理函数的积分及可化为有理函数的函数积分,如三角函数有理式、简单无理函数的积分等.

1. 有理函数的积分

有理函数是指两个多项式的商所表示的函数,也称为**有理分式**. 即

$$R(x) = \frac{a_0 x^m + a_1 x^{m-1} + \cdots + a_{m-1} x + a_m}{b_0 x^n + b_1 x^{n-1} + \cdots + b_{n-1} x + b_n} = \frac{P_m(x)}{Q_n(x)},$$

其中 m, n 是非负整数；$a_0, a_1, \cdots, a_m$ 与 $b_0, b_1, \cdots, b_n$ 都是常数，并且 $a_0 \neq 0, b_0 \neq 0$.

在有理分式中，当 $m \geqslant n$ 时，称 $R(x)$ 为（有理）**假分式**；当 $m < n$ 时，称 $R(x)$ 为（有理）**真分式**.

利用多项式的除法，可以把任何假分式转化为一个多项式与一个真分式之和. 而多项式的不定积分是容易求得的，于是我们只需研究真分式的不定积分.

假设 $R(x) = \dfrac{P_m(x)}{Q_n(x)}$ 为真分式，下面来探讨不定积分 $\displaystyle\int R(x) \mathrm{d}x$ 的求法. 具体步骤如下：

第一步 将 $Q_n(x)$ 在实数范围内分解为一次因式与不可分解的二次因式的乘积，即

$$Q_n(x) = (x-a)^k (x^2 + px + q)^l,$$

其中 $k, l \in \mathbf{N}_+, p^2 - 4q < 0$.

第二步 将真分式 $R(x) = \dfrac{P_m(x)}{Q_n(x)}$ 拆分成若干个**部分分式**之和. 所谓部分分式是指这样一种简单分式，其分母为一次因式或不可分解的二次因式的正整数次幂，其分子分别对应为常数或一次因式.

若分母 $Q_n(x)$ 中含有因式 $(x-a)^k$，则分解后含有下列 k 个部分分式之和：

$$\frac{A_1}{(x-a)^k} + \frac{A_2}{(x-a)^{k-1}} + \cdots + \frac{A_k}{x-a},$$

其中 $A_1, A_2, \cdots, A_k$ 都是待定常数. 特别地，若 $k = 1$，对应的部分分式仅为 $\dfrac{A}{x-a}$.

若分母 $Q_n(x)$ 中含有因式 $(x^2 + px + q)^l$，则分解后含有下列 l 个部分分式之和：

$$\frac{M_1 x + N_1}{(x^2 + px + q)^l} + \frac{M_2 x + N_2}{(x^2 + px + q)^{l-1}} + \cdots + \frac{M_l x + N_l}{x^2 + px + q},$$

其中 $M_i, N_i (i = 1, 2, \cdots, l)$ 都是待定常数. 特别地，若 $l = 1$，对应的部分分式仅为

$$\frac{Mx + N}{x^2 + px + q}.$$

第三步 确定所有待定常数，求出各部分分式的不定积分.

例1 把 $\dfrac{x+2}{x^3 - 2x^2 + x}$ 分解为部分分式之和.

解 因为 $x^3 - 2x^2 + x = x(x-1)^2$，所以设

$$\frac{x+2}{x^3 - 2x^2 + x} = \frac{A}{x} + \frac{B}{(x-1)^2} + \frac{C}{x-1},$$

其中 A, B, C 为待定常数. 对比两端分子的多项式，得

$$x + 2 = A(x-1)^2 + Bx + Cx(x-1).$$

令 $x = 1$，得 $B = 3$；令 $x = 0$，得 $A = 2$；令 $x = 2$，得 $C = -2$. 于是，有

$$\frac{x+2}{x^3 - 2x^2 + x} = \frac{2}{x} + \frac{3}{(x-1)^2} - \frac{2}{x-1}.$$

例2 把 $\dfrac{2x}{x^3 - x^2 + x - 1}$ 分解为部分分式之和.

解 因为 $x^3 - x^2 + x - 1 = (x^2 + 1)(x - 1)$,所以设

$$\frac{2x}{x^3 - x^2 + x - 1} = \frac{Ax + B}{x^2 + 1} + \frac{C}{x - 1},$$

其中 A, B, C 为待定常数. 对比两端分子的多项式,得

$$2x = (Ax + B)(x - 1) + C(x^2 + 1).$$

令 $x = 1$,得 $C = 1$;令 $x = 0$,得 $B = 1$;令 $x = -1$,得 $A = -1$. 于是,有

$$\frac{2x}{x^3 - x^2 + x - 1} = \frac{-x + 1}{x^2 + 1} + \frac{1}{x - 1}.$$

例 3 求不定积分 $\displaystyle\int \frac{x + 2}{x^3 - 2x^2 + x} \, \mathrm{d}x$.

解 由例 1 可知

$$\frac{x + 2}{x^3 - 2x^2 + x} = \frac{2}{x} + \frac{3}{(x - 1)^2} - \frac{2}{x - 1}.$$

所以

$$\int \frac{x + 2}{x^3 - 2x^2 + x} \, \mathrm{d}x = \int \left[\frac{2}{x} + \frac{3}{(x - 1)^2} - \frac{2}{x - 1} \right] \mathrm{d}x$$

$$= 2 \int \frac{1}{x} \, \mathrm{d}x + 3 \int \frac{1}{(x - 1)^2} \, \mathrm{d}(x - 1) - 2 \int \frac{1}{x - 1} \, \mathrm{d}(x - 1)$$

$$= 2\ln |x| - \frac{3}{x - 1} - 2\ln |x - 1| + C.$$

例 4 求不定积分 $\displaystyle\int \frac{x - 2}{x^2 + 2x + 3} \, \mathrm{d}x$.

解
$$\int \frac{x - 2}{x^2 + 2x + 3} \, \mathrm{d}x = \int \frac{\frac{1}{2}(2x + 2) - 3}{x^2 + 2x + 3} \, \mathrm{d}x$$

$$= \frac{1}{2} \int \frac{\mathrm{d}(x^2 + 2x + 3)}{x^2 + 2x + 3} - 3 \int \frac{\mathrm{d}(x + 1)}{(x + 1)^2 + (\sqrt{2})^2}$$

$$= \frac{1}{2}\ln(x^2 + 2x + 3) - \frac{3}{\sqrt{2}} \arctan \frac{x + 1}{\sqrt{2}} + C.$$

2. 三角函数有理式的积分

由三角函数 $\sin x, \cos x$ 及常数经过有限次四则运算所构成的函数称为**三角有理函数**,记为 $R(\sin x, \cos x)$.

三角函数的积分比较灵活,方法很多. 在前面几节已经介绍过一些方法. 这里,我们主要介绍三角函数有理式的积分,即两个三角函数的商所表示的函数的积分. 其基本思想是通过适当的变换,将三角有理函数的积分化为有理函数的积分.

根据中学所学过的三角函数恒等式,我们知道

$$\sin x = 2\sin \frac{x}{2} \cos \frac{x}{2} = \frac{2\sin \frac{x}{2} \cos \frac{x}{2}}{\sin^2 \frac{x}{2} + \cos^2 \frac{x}{2}} = \frac{2\tan \frac{x}{2}}{1 + \tan^2 \frac{x}{2}},$$

$$\cos x = \cos^2 \frac{x}{2} - \sin^2 \frac{x}{2} = \frac{\cos^2 \frac{x}{2} - \sin^2 \frac{x}{2}}{\sin^2 \frac{x}{2} + \cos^2 \frac{x}{2}} = \frac{1 - \tan^2 \frac{x}{2}}{1 + \tan^2 \frac{x}{2}}.$$

因此, 如果令 $u = \tan \frac{x}{2}$, 则 $x = 2\arctan u$, 于是有

$$\sin x = \frac{2u}{1 + u^2}, \cos x = \frac{1 - u^2}{1 + u^2}, \mathrm{d}x = \frac{2}{1 + u^2} \, \mathrm{d}u.$$

由此可见, 通过变换 $u = \tan \frac{x}{2}$, 总可以将三角有理函数的积分化为有理函数的积分, 即

$$\int R(\sin x, \cos x) \mathrm{d}x = \int R\left(\frac{2u}{1 + u^2}, \ \frac{1 - u^2}{1 + u^2}\right) \cdot \frac{2}{1 + u^2} \, \mathrm{d}u.$$

这个变换公式又称为**万能代换公式**.

例 5 求不定积分 $\displaystyle\int \frac{1 + \sin x}{\sin x (1 + \cos x)} \, \mathrm{d}x$.

解 作变换 $u = \tan \frac{x}{2}$, 则

$$\begin{aligned}
\int \frac{1 + \sin x}{\sin x (1 + \cos x)} \mathrm{d}x &= \int \frac{1 + \dfrac{2u}{1 + u^2}}{\dfrac{2u}{1 + u^2}\left(1 + \dfrac{1 - u^2}{1 + u^2}\right)} \cdot \frac{2}{1 + u^2} \, \mathrm{d}u = \int \frac{u^2 + 2u + 1}{2u} \, \mathrm{d}u \\
&= \frac{1}{2} \int u \, \mathrm{d}u + \int \mathrm{d}u + \frac{1}{2} \int \frac{1}{u} \, \mathrm{d}u \\
&= \frac{u^2}{4} + u + \frac{1}{2} \ln |u| + C \\
&= \frac{1}{4} \tan^2 \frac{x}{2} + \tan \frac{x}{2} + \frac{1}{2} \ln \left| \tan \frac{x}{2} \right| + C.
\end{aligned}$$

对于形如

$$\int R(\tan x) \mathrm{d}x, \int R(\sin^2 x, \cos^2 x) \mathrm{d}x, \int R(\sin 2x, \cos 2x) \mathrm{d}x$$

的积分可采用**修改的万能代换公式**, 即

令 $u = \tan x$, 则 $x = \arctan u$, $\mathrm{d}x = \dfrac{1}{1 + u^2} \, \mathrm{d}u$, 于是有

$$\sin^2 x = \frac{u^2}{1 + u^2}, \cos^2 x = \frac{1}{1 + u^2}, \sin 2x = \frac{2u}{1 + u^2}, \cos 2x = \frac{1 - u^2}{1 + u^2}.$$

例 6 求不定积分 $\displaystyle\int \frac{\tan^2 x}{5 + 4\cos 2x} \, \mathrm{d}x$.

解 作变换 $u = \tan x$, 则

$$\begin{aligned}
\int \frac{\tan^2 x}{5 + 4\cos 2x} \, \mathrm{d}x &= \int \frac{u^2}{5 + 4 \cdot \dfrac{1 - u^2}{1 + u^2}} \cdot \frac{1}{1 + u^2} \, \mathrm{d}u = \int \frac{u^2}{9 + u^2} \, \mathrm{d}u \\
&= \int \left(1 - \frac{9}{9 + u^2}\right) \mathrm{d}u = u - \int \frac{1}{1 + (u/3)^2} \, \mathrm{d}u
\end{aligned}$$

$$= u - 3 \int \frac{1}{1 + (u/3)^2} \, d\left(\frac{u}{3}\right) = u - 3\arctan\left(\frac{u}{3}\right) + C$$

$$= \tan x - 3\arctan\left(\frac{\tan x}{3}\right) + C.$$

3. 简单无理函数的积分

简单无理函数是指被开方数为一次因式的函数表达式. 对于简单无理函数的积分,其基本思想是通过**全代换**的方式将其有理化,转化为有理函数的积分.

例 7 求不定积分 $\int \dfrac{1}{1 + \sqrt{1+x}} \, dx$.

解 令 $\sqrt{1+x} = t$,则 $x = t^2 - 1$,$dx = 2t \, dt$. 于是有

$$\int \frac{1}{1 + \sqrt{1+x}} \, dx = \int \frac{2t}{1+t} \, dt = 2\int \left(1 - \frac{1}{1+t}\right) dt$$

$$= 2t - 2\ln|1+t| + C = 2\left[\sqrt{1+x} - \ln(1 + \sqrt{1+x})\right] + C.$$

例 8 求不定积分 $\int \dfrac{dx}{1 + \sqrt[3]{x+2}}$.

解 令 $t = \sqrt[3]{x+2}$,则 $x = t^3 - 2$,$dx = 3t^2 \, dt$. 于是有

$$\int \frac{dx}{1 + \sqrt[3]{x+2}} = \int \frac{3t^2}{1+t} \, dt = 3\int \frac{(t^2 - 1) + 1}{1+t} \, dt = 3\int \left(t - 1 + \frac{1}{1+t}\right) dt$$

$$= 3\left(\frac{1}{2}t^2 - t + \ln|1+t|\right) + C$$

$$= \frac{3}{2}\sqrt[3]{(x+2)^2} - 3\sqrt[3]{x+2} + 3\ln|1 + \sqrt[3]{x+2}| + C.$$

例 9 求不定积分 $\int \dfrac{dx}{\sqrt{x} + \sqrt[3]{x}}$.

解 令 $t = \sqrt[6]{x}$,则 $x = t^6$,$dx = 6t^5 \, dt$. 于是有

$$\int \frac{dx}{\sqrt{x} + \sqrt[3]{x}} = \int \frac{6t^5}{t^3 + t^2} \, dt = 6\int \left(t^2 - t + 1 - \frac{1}{1+t}\right) dt$$

$$= 6\left(\frac{1}{3}t^3 - \frac{1}{2}t^2 + t - \ln|1+t|\right) + C$$

$$= 2\sqrt{x} - 3\sqrt[3]{x} + 6\sqrt[6]{x} - 6\ln(1 + \sqrt[6]{x}) + C.$$

例 10 求不定积分 $\int \dfrac{1}{x} \sqrt{\dfrac{1+x}{x}} \, dx$.

解 令 $t = \sqrt{\dfrac{1+x}{x}}$,则 $x = \dfrac{1}{t^2 - 1}$,$dx = \dfrac{-2t}{(t^2 - 1)^2} \, dt$. 于是有

$$\int \frac{1}{x} \sqrt{\frac{1+x}{x}} \, dx = \int (t^2 - 1) t \cdot \frac{-2t}{(t^2 - 1)^2} \, dt = -2\int \frac{t^2}{t^2 - 1} \, dt$$

$$= -2\int \left(1 + \frac{1}{t^2 - 1}\right) dt = -2t - \ln\left|\frac{t-1}{t+1}\right| + C$$

$$= -2\sqrt{\frac{1+x}{x}} + \ln\left|2x + 2x\sqrt{\frac{1+x}{x}} + 1\right| + C.$$

最后要说明一下,对于连续函数来说,原函数是存在的,但原函数存在却并不一定能用初等函数表示出来. 例如:

$$\int \frac{\sin x}{x}\,\mathrm{d}x,\ \int e^{-x^2}\,\mathrm{d}x,\ \int \sin x^2\,\mathrm{d}x,\ \int \sqrt{1+x^3}\,\mathrm{d}x,\ \int \frac{\mathrm{d}x}{\ln x},$$

我们称这些积分是"**积不出来**"的.

 **习题4.4**

1. 求下列不定积分:

(1) $\displaystyle\int \frac{x^3}{x+3}\,\mathrm{d}x$；

(2) $\displaystyle\int \frac{2x+3}{x^2+3x-10}\,\mathrm{d}x$；

(3) $\displaystyle\int \frac{x+1}{x^2-2x+5}\,\mathrm{d}x$；

(4) $\displaystyle\int \frac{3}{x^3+1}\,\mathrm{d}x$；

(5) $\displaystyle\int \frac{x^5+x^4-8}{x^3-x}\,\mathrm{d}x$；

(6) $\displaystyle\int \frac{x\,\mathrm{d}x}{(x+3)^2(x+2)}$；

(7) $\displaystyle\int \frac{x+1}{(x-1)^3}\,\mathrm{d}x$；

(8) $\displaystyle\int \frac{3x+2}{x(x+1)^3}\,\mathrm{d}x$；

(9) $\displaystyle\int \frac{1}{x^4-1}\,\mathrm{d}x$；

(10) $\displaystyle\int \frac{x}{(x+1)(x+2)(x+3)}\,\mathrm{d}x$；

(11) $\displaystyle\int \frac{x^2+1}{(x+1)^2(x-2)}\,\mathrm{d}x$；

(12) $\displaystyle\int \frac{1}{x(x^2+1)}\,\mathrm{d}x$；

(13) $\displaystyle\int \frac{1}{(x^2+1)(x^2+x)}\,\mathrm{d}x$；

(14) $\displaystyle\int \frac{1-x-x^2}{(x^2+1)^2}\,\mathrm{d}x$；

(15) $\displaystyle\int \frac{-x^2-2}{(x^2+x+1)^2}\,\mathrm{d}x.$

2. 求下列不定积分:

(1) $\displaystyle\int \frac{\mathrm{d}x}{3+\sin^2 x}$；

(2) $\displaystyle\int \frac{\mathrm{d}x}{3+\cos x}$；

(3) $\displaystyle\int \frac{\mathrm{d}x}{2+\sin x}$；

(4) $\displaystyle\int \frac{\mathrm{d}x}{1+\tan x}$；

(5) $\displaystyle\int \frac{\mathrm{d}x}{1+\sin x+\cos x}$；

(6) $\displaystyle\int \frac{\mathrm{d}x}{2\sin x-\cos x+5}$；

(7) $\displaystyle\int \frac{\mathrm{d}x}{1+\sqrt[3]{x+1}}$；

(8) $\displaystyle\int \frac{1+(\sqrt{x})^3}{1+\sqrt{x}}\,\mathrm{d}x$；

(9) $\displaystyle\int \frac{\sqrt{x+1}-1}{\sqrt{x+1}+1}\,\mathrm{d}x$；

(10) $\displaystyle\int \frac{\mathrm{d}x}{\sqrt{x}+\sqrt[4]{x}}$；

(11) $\displaystyle\int \sqrt{\frac{3+x}{3-x}}\,\mathrm{d}x$；

(12) $\displaystyle\int \frac{x^3}{\sqrt{x^2+1}}\,\mathrm{d}x.$

第4章小结

本章是高等数学的重要内容之一,主要讲述了原函数和不定积分的概念,不定积分的基本性质,基本积分公式,不定积分的换元积分法与分部积分法,有理函数、三角函数有理式和简单无理函数的积分. 本章的基本要求是:

1. 理解原函数的概念,理解不定积分的概念.

2. 掌握不定积分的基本公式,掌握不定积分和定积分的性质,掌握换元法与分部积分法.

3. 会求有理函数、三角函数有理式及简单无理函数的积分.

本章主要内容如下:

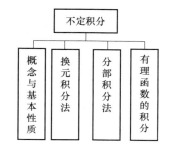

微信扫描右侧二维码,可获得本章更多知识.

总习题4

1. 填空题:

(1) $\int x^3 \mathrm{e}^x \mathrm{d}x = $ _____.

(2) $\int \dfrac{x+5}{x^2-6x+13} \mathrm{d}x = $ _____.

(3) $\int \sqrt{\dfrac{1+x}{1-x}} \mathrm{d}x = $ _____.

(4) 设 $\int xf(x)\mathrm{d}x = \arcsin x + C$,则 $\int \dfrac{\mathrm{d}x}{f(x)} = $ _____.

(5) 设 $f(x)$ 的一个原函数是 e^{-2x},则 $f(x) = $ _____.

2. 选择题:

(1) 已知 $f'(x) = \dfrac{1}{x(1+2\ln x)}$,且 $f(1)=1$,则 $f(x)$ 等于( ).

(A) $\ln(1+2\ln x)+1$　　　　(B) $\dfrac{1}{2}\ln(1+2\ln x)+1$

(C) $\dfrac{1}{2}\ln(1+2\ln x)+\dfrac{1}{2}$　　(D) $2\ln(1+2\ln x)+1$

（2）下列等式中，正确的结果是（　　　）.

（A）$\int f'(x)\,\mathrm{d}x = f(x)$　　　　　　（B）$\int \mathrm{d}f(x) = f(x)$

（C）$\dfrac{\mathrm{d}}{\mathrm{d}x}\int f(x)\,\mathrm{d}x = f(x)$　　　　　（D）$\mathrm{d}\int f(x) = f(x)$

3. 已知 $\dfrac{\sin x}{x}$ 是 $f(x)$ 的一个原函数，求 $\int x^3 f'(x)\,\mathrm{d}x$.

4. 设 $f(x^2 - 1) = \ln \dfrac{x^2}{x^2 - 2}$，且 $f(\varphi(x)) = \ln x$，求 $\int \varphi(x)\,\mathrm{d}x$.

5. 已知 $f'(\sin^2 x) = \cos 2x + \tan^2 x$，$\quad 0 < x < \dfrac{\pi}{2}$，求 $f(x)$.

6. 求 $\int \max\{1, |x|\}\,\mathrm{d}x$.

7. 计算下列不定积分（其中 a, b 为常数）.

（1）$\displaystyle\int \dfrac{\mathrm{d}x}{\mathrm{e}^x - \mathrm{e}^{-x}}$；

（2）$\displaystyle\int \dfrac{x}{(1 - x)^3}\,\mathrm{d}x$；

（3）$\displaystyle\int \dfrac{x^2}{a^6 - x^6}\,\mathrm{d}x\,(a > 0)$；

（4）$\displaystyle\int \dfrac{1 + \cos x}{x + \sin x}\,\mathrm{d}x$；

（5）$\displaystyle\int \dfrac{\ln \ln x}{x}\,\mathrm{d}x$；

（6）$\displaystyle\int \dfrac{\sin x \cos x}{1 + \sin^4 x}\,\mathrm{d}x$；

（7）$\displaystyle\int \tan^4 x\,\mathrm{d}x$；

（8）$\displaystyle\int \sin x \sin 2x \sin 3x\,\mathrm{d}x$；

（9）$\displaystyle\int \dfrac{\mathrm{d}x}{x(x^6 + 4)}$；

（10）$\displaystyle\int \sqrt{\dfrac{a + x}{a - x}}\,\mathrm{d}x\,(a > 0)$；

（11）$\displaystyle\int \dfrac{\mathrm{d}x}{\sqrt{x(x + 1)}}$；

（12）$\displaystyle\int x\cos^2 x\,\mathrm{d}x$；

（13）$\displaystyle\int \mathrm{e}^{ax}\cos bx\,\mathrm{d}x$；

（14）$\displaystyle\int \dfrac{\mathrm{d}x}{\sqrt{\mathrm{e}^x + 1}}$；

（15）$\displaystyle\int \dfrac{\mathrm{d}x}{x^2 \sqrt{x^2 - 1}}$；

（16）$\displaystyle\int \dfrac{\mathrm{d}x}{(a^2 - x^2)^{5/2}}$；

（17）$\displaystyle\int \dfrac{\mathrm{d}x}{x^4 \sqrt{x^2 + 1}}$；

（18）$\displaystyle\int \sqrt{x}\,\sin \sqrt{x}\,\mathrm{d}x$；

（19）$\displaystyle\int \ln(1 + x^2)\,\mathrm{d}x$；

（20）$\displaystyle\int \dfrac{\sin^2 x}{\cos^3 x}\,\mathrm{d}x$；

（21）$\displaystyle\int \arctan \sqrt{x}\,\mathrm{d}x$；

（22）$\displaystyle\int \dfrac{\sqrt{1 + \cos x}}{\sin x}\,\mathrm{d}x$；

（23）$\displaystyle\int \dfrac{x^3}{(1 + x^8)^2}\,\mathrm{d}x$；

（24）$\displaystyle\int \dfrac{x^{11}}{x^8 + 3x^4 + 2}\,\mathrm{d}x$；

（25）$\displaystyle\int \dfrac{\mathrm{d}x}{16 - x^4}$；

（26）$\displaystyle\int \dfrac{\sin x}{1 + \sin x}\,\mathrm{d}x$；

（27）$\displaystyle\int \dfrac{\sin x + x}{1 + \cos x}\,\mathrm{d}x$；

（28）$\displaystyle\int \mathrm{e}^{\sin x}\,\dfrac{x\cos^3 x - \sin x}{\cos^2 x}\,\mathrm{d}x$；

$(29) \displaystyle\int \dfrac{\sqrt[3]{x}}{x(\sqrt{x} + \sqrt[3]{x})} \, \mathrm{d}x;$

$(30) \displaystyle\int \dfrac{\mathrm{d}x}{(1 + \mathrm{e}^x)^2};$

$(31) \displaystyle\int \dfrac{\mathrm{e}^{3x} + \mathrm{e}^x}{\mathrm{e}^{4x} - \mathrm{e}^{2x} + 1} \, \mathrm{d}x;$

$(32) \displaystyle\int \dfrac{x\mathrm{e}^x}{(\mathrm{e}^x + 1)^2} \, \mathrm{d}x;$

$(33) \displaystyle\int \ln^2(x + \sqrt{1 + x^2}) \, \mathrm{d}x;$

$(34) \displaystyle\int \dfrac{\ln x}{(1 + x^2)^{3/2}} \, \mathrm{d}x;$

$(35) \displaystyle\int \sqrt{1 - x^2} \arcsin x \, \mathrm{d}x;$

$(36) \displaystyle\int \dfrac{x^3 \arccos x}{\sqrt{1 - x^2}} \, \mathrm{d}x;$

$(37) \displaystyle\int \dfrac{\cot x}{1 + \sin x} \, \mathrm{d}x;$

$(38) \displaystyle\int \dfrac{\mathrm{d}x}{\sin^3 x \cos x};$

$(39) \displaystyle\int \dfrac{\mathrm{d}x}{\sin x(2 + \cos x)};$

$(40) \displaystyle\int \dfrac{\sin x \cos x}{\sin x + \cos x} \, \mathrm{d}x.$

定 积 分

本章要介绍积分学的另一个基本问题:定积分问题. 我们先从几何问题与力学问题引入定积分的概念,然后讨论定积分的性质与计算方法.

5.1 定积分的概念与性质

1. 引例

引例 1 曲边梯形的面积

设 $y = f(x)$ 在区间 $[a, b]$ 上非负、连续. 在直角坐标系中,由直线 $x = a$, $x = b$, x 轴及 $y = f(x)$ 所围成的图形称为**曲边梯形**(见图 5.1),其中曲线弧称为**曲边**.

由于任何一个曲边形总可以分割成多个曲边梯形来考虑,因此,求曲边形的问题就转化为求曲边梯形面积的问题.

如何求曲边梯形的面积呢?

我们知道,如果 $y = f(x)$ 在区间 $[a, b]$ 上是常值函数,则曲边梯形就是一个矩形,它的面积可以按公式

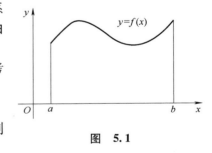

图 5.1

$$矩形面积 = 底 \times 高$$

来计算. 而曲边梯形在底边上各点的高 $f(x)$ 在区间 $[a, b]$ 上是变化的,故它的面积不能直接利用矩形的面积公式来计算. 然而,由于曲边梯形的高 $f(x)$ 在区间 $[a, b]$ 上是连续变化的,在很小一段区间上它的变化也很小. 因此,如果我们用平行于 y 轴的直线将曲边梯形分割成若干个小曲边梯形,对于每个小曲边梯形,由于它们的底边很窄,高变化不大,这时可用小矩形的面积来近似代替小曲边梯形的面积,把这些小矩形的面积加起来,就得到整个曲边梯形面积的近似值. 分割越细近似程度就越高,当把曲边梯形无限细分,使得每个小曲边梯形的底边长度趋于零时,所有小矩形面积之和的极限就可以定义为曲边梯形的面积. 这个定义同时也给出了计算曲边梯形面积的方法,大体分为以下三步:

(1) 分割 在区间 $[a, b]$ 中任意插入 $n - 1$ 个分点

$$a = x_0 < x_1 < x_2 < \cdots < x_{n-1} < x_n = b,$$

把 $[a, b]$ 分成 n 个小区间

$$[x_0,x_1],[x_1,x_2],\cdots,[x_{n-1},x_n],$$

它们的长度分别为

$$\Delta x_1 = x_1 - x_0, \Delta x_2 = x_2 - x_1, \cdots, \Delta x_n = x_n - x_{n-1}.$$

(2)近似求和　过每个分点,作平行于 y 轴的直线段,把曲边梯形分成 n 个小曲边梯形(见图5.2),记 $\Delta A_i(i=1,2,\cdots,n)$ 为它们的面积. 在每一个小区间 $[x_{i-1},x_i](i=1,2,\cdots,n)$ 上任取一点 ξ_i,用以 $[x_{i-1},x_i]$ 为底, $f(\xi_i)$ 为高的小矩形近似代替相应的小曲边梯形,得小曲边梯形面积的近似值

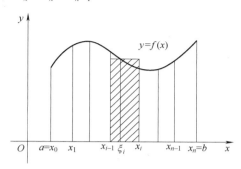

图 5.2

$$\Delta A_i \approx f(\xi_i)\Delta x_i \quad (i=1,2,\cdots,n),$$

将 n 个小矩形的面积相加,得到曲边梯形面积 A 的近似值,即

$$A = \sum_{i=1}^{n}\Delta A_i \approx \sum_{i=1}^{n}f(\xi_i)\Delta x_i.$$

(3)取极限　为保证所有小区间的长度都趋于零,我们要求小区间长度中的最大值趋于零,若记

$$\lambda = \max_{1\le i\le n}\{\Delta x_i\},$$

则上述条件可表示为 $\lambda \to 0$. 当 $\lambda \to 0$ 时,若上述和式的极限存在,便可得到曲边梯形的面积,即

$$A = \lim_{\lambda\to 0}\sum_{i=1}^{n}f(\xi_i)\Delta x_i.$$

引例2　变速直线运动的路程

设物体做变速直线运动,已知速度 $v=v(t)$ 为连续函数,且 $v(t)\ge 0$,求物体从时刻 T_1 到时刻 T_2 所经过的路程 s.

我们知道,当物体做匀速直线运动时,路程 s 由公式

$$s = vt$$

来计算. 在这个问题中,速度是随时间变化的,因此,所求路程不能直接用匀速直线运动的公式来计算. 然而,由于 $v(t)$ 是连续变化的,在很短的一段时间内,其速度的变化也很小,可以近似看作匀速的情形. 因此,若把时间间隔划分为许多小时间段,在每个小时间段内,以匀速运动代替变速运动,则可以计算出在每个小时间段内路程的近似值;再对每个小时间段内路程的近似值求和,则得到整个路程的近似值;最后,利用求极限的方法算出路程的准确值. 具体步骤如下:

(1)分割　在区间 $[T_1,T_2]$ 中任意插入 $n-1$ 个分点

$$T_1 = t_0 < t_1 < t_2 < \cdots < t_{n-1} < t_n = T_2,$$

把 $[T_1,T_2]$ 分成 n 个小区间

$$[t_0,t_1],[t_1,t_2],\cdots,[t_{n-1},t_n],$$

各小时间段的长度分别为

$$\Delta t_1 = t_1 - t_0, \Delta t_2 = t_2 - t_1, \cdots, \Delta t_n = t_n - t_{n-1}.$$

(2)近似求和　在每个小时间段 $[t_{i-1},t_i]$ 上任取一点 ξ_i,再以时刻 ξ_i 的速度 $v(\xi_i)$ 近似代替 $[t_{i-1},t_i]$ 上各时刻的速度,得到小时间段 $[t_{i-1},t_i]$ 内物体经过的路程 Δs_i 的近似值,即

$$\Delta s_i \approx v(\xi_i)\Delta t_i \quad (i=1,2,\cdots,n).$$

将 n 个小时间段上路程的近似值之和作为所求变速直线运动路程的近似值,即

$$s = \sum_{i=1}^{n}\Delta s_i \approx \sum_{i=1}^{n}v(\xi_i)\Delta t_i.$$

(3)取极限 记 $\lambda = \max\limits_{1\leqslant i\leqslant n}\{\Delta t_i\}$,当 $\lambda\to 0$ 时,若上述和式的极限存在,便可得到变速直线运动路程的准确值,即

$$s = \lim_{\lambda\to 0}\sum_{i=1}^{n}v(\xi_i)\Delta t_i.$$

2. 定积分的概念

(1)定积分的定义

从前面两个引例可以看到,无论是几何问题,还是物理问题,尽管研究的实际背景不同,但都是通过"分割、近似求和、取极限"的解题步骤,将其转化为特殊乘积和式的极限,即 $\sum\limits_{i=1}^{n}f(\xi_i)\Delta x_i$ 的和式的极限问题. 由此,可以得到定积分的定义.

定义 1 设函数 $f(x)$ 是定义在 $[a,b]$ 上的有界函数,在 $[a,b]$ 中任意插入若干个分点

$$a = x_0 < x_1 < x_2 < \cdots < x_{n-1} < x_n = b,$$

把 $[a,b]$ 分成 n 个小区间

$$[x_0,x_1],[x_1,x_2],\cdots,[x_{n-1},x_n],$$

各小区间的长度依次为

$$\Delta x_1 = x_1 - x_0, \Delta x_2 = x_2 - x_1, \cdots, \Delta x_n = x_n - x_{n-1}.$$

在每个小区间上任取一点 $\xi_i \in [x_{i-1},x_i]$,作函数值 $f(\xi_i)$ 与小区间长度 Δx_i 的乘积

$$f(\xi_i)\Delta x_i \quad (i=1,2,\cdots,n),$$

并作和式

$$S_n = \sum_{i=1}^{n}f(\xi_i)\Delta x_i.$$

记 $\lambda = \max\limits_{1\leqslant i\leqslant n}\{\Delta x_i\}$,如果不论对 $[a,b]$ 采取怎样的分法,也不论在每个小区间 $[x_{i-1},x_i]$ 上怎样选取点 ξ_i,只要当 $\lambda\to 0$ 时,和 S_n 总趋于确定的极限,则称这个极限值为函数 $f(x)$ 在 $[a,b]$ 上的**定积分**,记作

$$\int_{a}^{b}f(x)\mathrm{d}x = \lim_{\lambda\to 0}\sum_{i=1}^{n}f(\xi_i)\Delta x_i,$$

其中,$f(x)$ 称为**被积函数**,$f(x)\mathrm{d}x$ 称为**被积表达式**,x 称为**积分变量**,$[a,b]$ 称为**积分区间**,a 称为**积分下限**,b 称为**积分上限**.

关于定积分的定义,我们要做以下几点说明:

1)定积分的本质是一个数,它的值仅与被积函数 $f(x)$ 及积分区间 $[a,b]$ 有关,而与积分变量用什么字母表示无关,即

$$\int_{a}^{b}f(x)\mathrm{d}x = \int_{a}^{b}f(t)\mathrm{d}t = \int_{a}^{b}f(u)\mathrm{d}u.$$

2)定义中区间的分割及 ξ_i 的选取是任意的.

3）$\sum_{i=1}^{n} f(\xi_i) \Delta x_i$ 通常称为函数 $f(x)$ 的**积分和**. 当 $\int_a^b f(x)\,\mathrm{d}x$ 存在时, 则称 $f(x)$ 在 $[a,b]$ 上**可积**, 否则称为**不可积**.

(2) 可积的充分条件

对于函数 $f(x)$ 在区间 $[a,b]$ 上是否一定可积, 这个问题我们不做深入讨论, 仅给出下面几个定理.

定理 1 若函数 $f(x)$ 在区间 $[a,b]$ 上连续, 则 $f(x)$ 在区间 $[a,b]$ 上可积.

定理 2 若函数 $f(x)$ 在区间 $[a,b]$ 上有界, 且只有有限个间断点, 则 $f(x)$ 在区间 $[a,b]$ 上可积.

(3) 定积分的几何意义

由引例 1 可知:

1）当 $f(x) \geqslant 0$ 时, 定积分 $\int_a^b f(x)\,\mathrm{d}x$ 在几何上表示曲边梯形的面积;

2）当 $f(x) \leqslant 0$ 时, 定积分 $\int_a^b f(x)\,\mathrm{d}x$ 表示曲边梯形面积的负值;

3）当 $f(x)$ 在 $[a,b]$ 上有正也有负时, 定积分 $\int_a^b f(x)\,\mathrm{d}x$ 表示曲边梯形面积的代数和.

(4) 利用定积分求极限

对于某些"和式"类型的极限问题, 其形式上像定积分的定义式, 即特殊乘积和式的极限. 可以考虑将其转化为定积分来求解.

根据定积分的定义, 有

$$\int_a^b f(x)\,\mathrm{d}x = \lim_{\lambda \to 0} \sum_{i=1}^{n} f(\xi_i) \Delta x_i,$$

由 ξ_i 选取的任意性, 可以用 n 等分的方法分割区间 $[a,b]$, 此时有

$$\xi_i = a + \frac{i}{n}(b-a), \Delta x_i = \frac{b-a}{n},$$

于是有

$$\int_a^b f(x)\,\mathrm{d}x = \lim_{n \to \infty} \frac{b-a}{n} \cdot \sum_{i=1}^{n} f\left(a + \frac{i}{n}(b-a)\right).$$

特别地, 若积分区间为 $[0,1]$, 则有

$$\int_0^1 f(x)\,\mathrm{d}x = \lim_{n \to \infty} \frac{1}{n} \sum_{i=1}^{n} f\left(\frac{i}{n}\right).$$

例 1 用定积分表示极限 $\lim_{n \to \infty} \frac{1}{n} \sum_{i=1}^{n} \sqrt{1 + \frac{i}{n}}$.

解 $\lim_{n \to \infty} \frac{1}{n} \sum_{i=1}^{n} \sqrt{1 + \frac{i}{n}} = \lim_{n \to \infty} \sum_{i=1}^{n} \sqrt{1 + \frac{i}{n}} \cdot \frac{1}{n} = \lim_{n \to \infty} \sum_{i=1}^{n} \sqrt{1 + \xi_i} \cdot \Delta x_i$

$= \int_0^1 \sqrt{1 + x}\,\mathrm{d}x.$

3. 定积分的性质

为计算和应用方便起见, 我们先对定积分做两点补充规定:

（1）当 $a = b$ 时，$\int_a^b f(x)\,\mathrm{d}x = 0$；

（2）当 $a > b$ 时，$\int_a^b f(x)\,\mathrm{d}x = -\int_b^a f(x)\,\mathrm{d}x$.

性质 1 $\int_a^b [f(x) \pm g(x)]\,\mathrm{d}x = \int_a^b f(x)\,\mathrm{d}x \pm \int_a^b g(x)\,\mathrm{d}x$.

注 性质 1 可以推广到有限多个函数的情形.

性质 2 $\int_a^b kf(x)\,\mathrm{d}x = k\int_a^b f(x)\,\mathrm{d}x$（$k$ 是常数）.

性质 3 $\int_a^b f(x)\,\mathrm{d}x = \int_a^c f(x)\,\mathrm{d}x + \int_c^b f(x)\,\mathrm{d}x$.

注 性质 3 表明:定积分对于积分区间具有**可加性**,该性质一般适用于分段函数的定积分计算.

性质 4 当 $f(x) = 1$ 时，$\int_a^b \mathrm{d}x = b - a$.

显然,定积分 $\int_a^b \mathrm{d}x$ 在几何上表示以 $[a,b]$ 为底、1 为高的矩形的面积,也表示积分区间的长度.

性质 5（积分不等式性） 若函数 $f(x), g(x)$ 在 $[a,b]$ 上满足 $f(x) \geq g(x)$,则

$$\int_a^b f(x)\,\mathrm{d}x \geq \int_a^b g(x)\,\mathrm{d}x \quad (a < b).$$

推论 1 若在区间 $[a,b]$ 上,$f(x) \geq 0$,则

$$\int_a^b f(x)\,\mathrm{d}x \geq 0 \quad (a < b).$$

推论 2 $\left| \int_a^b f(x)\,\mathrm{d}x \right| \leq \int_a^b |f(x)|\,\mathrm{d}x \quad (a < b).$

例 2 比较定积分 $\int_0^{-2} \mathrm{e}^x\,\mathrm{d}x$ 与 $\int_0^{-2} x\,\mathrm{d}x$ 的大小.

解 当 $x \in [-2, 0]$ 时,有 $\mathrm{e}^x > x$. 由性质 5,可知

$$\int_{-2}^0 \mathrm{e}^x\,\mathrm{d}x > \int_{-2}^0 x\,\mathrm{d}x,$$

即 $-\int_0^{-2} \mathrm{e}^x\,\mathrm{d}x > -\int_0^{-2} x\,\mathrm{d}x$,从而有

$$\int_0^{-2} \mathrm{e}^x\,\mathrm{d}x < \int_0^{-2} x\,\mathrm{d}x.$$

性质 6（估值定理） 设 M 及 m 分别是函数 $f(x)$ 在 $[a,b]$ 上的最大值及最小值,则

$$m(b - a) \leq \int_a^b f(x)\,\mathrm{d}x \leq M(b - a).$$

例 3 估计积分 $\int_{\frac{\pi}{4}}^{\frac{\pi}{2}} \frac{\sin x}{x}\,\mathrm{d}x$ 的值.

解 设 $f(x) = \frac{\sin x}{x}$,则在 $\left(\frac{\pi}{4}, \frac{\pi}{2}\right)$ 上,有

$$f'(x) = \frac{x\cos x - \sin x}{x^2} = \frac{\cos x}{x^2}(x - \tan x) < 0,$$

所以 $f(x)$ 在 $\left[\dfrac{\pi}{4},\dfrac{\pi}{2}\right]$ 上单调减少,故函数在 $x=\dfrac{\pi}{4}$ 处取得最大值,在 $x=\dfrac{\pi}{2}$ 处取得最小值,即

$$\frac{2}{\pi} = f\left(\frac{\pi}{2}\right) \leqslant f(x) \leqslant f\left(\frac{\pi}{4}\right) = \frac{2\sqrt{2}}{\pi},$$

因此

$$\frac{2}{\pi}\left(\frac{\pi}{2}-\frac{\pi}{4}\right) \leqslant \int_{\frac{\pi}{4}}^{\frac{\pi}{2}} f(x)\,\mathrm{d}x \leqslant \frac{2\sqrt{2}}{\pi}\left(\frac{\pi}{2}-\frac{\pi}{4}\right),$$

即

$$\frac{1}{2} \leqslant \int_{\frac{\pi}{4}}^{\frac{\pi}{2}} f(x)\,\mathrm{d}x \leqslant \frac{\sqrt{2}}{2}.$$

性质 7（积分中值定理） 如果函数 $f(x)$ 在闭区间 $[a,b]$ 上连续,则在 $[a,b]$ 上至少存在一点 ξ,使

$$\int_a^b f(x)\,\mathrm{d}x = f(\xi)(b-a) \quad (a \leqslant \xi \leqslant b),$$

这个公式称为**积分中值公式**.

注 定积分中值定理在几何上表示,在 $[a,b]$ 上至少存在一点 ξ,使得以 $[a,b]$ 为底、$y=f(x)$ 为曲边的曲边梯形的面积 $\displaystyle\int_a^b f(x)\,\mathrm{d}x$ 等于底边相同而高为 $f(\xi)$ 的矩形的面积 $f(\xi)(b-a)$（见图 5.3）.

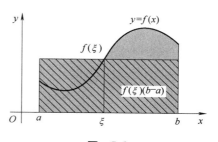

图 5.3

由积分中值定理,可定义 $y=f(x)$ 在区间 $[a,b]$ 上的**平均值**:

$$\bar{y} = \frac{1}{b-a}\int_a^b f(x)\,\mathrm{d}x.$$

例 4 求函数 $f(x)=4-x$ 在 $[0,3]$ 上的平均值.

解 结合定积分的几何意义,可知函数 $f(x)$ 在 $[0,3]$ 上的平均值为

$$\bar{y} = \frac{1}{b-a}\int_a^b f(x)\,\mathrm{d}x = \frac{1}{3-0}\int_0^3 (4-x)\,\mathrm{d}x = \frac{1}{3}\times\frac{1}{2}(1+4)\times 3 = \frac{5}{2}.$$

习题 5.1

1. 利用定积分的定义计算由抛物线 $y=x^2+1$,直线 $x=a,x=b(b>a)$ 及 x 轴围成的图形面积.

2. 利用定积分的几何意义,证明下列等式:

(1) $\displaystyle\int_0^1 2x\,\mathrm{d}x = 1$;

(2) $\displaystyle\int_0^1 \sqrt{1-x^2}\,\mathrm{d}x = \frac{\pi}{4}$;

(3) $\displaystyle\int_{-\pi}^{\pi} \sin x\,\mathrm{d}x = 0$;

(4) $\displaystyle\int_{-\frac{\pi}{2}}^{\frac{\pi}{2}} \cos x\,\mathrm{d}x = 2\int_0^{\frac{\pi}{2}} \cos x\,\mathrm{d}x$.

3. 利用定积分的几何意义,求下列积分:

(1) $\displaystyle\int_0^t x\,\mathrm{d}x$;

(2) $\displaystyle\int_{-2}^4 \left(\frac{x}{2}+3\right)\mathrm{d}x$;

(3) $\displaystyle\int_{-1}^2 |x|\,\mathrm{d}x$;

(4) $\displaystyle\int_{-3}^3 \sqrt{9-x^2}\,\mathrm{d}x$.

4. 试将下列极限表示成定积分:

(1) $\lim\limits_{\lambda \to 0} \sum\limits_{i=1}^{n} (\xi_i^2 - 3\xi_i) \Delta x_i, \lambda$ 是 $[-7, 5]$ 上的分割;

(2) $\lim\limits_{\lambda \to 0} \sum\limits_{i=1}^{n} \sqrt{4 - \xi_i^2} \Delta x_i, \lambda$ 是 $[0, 1]$ 上的分割;

(3) $\lim\limits_{n \to \infty} \dfrac{1^p + 2^p + \cdots + n^p}{n^{p+1}}$ $(p > 0)$.

5. 假设 $f(x)$ 是连续的,且 $\int_0^3 f(x) \mathrm{d}x = 3$ 和 $\int_0^4 f(x) \mathrm{d}x = 7$,求下列各值:

(1) $\int_3^4 f(x) \mathrm{d}x$;   (2) $\int_4^3 f(x) \mathrm{d}x$.

6. 利用定积分的性质,比较下列定积分大小:

(1) $\int_0^1 x \,\mathrm{d}x, \int_0^1 x^2 \,\mathrm{d}x, \int_0^1 x^3 \,\mathrm{d}x$;

(2) $\int_0^1 \mathrm{e}^{-x} \mathrm{d}x, \int_0^1 \mathrm{e}^{-x^2} \mathrm{d}x$;

(3) $\int_1^2 \ln x \,\mathrm{d}x, \int_1^2 (\ln x)^2 \mathrm{d}x$.

7. 估计下列各积分的值:

(1) $\int_1^4 (x^2 + 1) \mathrm{d}x$;   (2) $\int_{\frac{1}{\sqrt{3}}}^{\sqrt{3}} x \arctan x \,\mathrm{d}x$.

8. 求 $f(x) = 2^x$ 在 $[0, 2]$ 上的平均值.

9. 设函数 $f(x)$ 在 $[0, 1]$ 上连续,在 $(0, 1)$ 内可导,且 $3\int_{\frac{2}{3}}^{1} f(x) \mathrm{d}x = f(0)$,试证:在 $(0, 1)$ 内至少存在一点 ξ,使得 $f'(\xi) = 0$.

5.2 微积分基本公式

由定积分的定义我们可以知道,定积分是一个和式的极限. 从这一点来说,定积分的计算似乎已经解决了,但通过和式的极限来计算定积分的话一般比较困难. 本节介绍的微积分基本定理是计算定积分的一般方法.

1. 引例

设一物体做变速直线运动. 在这直线上取定原点、正方向及单位长度,使其成为一数轴. 设时刻 t 时物体所在的位置为 $s(t)$,速度为 $v(t)$ $(v(t) \geqslant 0)$. 则物体在时间间隔 $[T_1, T_2]$ 内经过的路程为

$$s = \int_{T_1}^{T_2} v(t) \mathrm{d}t;$$

另一方面,这段路程也可以通过位置函数 $s(t)$ 在 $[T_1, T_2]$ 上的增量来表示,即

$$s(T_2) - s(T_1).$$

由此可见,位置函数 $s(t)$ 与速度函数 $v(t)$ 有如下关系:

$$\int_{T_1}^{T_2} v(t)\,\mathrm{d}t = s(T_2) - s(T_1).$$

注意到 $s'(t) = v(t)$,即位置函数 $s(t)$ 是速度函数 $v(t)$ 的原函数. 所以,求 $v(t)$ 在时间间隔 $[T_1, T_2]$ 内经过的路程就转化为求 $v(t)$ 的原函数 $s(t)$ 在 $[T_1, T_2]$ 上的增量.

这个结论是否具有普遍性呢? 即:一般地,函数 $f(x)$ 在区间 $[a,b]$ 上的定积分 $\int_a^b f(x)\,\mathrm{d}x$ 是否等于 $f(x)$ 的原函数在 $[a,b]$ 上的增量呢?下面我们将进一步讨论.

2. 积分上限的函数及其导数

设函数 $f(x)$ 在区间 $[a,b]$ 上连续,且 x 为 $[a,b]$ 上的任一点,则由

$$\Phi(x) = \int_a^x f(t)\,\mathrm{d}t$$

所定义的函数称为**积分上限的函数**(变上限函数).

如图 5.4 所示,$\Phi(x)$ 的几何意义是右侧直线可移动的曲边梯形的面积. 曲边梯形的面积 $\Phi(x)$ 随 x 的位置变动而改变,当 x 给定后,面积 $\Phi(x)$ 就确定了.

关于函数 $\Phi(x)$,我们具有如下性质:

定理 1　若函数 $f(x)$ 在区间 $[a,b]$ 上连续,则积分上限的函数

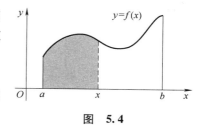

图　5.4

$$\Phi(x) = \int_a^x f(t)\,\mathrm{d}t$$

在 $[a,b]$ 上可导,且

$$\Phi'(x) = \frac{\mathrm{d}}{\mathrm{d}x}\int_a^x f(t)\,\mathrm{d}t = f(x) \quad (a \leqslant x \leqslant b).$$

证　设 $x \in (a,b)$,$h > 0$,使得 $x+h \in (a,b)$,则有

$$\lim_{h \to 0} \frac{\Phi(x+h) - \Phi(x)}{h} = \lim_{h \to 0} \frac{1}{h}\left[\int_a^{x+h} f(t)\,\mathrm{d}t - \int_a^x f(t)\,\mathrm{d}t\right]$$

$$= \lim_{h \to 0} \frac{1}{h}\int_x^{x+h} f(t)\,\mathrm{d}t,$$

由积分中值定理知,至少存在一点 $\xi \in (x, x+h)$,使

$$\int_x^{x+h} f(t)\,\mathrm{d}t = f(\xi)h.$$

且当 $h \to 0$ 时,$\xi \to x$,结合函数 $f(x)$ 在点 x 处的连续性,有

$$\Phi'(x) = \lim_{h \to 0} \frac{1}{h}\int_x^{x+h} f(t)\,\mathrm{d}t = \lim_{h \to 0} f(\xi) = f(x).$$

同理,可证:$\Phi_+'(a) = f(a)$,$\Phi_-'(b) = f(b)$. 综上,可有

$$\Phi'(x) = \frac{\mathrm{d}}{\mathrm{d}x}\int_a^x f(t)\,\mathrm{d}t = f(x) \quad (a \leqslant x \leqslant b).$$

说明　定理 1 揭示了微分与定积分这两个定义不相干的概念之间的内在联系,因而称为**微积分基本定理**.

利用复合函数的求导法则,可进一步得到下列公式:

若函数 $f(x)$ 在区间 $[a,b]$ 上连续,且 $\varphi(x),\psi(x)$ 可导,则

(1) $\dfrac{\mathrm{d}}{\mathrm{d}x}\Big[\displaystyle\int_a^{\varphi(x)}f(t)\,\mathrm{d}t\Big] = f(\varphi(x))\varphi'(x)$;

(2) $\dfrac{\mathrm{d}}{\mathrm{d}x}\Big[\displaystyle\int_{\psi(x)}^{\varphi(x)}f(t)\,\mathrm{d}t\Big] = f(\varphi(x))\varphi'(x) - f(\psi(x))\psi'(x)$.

例 1　求 $\dfrac{\mathrm{d}}{\mathrm{d}x}\Big(\displaystyle\int_1^x\cos^2 t\,\mathrm{d}t\Big)$.

解　$\dfrac{\mathrm{d}}{\mathrm{d}x}\Big(\displaystyle\int_1^x\cos^2 t\,\mathrm{d}t\Big) = \cos^2 x$.

例 2　求 $\dfrac{\mathrm{d}}{\mathrm{d}x}\Big(\displaystyle\int_{x^2}^{\sin x}\mathrm{e}^{-t^2}\mathrm{d}t\Big)$.

解　$\dfrac{\mathrm{d}}{\mathrm{d}x}\Big(\displaystyle\int_{x^2}^{\sin x}\mathrm{e}^{-t^2}\mathrm{d}t\Big) = \mathrm{e}^{-\sin^2 x}\cos x - 2x\mathrm{e}^{-x^4}$.

例 3　求 $\lim\limits_{x\to 0}\dfrac{\displaystyle\int_{\cos x}^1\mathrm{e}^{-t^2}\mathrm{d}t}{x^2}$.

解　$\lim\limits_{x\to 0}\dfrac{\displaystyle\int_{\cos x}^1\mathrm{e}^{-t^2}\mathrm{d}t}{x^2} = \lim\limits_{x\to 0}\dfrac{-\mathrm{e}^{-(\cos x)^2}\cdot(-\sin x)}{2x} = \lim\limits_{x\to 0}\dfrac{\mathrm{e}^{-(\cos x)^2}}{2} = \dfrac{1}{2\mathrm{e}}$.

例 4　设函数 $y = y(x)$ 由方程 $\displaystyle\int_0^{y^2}\mathrm{e}^{t^2}\mathrm{d}t + \int_x^0\sin t\,\mathrm{d}t = 0$ 所确定,求 y'.

解　在方程两边同时对 x 求导,得

$$\mathrm{e}^{y^4}\cdot 2y\cdot y' + (-\sin x) = 0,$$

故

$$y' = \dfrac{\sin x}{2y\mathrm{e}^{y^4}}.$$

例 5　设 $f(x)$ 在 $[0,+\infty)$ 上连续且满足 $\displaystyle\int_0^{x^2(x+1)}f(t)\,\mathrm{d}t = x$,求 $f(2)$.

解　在方程两边同时对 x 求导,得

$$f\big(x^2(x+1)\big)\cdot\big(x^2(x+1)\big)' = 1,$$

即

$$f\big(x^2(x+1)\big)\cdot(3x^2+2x) = 1,$$

取 $x = 1$,得 $f(2) = \dfrac{1}{5}$.

3. 牛顿-莱布尼茨公式

由定理 1 可得下面的结论:

定理 2　若函数 $f(x)$ 在区间 $[a,b]$ 上连续,则函数

$$\Phi(x) = \int_a^x f(t)\,\mathrm{d}t$$

就是 $f(x)$ 在区间 $[a,b]$ 上的一个原函数.

定理 2 的重要意义在于:一方面肯定了连续函数的原函数是存在的,另一方面初步揭示了积分学中定积分与原函数的联系. 因此,我们就有可能通过原函数来计算定积分.

定理 3　若函数 $F(x)$ 是连续函数 $f(x)$ 在区间 $[a,b]$ 上的一个原函数,则

$$\int_a^b f(x)\,\mathrm{d}x = F(b) - F(a).$$

上述公式称为**牛顿-莱布尼茨公式**,也称为**微积分基本公式**.

证　已知函数 $F(x)$ 是函数 $f(x)$ 的一个原函数,又根据定理 2 知

$$\Phi(x) = \int_a^x f(t)\,\mathrm{d}t$$

也是 $f(x)$ 的一个原函数,故 $F(x) = \int_a^x f(t)\,\mathrm{d}t + C$. 所以

$$F(b) - F(a) = \Phi(b) - \Phi(a) = \int_a^b f(t)\,\mathrm{d}t - \int_a^a f(t)\,\mathrm{d}t$$

$$= \int_a^b f(t)\,\mathrm{d}t - 0 = \int_a^b f(t)\,\mathrm{d}t,$$

即

$$\int_a^b f(x)\,\mathrm{d}x = F(b) - F(a).$$

为方便起见,一般把 $F(b) - F(a)$ 记作 $[F(x)]_a^b$ 或 $F(x)\big|_a^b$.

根据牛顿-莱布尼茨公式可知:若计算连续函数 $f(x)$ 在区间 $[a,b]$ 上的定积分,只需计算它的一个原函数在区间 $[a,b]$ 上的增量即可.

例 6　计算定积分 $\int_0^1 3x^2\,\mathrm{d}x$.

解　$\int_0^1 3x^2\,\mathrm{d}x = x^3\big|_0^1 = 1.$

例 7　计算定积分 $\int_{-1}^{\sqrt{3}} \dfrac{\mathrm{d}x}{1+x^2}$.

解　$\int_{-1}^{\sqrt{3}} \dfrac{\mathrm{d}x}{1+x^2} = \arctan x\big|_{-1}^{\sqrt{3}} = \arctan\sqrt{3} - \arctan(-1) = \dfrac{\pi}{3} - \left(-\dfrac{\pi}{4}\right) = \dfrac{7}{12}\pi.$

例 8　计算定积分 $\int_0^2 f(x)\,\mathrm{d}x$,其中

$$f(x) = \begin{cases} 2x, & 0 \le x < 1, \\ 5, & 1 \le x \le 2. \end{cases}$$

解　注意到 $f(x)$ 为分段函数,于是有

$$\int_0^2 f(x)\,\mathrm{d}x = \int_0^1 f(x)\,\mathrm{d}x + \int_1^2 f(x)\,\mathrm{d}x = \int_0^1 2x\,\mathrm{d}x + \int_1^2 5\,\mathrm{d}x$$

$$= x^2\big|_0^1 + 5x\big|_1^2 = 6.$$

例 9　计算定积分 $\int_{-\frac{\pi}{2}}^{\frac{\pi}{3}} \sqrt{1-\cos^2 x}\,\mathrm{d}x$.

解　$\int_{-\frac{\pi}{2}}^{\frac{\pi}{3}} \sqrt{1-\cos^2 x}\,\mathrm{d}x = \int_{-\frac{\pi}{2}}^{\frac{\pi}{3}} \sqrt{\sin^2 x}\,\mathrm{d}x = \int_{-\frac{\pi}{2}}^{\frac{\pi}{3}} |\sin x|\,\mathrm{d}x$

$$= \int_{-\frac{\pi}{2}}^{0} (-\sin x) \, dx + \int_{0}^{\frac{\pi}{3}} \sin x \, dx = \frac{3}{2}.$$

习题 5.2

1. 设 $y = \int_{0}^{x} \sin t \, dt$，求 $y'(0), y'\left(\dfrac{\pi}{4}\right)$.

2. 计算下列各导数：

$(1)\ \dfrac{d}{dx} \int_{1}^{x} \sin e^{t} \, dt;$ $\qquad (2)\ \dfrac{d}{dx} \int_{x^2}^{x^3} \dfrac{dt}{\sqrt{1+t^4}};$ $\qquad (3)\ \dfrac{d}{dx} \int_{\sin x}^{\cos x} \cos(\pi t^2) \, dt.$

3. 设 $g(x) = \int_{0}^{x^2} \dfrac{dx}{1+x^3}$，求 $g''(1)$.

4. 设函数 $y = y(x)$ 由方程 $\int_{0}^{y} e^{t} dt + \int_{0}^{x} \cos t \, dt = 0$ 确定，求 $\dfrac{dy}{dx}$.

5. 设 $x = \int_{0}^{t} \sin u \, du, x = \int_{0}^{t} \cos u \, du$，求 $\dfrac{dy}{dx}$.

6. 求下列极限：

$(1)\ \lim\limits_{x \to 0} \dfrac{\displaystyle\int_{0}^{x} \cos t^2 \, dt}{x};$ $\qquad (2)\ \lim\limits_{x \to 0} \dfrac{\displaystyle\int_{0}^{x^2} \sqrt{1+t^2} \, dt}{x^2};$

$(3)\ \lim\limits_{x \to 0} \dfrac{\displaystyle\int_{-x}^{x} \sin t^2 \, dt}{x^3};$ $\qquad (4)\ \lim\limits_{x \to 0} \dfrac{\displaystyle\int_{2x}^{3x} \ln(1+t) \, dt}{x^2};$

$(5)\ \lim\limits_{x \to 1} \dfrac{\displaystyle\int_{1}^{x} e^{t^2} \, dt}{\ln x};$ $\qquad (6)\ \lim\limits_{x \to 0^{+}} \dfrac{\displaystyle\int_{0}^{x^2} t^{\frac{3}{2}} \, dt}{\displaystyle\int_{0}^{x} t(t-\sin t) \, dt}.$

7. 计算下列定积分：

$(1)\ \displaystyle\int_{-\frac{1}{2}}^{\frac{1}{2}} \dfrac{dx}{\sqrt{1-x^2}};$ $\qquad (2)\ \displaystyle\int_{0}^{1} \dfrac{x^2}{1+x^2} \, dx;$

$(3)\ \displaystyle\int_{1}^{2} \left(x^2 + \dfrac{1}{x^2}\right) dx;$ $\qquad (4)\ \displaystyle\int_{0}^{2\pi} |\sin x| \, dx;$

$(5)\ \displaystyle\int_{0}^{\sqrt{3}a} \dfrac{dx}{a^2 + x^2};$ $\qquad (6)\ \displaystyle\int_{0}^{\frac{\pi}{4}} \tan^2 \theta \, d\theta;$

$(7)\ \displaystyle\int_{0}^{2} f(x) \, dx$，其中 $f(x) = \begin{cases} x+1, & x \leqslant 1, \\ \dfrac{1}{2}x^2, & x > 1. \end{cases}$

8. 当 x 为何值时，函数 $I(x) = \int_{0}^{x} t e^{-t^2} \, dt$ 有极值？

9. 设 $f(x)$ 连续，且 $f(x) = x + x^2 \int_{0}^{1} f(t) \, dt$，求 $f(x)$.

10. 设

$$f(x) = \begin{cases} \dfrac{1}{2}\sin x, & 0 \leqslant x \leqslant \pi, \\ 0, & \text{其他}, \end{cases}$$

求 $\Phi(x) = \displaystyle\int_0^x f(t)\mathrm{d}t$ 在 $(-\infty, +\infty)$ 内的表达式.

11. 设 $f(x)$ 在 $[a,b]$ 上连续, 在 (a,b) 内可导且 $f'(x) \leqslant 0$,

$$F(x) = \frac{1}{x-a}\int_a^x f(t)\mathrm{d}t.$$

证明: 在 (a,b) 内 $F'(x) \leqslant 0$.

12. 设 $F(x) = \displaystyle\int_0^x \frac{\sin t}{t}\mathrm{d}t$, 求 $F'(0)$.

5.3　定积分的换元积分法和分部积分法

由牛顿 - 莱布尼茨公式可以知道, 求定积分 $\displaystyle\int_a^b f(x)\mathrm{d}x$ 的问题可以转化为 $f(x)$ 的原函数 $F(x)$ 在区间 $[a,b]$ 上的增量问题. 从而求不定积分时应用的换元积分法和分部积分法在求定积分时仍适用, 本节将具体讨论定积分的换元积分法和分部积分法, 请读者注意其与不定积分的联系和区别.

1. 定积分的换元积分法

定理 1　若函数 $f(x)$ 在区间 $[a,b]$ 上连续, 函数 $x = \varphi(t)$ 满足条件:

(1) $\varphi(\alpha) = a$, $\varphi(\beta) = b$, 且 $a \leqslant \varphi(t) \leqslant b$;

(2) $\varphi(t)$ 在 $[\alpha,\beta]$ (或 $[\beta,\alpha]$) 上具有连续导数,

则有

$$\int_a^b f(x)\mathrm{d}x = \int_\alpha^\beta f(\varphi(t))\varphi'(t)\mathrm{d}t.$$

该公式称为**定积分的换元公式**.

定积分的换元公式与不定积分的换元公式类似. 但是, 在应用定积分的换元公式时应注意以下两点:

(1) 用 $x = \varphi(t)$ 把变量 x 换成新变量 t 时, 积分限也要换成相应于新变量 t 的积分限, 且上限对应于上限, 下限对应于下限;

(2) 求出 $f(\varphi(t))\varphi'(t)$ 的一个原函数 $\Phi(t)$ 后, 不必像计算不定积分那样再把 $\Phi(t)$ 变换成原变量 x 的函数, 只需直接求出 $\Phi(t)$ 在新变量 t 的积分区间上的增量即可.

例 1　求定积分 $\displaystyle\int_0^a \sqrt{a^2 - x^2}\,\mathrm{d}x$ $(a > 0)$.

解　令 $x = a\sin t$, 则 $\mathrm{d}x = a\cos t\,\mathrm{d}t$, 且当 $x = 0$ 时, $t = 0$; 当 $x = a$ 时, $t = \dfrac{\pi}{2}$.

所以

$$\int_0^a \sqrt{a^2 - x^2}\,\mathrm{d}x = a^2 \int_0^{\frac{\pi}{2}} \cos^2 t\,\mathrm{d}t = \frac{a^2}{2}\int_0^{\frac{\pi}{2}}(1 + \cos 2t)\mathrm{d}t$$

$$= \frac{a^2}{2} \left[t + \frac{1}{2} \sin 2t \right]_0^{\frac{\pi}{2}} = \frac{\pi a^2}{4}.$$

注 本题若利用定积分的几何意义来求解,易直接得到计算结果.

例2 求定积分 $\int_0^{\frac{\pi}{2}} \cos^5 x \sin x \, \mathrm{d}x$.

解 令 $t = \cos x$,则 $\mathrm{d}t = -\sin x \, \mathrm{d}x$,且当 $x = 0$ 时,$t = 1$;当 $x = \frac{\pi}{2}$ 时,$t = 0$.

$$\int_0^{\frac{\pi}{2}} \cos^5 x \sin x \, \mathrm{d}x = -\int_1^0 t^5 \mathrm{d}t = \int_0^1 t^5 \mathrm{d}t = \left[\frac{t^6}{6} \right]_0^1 = \frac{1}{6}.$$

注 本例中,如果不作换元 $t = \cos x$,而直接将 $\cos x$ 作为整体变量,则定积分的积分限不需要改变,重新计算如下:

$$\int_0^{\frac{\pi}{2}} \cos^5 x \sin x \, \mathrm{d}x = -\int_0^{\frac{\pi}{2}} \cos^5 x \, \mathrm{d}(\cos x) = \left[-\frac{\cos^6 x}{6} \right]_0^{\frac{\pi}{2}} = \frac{1}{6}.$$

例3 求定积分 $\int_0^{\pi} \sqrt{\sin^3 x - \sin^5 x} \, \mathrm{d}x$.

解 由于

$$\sqrt{\sin^3 x - \sin^5 x} = \sqrt{\sin^3 x (1 - \sin^2 x)} = \sin^{\frac{3}{2}} x \, |\cos x|,$$

故

$$\int_0^{\pi} \sqrt{\sin^3 x - \sin^5 x} \, \mathrm{d}x = \int_0^{\frac{\pi}{2}} \sin^{\frac{3}{2}} x \cos x \, \mathrm{d}x + \int_{\frac{\pi}{2}}^{\pi} \sin^{\frac{3}{2}} x (-\cos x) \, \mathrm{d}x$$

$$= \int_0^{\frac{\pi}{2}} \sin^{\frac{3}{2}} x \, \mathrm{d}(\sin x) - \int_{\frac{\pi}{2}}^{\pi} \sin^{\frac{3}{2}} x \, \mathrm{d}(\sin x)$$

$$= \left[\frac{2}{5} \sin^{\frac{5}{2}} x \right]_0^{\frac{\pi}{2}} - \left[\frac{2}{5} \sin^{\frac{5}{2}} x \right]_{\frac{\pi}{2}}^{\pi} = \frac{4}{5}.$$

例4 求定积分 $\int_0^4 \frac{x + 2}{\sqrt{2x + 1}} \, \mathrm{d}x$.

解 令 $t = \sqrt{2x + 1}$,则 $x = \frac{t^2 - 1}{2}$, $\mathrm{d}x = t \, \mathrm{d}t$.且当 $x = 0$ 时,$t = 1$;当 $x = 4$ 时,$t = 3$.所以

$$\int_0^4 \frac{x + 2}{\sqrt{2x + 1}} \, \mathrm{d}x = \int_1^3 \frac{\frac{t^2 - 1}{2} + 2}{t} t \, \mathrm{d}t = \frac{1}{2} \int_1^3 (t^2 + 3) \, \mathrm{d}t = \frac{1}{2} \left[\frac{1}{3} t^3 + 3t \right]_1^3 = \frac{22}{3}.$$

例5 设 $f(x)$ 在 $[0, 1]$ 上连续,证明:

(1) $\int_0^{\frac{\pi}{2}} f(\sin x) \, \mathrm{d}x = \int_0^{\frac{\pi}{2}} f(\cos x) \, \mathrm{d}x$;

(2) $\int_0^{\pi} x f(\sin x) \, \mathrm{d}x = \frac{\pi}{2} \int_0^{\pi} f(\sin x) \, \mathrm{d}x$,由此计算 $\int_0^{\pi} \frac{x \sin x}{1 + \cos^2 x} \, \mathrm{d}x$.

证 (1)作变换 $x = \frac{\pi}{2} - t$,则 $\mathrm{d}x = -\mathrm{d}t$.且当 $x = 0$ 时,$t = \frac{\pi}{2}$;当 $x = \frac{\pi}{2}$ 时,$t = 0$.所以

$$\int_0^{\frac{\pi}{2}} f(\sin x) \, \mathrm{d}x = -\int_{\frac{\pi}{2}}^0 f\left(\sin\left(\frac{\pi}{2} - t \right) \right) \mathrm{d}t = \int_0^{\frac{\pi}{2}} f(\cos t) \, \mathrm{d}t = \int_0^{\frac{\pi}{2}} f(\cos x) \, \mathrm{d}x.$$

(2)作变换 $x = \pi - t$，则 $dx = -dt$. 且当 $x = 0$ 时，$t = \pi$；当 $x = \pi$ 时，$t = 0$.

所以

$$\int_0^\pi x f(\sin x) \, dx = -\int_\pi^0 (\pi - t) f(\sin(\pi - t)) \, dt = \int_0^\pi (\pi - t) f(\sin t) \, dt$$

$$= \pi \int_0^\pi f(\sin t) \, dt - \int_0^\pi t f(\sin t) \, dt$$

$$= \pi \int_0^\pi f(\sin x) \, dx - \int_0^\pi x f(\sin x) \, dx,$$

故

$$\int_0^\pi x f(\sin x) \, dx = \frac{\pi}{2} \int_0^\pi f(\sin x) \, dx.$$

利用上述结果，可得

$$\int_0^\pi \frac{x \sin x}{1 + \cos^2 x} \, dx = \frac{\pi}{2} \int_0^\pi \frac{\sin x}{1 + \cos^2 x} \, dx = -\frac{\pi}{2} \int_0^\pi \frac{1}{1 + \cos^2 x} \, d(\cos x)$$

$$= -\frac{\pi}{2} \left[\arctan(\cos x) \right]_0^\pi = \frac{\pi^2}{4}.$$

2. 利用对称性和奇偶性化简定积分

定理 2（偶倍奇零） 若函数 $f(x)$ 在区间 $[-a, a]$ 上连续，则

（1）当 $f(x)$ 为偶函数时，有 $\int_{-a}^a f(x) \, dx = 2 \int_0^a f(x) \, dx$；

（2）当 $f(x)$ 为奇函数时，有 $\int_{-a}^a f(x) \, dx = 0$.

证 因为

$$\int_{-a}^a f(x) \, dx = \int_{-a}^0 f(x) \, dx + \int_0^a f(x) \, dx,$$

在上式右端的第一项中作**负代换** $x = -t$，则

$$\int_{-a}^0 f(x) \, dx = -\int_a^0 f(-t) \, dt = \int_0^a f(-t) \, dt = \int_0^a f(-x) \, dx,$$

于是

$$\int_{-a}^a f(x) \, dx = \int_{-a}^0 f(x) \, dx + \int_0^a f(-x) \, dx = \int_0^a \left[f(-x) + f(x) \right] \, dx,$$

（1）当 $f(x)$ 为偶函数时，即 $f(-x) = f(x)$ 时，有

$$\int_{-a}^a f(x) \, dx = 2 \int_0^a f(x) \, dx;$$

（2）当 $f(x)$ 为奇函数时，即 $f(-x) = -f(x)$ 时，有

$$\int_{-a}^a f(x) \, dx = 0.$$

说明 求对称区间的定积分时，需要注意被积函数的奇偶性.

例 6 求定积分 $\int_{-1}^1 (|x| + \sin x) x^2 \, dx$.

解 因为积分区间为对称区间，且 $|x| x^2$ 为偶函数，$\sin x \cdot x^2$ 为奇函数，则

$$\int_{-1}^{1} (\mid x \mid + \sin x) x^2 \, dx = \int_{-1}^{1} \mid x \mid x^2 \, dx + \int_{-1}^{1} x^2 \sin x \, dx = 2\int_{0}^{1} x^3 \, dx = \frac{1}{2}.$$

3. 定积分的分部积分法

定理3 设函数 $u = u(x)$, $v = v(x)$ 在区间 $[a, b]$ 上具有连续导数,则

$$\int_{a}^{b} u(x) v'(x) \, dx = \left[u(x) v(x) \right]_{a}^{b} - \int_{a}^{b} v(x) u'(x) \, dx,$$

或

$$\int_{a}^{b} u \, dv = (uv) \Big|_{a}^{b} - \int_{a}^{b} v \, du.$$

该公式称为**定积分的分部积分公式**. 与不定积分的分部积分法不同的是,这里可将原函数已经积出的部分 uv 先用牛顿-莱布尼茨公式来计算.

例7 求定积分 $\int_{0}^{\frac{1}{2}} \arcsin x \, dx$.

解 先作反三角代换,令 $t = \arcsin x$,则 $x = \sin t$,$dx = \cos t \, dt$,且当 $x = 0$ 时,$t = 0$;当 $x = \frac{1}{2}$ 时,$t = \frac{\pi}{6}$. 所以

$$\int_{0}^{\frac{1}{2}} \arcsin x \, dx = \int_{0}^{\frac{\pi}{6}} t \cos t \, dt = \int_{0}^{\frac{\pi}{6}} t \, d(\sin t) = \left[t \sin t \right]_{0}^{\frac{\pi}{6}} - \int_{0}^{\frac{\pi}{6}} \sin t \, dt$$

$$= \left[t \sin t \right]_{0}^{\frac{\pi}{6}} + \left[\cos t \right]_{0}^{\frac{\pi}{6}} = \frac{\pi}{12} + \frac{\sqrt{3}}{2} - 1.$$

注 本例也可以用直接分部积分法计算,请读者自行完成!

例8 求定积分 $\int_{\frac{1}{2}}^{1} e^{-\sqrt{2x-1}} \, dx$.

解 令 $\sqrt{2x-1} = t$,则 $dx = t \, dt$,且当 $x = \frac{1}{2}$ 时,$t = 0$;当 $x = 1$ 时,$t = 1$. 所以

$$\int_{\frac{1}{2}}^{1} e^{-\sqrt{2x-1}} \, dx = \int_{0}^{1} t e^{-t} \, dt = -\int_{0}^{1} t \, d(e^{-t}) = \left[-t e^{-t} \right]_{0}^{1} + \int_{0}^{1} e^{-t} \, dt$$

$$= \left[-t e^{-t} \right]_{0}^{1} - \left[e^{-t} \right]_{0}^{1} = 1 - \frac{2}{e}.$$

例9 求定积分 $\int_{0}^{\frac{\pi}{4}} \frac{x}{1 + \cos 2x} \, dx$.

解
$$\int_{0}^{\frac{\pi}{4}} \frac{x}{1 + \cos 2x} \, dx = \int_{0}^{\frac{\pi}{4}} \frac{x}{2\cos^2 x} \, dx = \int_{0}^{\frac{\pi}{4}} \frac{x}{2} \sec^2 x \, dx = \int_{0}^{\frac{\pi}{4}} \frac{x}{2} \, d(\tan x)$$

$$= \left[\frac{1}{2} (x \tan x) \right]_{0}^{\frac{\pi}{4}} - \frac{1}{2} \int_{0}^{\frac{\pi}{4}} \tan x \, dx$$

$$= \frac{\pi}{8} + \frac{1}{2} \left[\ln \mid \cos x \mid \right]_{0}^{\frac{\pi}{4}} = \frac{\pi}{8} - \frac{\ln 2}{4}.$$

例10 求定积分 $\int_{0}^{1} \ln(1 + x^2) \, dx$.

解 　$\displaystyle\int_0^1 \ln(1+x^2)\,\mathrm{d}x = \Big[x\ln(1+x^2)\Big]_0^1 - 2\int_0^1 \frac{x^2}{1+x^2}\,\mathrm{d}x$

$\qquad\qquad = \ln 2 - 2\int_0^1\Big(1-\frac{1}{1+x^2}\Big)\mathrm{d}x = \ln 2 - 2(x-\arctan x)\,\Big|_0^1$

$\qquad\qquad = \ln 2 - 2 + \dfrac{\pi}{2}.$

例 11 　设 $f''(x)$ 在 $[0,1]$ 上连续,且 $f(0)=1$,$f(2)=3$,$f'(2)=5$,求 $\displaystyle\int_0^1 x f''(2x)\,\mathrm{d}x$.

解 　$\displaystyle\int_0^1 x f''(2x)\,\mathrm{d}x = \frac{1}{2}\int_0^1 x\,\mathrm{d}f'(2x) = \frac{1}{2}\Big[x f'(2x)\,\Big|_0^1 - \int_0^1 f'(2x)\,\mathrm{d}x\Big]$

$\qquad\qquad = \frac{5}{2} - \frac{1}{4}f(2x)\,\Big|_0^1 = \frac{5}{2} - \frac{1}{2} = 2.$

利用定积分的分部积分公式,还可以得到一个重要计算公式.

$$\int_0^{\frac{\pi}{2}} \sin^n x\,\mathrm{d}x = \int_0^{\frac{\pi}{2}} \cos^n x\,\mathrm{d}x = \begin{cases} \dfrac{n-1}{n}\cdot\dfrac{n-3}{n-2}\cdot\cdots\cdot\dfrac{3}{4}\cdot\dfrac{1}{2}\cdot\dfrac{\pi}{2}, & n\ \text{为偶数}, \\[2mm] \dfrac{n-1}{n}\cdot\dfrac{n-3}{n-2}\cdot\cdots\cdot\dfrac{4}{5}\cdot\dfrac{2}{3}\cdot 1, & n\ \text{为奇数}. \end{cases}$$

例如,计算定积分 $\displaystyle\int_0^{\frac{\pi}{2}} \sin^5 x\,\mathrm{d}x$.先使用凑微分法计算:

$\displaystyle\int_0^{\frac{\pi}{2}} \sin^5 x\,\mathrm{d}x = -\int_0^{\frac{\pi}{2}} \sin^4 x\,\mathrm{d}(\cos x) = -\int_0^{\frac{\pi}{2}}(1-\cos^2 x)^2\,\mathrm{d}(\cos x)$

$\qquad\qquad = -\int_0^{\frac{\pi}{2}}(1-2\cos^2 x + \cos^4 x)\,\mathrm{d}(\cos x)$

$\qquad\qquad = -\Big[\cos x - \frac{2}{3}\cos^3 x + \frac{1}{5}\cos^5 x\Big]_0^{\frac{\pi}{2}} = \frac{8}{15}.$

再使用上述公式来计算,得

$$\int_0^{\frac{\pi}{2}} \sin^5 x\,\mathrm{d}x = \frac{4}{5}\times\frac{2}{3}\times 1 = \frac{8}{15}.$$

习题5.3

1. 用换元积分法计算下列定积分:

(1) $\displaystyle\int_{\frac{\pi}{3}}^{\pi} \sin\Big(x+\frac{\pi}{3}\Big)\mathrm{d}x$;

(2) $\displaystyle\int_{-2}^1 \frac{\mathrm{d}x}{(11+5x)^3}$;

(3) $\displaystyle\int_0^{\frac{\pi}{2}} \sin\varphi\cos^3\varphi\,\mathrm{d}\varphi$;

(4) $\displaystyle\int_{\frac{\pi}{6}}^{\frac{\pi}{2}} \cos^2\varphi\,\mathrm{d}\varphi$;

(5) $\displaystyle\int_0^5 \frac{x^3}{x^2+1}\,\mathrm{d}x$;

(6) $\displaystyle\int_0^5 \frac{2x^2+3x-5}{x+3}\,\mathrm{d}x$;

(7) $\displaystyle\int_{-1}^1 \frac{x\,\mathrm{d}x}{(x^2+1)^2}$;

(8) $\displaystyle\int_1^2 \frac{\mathrm{e}^{\frac{1}{x}}}{x^2}\,\mathrm{d}x$;

(9) $\displaystyle\int_0^1 t\mathrm{e}^{-\frac{t^2}{2}}\,\mathrm{d}t$;

(10) $\displaystyle\int_0^{\sqrt{2}a} \frac{x}{\sqrt{3a^2-x^2}}\,\mathrm{d}x$;

(11) $\displaystyle\int_{1}^{e^2} \frac{\mathrm{d}x}{x\,\sqrt{1+\ln x}}$;

(12) $\displaystyle\int_{-\frac{\pi}{2}}^{\frac{\pi}{2}} \sin x \cos 2x\,\mathrm{d}x$;

(13) $\displaystyle\int_{-\frac{\pi}{2}}^{\frac{\pi}{2}} \sqrt{\cos x - \cos^3 x}\,\mathrm{d}x$;

(14) $\displaystyle\int_{0}^{1} \sqrt{2x - x^2}\,\mathrm{d}x$;

(15) $\displaystyle\int_{0}^{\sqrt{2}} \sqrt{2 - x^2}\,\mathrm{d}x$;

(16) $\displaystyle\int_{1}^{\sqrt{3}} \frac{\mathrm{d}x}{x^2\,\sqrt{1+x^2}}$;

(17) $\displaystyle\int_{0}^{1} (1 + x^2)^{-\frac{3}{2}}\mathrm{d}x$;

(18) $\displaystyle\int_{-1}^{1} \frac{x\,\mathrm{d}x}{\sqrt{5 - 4x}}$;

(19) $\displaystyle\int_{\frac{3}{4}}^{1} \frac{\mathrm{d}x}{\sqrt{1-x}-1}$;

(20) $\displaystyle\int_{0}^{1} \frac{\sqrt{e^{-x}}}{\sqrt{e^{x} + e^{-x}}}\,\mathrm{d}x$.

2. 用分部积分法计算下列定积分:

(1) $\displaystyle\int_{0}^{1} x e^{-x}\mathrm{d}x$;

(2) $\displaystyle\int_{1}^{e} x\ln x\,\mathrm{d}x$;

(3) $\displaystyle\int_{0}^{1} x\arctan x\,\mathrm{d}x$;

(4) $\displaystyle\int_{1}^{e} \sin(\ln x)\,\mathrm{d}x$;

(5) $\displaystyle\int_{0}^{\frac{\pi}{2}} x \sin 2x\,\mathrm{d}x$;

(6) $\displaystyle\int_{0}^{2\pi} x \cos^2 x\,\mathrm{d}x$;

(7) $\displaystyle\int_{1}^{2} x\log_2 x\,\mathrm{d}x$;

(8) $\displaystyle\int_{1}^{4} \frac{\ln x}{\sqrt{x}}\,\mathrm{d}x$;

(9) $\displaystyle\int_{\frac{\pi}{4}}^{\frac{\pi}{3}} \frac{x}{\sin^2 x}\,\mathrm{d}x$;

(10) $\displaystyle\int_{0}^{\sqrt{\ln 2}} x^3 e^{x^2}\mathrm{d}x$;

(11) $\displaystyle\int_{0}^{\frac{\pi}{4}} \frac{x \sec^2 x}{(1 + \tan x)^2}\,\mathrm{d}x$;

(12) $\displaystyle\int_{0}^{\frac{\pi}{2}} \cos x \cdot e^{2x}\mathrm{d}x$.

3. 利用函数的奇偶性计算下列定积分:

(1) $\displaystyle\int_{-\pi}^{\pi} x^4\sin x\,\mathrm{d}x$;

(2) $\displaystyle\int_{-\frac{\pi}{2}}^{\frac{\pi}{2}} 4\cos^4 x\,\mathrm{d}x$;

(3) $\displaystyle\int_{-\frac{1}{2}}^{\frac{1}{2}} \frac{(\arcsin x)^2}{\sqrt{1 - x^2}}\,\mathrm{d}x$;

(4) $\displaystyle\int_{-5}^{5} \frac{x^3\sin^2 x}{x^4 + 2x^2 - 5}\,\mathrm{d}x$;

(5) $\displaystyle\int_{-\sqrt{3}}^{\sqrt{3}} |\arctan x|\,\mathrm{d}x$;

(6) $\displaystyle\int_{-2}^{2} \frac{x + |x|}{2 + x^2}\,\mathrm{d}x$.

4. 证明:$\displaystyle\int_{x}^{1} \frac{\mathrm{d}t}{1 + t^2} = \int_{1}^{\frac{1}{x}} \frac{\mathrm{d}t}{1 + t^2}$　$(x > 0)$.

5. 设 $f(x)$ 在 $[a,b]$ 上连续,且 $\displaystyle\int_{a}^{b} f(x)\mathrm{d}x = 1$,求 $\displaystyle\int_{a}^{b} f(a + b - x)\mathrm{d}x$.

6. 证明:$\displaystyle\int_{0}^{1} x^m (1 - x)^n\mathrm{d}x = \int_{0}^{1} x^n (1 - x)^m\mathrm{d}x$　$(m, n \in \mathbf{N}_+)$.

7. 证明:

(1) 若 $f(t)$ 是连续的奇函数,则 $\displaystyle\int_{0}^{x} f(t)\mathrm{d}t$ 是偶函数;

（2）若 $f(t)$ 是连续的偶函数,则 $\int_0^x f(t)\mathrm{d}t$ 是奇函数.

8. 设 $f(x) = \begin{cases} x\mathrm{e}^{x^2}, & -\dfrac{1}{2} \leqslant x < \dfrac{1}{2}, \\ -1, & x \geqslant \dfrac{1}{2}, \end{cases}$ 求 $\int_{\frac{1}{2}}^2 f(x-1)\mathrm{d}x$.

9. 若 $f''(x)$ 在 $[0,\pi]$ 上连续,且 $f(0) = 2$,$f(\pi) = 1$,证明:
$$\int_0^\pi [f(x) + f''(x)]\sin x\,\mathrm{d}x = 3.$$

10. 设 $f(x) = \int_1^{x^2} \dfrac{\sin t}{t}\,\mathrm{d}t$,求 $\int_0^1 xf(x)\,\mathrm{d}x$.

5.4 反常积分

前面介绍的定积分有两个最基本的约束条件:积分区间的有限性和被积函数的有界性. 但在某些实际问题中,常常需要突破这些约束条件. 因此,在定积分的计算中,我们还要研究无穷区间上的积分和无界函数的积分. 这两类积分通常称为**反常积分**或**广义积分**.

1. 无穷限的反常积分

定义 1 设函数 $f(x)$ 在区间 $[a, +\infty)$ 上连续,取 $t > a$,如果极限
$$\lim_{t \to +\infty} \int_a^t f(x)\mathrm{d}x$$
存在,则称此极限为**函数 $f(x)$ 在无穷区间 $[a, +\infty)$ 上的反常积分**,记作
$$\int_a^{+\infty} f(x)\mathrm{d}x = \lim_{t \to +\infty} \int_a^t f(x)\mathrm{d}x.$$
如果极限 $\lim\limits_{t \to +\infty} \int_a^t f(x)\mathrm{d}x$ 存在,则称反常积分 $\int_a^{+\infty} f(x)\mathrm{d}x$ **收敛**;反之,则称反常积分 $\int_a^{+\infty} f(x)\mathrm{d}x$ **发散**.

类似地,可定义**函数 $f(x)$ 在无穷区间 $(-\infty, b]$ 上的反常积分**
$$\int_{-\infty}^b f(x)\mathrm{d}x = \lim_{t \to -\infty} \int_t^b f(x)\mathrm{d}x.$$

定义 2 设函数 $f(x)$ 在区间 $(-\infty, +\infty)$ 上连续,如果反常积分
$$\int_{-\infty}^0 f(x)\mathrm{d}x \quad \text{和} \quad \int_0^{+\infty} f(x)\mathrm{d}x$$
都收敛,则称上述两反常积分之和为**函数 $f(x)$ 在无穷区间 $(-\infty, +\infty)$ 上的反常积分**,记作
$$\int_{-\infty}^{+\infty} f(x)\mathrm{d}x = \lim_{t \to -\infty} \int_t^0 f(x)\mathrm{d}x + \lim_{t \to +\infty} \int_0^t f(x)\mathrm{d}x.$$

注 只要上式右端两个积分有一个发散,就称 $\int_{-\infty}^{+\infty} f(x)\mathrm{d}x$ 发散.

上述三种形式的反常积分统称为**无穷限的反常积分**.

若 $F(x)$ 是 $f(x)$ 的一个原函数,记
$$F(+\infty) = \lim_{x \to +\infty} F(x), \quad F(-\infty) = \lim_{x \to -\infty} F(x),$$

则反常积分可表示为

$$\int_a^{+\infty} f(x)\,\mathrm{d}x = F(+\infty) - F(a);$$

$$\int_{-\infty}^b f(x)\,\mathrm{d}x = F(b) - F(-\infty);$$

$$\int_{-\infty}^{+\infty} f(x)\,\mathrm{d}x = F(+\infty) - F(-\infty).$$

例 1　计算反常积分 $\int_0^{+\infty} \mathrm{e}^{-x}\mathrm{d}x$.

解 1　极限法:对任意的 $t > 0$,有

$$\int_0^t \mathrm{e}^{-x}\mathrm{d}x = \left[-\mathrm{e}^{-x}\right]_0^t = 1 - \mathrm{e}^{-t},$$

而

$$\lim_{t \to +\infty}(1 - \mathrm{e}^{-t}) = 1,$$

所以

$$\int_0^{+\infty} \mathrm{e}^{-x}\mathrm{d}x = \lim_{t \to +\infty} \int_0^t \mathrm{e}^{-x}\mathrm{d}x = 1.$$

解 2　公式法:

$$\int_0^{+\infty} \mathrm{e}^{-x}\mathrm{d}x = \left[-\mathrm{e}^{-x}\right]_0^{+\infty} = 0 - (-1) = 1.$$

例 2　计算反常积分 $\int_{-\infty}^{+\infty} \dfrac{1}{1+x^2}\,\mathrm{d}x$.

解

$$\int_{-\infty}^{+\infty} \frac{1}{1+x^2}\,\mathrm{d}x = \int_{-\infty}^0 \frac{1}{1+x^2}\,\mathrm{d}x + \int_0^{+\infty} \frac{1}{1+x^2}\,\mathrm{d}x$$

$$= \lim_{t \to -\infty} \int_t^0 \frac{1}{1+x^2}\,\mathrm{d}x + \lim_{t \to +\infty} \int_0^t \frac{1}{1+x^2}\,\mathrm{d}x$$

$$= -\lim_{t \to -\infty} \arctan t + \lim_{t \to +\infty} \arctan t$$

$$= -\left(-\frac{\pi}{2}\right) + \frac{\pi}{2} = \pi.$$

本例也可用公式法来计算:

$$\int_{-\infty}^{+\infty} \frac{1}{1+x^2}\,\mathrm{d}x = \arctan x \Big|_{-\infty}^{+\infty} = \frac{\pi}{2} - \left(-\frac{\pi}{2}\right) = \pi.$$

例 3　计算反常积分 $\int_0^{+\infty} t\mathrm{e}^{-pt}\mathrm{d}t\,(p > 0)$.

解

$$\int_0^{+\infty} t\mathrm{e}^{-pt}\mathrm{d}t = -\frac{1}{p}\int_0^{+\infty} t\,\mathrm{d}(\mathrm{e}^{-pt}) = -\frac{t}{p}\mathrm{e}^{-pt}\Big|_0^{+\infty} + \frac{1}{p}\int_0^{+\infty} \mathrm{e}^{-pt}\mathrm{d}t$$

$$= -\frac{1}{p^2}\mathrm{e}^{-pt}\Big|_0^{+\infty} = \frac{1}{p^2}.$$

例 4　证明反常积分 $\int_1^{+\infty} \dfrac{\mathrm{d}x}{x^p}$ 当 $p > 1$ 时收敛;当 $p \leqslant 1$ 时发散.

解　当 $p = 1$ 时,有

$$\int_1^{+\infty} \frac{\mathrm{d}x}{x^p} = \left[\ln|x|\right]_1^{+\infty} = +\infty;$$

当 $p \neq 1$ 时,有

$$\int_1^{+\infty} \frac{\mathrm{d}x}{x^p} = \frac{x^{1-p}}{1-p}\Big|_1^{+\infty} = \begin{cases} +\infty, & p < 1, \\ \dfrac{1}{p-1}, & p > 1. \end{cases}$$

因此,当 $p > 1$ 时,题设反常积分收敛,且值为 $\dfrac{1}{p-1}$;当 $p \leqslant 1$ 时发散.

2. 无界函数的反常积分

若函数 $f(x)$ 在点 a 的任一邻域内都无界,那么点 a 称为函数 $f(x)$ 的**瑕点**. 含有瑕点的积分称为**无界函数的反常积分**或**瑕积分**.

例如,在 $\int_0^1 \dfrac{\mathrm{d}x}{\sqrt{x}}$ 中,积分下限 $x = 0$ 为瑕点;在 $\int_1^2 \dfrac{\mathrm{d}x}{2-x}$ 中,积分上限 $x = 2$ 为瑕点;在 $\int_1^4 \dfrac{\mathrm{d}x}{x-3}$ 中,在积分区间 $[1,4]$ 上,点 $x = 3$ 为瑕点. 但值得注意的是,$\int_{-1}^1 \dfrac{\sin x}{x}\mathrm{d}x$ 不是瑕积分,事实上,因为 $\lim\limits_{x \to 0} \dfrac{\sin x}{x} = 1 \neq \infty$,所以 $x = 0$ 不是瑕点.

定义 3 若函数 $f(x)$ 在 $(a,b]$ 上连续,点 a 为函数 $f(x)$ 的瑕点. 取 $t > a$,如果极限

$$\lim_{t \to a^+} \int_t^b f(x)\mathrm{d}x$$

存在,则称此极限为**函数 $f(x)$ 在 $(a,b]$ 上的反常积分**,记作

$$\int_a^b f(x)\mathrm{d}x = \lim_{t \to a^+} \int_t^b f(x)\mathrm{d}x.$$

如果极限 $\lim\limits_{t \to a^+} \int_t^b f(x)\mathrm{d}x$ 存在,则称反常积分 $\int_a^b f(x)\mathrm{d}x$ **收敛**;反之,则称反常积分 $\int_a^b f(x)\mathrm{d}x$ **发散**.

类似地,可定义**函数 $f(x)$ 在 $[a,b)$ 上的反常积分**

$$\int_a^b f(x)\mathrm{d}x = \lim_{t \to b^-} \int_a^t f(x)\mathrm{d}x.$$

定义 4 若函数 $f(x)$ 在 $[a,b]$ 上除点 $c(a < c < b)$ 外连续,点 c 为函数 $f(x)$ 的瑕点. 如果反常积分

$$\int_a^c f(x)\mathrm{d}x \quad \text{和} \quad \int_c^b f(x)\mathrm{d}x$$

都收敛,则称上述两反常积分之和为**函数 $f(x)$ 在 $[a,b]$ 上的反常积分**,记作

$$\int_a^b f(x)\mathrm{d}x = \lim_{t \to c^-} \int_a^t f(x)\mathrm{d}x + \lim_{t \to c^+} \int_t^b f(x)\mathrm{d}x.$$

注 当上式右端两个积分只要有一个发散,则称 $\int_a^b f(x)\mathrm{d}x$ 发散.

上述三种形式的反常积分统称为**瑕积分**.

若 $F(x)$ 是 $f(x)$ 的一个原函数,则有以下计算表达式:

(1) 函数 $f(x)$ 在 $(a,b]$ 上连续,点 a 为函数 $f(x)$ 的瑕点,则

$$\int_a^b f(x)\mathrm{d}x = F(b^-) - F(a);$$

(2) 函数 $f(x)$ 在 $[a,b)$ 上连续,点 b 为函数 $f(x)$ 的瑕点,则

$$\int_a^b f(x)\,\mathrm{d}x = F(b) - F(a^+);$$

(3)函数 $f(x)$ 在 (a,b) 上连续,点 a,b 都为函数 $f(x)$ 的瑕点,则

$$\int_a^b f(x)\,\mathrm{d}x = F(b^-) - F(a^+).$$

(4)函数 $f(x)$ 在 $[a,b]$ 上除点 $c(a<c<b)$ 外连续,点 c 为函数 $f(x)$ 的瑕点,则

$$\int_a^b f(x)\,\mathrm{d}x = F(b) - F(c^+) + F(c^-) - F(a).$$

例 5 计算反常积分 $\displaystyle\int_0^a \frac{\mathrm{d}x}{\sqrt{a^2 - x^2}}(a > 0)$.

解 显然瑕点为 a,所以

$$\int_0^a \frac{\mathrm{d}x}{\sqrt{a^2 - x^2}} = \arcsin \frac{x}{a}\bigg|_0^{a^-} = \arcsin 1 = \frac{\pi}{2}.$$

例 6 讨论反常积分 $\displaystyle\int_{-1}^1 \frac{\mathrm{d}x}{x^2}$ 的敛散性.

解 因为

$$\int_{-1}^1 \frac{\mathrm{d}x}{x^2} = \int_{-1}^0 \frac{\mathrm{d}x}{x^2} + \int_0^1 \frac{\mathrm{d}x}{x^2} = \lim_{t\to 0^-}\left(-\frac{1}{t} - 1\right) + \lim_{t\to 0^+}\left(-1 + \frac{1}{t}\right),$$

而

$$\lim_{t\to 0^-}\left(-\frac{1}{t} - 1\right) = +\infty, \ \lim_{t\to 0^+}\left(-1 + \frac{1}{t}\right) = +\infty,$$

所以 $\displaystyle\int_{-1}^1 \frac{\mathrm{d}x}{x^2} = +\infty$,即反常积分 $\displaystyle\int_{-1}^1 \frac{\mathrm{d}x}{x^2}$ 发散.

例 7 证明反常积分 $\displaystyle\int_0^1 \frac{\mathrm{d}x}{x^q}$ 当 $0 < q < 1$ 时收敛;当 $q \geq 1$ 时发散.

解 当 $q = 1$ 时,有

$$\int_0^1 \frac{1}{x}\mathrm{d}x = \Big[\ln|x|\Big]_{0^+}^1 = +\infty;$$

当 $q \neq 1$ 时,有

$$\int_0^1 \frac{\mathrm{d}x}{x^q} = \left[\frac{x^{1-q}}{1-q}\right]_{0^+}^1 = \begin{cases} \dfrac{1}{1-q}, & 0 < q < 1, \\ +\infty, & q > 1. \end{cases}$$

因此,当 $0 < q < 1$ 时,题设反常积分收敛,且值为 $\dfrac{1}{1-q}$;当 $q \geq 1$ 时发散.

习题 5.4

1. 判断下列反常积分的收敛性,如果收敛,计算反常积分的值:

(1) $\displaystyle\int_1^{+\infty} \frac{\mathrm{d}x}{x^4}$;

(2) $\displaystyle\int_1^{+\infty} \frac{\mathrm{d}x}{\sqrt{x}}$;

(3) $\displaystyle\int_0^{+\infty} \mathrm{e}^{-ax}\mathrm{d}x(a > 0)$;

(4) $\displaystyle\int_0^{+\infty} \frac{\mathrm{d}x}{(1+x)(1+x^2)}$;

(5) $\displaystyle\int_0^{+\infty} \mathrm{e}^{-pt}\sin \omega t\,\mathrm{d}t(p > 0, \omega > 0)$;

(6) $\displaystyle\int_{-\infty}^{+\infty} \frac{\mathrm{d}x}{x^2 + 2x + 2}$;

$(7) \int_e^{+\infty} \dfrac{\ln x}{x}\,\mathrm{d}x$;

$(8) \int_0^1 \dfrac{x\,\mathrm{d}x}{\sqrt{1-x^2}}$;

$(9) \int_0^1 \dfrac{\mathrm{d}x}{(1-x)^2}$;

$(10) \int_1^2 \dfrac{x\,\mathrm{d}x}{\sqrt{x-1}}$.

2. 当 k 为何值时,反常积分 $\int_2^{+\infty} \dfrac{\mathrm{d}x}{x(\ln x)^k}$ 收敛?又当 k 为何值时,该反常积分发散?又当 k 为何值时,该反常积分取得最小值?

3. 下列计算是否正确?为什么?

$(1) \int_{-1}^1 \dfrac{\mathrm{d}x}{x^2} = -\dfrac{1}{x}\Big|_{-1}^1 = -2$;

$(2) \int_{-\infty}^{+\infty} \dfrac{x\,\mathrm{d}x}{\sqrt{1+x^2}} = 0$(因为被积函数为奇函数).

4. 利用递推公式计算反常积分 $I_n = \int_0^{+\infty} x^n \mathrm{e}^{-x}\mathrm{d}x (n \in \mathbf{N})$.

5. 计算反常积分 $\int_0^1 \ln x\,\mathrm{d}x$.

6. 在党的二十大报告中,习近平总书记提到"探月""探火""北斗"等重大航天工程. 这些工程的实现都需要强大的火箭助力. 假设在地球(半径为 R,质量为 M)表面垂直发射火箭(质量为 m),初速度 v_0 至少要多大,才能使火箭克服地球引力无限远离地球?(不考虑空气阻力)

第 5 章小结

本章主要讲述了定积分的概念和基本性质、定积分中值定理、积分上限的函数及其导数、牛顿-莱布尼茨公式、定积分的换元积分法与分部积分法、反常(广义)积分. 本章的基本要求是:

1. 理解定积分的概念.

2. 掌握定积分的性质、定积分的换元积分法与分部积分法.

3. 理解积分上限函数,会求它的导数,掌握牛顿-莱布尼茨公式.

4. 了解反常积分的概念,会计算反常积分.

本章主要内容如下:

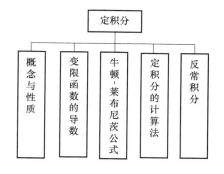

微信扫描下面二维码,可获得本章更多知识.

总习题5

1. 填空题:

(1) 函数 $f(x)$ 在 $[a,b]$ 上有界是 $f(x)$ 在 $[a,b]$ 上可积的_____条件,而 $f(x)$ 在 $[a,b]$ 上连续是 $f(x)$ 在 $[a,b]$ 上可积的_____条件.

(2) 对 $[a, +\infty)$ 上非负、连续的函数 $f(x)$,它的变上限积分 $\int_a^x f(t)\mathrm{d}t$ 在 $[a, +\infty)$ 上有界是反常积分 $\int_a^{+\infty} f(x)\mathrm{d}x$ 收敛的_____条件.

(3) 函数 $f(x)$ 在 $[a,b]$ 上有定义,且 $|f(x)|$ 在 $[a,b]$ 上可积,此时积分 $\int_a^b f(x)\mathrm{d}x$ _____存在.

(4) 设函数 $f(x)$ 连续,则 $\dfrac{\mathrm{d}}{\mathrm{d}x}\int_0^x tf(t^2-x^2)\mathrm{d}t = $ _____.

2. 选择题:

(1) 设 $I = \int_0^1 \dfrac{x^4}{\sqrt{1+x}}\mathrm{d}x$,则估计 I 值的大致范围为( ).

(A) $0 \leqslant I \leqslant \dfrac{\sqrt{2}}{10}$ \qquad\qquad\qquad (B) $\dfrac{\sqrt{2}}{10} \leqslant I \leqslant \dfrac{1}{5}$

(C) $\dfrac{1}{5} < I < 1$ \qquad\qquad\qquad (D) $I \geqslant 1$

(2) 设 $F(x)$ 是连续函数 $f(x)$ 的一个原函数,则必有( ).

(A) $F(x)$ 是偶函数 $\Leftrightarrow f(x)$ 是奇函数

(B) $F(x)$ 是奇函数 $\Leftrightarrow f(x)$ 是偶函数

(C) $F(x)$ 是周期函数 $\Leftrightarrow f(x)$ 是周期函数

(D) $F(x)$ 是单调函数 $\Leftrightarrow f(x)$ 是单调函数

3. 下列计算是否正确,并说明理由:

(1) $\displaystyle\int_{-1}^1 \dfrac{\mathrm{d}x}{1+x^2} = -\int_{-1}^1 \dfrac{\mathrm{d}\left(\dfrac{1}{x}\right)}{1+\left(\dfrac{1}{x}\right)^2} = \left[-\arctan x\right]_{-1}^1 = -\dfrac{\pi}{2}$.

(2) 因为 $\displaystyle\int_{-1}^1 \dfrac{\mathrm{d}x}{x^2+x+1} = -\int_{-1}^1 \dfrac{\mathrm{d}t}{t^2+t+1}$ $\left(\text{令 } x = \dfrac{1}{t}\right)$,所以 $\displaystyle\int_{-1}^1 \dfrac{\mathrm{d}x}{x^2+x+1} = 0$.

(3) $\displaystyle\int_{-\infty}^{+\infty} \dfrac{x}{1+x^2}\mathrm{d}x = \lim_{A\to+\infty}\int_{-A}^{+A} \dfrac{x}{1+x^2}\mathrm{d}x = 0$.

4. 计算下列极限:

(1) $\displaystyle\lim_{x\to a} \dfrac{x}{x-a}\int_a^x f(t)\mathrm{d}t$,其中 $f(x)$ 连续;

(2) $\displaystyle\lim_{x\to+\infty} \dfrac{\displaystyle\int_0^x (\arctan t)^2\mathrm{d}t}{\sqrt{x^2+1}}$; \qquad\qquad (3) $\displaystyle\lim_{x\to 0} \dfrac{\left(\displaystyle\int_0^x e^{t^2}\mathrm{d}t\right)^2}{\displaystyle\int_0^x te^{2t^2}\mathrm{d}t}$.

5. 计算下列积分：

(1) $\displaystyle\int_0^{\frac{\pi}{2}} \frac{x + \sin x}{1 + \cos x}\mathrm{d}x$；

(2) $\displaystyle\int_0^{\frac{\pi}{4}} \ln(1 + \tan x)\mathrm{d}x$；

(3) $\displaystyle\int_0^a \frac{\mathrm{d}x}{x + \sqrt{a^2 - x^2}}$；

(4) $\displaystyle\int_0^{\frac{\pi}{2}} \sqrt{1 - \sin 2x}\,\mathrm{d}x$；

(5) $\displaystyle\int_0^{\frac{\pi}{2}} \frac{\mathrm{d}x}{1 + \cos^2 x}$；

(6) $\displaystyle\int_0^{\pi} x \sqrt{\cos^2 x - \cos^4 x}\,\mathrm{d}x$；

(7) $\displaystyle\int_0^{\pi} x^2 |\cos x|\,\mathrm{d}x$；

(8) $\displaystyle\int_0^{+\infty} \frac{\mathrm{d}x}{\mathrm{e}^{x+1} + \mathrm{e}^{3-x}}$；

(9) $\displaystyle\int_{\frac{1}{2}}^{\frac{3}{2}} \frac{\mathrm{d}x}{\sqrt{|x^2 - x|}}$；

(10) $\displaystyle\int_{-\pi}^{\pi} (\sqrt{1 + \cos 2x} + |x|\sin x)\mathrm{d}x$；

(11) $\displaystyle\int_{-2}^4 \left(x^2 - 3|x| + \frac{1}{|x| + 1}\right)\mathrm{d}x$；

(12) $\displaystyle\int_0^x \max\{t^3, t^2, 1\}\,\mathrm{d}t$.

6. 设函数 $y = y(x)$ 由方程 $\displaystyle\int_0^y \mathrm{e}^{-t}\mathrm{d}t + \int_x^0 \cos t^2\mathrm{d}t = 0$ 确定，求 $\dfrac{\mathrm{d}y}{\mathrm{d}x}$.

7. 设 $x = \displaystyle\int_1^{t^2} u \ln u\,\mathrm{d}u$, $y = \displaystyle\int_{t^2}^1 u^2\ln u\,\mathrm{d}u\ (t > 1)$，求 $\dfrac{\mathrm{d}^2 y}{\mathrm{d}x^2}$.

8. 设 $f(t)$ 在 $[0, +\infty)$ 上连续，若 $\displaystyle\int_0^{x(x^2+x+1)} f(t)\mathrm{d}t = 2x$，求 $f(3)$.

9. 求函数 $F(x) = \displaystyle\int_0^x t(t - 4)\mathrm{d}t$ 在 $[-1, 5]$ 上的最大值与最小值.

10. 设 $f(x) = \begin{cases} x^2, & x \in [0, 1), \\ x, & x \in [1, 2), \end{cases}$ 求 $\varphi(x) = \displaystyle\int_0^x f(t)\mathrm{d}t$ 在 $[0, 2]$ 上的表达式，并讨论 $\varphi(x)$ 在 $(0, 2)$ 内的连续性.

11. 设 $f(x)$ 在区间 $[a, b]$ 上连续，且 $f(x) > 0$,

$$F(x) = \int_a^x f(t)\mathrm{d}t + \int_b^x \frac{\mathrm{d}t}{f(t)}, \quad x \in [a, b].$$

证明：

(1) $F'(x) \geqslant 2$；

(2) 方程 $F(x) = 0$ 在区间 (a, b) 内有且仅有一个根.

12. 求 $\displaystyle\int_0^2 f(x - 1)\mathrm{d}x$，其中

$$f(x) = \begin{cases} \dfrac{1}{1 + \mathrm{e}^x}, & x < 0, \\[2mm] \dfrac{1}{1 + x}, & x \geqslant 0. \end{cases}$$

第 6 章

定积分的应用

本章中我们将应用前面学过的定积分理论来分析和解决一些几何、物理中的问题,其目的不仅在于建立计算这些几何、物理量的公式,更重要的还在于介绍运用元素法将一个量表达成为定积分的分析方法.

6.1 定积分的元素法

在定积分的应用中,经常采用所谓元素法.为了说明这种方法,我们先回顾一下第 5 章中讨论过的曲边梯形的面积问题.

设 $f(x)$ 在区间 $[a,b]$ 上连续且 $f(x) \geqslant 0$,求以曲线 $y = f(x)$ 为曲边、底为 $[a,b]$ 的曲边梯形的面积 A.把这个面积 A 表示为定积分

$$A = \int_a^b f(x) \, \mathrm{d}x$$

的步骤是:

(1)用任意一组分点把区间 $[a,b]$ 分成长度为 $\Delta x_i (i = 1, 2, \cdots, n)$ 的 n 个小区间,相应地把曲边梯形分成 n 个窄曲边梯形,第 i 个窄曲边梯形的面积设为 ΔA_i,于是有

$$A = \sum_{i=1}^n \Delta A_i;$$

(2)计算 ΔA_i 的近似值

$$\Delta A_i \approx f(\xi_i) \Delta x_i \quad (x_{i-1} \leqslant \xi_i \leqslant x_i);$$

(3)求和,得 A 的近似值

$$A \approx \sum_{i=1}^n f(\xi_i) \Delta x_i;$$

(4)求极限,记 $\lambda = \max\{\Delta x_1, \Delta x_2, \cdots, \Delta x_n\}$,得

$$A = \lim_{\lambda \to 0} \sum_{i=1}^n f(\xi_i) \Delta x_i = \int_a^b f(x) \, \mathrm{d}x.$$

在上述问题中我们注意到,所求量(即面积 A)与区间 $[a,b]$ 有关,如果把区间 $[a,b]$ 分成许多部分区间,那么所求量相应地分成许多部分量(即 ΔA_i),而所求量等于所有部分量之和(即 $A = \sum_{i=1}^n \Delta A_i$),这一性质称为所求量对于区间 $[a,b]$ 具有可加性.此外,以 $f(\xi_i) \Delta x_i$ 近似代替部分

量 ΔA_i 时,要求它们只相差一个比 Δx_i 高阶的无穷小,以使和式 $\sum\limits_{i=1}^{n} f(\xi_i)\Delta x_i$ 的极限是 A 的精确值,从而 A 可以表示为定积分

$$A = \int_a^b f(x)\,\mathrm{d}x.$$

在引出 A 的积分表达式的四个步骤中,主要的是第二步,这一步是要确定 ΔA_i 的近似值 $f(\xi_i)\Delta x_i$,使得

$$A = \lim_{\lambda \to 0} \sum_{i=1}^{n} f(\xi_i)\Delta x_i = \int_a^b f(x)\,\mathrm{d}x.$$

在实用上,为了简便起见,省略下标 i,用 ΔA 表示任一小区间 $[x, x+\mathrm{d}x]$ 上的窄曲边梯形的面积,这样,

$$A = \sum \Delta A.$$

取 $[x, x+\mathrm{d}x]$ 的左端点 x 为 ξ,以点 x 处的函数值 $f(x)$ 为高、$\mathrm{d}x$ 为底的矩形的面积 $f(x)\mathrm{d}x$ 为 ΔA 的近似值(见图 6.1 阴影部分),即

$$\Delta A \approx f(x)\,\mathrm{d}x.$$

上式右端 $f(x)\mathrm{d}x$ 叫作面积元素,于是记为

$$A \approx \sum f(x)\,\mathrm{d}x,$$

因此

$$A = \lim \sum f(x)\,\mathrm{d}x = \int_a^b f(x)\,\mathrm{d}x.$$

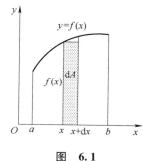

图 6.1

一般地,如果某一实际问题中的所求量 U 符合下列条件:

(1)U 是与一个变量 x 的变化区间 $[a,b]$ 有关的量;

(2)U 对于区间 $[a,b]$ 具有可加性,也就是说,如果把区间 $[a,b]$ 分成许多部分区间,则 U 相应地分成许多部分量,而 U 等于所有部分量之和;

(3)部分量 ΔU_i 的近似值可表示为 $f(\xi_i)\Delta x_i$,那么就可考虑用定积分来表达这个量 U. 通常写出这个量 U 的积分表达式的步骤是:

1)根据问题的具体情况,选取一个变量例如 x 为积分变量,并确定它的变化区间 $[a,b]$;

2)设想把区间 $[a,b]$ 分成 n 个小区间,取其中任一小区间并记作 $[x, x+\mathrm{d}x]$,求出相应于这个小区间的部分量 ΔU 的近似值. 如果 ΔU 能近似地表示为 $[a,b]$ 上的一个连续函数在 x 处的值 $f(x)$ 与 $\mathrm{d}x$ 的乘积,就把 $f(x)\mathrm{d}x$ 称为量 U 的元素且记作 $\mathrm{d}U$,即

$$\mathrm{d}U = f(x)\,\mathrm{d}x;$$

3)以所求量 U 的元素 $f(x)\mathrm{d}x$ 为被积表达式,在区间 $[a,b]$ 上做定积分,得

$$U = \int_a^b f(x)\,\mathrm{d}x.$$

这就是所求量 U 的积分表达式.

这个方法通常叫作元素法. 下面两节中我们将应用这个方法来讨论几何、物理中的一些问题.

6.2 定积分在几何上的应用

1. 平面图形的面积

(1) 直角坐标情形

设曲边梯形由两条曲线 $y = f_1(x)$，$y = f_2(x)$（其中 $f_1(x)$，$f_2(x)$ 在 $[a,b]$ 上连续，且 $f_2(x) \geq f_1(x)$）及直线 $x = a$，$x = b$ 所围成（见图 6.2），我们来求它的面积 A.

取 x 为积分变量，它的变化区间为 $[a,b]$，设想把 $[a,b]$ 分成若干个小区间，并把其中的代表性小区间记作 $[x, x + \Delta x]$，与这个小区间相对应的窄曲边梯形面积 $\Delta A \approx [f_2(x) - f_1(x)] dx$，即窄曲边梯形面积近似等于高为 $f_2(x) - f_1(x)$，底为 dx 的窄矩形的面积，从而其面积元素

$$dA = [f_2(x) - f_1(x)] dx,$$

于是

$$A = \int_a^b [f_2(x) - f_1(x)] dx.$$

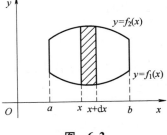

图 6.2

例 1 计算由两条抛物线：$y^2 = x$，$y = x^2$ 所围成的图形的面积（见图 6.3）.

解 由方程组 $\begin{cases} y^2 = x, \\ y = x^2 \end{cases}$ 得到两曲线的交点为 $(0,0)$，$(1,1)$，从而知道图形介于直线 $x = 0$ 与 $x = 1$ 之间.

$$dA = (\sqrt{x} - x^2) dx,$$

从而

$$A = \int_0^1 (\sqrt{x} - x^2) dx = \left(\frac{2}{3} x^{\frac{3}{2}} - \frac{1}{3} x^3 \right) \Big|_0^1 = \frac{1}{3}.$$

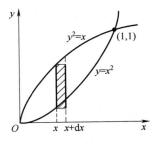

图 6.3

例 2 计算抛物线 $y^2 = 2x$ 与直线 $y = x - 4$ 所围成的图形的面积（见图 6.4）.

解 由方程组 $\begin{cases} y^2 = 2x, \\ y = x - 4 \end{cases}$ 得到两曲线的交点为 $(2, -2)$，$(8,4)$，从而知道图形介于直线 $y = -2$ 与 $y = 4$ 之间. 选取纵坐标 y 为积分变量，它的变化区间是 $[-2, 4]$，在其中任取一小区间 $[y, y + dy]$，对应的窄曲边形面积近似于高为 dy，底为 $(y + 4) - \frac{1}{2} y^2$ 的窄矩形面积，从而得到面积元素

$$dA = \left[(y + 4) - \frac{y^2}{2} \right] dy,$$

于是所求面积为

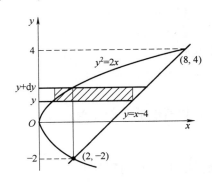

图 6.4

$$A = \int_{-2}^{4} \left[(y+4) - \frac{y^2}{2} \right] \mathrm{d}y = \left[\frac{y^2}{2} + 4y - \frac{y^3}{6} \right]_{-2}^{4} = 18.$$

该题若取 x 为积分变量,则计算复杂得多. 从图 6.4 可见,当 x 在 $[0,2]$ 上变化时,面积元素为

$$\mathrm{d}A_1 = \left[\sqrt{2x} - (-\sqrt{2x}) \right] \mathrm{d}x,$$

当 x 在 $[2,8]$ 上变化时,面积元素为

$$\mathrm{d}A_2 = \left[\sqrt{2x} - (x-4) \right] \mathrm{d}x,$$

故表示定积分要分块处理,从而

$$A = \int_{0}^{2} \left[\sqrt{2x} - (-\sqrt{2x}) \right] \mathrm{d}x + \int_{2}^{8} \left[\sqrt{2x} - (x-4) \right] \mathrm{d}x = 18.$$

(2)参数方程情形

当平面曲线由参数方程 $\begin{cases} x = \varphi(t), \\ y = \psi(t), \end{cases} \alpha \leqslant t \leqslant \beta$ 给出时,如何应用定积分计算曲线所围成的图形的面积? 下面通过例子,加以说明.

例3 计算椭圆 $\begin{cases} x = a\cos t, \\ y = b\sin t, \end{cases} (0 \leqslant t \leqslant 2\pi)$ 所围图形的面积(见图 6.5).

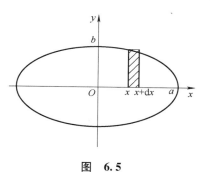

解 由图形的对称性知,其面积为椭圆在第一象限面积的 4 倍,

$$A = 4A_1,$$

其中 A_1 为该椭圆在第一象限部分的面积,因此

$$A = 4A_1 = 4 \int_{0}^{a} y \mathrm{d}x,$$

利用椭圆参数方程

$$\begin{cases} x = a\cos t, \\ y = b\sin t, \end{cases} (0 \leqslant t \leqslant 2\pi)$$

图 6.5

得

$$\mathrm{d}x = \mathrm{d}(a\cos t) = -a\sin t \, \mathrm{d}t,$$

当 $x: 0 \to a$ 时,$t: \frac{\pi}{2} \to 0$,于是由定积分的换元法得

$$A = 4A_1 = 4 \int_{0}^{a} y \, \mathrm{d}x = 4 \int_{\frac{\pi}{2}}^{0} b\sin t(-a\sin t) \mathrm{d}t$$

$$= 4ab \int_{0}^{\frac{\pi}{2}} \sin^2 t \, \mathrm{d}t = 4ab \times \frac{1}{2} \times \frac{\pi}{2} = \pi ab.$$

当 $a = b$ 时,得到圆面积公式 $A = \pi a^2$.

(3)极坐标方程情形

如果曲线由极坐标方程 $\rho = \rho(\theta)(\alpha \leqslant \theta \leqslant \beta)$ 表示,且 $\rho(\theta)$ 在 $[\alpha, \beta]$ 上连续,现在要计算由曲线 $\rho = \rho(\theta)$ 与两射线 $\theta = \alpha, \theta = \beta$ 所围图形(称为曲边扇形,见图 6.6)的面积.

由于当 θ 在 $[\alpha, \beta]$ 上变动时,极径 $\rho = \rho(\theta)$ 也随之变动,因此我们不能直接利用圆扇形的面

积公式 $A = \frac{1}{2}R^2\theta$ 来计算曲边扇形的面积. 取极角 θ 为积分变量,它的变化区间为 $[\alpha,\beta]$,在 $[\alpha,\beta]$ 上任取一小区间 $[\theta,\theta+\mathrm{d}\theta]$,对应的窄曲边扇形的面积近似等于半径为 $\rho = \rho(\theta)$、中心角为 $\mathrm{d}\theta$ 的圆扇形面积,从而得到曲边扇形的面积元素

$$\mathrm{d}A = \frac{1}{2}[\rho(\theta)]^2\mathrm{d}\theta,$$

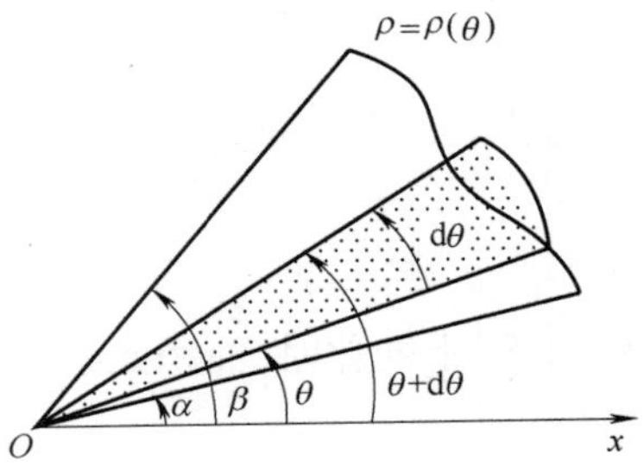

于是,所求曲边扇形面积

$$A = \int_\alpha^\beta \frac{1}{2}[\rho(\theta)]^2\mathrm{d}\theta.$$

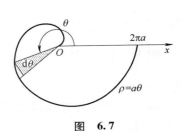

图 6.6

例 4 计算阿基米德螺线

$$\rho = a\theta \quad (a>0)$$

上相应于 θ 从 0 变到 2π 的一段弧与极轴所围成的图形(见图 6.7)的面积.

解 在指定的这段螺线上,θ 的变化区间为 $[0,2\pi]$. 相应于 $[0,2\pi]$ 上任一小区间 $[\theta,\theta+\mathrm{d}\theta]$ 的窄曲边扇形的面积近似于半径为 $a\theta$、中心角为 $\mathrm{d}\theta$ 的扇形的面积,从而得到面积元素

$$\mathrm{d}A = \frac{1}{2}(a\theta)^2\mathrm{d}\theta,$$

于是,所求面积为

$$A = \int_0^{2\pi} \frac{a^2}{2}\theta^2\mathrm{d}\theta = \frac{a^2}{2}\left[\frac{\theta^3}{3}\right]_0^{2\pi} = \frac{4}{3}a^2\pi^3.$$

例 5 计算心形线

$$\rho = a(1+\cos\theta) \quad (a>0)$$

所围成的图形的面积.

解 心形线所围成的图形如图 6.8 所示. 这个图形对称于极轴,因此所求图形的面积 A 是极轴以上部分图形面积 A_1 的 2 倍.

对于极轴以上部分的图形,θ 的变化区间为 $[0,\pi]$. 相应于 $[0,\pi]$ 上任一小区间 $[\theta,\theta+\mathrm{d}\theta]$ 的窄曲边扇形的面积近似于半径为 $a(1+\cos\theta)$、中心角为 $\mathrm{d}\theta$ 的扇形的面积,从而得到面积元素

$$\mathrm{d}A = \frac{1}{2}a^2(1+\cos\theta)^2\mathrm{d}\theta,$$

于是

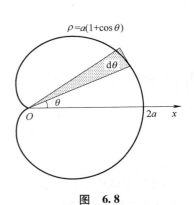

图 6.7

图 6.8

$$A_1 = \int_0^\pi \frac{1}{2}a^2(1+\cos\theta)^2\mathrm{d}\theta = \frac{a^2}{2}\int_0^\pi(1+2\cos\theta+\cos^2\theta)\mathrm{d}\theta$$

$$= \frac{a^2}{2}\int_0^\pi\left(\frac{3}{2}+2\cos\theta+\frac{\cos2\theta}{2}\right)\mathrm{d}\theta$$

$$= \frac{a^2}{2}\left[\frac{3}{2}\theta + 2\sin\theta + \frac{\sin 2\theta}{4}\right]_0^\pi = \frac{3}{4}\pi a^2,$$

因此,所求面积为

$$A = 2A_1 = \frac{3}{2}\pi a^2.$$

2. 体积

(1)平行截面面积为已知的立体的体积

设有一空间物体位于平面 $x = a$ 及 $x = b$ 之间($a < b$),它被垂直于 x 轴的任一平面所截得的面积为已知函数 $A(x)$,求此物体的体积(见图 6.9).

在 x 的变化区间 $[a,b]$ 上任取一代表性小区间 $[x, x+\mathrm{d}x]$,相应于这个小区间上立体的体积 ΔV 可近似用以 $A(x)$ 为底面积,$\mathrm{d}x$ 为高的薄柱体所代替,即体积元素

$$\mathrm{d}V = A(x)\mathrm{d}x,$$

于是所求物体的体积

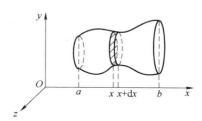

图 6.9

$$V = \int_a^b A(x)\,\mathrm{d}x.$$

例 6 一平面经过半径为 R 的圆柱体的底圆中心,并与底圆交成角 α(见图 6.10).计算这平面截圆柱体所得立体的体积.

解 取这平面与圆柱体的底面交线为 x 轴,底面上过圆中心,且垂直于 x 轴的直线为 y 轴.那么,底圆的方程为 $x^2 + y^2 = R^2$.立体中过点 x 且垂直于 x 轴的截面是一个直角三角形,它的两条直角边的长度分别为 y 及 $y\tan\alpha$,即 $\sqrt{R^2 - x^2}$ 及 $\sqrt{R^2 - x^2}\tan\alpha$.因此截面面积为

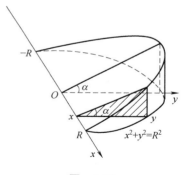

图 6.10

$$A(x) = \frac{1}{2}(R^2 - x^2)\tan\alpha,$$

于是,所求立体的体积为

$$V = \int_{-R}^R \frac{1}{2}(R^2 - x^2)\tan\alpha\,\mathrm{d}x$$

$$= \int_0^R (R^2 - x^2)\tan\alpha\,\mathrm{d}x$$

$$= \tan\alpha\left[R^2 x - \frac{1}{3}x^3\right]_0^R = \frac{2}{3}R^3\tan\alpha.$$

(2)旋转体的体积

旋转体就是由一个平面图形绕这平面内一条直线旋转一周而成的立体,这条直线称为旋转轴.圆柱、圆锥、圆台与球体可以分别看成是由矩形绕它的一条边、直角三角形绕它的直角边、直角梯形绕它的直角腰与半圆绕它的直径旋转一周而成的立体.由于旋转体的横截面是圆盘,故其体积计算属于平行截面面积为已知的立体的体积计算问题.

设曲边梯形由 $y = f(x)$, $x = a$ 及 $x = b$ 所围成(其中 $f(x)$ 在 $[a,b]$ 上连续),求该曲边梯形绕 x 轴旋转一周所得的旋转体体积(见图 6.11).

在 x 的变化区间 $[a,b]$ 上任取一代表性小区间 $[x, x + \mathrm{d}x]$,相应的窄曲边梯形绕 x 轴旋转而成的薄片的体积近似于以 $|f(x)|$ 为底半径,$\mathrm{d}x$ 为高的圆柱体的体积,从而其体积元素

$$\mathrm{d}V = \pi(f(x))^2 \mathrm{d}x,$$

于是,所求绕 x 轴旋转的旋转体体积

$$V = \int_a^b \pi \left[f(x) \right]^2 \mathrm{d}x.$$

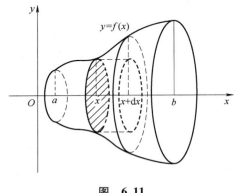

图　6.11

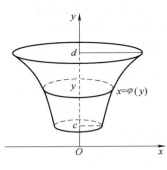

图　6.12

类似地,设曲边梯形由 $x = \varphi(y)$, $y = c$ 及 $y = d$ 所围成(其中 $\varphi(y)$ 在 $[c,d]$ 上连续),则该曲边梯形绕 y 轴旋转一周所得的旋转体体积(见图 6.12).

$$V = \int_c^d \pi \left[\varphi(y) \right]^2 \mathrm{d}y.$$

例 7　计算由椭圆 $\dfrac{x^2}{a^2} + \dfrac{y^2}{b^2} = 1$ 所围成的图形绕 x 轴旋转一周而成的旋转体(叫作旋转椭球体,见图 6.13)的体积.

解　这个旋转椭球体可以看作由半个椭圆

$$y = \frac{b}{a} \sqrt{a^2 - x^2} \quad (-a \leqslant x \leqslant a)$$

及 x 轴围成的图形绕 x 轴旋转一周而成的立体,按旋转体的体积计算公式,其体积为

$$V = \int_{-a}^a \pi y^2 \mathrm{d}x = 2 \int_0^a \pi y^2 \mathrm{d}x = 2\pi \frac{b^2}{a^2} \int_0^a (a^2 - x^2) \mathrm{d}x$$

$$= 2\pi \frac{b^2}{a^2} \left[a^2 x - \frac{1}{3} x^3 \right]_0^a = \frac{4}{3} \pi a b^2.$$

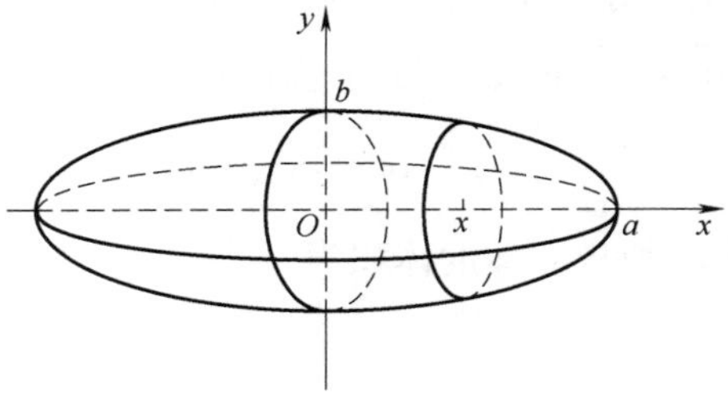

图　6.13

当 $a = b$ 时,旋转椭球体就成为半径为 a 的球,其体积为 $\dfrac{4}{3} \pi a^3$.

例 8　计算由摆线 $\begin{cases} x = a(t - \sin t), \\ y = a(1 - \cos t) \end{cases}$ $(a > 0)$,相应于 $0 \leqslant t \leqslant 2\pi$ 的一拱与直线 $y = 0$ 所围成的图形分别绕 x 轴、y 轴旋转而成的旋转体体积.

解 按旋转体的体积公式,所述图形绕 x 轴旋转而成的旋转体体积为

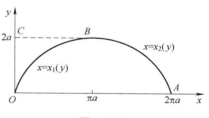

$$V_x = \int_0^{2\pi a} \pi y^2 \, \mathrm{d}x$$

$$= \pi \int_0^{2\pi} a^2 (1 - \cos t)^2 \cdot a(1 - \cos t) \, \mathrm{d}t$$

$$= \pi a^3 \int_0^{2\pi} (1 - 3\cos t + 3\cos^2 t - \cos^3 t) \, \mathrm{d}t$$

$$= 5\pi^2 a^3.$$

图 6.14

所述图形绕 y 轴旋转而成的旋转体体积可看成平面

图形 $OABC$ 与 OBC(见图 6.14)分别绕 y 轴旋转而成的旋转体体积之差,因此所求体积为

$$V_y = \int_0^{2a} \pi x_2^2(y) \, \mathrm{d}y - \int_0^{2a} \pi x_1^2(y) \, \mathrm{d}y$$

$$= \pi \int_{2\pi}^{\pi} a^2 (t - \sin t)^2 \cdot a\sin t \, \mathrm{d}t - \pi \int_0^{\pi} a^2 (t - \sin t)^2 \cdot a\sin t \, \mathrm{d}t$$

$$= -\pi a^3 \int_0^{2\pi} (t - \sin t)^2 \sin t \, \mathrm{d}t = 6\pi^3 a^3.$$

3. 平面曲线的弧长

(1)直角坐标情形

设曲线弧由直角坐标方程 $y = f(x)$ $(a \leqslant x \leqslant b)$ 给出,其中 $f(x)$ 在 $[a,b]$ 上具有一阶连续导数,现用定积分的元素法来计算这曲线弧的长度.取横坐标 x 为积分变量,它的变化区间为 $[a,b]$,曲线 $y = f(x)$ 对应于 $[a,b]$ 上任一小区间 $[x, x+\mathrm{d}x]$ 的一段弧的长度 Δs 可以用该曲线在点 $M(x, f(x))$ 处的切线上相应的小段的长度来近似代替(见图 6.15),则得弧长元素

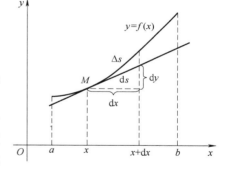

图 6.15

$$\mathrm{d}s = \sqrt{(\mathrm{d}x)^2 + (\mathrm{d}y)^2} = \sqrt{1 + y'^2} \, \mathrm{d}x,$$

于是所求弧长 $$s = \int_a^b \sqrt{1 + y'^2} \, \mathrm{d}x.$$

这里弧长元素 $\mathrm{d}s = \sqrt{1 + y'^2} \, \mathrm{d}x$ 叫作弧微分.

例 9 求曲线 $y = \dfrac{2}{3} x^{\frac{3}{2}}$ 上相应于 x 从 0 到 3 的一段弧(见图 6.16)的长度 s.

解 $y' = x^{1/2}$,从而弧微分

$$\mathrm{d}s = \sqrt{1 + y'^2} \, \mathrm{d}x = \sqrt{1 + x} \, \mathrm{d}x,$$

因此,所求弧长为

$$s = \int_0^3 \sqrt{1 + x} \, \mathrm{d}x = \left[\frac{2}{3} (1 + x)^{\frac{3}{2}} \right]_0^3 = \frac{14}{3}.$$

(2)参数方程情形

设曲线弧由参数方程

$$\begin{cases} x = \varphi(t) \\ y = \psi(t), \end{cases} \alpha \leqslant t \leqslant \beta$$

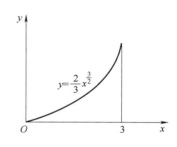

图 6.16

给出,其中 $\varphi(t),\psi(t)$ 在 $[\alpha,\beta]$ 上具有连续导数,下面将讨论如何计算该曲线弧的长度.

取参数 t 为积分变量,其变化区间为 $[\alpha,\beta]$,相应于 $[\alpha,\beta]$ 上任一小区间 $[t,t+\mathrm{d}t]$ 的弧长元素为

$$\mathrm{d}s = \sqrt{(\mathrm{d}x)^2 + (\mathrm{d}y)^2} = \sqrt{[\varphi'(t)\mathrm{d}t]^2 + [\psi'(t)\mathrm{d}t]^2} = \sqrt{\varphi'^2(t) + \psi'^2(t)}\,\mathrm{d}t,$$

于是所求弧长为

$$s = \int_\alpha^\beta \sqrt{\varphi'^2(t) + \psi'^2(t)}\,\mathrm{d}t.$$

例 10 计算由摆线 $\begin{cases} x = a(t - \sin t), \\ y = a(1 - \cos t) \end{cases}$ $(a > 0)$,相应于

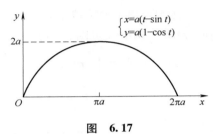

$0 \leqslant t \leqslant 2\pi$ 的一拱的长度(见图 6.17).

解 弧长元素为

$$\mathrm{d}s = \sqrt{[a(1 - \cos t)]^2 + (a\sin t)^2}\,\mathrm{d}t$$

$$= a\sqrt{2(1 - \cos t)}\,\mathrm{d}t = 2a\sin\frac{t}{2}\mathrm{d}t.$$

图 6.17

于是所求弧长为

$$s = \int_0^{2\pi} 2a\sin\frac{t}{2}\mathrm{d}t = 2a\left[-2\cos\frac{t}{2}\right]_0^{2\pi} = 8a.$$

(3) 极坐标情形

设曲线弧由极坐标方程

$$\rho = \rho(\theta),\ \alpha \leqslant \theta \leqslant \beta$$

给出,其中 $\rho(\theta)$ 在 $[\alpha,\beta]$ 上有连续导数,下面将讨论如何计算该曲线弧的长度.

由直角坐标与极坐标的转换关系可得

$$\begin{cases} x = \rho(\theta)\cos\theta, \\ y = \rho(\theta)\sin\theta \end{cases} (\alpha \leqslant \theta \leqslant \beta).$$

这即是以极角 θ 为参数的曲线的参数方程,于是弧长元素为

$$\mathrm{d}s = \sqrt{x'^2(\theta) + y'^2(\theta)}\,\mathrm{d}\theta = \sqrt{\rho^2(\theta) + \rho'^2(\theta)}\,\mathrm{d}\theta,$$

从而所求弧长为

$$s = \int_\alpha^\beta \sqrt{\rho^2(\theta) + \rho'^2(\theta)}\,\mathrm{d}\theta.$$

例 11 计算心形线 $\rho = a(1 + \cos\theta)$ $(a > 0)$(见图 6.18)的
弧长.

解 由于心形线对称于 x 轴,因此只要计算在 x 轴上方的半条
曲线的长再乘以 2 即可,取 θ 为积分变量,其变化区间为 $[0,\pi]$,则
弧长元素为

$$\mathrm{d}s = \sqrt{\rho^2(\theta) + \rho'^2(\theta)}\,\mathrm{d}\theta$$

$$= \sqrt{a^2(1 + \cos\theta)^2 + a^2(-\sin\theta)^2}\,\mathrm{d}\theta$$

$$= a\sqrt{2(1 + \cos\theta)}\,\mathrm{d}\theta = 2a\cos\frac{\theta}{2}\mathrm{d}\theta,$$

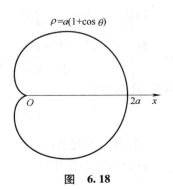

图 6.18

于是所求弧长

$$s = 2 \int_0^\pi 2a \cos \frac{\theta}{2} \, \mathrm{d}\theta = 4a \left[2\sin \frac{\theta}{2} \right]_0^\pi = 8a.$$

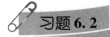

习题 6.2

1. 求由下列各组曲线所围成的图形的面积:

$(1) y = \dfrac{1}{2}x^2$ 和 $x^2 + y^2 = 8$(两部分都要计算);

$(2) y = \dfrac{1}{x}$ 与直线 $y = x$ 及 $x = 2$;

$(3) y = \mathrm{e}^x, y = \mathrm{e}^{-x}$ 与直线 $x = 1$;

$(4) y = \ln x, y$ 轴与直线 $y = \ln a, y = \ln b (b > a > 0)$.

2. 求抛物线 $y = -x^2 + 4x - 3$ 及其在点 $(0, -3)$ 和 $(3, 0)$ 处的切线所围成的图形的面积.

3. 求抛物线 $y^2 = 2px$ 及其在点 $\left(\dfrac{p}{2}, p \right)$ 处的法线所围成的图形的面积.

4. 求由下列各曲线所围成的图形的面积:

$(1) \rho = 2a \cos \theta$; $\qquad\qquad\qquad (2) x = a \cos^3 t, y = a \sin^3 t$;

$(3) \rho = 2a(2 + \cos \theta)$.

5. 计算由摆线 $\begin{cases} x = a(t - \sin t), \\ y = a(1 - \cos t) \end{cases} (a > 0)$,相应于 $0 \le t \le 2\pi$ 的一拱与横轴所围成图形的面积.

6. 求对数螺线 $\rho = a\mathrm{e}^\theta (-\pi \le \theta \le \pi)$ 及射线 $\theta = \pi$ 所围成图形的面积.

7. 求下列各曲线所围成图形的公共部分的面积

$(1) \rho = 3\cos \theta$ 及 $\rho = 1 + \cos \theta$; $\qquad (2) \rho = \sqrt{2} \sin \theta$ 及 $\rho^2 = \cos 2\theta$.

8. 设 $y = x^2$ 定义在 $[0, 1]$ 上,t 为 $[0, 1]$ 上任一点,问 t 为何值时,图 6.19 中两阴影部分的面积 S_1 和 S_2 之和具有最小值?

9. 计算底面是半径为 R 的圆,而垂直于底面上一条固定直径的所有截面都是等边三角形的立体体积(见图 6.20).

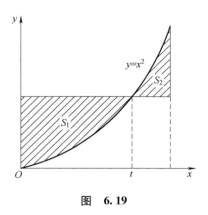

图 6.19

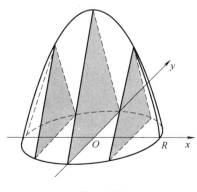

图 6.20

10. 由 $y = x^3, x = 2, y = 0$ 所围成的图形分别绕 x 轴及 y 轴旋转,计算所得两个旋转体的体积.

11. 求下列已知曲线所围成的图形,按指定的轴旋转所产生的旋转体的体积:

（1）$y = x^2, x = y^2$，绕 y 轴；

（2）$y = \arcsin x, x = 1, y = 0$，绕 x 轴；

（3）$x^2 + (y-5)^2 = 16$，绕 x 轴；

（4）摆线 $x = a(t - \sin t), y = a(1 - \cos t)$ 的一拱，$y = 0$，绕直线 $y = 2a$.

12. 求圆盘 $x^2 + y^2 \leqslant a^2$ 绕直线 $x = -b$（其中 $b > a > 0$）旋转所得旋转体的体积.

13. 设有一截锥体，其高为 h，上、下底均为椭圆，椭圆的轴长分别为 $2a$、$2b$ 和 $2A$、$2B$，求这截锥体的体积.

14. 设由抛物线 $y = 2x^2$ 和直线 $x = a, x = 2$ 及 $y = 0$ 所围成的平面图形为 D_1，由抛物线 $y = 2x^2$ 和直线 $x = a$ 及 $y = 0$ 所围成的平面图形为 D_2，其中 $0 < a < 2$（见图 6.21）.

（1）试求 D_1 绕 x 轴旋转而成的旋转体体积 V_1，D_2 绕 y 轴旋转而成的旋转体体积 V_2；

（2）问当 a 为何值时，$V_1 + V_2$ 取得最大值？试求此最大值.

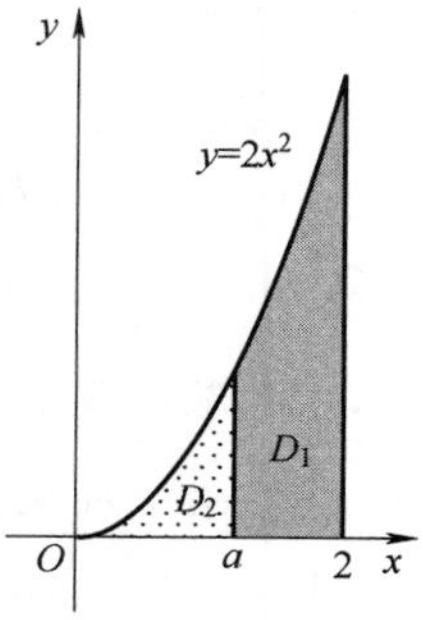

15. 计算曲线 $y = \ln x$ 相应于 $\sqrt{3} \leqslant x \leqslant \sqrt{8}$ 的一段弧的长度.

16. 计算抛物线 $y^2 = 2px$ 从顶点到这曲线上的一点 $M(x, y)$ 的弧长.

17. 计算星形线 $x = a\cos^3 t, y = a\sin^3 t$（见图 6.22）的全长.

18. 将绕在圆（半径为 a）上的细线放开拉直，使细线与圆周始终相切（见图 6.23），细线端点画出的轨迹叫作圆的渐伸线，它的方程为

$$x = a(\cos t + t\sin t), \quad y = a(\sin t - t\cos t),$$

算出这曲线上相应于 $0 \leqslant t \leqslant \pi$ 的一段弧的长度.

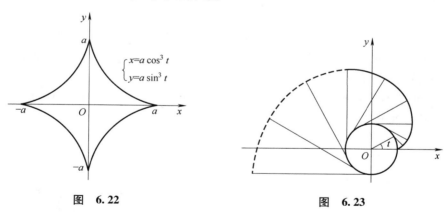

图 6.22

图 6.23

19. 求对数螺线 $\rho = e^{a\theta}$ 相应于 $0 \leqslant \theta \leqslant \varphi$ 的一段弧长.

6.3 定积分在物理学上的应用

1. 变力沿直线所做的功

从物理学知道，如果物体在做直线运动的过程中有一个不变的力 F 作用在这物体上，且这力的方向与物体运动的方向一致，那么，在物体移动了距离 s 时，力 F 对物体所做的功为

$$W = Fs.$$

如果物体在运动过程中所受到的力是变化的,这就会遇到变力对物体做功的问题. 下面通过具体例子说明如何计算变力所做的功.

例1 在底面积为 S 的圆柱形容器中盛有一定量的气体. 在等温条件下,由于气体的膨胀,把容器中的一个活塞(面积为 S)从点 a 处推移到点 b 处(见图 6.24). 计算在移动过程中,气体压力所做的功.

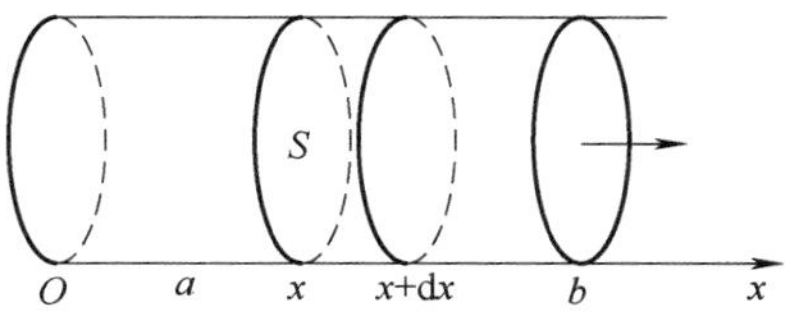

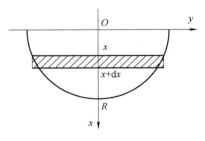

图 6.24

解 取坐标系如图 6.24 所示. 活塞的位置可以用坐标 x 来表示. 由物理学知道,一定量的气体在等温条件下,压强 p 与体积 V 的乘积是常数 k,即

$$pV = k \quad \text{或} \quad p = \frac{k}{V},$$

因为 $V = xS$,所以

$$p = \frac{k}{xS}.$$

于是,作用在活塞上的力

$$F = pS = \frac{k}{xS} \cdot S = \frac{k}{x}.$$

在气体膨胀过程中,体积 V 是变的,因而 x 也是变的,所以作用在活塞上的力也是变的.

取 x 为积分变量,它的变换区间为 $[a,b]$. 设 $[x,x+\mathrm{d}x]$ 为 $[a,b]$ 上任一小区间,当活塞从 x 移动到 $x+\mathrm{d}x$ 时,变力 F 所做的功近似于 $\frac{k}{x}\mathrm{d}x$,即功元素为

$$\mathrm{d}W = \frac{k}{x} \, \mathrm{d}x,$$

于是所求的功为

$$W = \int_a^b \frac{k}{x} \, \mathrm{d}x = k\left[\ln x\right]_a^b = k\ln\frac{b}{a}.$$

例2 半径为 R 的半球形水池充满水,现把水池中水全部抽尽,问需做功多少?

解 建立坐标系如图 6.25 所示,则在此半球形水池截面中圆的方程为

$$x^2 + y^2 = R^2.$$

取 x 为积分变量,$[0,R]$ 为积分区间,把 x 到 $x+\mathrm{d}x$ 这一薄层水抽出时所做的元素功为

$$\mathrm{d}W = \pi y^2 \mathrm{d}x \cdot x \cdot 10^3 g \quad (\text{J})$$
$$= \pi(R^2 - x^2) x \cdot 10^3 g \, \mathrm{d}x \quad (\text{J}),$$

从而把半球形水池中水全部抽出时所做的功为

$$W = \int_0^R 10^3 g\pi(R^2 - x^2)x\mathrm{d}x = \frac{\pi g}{4}R^4 \cdot 10^3 \quad (\text{J}).$$

图 6.25

2. 液体的压力

由物理学知,在深度 h 处液体的压强 $p = \rho g h$,这里 ρ 为液体的密度,g 为重力加速度,且在同

一深度处各方向的压强相等. 若液体为水, 则水的密度 $\rho = 10^3 \text{kg/m}^3$.

如果有一面积为 A 的平板, 水平放置在液体深度为 h 处, 则此平板一侧所受压力为

$$F = pA = \rho ghA.$$

如果平板铅直放置在液体中, 那么, 由于深度不同的点压强不相等, 平板一侧所受的压力就不能用上述方法计算. 下面举例说明它的计算方法.

例 3 设一闸门为等腰梯形, 其上底为 6m, 下底为 2m, 高为 10m, 求当水满至闸门顶沿时, 闸门所受的水压力 F.

解 如图 6.26 所示, 建立坐标系, BC 的方程为

$$y = 3 - \frac{x}{5},$$

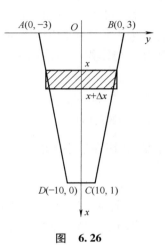

取 x 为积分变量, 它的变化区间为 $[0, 10]$, 则宽为 dx, 长为 $2\left(3 - \frac{x}{5}\right)$ 的窄矩形面积为 $dA = 2\left(3 - \frac{x}{5}\right)dx$, 从而, 窄梯形小板所受的压力元素为

$$dF = \rho gh \cdot dA = 10^3 gx \cdot 2\left(3 - \frac{x}{5}\right)dx,$$

因而闸门所受到的水压力为

$$F = \int_0^{10} 2 \cdot 10^3 g\left(3x - \frac{x^2}{5}\right)dx = \frac{500}{3} \times 10^3 g(\text{N}).$$

图 6.26

3. 引力

从物理学知道, 质量分别为 m_1, m_2, 相距为 r 的两个质点间的引力的大小为

$$F = G\frac{m_1 m_2}{r^2},$$

其中 G 为引力系数, 引力的方向沿着两质点的连续方向.

如要计算一根细棒对一个质点的引力, 那么, 由于细棒上各点与该质点的距离是变化的, 且各点对该质点的引力的方向也是变化的, 因此就不能用上述公式来计算. 下面举例说明它的计算方法.

例 4 设有一长度为 l, 线密度为 μ 的均匀细直棒, 在其中垂线上距棒 a 单位处有一质量为 m 的质点 M. 试计算该棒对质点 M 的引力.

解 取坐标系如图 6.27 所示, 使棒位于 y 轴上, 质点 M 位于 x 轴上, 棒的中点为原点 O. 取 y 为积分变量, 它的变化区间为 $\left[-\frac{l}{2}, \frac{l}{2}\right]$. 设 $[y, y+dy]$ 为 $\left[-\frac{l}{2}, \frac{l}{2}\right]$ 上任一小区间, 把细直棒上相应于 $[y, y+dy]$ 的一小段近似地看成质点, 其质量为 μdy, 与 M 相距 $r = \sqrt{a^2 + y^2}$. 因此可以按照两质点间的引力计算公式求出这小段细直棒对质点 M 的引力 ΔF 的大小为

$$\Delta F \approx G\frac{m\mu \, dy}{a^2 + y^2},$$

从而求出 ΔF 在水平方向分力 ΔF_x 的近似值, 即细直棒对质点 M 的引力在水平方向分力 F_x 的元素为

$$\mathrm{d}F_x = -G\frac{am\mu\,\mathrm{d}y}{(a^2 + y^2)^{\frac{3}{2}}}.$$

于是得引力在水平方向分力为

$$F_x = -\int_{-\frac{l}{2}}^{\frac{l}{2}} \frac{Gam\mu}{(a^2 + y^2)^{\frac{3}{2}}}\mathrm{d}y = -\frac{2Gm\mu l}{a}\cdot\frac{1}{\sqrt{4a^2 + l^2}},$$

由对称性知,引力在铅直方向分力为 $F_y = 0$.

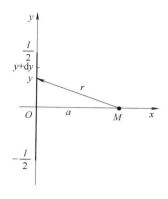

图 6.27

当细直棒的长度 l 很大时,可视 l 趋于无穷. 此时,引力的大小为 $\dfrac{2Gm\mu}{a}$,方向与细棒垂直且由点 M 指向细棒.

习题 6.3

1. 由实验知道,弹簧在拉伸过程中,需要的力 F(单位:N)与伸长量 s(单位:cm)成正比,即

$$F = ks(k \text{ 是比例常数}).$$

如果把弹簧由原长拉伸 6cm,计算所做的功.

2. 直径为 20cm、高为 80cm 的圆筒内充满压强为 $10\mathrm{N/cm^2}$ 的蒸汽. 设温度保持不变,要使蒸汽体积缩小一半,问需要做多少功?

3. 一物体按规律 $x = ct^3$ 做直线运动,介质的阻力与速度的平方成正比. 计算物体由 $x = 0$ 移到 $x = a$ 时,克服介质阻力所做的功.

4. 用铁锤将一铁钉击入木板,设木板对铁钉的阻力与铁钉击入木板的深度成正比,在击第一次时,将铁钉击入木板 1cm. 如果铁锤每次打击铁钉所做的功相等,问锤击第二次时,铁钉又击入木板多少?

5. 设一圆锥形贮水池,深 15m,口径 20m,盛满水,今以泵将水吸尽,问要做多少功?

6. 有一闸门,它的形状和尺寸如图 6.28 所示,水面超过门顶 2m. 求闸门上所受的水压力.

7. 洒水车上的水箱是一个横放的椭圆柱体,尺寸如图 6.29 所示. 当水箱装满水时,计算水箱的一个侧面所受的压力.

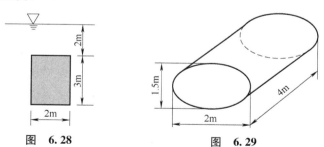

图 6.28　　　　　　　　图 6.29

8. 一底为 8cm、高为 6cm 的等腰三角形片,铅直地沉没在水中,顶在上,底在下且与水面平行,而顶离水面 3cm,试求它每面所受的压力.

9. 设有一长度为 l、线密度为 μ 的均匀细直棒,在与棒的一端垂直距离为 a 单位处有一质量为 m 的质点 M. 试求这细棒对质点 M 的引力.

10. 设有一半径为 R、中心角为 φ 的圆弧形细棒,其线密度为常数 μ. 在圆心处有一质量为 m 的质点 M. 试求这细棒对质点 M 的引力.

11. 2020 年 6 月 23 日,我国第 55 颗北斗导航卫星在西昌卫星发射中心,搭载长征三号乙运载火箭成功发射. 这也是北斗三号最后一颗全球组网卫星,至此,北斗三号全球卫星导航系统星座部署全面完成. 假设一颗人造地球卫星的质量为 173kg,在高于地面 630km 处进入轨道,问把这颗卫星从地面送到 630km 的高空处,克服地球引力要作多少功? 已知 $g = 9.8\text{m}/\text{s}^2$,地球半径 $R = 6370\text{km}$.

第 6 章小结

本章主要讨论了用定积分理论来分析和解决一些几何、物理问题中的一种常用方法——元素法,并用此方法给出定积分在几何、物理问题上的常见结论. 本章的重点是元素法,熟练掌握此法对加深定积分实质的理解及用定积分解决实际问题有很大帮助. 本章的基本要求是:

1. 了解定积分的元素法,理解一个实际问题能够用定积分解决的条件,掌握用元素法解决问题的方法和步骤.

2. 掌握利用直角坐标系和极坐标系计算各种平面图形面积的方法.

3. 掌握旋转体的体积计算方法.

4. 了解平行截面面积为已知的立体体积的计算方法.

5. 掌握各种不同形式表示的曲线的弧长计算方法.

6. 掌握用定积分计算一些物理量(功、引力、压力).

本章主要内容如下:

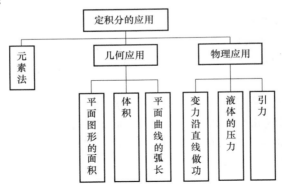

微信扫描右侧二维码,可获得本章更多知识.

总习题 6

1. 填空题:

(1) 曲线 $y = x^3 - 5x^2 + 6x$ 与 x 轴所围成的图形的面积 $A = $ _____.

(2) 曲线 $y = \dfrac{\sqrt{x}}{3}(3 - x)$ 上相应于 $1 \leqslant x \leqslant 3$ 的一段弧的长度 $s = $ _____.

2. 选择题:

(1) 设 x 轴上有一长度为 l、线密度为 μ 的细棒,在与细棒右端的距离为 a 处有一质量为 m 的质点 M(见图 6.30),已知万有引力常量为 G,则质点 M 与细棒之间的引力的大小为( ).

(A) $\int_{-l}^{0} \dfrac{Gm\mu}{(a-x)^{2}}\,\mathrm{d}x$ 　　　　　　　　(B) $\int_{0}^{l} \dfrac{Gm\mu}{(a-x)^{2}}\,\mathrm{d}x$

(C) $2\int_{-\frac{l}{2}}^{0} \dfrac{Gm\mu}{(a+x)^{2}}\,\mathrm{d}x$ 　　　　　　(D) $2\int_{0}^{\frac{l}{2}} \dfrac{Gm\mu}{(a+x)^{2}}\,\mathrm{d}x$

(2) 设在区间 $[a,b]$ 上, $f(x)>0$, $f'(x)>0$, $f''(x)<0$. 令 $A_{1}=\int_{a}^{b}f(x)\,\mathrm{d}x$, $A_{2}=f(a)(b-a)$, $A_{3}=\dfrac{1}{2}[f(a)+f(b)](b-a)$, 则有 (　　).

(A) $A_{1}<A_{2}<A_{3}$ 　　　　　　　　(B) $A_{2}<A_{1}<A_{3}$

(C) $A_{3}<A_{1}<A_{2}$ 　　　　　　　　(D) $A_{2}<A_{3}<A_{1}$

3. 一金属棒长 3m, 离棒左端 x m 处的线密度 $\rho(x)=\dfrac{1}{\sqrt{x+1}}$ kg/m. 问 x 为何值时, $[0,x]$ 一段的质量为全棒质量的一半?

4. 求由曲线 $\rho=a\sin\theta$, $\rho=a(\cos\theta+\sin\theta)$ $(a>0)$ 所围图形公共部分的面积.

5. 如图 6.30 所示, 从下到上依次有三条曲线: $y=x^{2}$, $y=2x^{2}$ 和 C, 假设对曲线 $y=2x^{2}$ 上的任一点 P, 所对应的面积 A 和 B 恒相等, 求曲线 C 的方程.

6. 设抛物线 $y=ax^{2}+bx+c$ 通过点 $(0,0)$, 且当 $x\in[0,1]$ 时, $y\geqslant0$. 试确定 a,b,c 的值, 使得抛物线 $y=ax^{2}+bx+c$ 与直线 $x=1$, $y=0$ 所围图形的面积为 $\dfrac{4}{9}$, 且使该图形绕 x 轴旋转而成的旋转体的体积最小.

7. 过坐标原点作曲线 $y=\ln x$ 的切线, 该切线与曲线 $y=\ln x$ 及 x 轴围成平面图形 D.

(1) 求平面图形 D 的面积 A;

(2) 求平面图形 D 绕直线 $x=\mathrm{e}$ 旋转一周所得旋转体的体积 V.

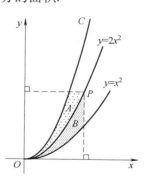

图 6.30

8. 求由曲线 $y=x^{3/2}$, 直线 $x=4$ 及 x 轴所围图形绕 y 轴旋转而成的旋转体的体积.

9. 求圆盘 $(x-2)^{2}+y^{2}\leqslant1$ 绕 y 轴旋转而成的旋转体的体积.

10. 求抛物线 $y=\dfrac{1}{2}x^{2}$ 被圆 $x^{2}+y^{2}=3$ 所截下的有限部分的弧长.

11. 半径为 r 的球沉入水中, 球的上部与水面相切, 球的密度与水相同, 现将球从水中取出, 需做多少功?

12. 边长为 a 和 b 的矩形薄板, 与液面成 α 角斜沉于液面内, 长边平行于液面而位于深 h 处, 设 $a>b$, 液体的密度为 ρ, 试求薄板每面所受的压力.

13. 设星形线 $x=a\cos^{3}t$, $y=a\sin^{3}t$ 上每一点处的线密度的大小等于该点到原点距离的立方, 在原点 O 处有一单位质点, 求星形线在第一象限的弧段对这质点的引力.

14. 某建筑工地打地基时, 需用汽锤将桩打进土层. 汽锤每次击打, 都要克服土层对桩的阻力而做功. 设土层对桩的阻力的大小与桩被打进地下的深度成正比 (比例系数为 k, $k>0$). 汽锤第一次击打将桩打进地下 a m. 根据设计方案, 要求汽锤每次击打桩时所做的功与前一次击打时所做的功之比为常数 r $(0<r<1)$. 问:

(1) 汽锤击打桩 3 次后, 可将桩打进地下多深?

(2) 若击打次数不限, 则汽锤至多能将桩打进地下多深?

第 7 章

微 分 方 程

　　微分方程的研究来源极广,历史悠远.牛顿和莱布尼茨创造微分和积分的运算时,提出微分和积分的互递性,这解决了最简单的微分方程的求解问题.当人们用微积分学去研究几何学、力学、物理学所提出的问题时,微分方程就大量地涌现出来.17 世纪人们提出了弹性问题,这类问题引出了悬链线方程、振动弦的方程等.20 世纪以来,随着大量的边缘科学诸如电磁流体力学、化学流体力学、动力气象学、海洋动力学、地下水动力学等的产生和发展,出现了大量新型的微分方程(特别是方程组).在当代,甚至许多社会科学的问题也会导致微分方程,如人口发展模型、交通流模型等.因而微分方程的研究与人类社会的发展密切相关.

　　那么,什么是微分方程呢?函数是客观事物内部联系在数量方面的反映,利用函数关系又可以对客观事物的规律性进行研究.然而这些函数关系往往隐含在与其导数或微分的联系之中,由在个别点的局部(或瞬间)的微观属性,推导在某个区间上整体(或全过程)的宏观关系,这便形成了微分方程.在这一章主要介绍微分方程的基本概念,以及几类常见微分方程的求解方法.

7.1　微分方程的基本概念

　　微分方程是在一元函数微积分基础上发展起来的,它是描述物体运动规律,建立数学模型的重要手段之一.微分方程的实际背景很明显,首先我们通过几个具体的实际例子来引入微分方程的概念.

1. 三个实例

　　例 1　已知平面上一曲线通过点 $(1,2)$,且该曲线上任意一点 $M(x,y)$ 处的切线的斜率为 $2x$,求此曲线方程.

　　解　设所求曲线方程为 $y=y(x)$,由导数的几何意义可知,曲线上任一点 (x,y) 处切线的斜率为 $\dfrac{\mathrm{d}y}{\mathrm{d}x}$,根据题意未知函数 $y=y(x)$ 应满足关系式

$$\frac{\mathrm{d}y}{\mathrm{d}x}=2x, \tag{7.1.1}$$

　　另外,未知函数还应满足下列条件:

$$y\big|_{x=1}=2, \tag{7.1.2}$$

将式(7.1.1)两端积分,得

$$y = \int 2x \, \mathrm{d}x,$$

即

$$y = x^2 + C, \tag{7.1.3}$$

利用已知条件 $y\big|_{x=1} = 2$,可定出 $C = 1$. 于是,所求曲线方程为

$$y = x^2 + 1. \tag{7.1.4}$$

例2 自由落体运动. 设落体 B 从离地面为 h 的空中铅直下落(见图7.1),初速度为 v,求落体 B 的位置坐标 $y = y(t)$ 随时间 t 的变化规律.

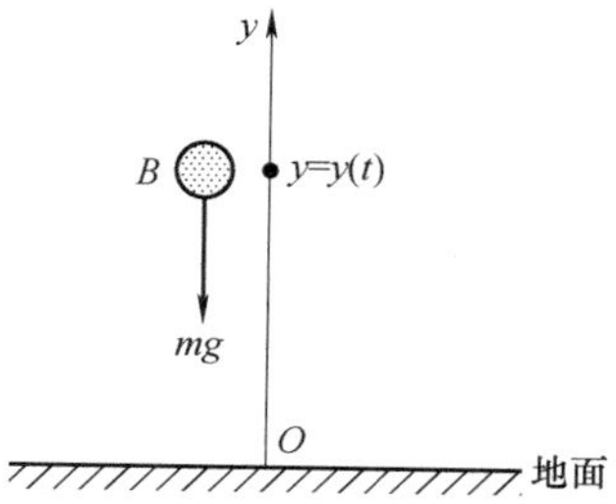

解 由导数的物理意义可知,落体 B 在时刻 t 的加速度为 $\dfrac{\mathrm{d}^2 y}{\mathrm{d}t^2}$. 设 B 的质量为 m,则它的惯性力为 my''. 因为 B 是自由落体运动,故所受外力只有重力 mg. 考虑到坐标轴 y 的正向朝上,重力朝下应为负,根据牛顿第二运动定律,得

$$m\frac{\mathrm{d}^2 y}{\mathrm{d}t^2} = -mg,$$

即

$$\frac{\mathrm{d}^2 y}{\mathrm{d}t^2} = -g, \tag{7.1.5}$$

积分两次,得

$$y = -\frac{1}{2}gt^2 + C_1 t + C_2. \tag{7.1.6}$$

其中 C_1, C_2 为两个独立的任意常数. 将条件

$$y(0) = h, \; y'(0) = v \tag{7.1.7}$$

代入式(7.1.6),定出 $C_2 = h, C_1 = v$. 因此,自由落体 B 的运动规律为

$$y = -\frac{1}{2}gt^2 + vt + h. \tag{7.1.8}$$

例3 单摆运动. 取一长为 l 的无伸缩的细线(质量忽略不计),一端固定于点 O,另一端系有质量为 m 的质点 B,构成一个单摆. 今设此单摆在其平衡位置 OA 附近做微小振动,且最大偏角为 θ_0(见图7.2). 若开始时刻 $t = 0$,单摆处于平衡位置,求偏角 θ 随时间 t 的变化规律.

解 设在时刻 t,单摆的偏角 $\theta = \theta(t)$. 由于细线无伸缩性,当单摆振动时,质点 B 只能在半径为 l 的圆弧上运动. 根据力的分解,质点 B 的重力 mg 沿细线方向的分力与细线的拉力相抵消,只有沿圆弧切线方向的分力 $mg\sin\theta$,总使单摆回复到平衡位置 OA(见图7.2). 而质点 B 到平衡位置 A 的弧长 $s = l\theta$,故质点 B 的惯性力为

图 **7.1**

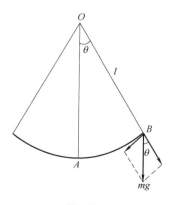

图 **7.2**

$$m \frac{\mathrm{d}^2 s}{\mathrm{d}t^2} = ml \frac{\mathrm{d}^2 \theta}{\mathrm{d}t^2},$$

在不计阻力的情况下,由牛顿第二运动定律得

$$ml \frac{\mathrm{d}^2 \theta}{\mathrm{d}t^2} = -mg \sin \theta,$$

若有阻力,其大小与速度 $\frac{\mathrm{d}s}{\mathrm{d}t}$ 成正比,则有

$$ml \frac{\mathrm{d}^2 \theta}{\mathrm{d}t^2} = -mg \sin \theta - kl \frac{\mathrm{d}\theta}{\mathrm{d}t},$$

其中常数 $k(k>0)$ 为阻尼系数.

若还有外力 $f(t)$ 作用于摆锤 B 上,则单摆的振动方程为

$$ml \frac{\mathrm{d}^2 \theta}{\mathrm{d}t^2} = -mg \sin \theta - kl \frac{\mathrm{d}\theta}{\mathrm{d}t} + f(t),$$

即

$$ml \frac{\mathrm{d}^2 \theta}{\mathrm{d}t^2} + kl \frac{\mathrm{d}\theta}{\mathrm{d}t} + mg \sin \theta = f(t),$$

当 $|\theta| \ll l$ 时,$\sin \theta \approx \theta$,于是线性化,得

$$ml \frac{\mathrm{d}^2 \theta}{\mathrm{d}t^2} + kl \frac{\mathrm{d}\theta}{\mathrm{d}t} + mg\theta = f(t), \tag{7.1.9}$$

要求单摆运动规律 $\theta = \theta(t)$,就是要求方程(7.1.9)满足条件

$$\theta(0) = 0, \theta'(0) = \sqrt{\frac{g}{l}} \theta_0 \tag{7.1.10}$$

的解.

2. 微分方程的基本概念

从以上几个例子可以看到,在许多实际问题中,往往不能或不易直接得到所需要的函数关系. 但是却可以根据问题的条件,列出未知函数及其导数或微分的关系式,这种关系式就是微分方程. 然后,由此来寻找出函数关系.

定义 1　凡含有一元未知函数的导数或微分的方程,称为**常微分方程**,简称**微分方程**. 微分方程中含有的未知函数的最高阶导数的阶数称为微分方程的**阶**.

若记自变量为 x,未知函数为 $y = y(x)$,则 n 阶微分方程的一般形式是

$$F(x, y, y', \cdots, y^{(n)}) = 0. \tag{7.1.11}$$

例如前面出现的式(7.1.1)是一阶微分方程,式(7.1.5)与式(7.1.9)都是二阶微分方程.

定义 2　若函数 $y = y(x)$ 在区间 I 上存在 n 阶导数,且满足:

$$F(x, y(x), y'(x), \cdots, y^{(n)}(x)) = 0, x \in I,$$

则称函数 $y = y(x)$ 是 n 阶微分方程(7.1.11)在 I 上的一个解. 若 n 阶微分方程的解中含有 n 个任意常数,这样的解称为微分方程的**通解**,确定了通解中的任意常数以后的解称为它的**特解**.

例如,式(7.1.3)是微分方程(7.1.1)的通解,式(7.1.4)是其特解. 式(7.1.6)是微分方程(7.1.5)的通解,式(7.1.8)是它的特解.

由于通解中含有任意常数,所以它还不能完全确定地反映某一客观事物的规律性;要完全

确定地反映客观事物的规律性,必须确定这些常数的值. 为此,要根据问题的实际情况,提出确定这些常数的条件.

定义 3 由微分方程的通解确定特解的条件称为**定解条件**.

一般地,定解条件就是所谓的初始条件. 一阶微分方程的初始条件是 $y(x_0) = y_0$;二阶微分方程的初始条件是 $y(x_0) = y_0$ 和 $y'(x_0) = y_0'$ 等. 例如,式(7.1.2)是微分方程(7.1.1)的初始条件;式(7.1.7)是微分方程(7.1.5)的初始条件;式(7.1.10)是微分方程(7.1.9)的初始条件.

一般来说,一阶微分方程有一个初始条件;二阶微分方程有两个初始条件;…n 阶微分方程有 n 个初始条件.

微分方程与其定解条件一起构成了微分方程的定解问题,称为**初值问题**或**柯西问题**. 如例 1 可表为求解微分方程初值问题:

$$\begin{cases} \dfrac{\mathrm{d}y}{\mathrm{d}x} = 2x, \\ y(1) = 2. \end{cases}$$

例 2 可表为求解微分方程初值问题:

$$\begin{cases} y'' = -g, \\ y(0) = h, y'(0) = v. \end{cases}$$

根据定义 3 可知,解微分方程初值问题的步骤是:首先解微分方程,求出其通解;然后,由初始条件来确定通解中任意常数的值,得出所要的特解.

微分方程的特解 $y = y(x)$ 所表示的曲线,称为**微分方程的积分曲线**;通解所对应的曲线族,称为**微分方程的积分曲线族**.

例 4 验证函数 $y = C_1 \cos 2x + C_2 \sin 2x$ 为微分方程

$$\frac{\mathrm{d}^2 y}{\mathrm{d}x^2} + 4y = 0 \tag{7.1.12}$$

的通解,其中 C_1, C_2 为任意常数,并求在初始条件 $y(0) = 3, y'(0) = -2$ 下的特解.

解 由 $y = C_1 \cos 2x + C_2 \sin 2x$ 得

$$\frac{\mathrm{d}y}{\mathrm{d}x} = -2C_1 \sin 2x + 2C_2 \cos 2x,$$

$$\frac{\mathrm{d}^2 y}{\mathrm{d}x^2} = -4C_1 \cos 2x - 4C_2 \sin 2x = -4y,$$

可知 $y = C_1 \cos 2x + C_2 \sin 2x$ 是二阶微分方程(7.1.12)的解,其中又含有两个独立的任意常数 C_1 和 C_2,所以它是通解.

再由初始条件,得

$$3 = y(0) = C_1, \quad -2 = y'(0) = 2C_2,$$

即 $C_1 = 3, C_2 = -1$. 于是初值问题的特解为

$$y = 3\cos 2x - \sin 2x.$$

注意,微分方程的通解不一定包含微分方程的所有解. 例如,微分方程 $\dfrac{\mathrm{d}y}{\mathrm{d}x} = 2xy^2$ 的通解 $y = -\dfrac{1}{x^2 + C}$ 不包含其特解 $y = 0$.

习题 7.1

1. 检验下列各题中所给函数是否为所给微分方程的解,是通解还是特解?

(1) $y' - 2y = 0$; $y = \sin 2x$, $y = e^{2x}$, $y = 4e^{2x}$, $y = Ce^{2x}$;

(2) $xy' = y\left(1 + \ln\frac{y}{x}\right)$; $y = x$, $y = xe^{Cx}$;

(3) $y'' + y = 0$; $y = 3\cos x - 4\sin x$, $y = C_1\cos x + C_2\sin x$;

(4) $y' - 2xy = 1$; $y = e^{x^2}\int_0^x e^{-t^2}\,dt + e^{x^2}$.

2. 试说出下列各微分方程的阶数.

(1) $x(y')^2 - 2yy' + x = 0$;　　　　　(2) $x^2y'' - xy' + y = 0$;

(3) $L\dfrac{d^2Q}{dt^2} + R\dfrac{dQ}{dt} + \dfrac{Q}{C} = 0$;　　(4) $\dfrac{d\rho}{d\theta} + \rho = \sin^2\theta$.

3. 设微分方程的通解为 $y = C_1\sin(x + C_2)$,求满足初始条件 $y(\pi) = 1$,$y'(\pi) = 0$ 的一个特解.

4. 求微分方程 $y' = x^2$ 的通解,并求满足初始条件 $y(0) = 1$ 的特解,作出积分曲线和积分曲线族的图形.

5. 求解下列初值问题:

(1) $\begin{cases} y' = 3e^{-x}, \\ y(0) = 0; \end{cases}$　　　　　　(2) $\begin{cases} y'' = \dfrac{1}{x}, \\ y(1) = 0, y'(1) = 0. \end{cases}$

6. 求下列条件确定的曲线所满足的微分方程:

(1) 曲线在点 (x, y) 处的切线的斜率等于该点横坐标的平方;

(2) 曲线上点 $P(x, y)$ 处的法线与 x 轴的交点为 Q,且线段 PQ 被 y 轴平分.

7.2　可分离变量的微分方程

一阶微分方程的一般形式为

$$y' = f(x, y) \quad \text{或} \quad F(x, y, y') = 0.$$

微分方程的一个中心问题是求解. 但是,微分方程的求解问题一般是很困难的. 对某些特殊类型的微分方程,人们总结出了一些有效的解法. 因此只有分清微分方程的类型,才能把握好求解的方法,即"一把钥匙,开一把锁". 本节到 7.4 节,我们讨论几类特殊的一阶微分方程的求解方法.

1. 可分离变量的微分方程的定义及求解方法

形如

$$\frac{dy}{dx} = f(x)g(y) \tag{7.2.1}$$

的一阶微分方程,称为可分离变量的微分方程,其中 $f(x)$ 和 $g(y)$ 为已知的连续函数.

若 $g(y) \neq 0$,则微分方程 (7.2.1) 可以写成

$$\frac{\mathrm{d}y}{g(y)} = f(x)\,\mathrm{d}x. \tag{7.2.2}$$

方程(7.2.2)的一端只含 y 的函数与 $\mathrm{d}y$,另一端只含 x 的函数与 $\mathrm{d}x$. 这样将式(7.2.1)化为式(7.2.2)的做法,称为**分离变量法**;**分离变量法**是用来求解某些一阶微分方程的一个基本方法. 设微分方程(7.2.1)有解 $y = y(x)$,代入微分方程(7.2.2)后得到恒等式

$$\frac{\mathrm{d}y}{g(y(x))} = f(x)\,\mathrm{d}x,$$

两端积分,由积分形式不变性,得

$$\int \frac{\mathrm{d}y}{g(y)} = \int f(x)\,\mathrm{d}x + C, \tag{7.2.3}$$

其中 C 为任意常数,$\int \dfrac{\mathrm{d}y}{g(y)}$ 表示函数 $\dfrac{1}{g(y)}$ 的一个原函数,$\int f(x)\,\mathrm{d}x$ 表示函数 $f(x)$ 的一个原函数. 这样一来,就得到微分方程(7.2.1)的一个**隐式解**(7.2.3),且是**通解**.

注意,若存在常数 $\bar{y}$,使得 $g(\bar{y}) = 0$,那么将 $y = \bar{y}$ 代入微分方程(7.2.1),可知它是该微分方程的一个特解. 而这种解往往在进行分离变量时丢失,且又不包含在通解中,故需要补充到通解中.

2. 可分离变量的微分方程的典型例题

例 1　求下列微分方程

$$\frac{\mathrm{d}y}{\mathrm{d}x} = 2xy$$

的通解.

解　当 $y \neq 0$ 时,将原微分方程分离变量,得

$$\frac{\mathrm{d}y}{y} = 2x\,\mathrm{d}x,$$

两端积分

$$\int \frac{\mathrm{d}y}{y} = \int 2x\,\mathrm{d}x,$$

即可得

$$\ln|y| = x^2 + C_1,$$

故得微分方程的通解为

$$y = \pm \mathrm{e}^{x^2 + C_1} = \pm \mathrm{e}^{C_1} \mathrm{e}^{x^2}.$$

因 $\pm \mathrm{e}^{C_1}$ 是任意非零常数,又 $y = 0$ 也是微分方程的解,故得微分方程的通解

$$y = C\mathrm{e}^{x^2} \ (C \text{ 为任意常数}).$$

例 2　求解微分方程

$$\frac{\mathrm{d}y}{\mathrm{d}x} = -\frac{\sqrt{1-y^2}}{x^2 y}.$$

解　当 $1 - y^2 \neq 0$ 时,将原微分方程分离变量,得

$$-\frac{y\,\mathrm{d}y}{\sqrt{1-y^2}} = \frac{\mathrm{d}x}{x^2},$$

两端积分,得

$$\sqrt{1-y^2} = -\frac{1}{x} + C,$$

即可得微分方程的通解为

$$\sqrt{1-y^2} + \frac{1}{x} = C.$$

由于 $y = \pm 1$ 也是原微分方程的解,且不包含在通解中,故应补上. 于是微分方程的所有解为

$$\sqrt{1-y^2} + \frac{1}{x} = C \text{ 及 } y = \pm 1 (C \text{ 为任意常数}).$$

例 3 求微分方程 $\frac{dy}{dx} = x \cot y$ 的通解.

解 将原微分方程改写为

$$\tan y \, dy = x \, dx,$$

两端积分,则有

$$-\ln |\cos y| = \frac{1}{2}x^2 - \ln |C| \text{（为了方便起见,将任意常数写成 } \ln |C|\text{）},$$

即

$$|\cos y| = |C| e^{-\frac{1}{2}x^2},$$

因此,所求微分方程的通解为

$$e^{\frac{1}{2}x^2} \cos y = C (C \text{ 为任意常数}).$$

例 4 求解初值问题

$$\begin{cases} y(1+x^2) dy = x(1+y^2) dx, \\ y\big|_{x=0} = 1. \end{cases}$$

解 将微分方程分离变量,得

$$\frac{y \, dy}{1+y^2} = \frac{x \, dx}{1+x^2},$$

两端积分,得

$$\frac{1}{2}\ln(1+y^2) = \frac{1}{2}\ln(1+x^2) + \frac{1}{2}\ln C.$$

即

$$1+y^2 = C(1+x^2).$$

由初始条件 $y\big|_{x=0} = 1$,定出 $C = 2$,故所求特解为 $y^2 = 2x^2 + 1$.

 **习题 7.2**

1. 求下列所给微分方程的通解:

(1) $x \dfrac{dy}{dx} - y \ln y = 0$;

(2) $\dfrac{dy}{dx} = \dfrac{\sqrt{1-y^2}}{\sqrt{1-x^2}}$;

(3) $x(y^2-1) dx + y(x^2-1) dy = 0$;

(4) $x \, dx + y e^{-x} dy = 0$;

(5) $\sec^2 x \tan y \, dx + \sec^2 y \tan x \, dy = 0$;

(6) $\dfrac{dy}{dx} = 10^{x+y}$;

（7）$(e^{x+y} - e^x) dx + (e^{x+y} + e^y) dy = 0$;　　　　（8）$y dx + (x^2 - 4x) dy = 0$.

2. 求下列微分方程满足所给初值条件的特解：

（1）$y' = e^{2x-y}, y|_{x=0} = 0$;　　　　（2）$y' \sin x = y \ln y, y|_{x=\frac{\pi}{2}} = e$;

（3）$\cos x \sin y dy = \cos y \sin x dx, y|_{x=0} = \dfrac{\pi}{4}$;

（4）$\cos y dx + (1 + e^{-x}) \sin y dy = 0, y|_{x=0} = \dfrac{\pi}{4}$.

3. 有一盛满水的圆锥形漏斗,高为 10cm,顶角为 60°,漏斗下面有面积为 $0.5 \mathrm{cm}^2$ 的孔,求水面高度变化的规律及水流完所需时间.

4. 一曲线通过点 $(2,3)$,它在两坐标轴间的任意切线线段被切点所平分,求此曲线.

7.3　齐次微分方程

1. 齐次微分方程的概念及求解方法

形如

$$\frac{dy}{dx} = f\left(\frac{y}{x}\right) \tag{7.3.1}$$

的一阶微分方程,称为齐次微分方程,其中 $f(u)$ 为已知的连续函数. 例如,

$$\frac{dy}{dx} = \frac{xy}{x^2 + y^2},$$

就是齐次微分方程. 因为它可化为

$$\frac{dy}{dx} = \frac{\dfrac{y}{x}}{1 + \left(\dfrac{y}{x}\right)^2}.$$

在齐次微分方程

$$\frac{dy}{dx} = f\left(\frac{y}{x}\right)$$

中,虽不能直接用分离变量法,但可用变量代换,将齐次型方程转化为可分离变量的微分方程. 令 $u = \dfrac{y}{x}$,或 $y = xu$,则

$$\frac{dy}{dx} = u + x \frac{du}{dx},$$

代入微分方程（7.3.1）,得可分离变量的微分方程

$$x \frac{du}{dx} = f(u) - u.$$

若 $f(u) - u \neq 0$,分离变量后,两端积分得

$$\int \frac{du}{f(u) - u} = \ln|x| + \ln|C|,$$

算出积分后,再将 u 用 $\dfrac{y}{x}$ 回代,即得微分方程（7.3.1）的通解.

2. 齐次微分方程的经典例题

例1 求解微分方程

$$\frac{dy}{dx} = \frac{y^2 + 2xy}{x^2}.$$

解 将原微分方程改写成

$$\frac{dy}{dx} = \left(\frac{y}{x}\right)^2 + 2\,\frac{y}{x},$$

令 $u = \frac{y}{x}$, 则有

$$x\frac{du}{dx} + u = u^2 + 2u,$$

即

$$\frac{du}{u(u+1)} = \frac{dx}{x}.$$

两端积分, 得

$$\ln\left|\frac{u}{u+1}\right| = \ln|x| + \ln|C|,$$

即

$$\frac{u}{u+1} = Cx.$$

用 $u = \frac{y}{x}$ 代入上式, 便得所求通解为

$$\frac{y}{y+x} = Cx,$$

即

$$y = \frac{Cx^2}{1 - Cx}.$$

例2 求微分方程 $\frac{dy}{dx} = \frac{y}{x} + \tan\frac{y}{x}$ 满足 $y(1) = \frac{\pi}{6}$ 的特解.

解 令 $u = \frac{y}{x}$, 则有

$$x\frac{du}{dx} + u = u + \tan u,$$

即

$$x\frac{du}{dx} = \tan u.$$

分离变量后, 两端积分

$$\int \cot u\, du = \int \frac{dx}{x} + \ln|C|,$$

整理得

$$\ln|\sin u| = \ln|x| + \ln|C|,$$

即
$$\sin u = Cx.$$

由条件 $y(1) = \dfrac{\pi}{6}$, 可知 $u(1) = \dfrac{\pi}{6}$, 代入上式, 定出 $C = \dfrac{1}{2}$. 用 $\dfrac{y}{x}$ 代换 u, 得所求特解为

$$\sin \frac{y}{x} = \frac{x}{2}.$$

例3 求微分方程 $\left(1 + \mathrm{e}^{\frac{x}{y}}\right)\mathrm{d}x + \left(1 - \dfrac{x}{y}\right)\mathrm{e}^{\frac{x}{y}}\mathrm{d}y = 0$ 的通解.

解 若将 y 作为自变量, x 看作是 y 的函数, 则该微分方程是齐次微分方程. 令 $x = yu$, 则
$$\mathrm{d}x = u\,\mathrm{d}y + y\,\mathrm{d}u,$$

代入原微分方程, 得
$$y(\mathrm{e}^u + 1)\mathrm{d}u + (\mathrm{e}^u + u)\mathrm{d}y = 0.$$

这是可分离变量的微分方程, 分离变量得
$$\frac{\mathrm{e}^u + 1}{\mathrm{e}^u + u}\,\mathrm{d}u = -\frac{\mathrm{d}y}{y},$$

两端积分, 得
$$\ln(\mathrm{e}^u + u) = -\ln|y| + \ln|C|,$$

即
$$(\mathrm{e}^u + u)|y| = |C|.$$

用 $u = \dfrac{x}{y}$ 代入上式, 得原微分方程的通解为

$$x + y\mathrm{e}^{\frac{x}{y}} = C.$$

注意, 若将 y 看成 x 的函数, 例3 中的方程虽仍是齐次微分方程, 但作变换 $y = xu$ 代入微分方程后, 在对变量分离的微分方程积分时很困难. 这在具体求解过程中, 是不得不考虑的问题.

 习题7.3

1. 求下列所给齐次微分方程的通解:

$(1)\ 2y' = \dfrac{y}{x} + \dfrac{y^2}{x^2}$;

$(2)\ (x^3 + y^3)\mathrm{d}x - 3xy^2\mathrm{d}y = 0$;

$(3)\ (x^2 + y^2)\mathrm{d}x - xy\,\mathrm{d}y = 0$;

$(4)\ x\dfrac{\mathrm{d}y}{\mathrm{d}x} = y\ln\dfrac{y}{x}$;

$(5)\ xy' = y + \sqrt{y^2 + x^2}\ (x > 0)$;

$(6)\ (1 + 2\mathrm{e}^{x/y})\mathrm{d}x + 2\mathrm{e}^{x/y}\left(1 - \dfrac{x}{y}\right)\mathrm{d}y = 0$.

2. 求下列齐次微分方程满足所给初值条件的特解:

$(1)\ (y^2 + 2x^2)\mathrm{d}y - 2xy\,\mathrm{d}x = 0,\ y(1) = 1$;

$(2)\ y' = \dfrac{x}{y} + \dfrac{y}{x},\ y\big|_{x=1} = 2$;

$(3)\ (y^2 - 3x^2)\mathrm{d}y + 2xy\,\mathrm{d}x = 0,\ y\big|_{x=0} = 1$;

$(4)\ (x^2 + 2xy - y^2)\mathrm{d}x + (y^2 + 2xy - x^2)\mathrm{d}y = 0,\ y\big|_{x=1} = 1$.

3. 设有连接点 $O(0,0)$ 和点 $A(1,1)$ 的一段向上凸的曲线弧 $\overset{\frown}{OA}$，对于 $\overset{\frown}{OA}$ 上的任意一点 $P(x,y)$，曲线弧 $\overset{\frown}{OP}$ 与直线段 $\overline{OP}$ 所围图形的面积为 x^2，求曲线弧 $\overset{\frown}{OA}$ 的方程．

7.4 一阶线性微分方程

1. 一阶线性微分方程的定义及求解方法

形如

$$\frac{\mathrm{d}y}{\mathrm{d}x} + p(x)y = q(x) \tag{7.4.1}$$

的微分方程，称为**一阶线性微分方程**，其中 $p(x),q(x)$ 是已知的连续函数．

若 $q(x) \equiv 0$ 时，微分方程(7.4.1)变为

$$\frac{\mathrm{d}y}{\mathrm{d}x} + p(x)y = 0, \tag{7.4.2}$$

称微分方程(7.4.2)为与微分方程(7.4.1)相对应的**一阶线性齐次微分方程**；否则，若 $q(x) \neq 0$，则微分方程(7.4.1)称为**一阶线性非齐次微分方程**．

微分方程(7.4.2)是一个可分离变量的微分方程，其通解为

$$y = Ce^{-\int p(x)\mathrm{d}x}, \tag{7.4.3}$$

其中 C 为任意常数，$\int p(x)\mathrm{d}x$ 表示 $p(x)$ 的一个原函数．

如何求解一阶线性非齐次微分方程呢？这时分离变量法无法使用了．但是，想到在求解齐次型微分方程时，虽然不能直接用分离变量法求解，却可用变量代换 $y = xu$，把齐次微分方程转化为关于新未知函数 u 的可分离变量的微分方程，从而解决了齐次微分方程求解的问题．在此启发下，人们也希望能用变量代换来解决一阶线性非齐次微分方程的求解问题．经过试验，发现只要把 $y = xu$ 中的 x 改写成函数 $e^{-\int p(x)\mathrm{d}x}$ 即可．即令 $y = ue^{-\int p(x)\mathrm{d}x}$，则

$$\frac{\mathrm{d}y}{\mathrm{d}x} = e^{-\int p(x)\mathrm{d}x}\frac{\mathrm{d}u}{\mathrm{d}x} - p(x)ue^{-\int p(x)\mathrm{d}x},$$

代入微分方程(7.4.1)，得

$$e^{-\int p(x)\mathrm{d}x}\frac{\mathrm{d}u}{\mathrm{d}x} = q(x),$$

即

$$\frac{\mathrm{d}u}{\mathrm{d}x} = q(x)e^{\int p(x)\mathrm{d}x},$$

所以，两端积分得

$$u = \int q(x)e^{\int p(x)\mathrm{d}x}\mathrm{d}x + C.$$

于是，微分方程(7.4.1)的通解为

$$y = e^{-\int p(x)\mathrm{d}x}\left(\int q(x)e^{\int p(x)\mathrm{d}x}\mathrm{d}x + C\right). \tag{7.4.4}$$

如果将上面所做的变量代换

$$y = u e^{-\int p(x)\,\mathrm{d}x}$$

与齐次微分方程(7.4.2)的通解(7.4.3)比较,发现任意常数 C 恰好与 u 的位置一致. 于是,求解非齐次微分方程(7.4.1)的步骤可归纳为:

首先,求出相应齐次微分方程(7.4.2)的通解

$$y = C e^{-\int p(x)\,\mathrm{d}x};$$

然后,将任意常数 C 变易为函数 $C(x)$,并假设

$$y = C(x) e^{-\int p(x)\,\mathrm{d}x}$$

是非齐次微分方程(7.4.1)的解,代入微分方程(7.4.1),从而得

$$C(x) = \int q(x) e^{\int p(x)\,\mathrm{d}x}\,\mathrm{d}x + C.$$

最后,得出求一阶线性微分方程(7.4.1)的通解公式(7.4.4).

这种求解方法称为**常数变易法**. 常数变易法不仅适用于一阶线性微分方程,而且也适用于高阶线性微分方程.

将一阶线性非齐次微分方程的通解公式(7.4.4)改写为两项之和,有

$$y = C e^{-\int p(x)\,\mathrm{d}x} + e^{-\int p(x)\,\mathrm{d}x} \int q(x) e^{\int p(x)\,\mathrm{d}x}\,\mathrm{d}x,$$

故可知:一阶线性非齐次微分方程的通解等于相应齐次微分方程的通解 $C e^{-\int p(x)\,\mathrm{d}x}$ 与非齐次线性微分方程的一个特解 $e^{-\int p(x)\,\mathrm{d}x} \int q(x) e^{\int p(x)\,\mathrm{d}x}\,\mathrm{d}x$ 之和.

2. 一阶线性微分方程的典型例题

例 1 求下列微分方程

$$\frac{\mathrm{d}y}{\mathrm{d}x} - \frac{2y}{x+1} = 1$$

的通解

解 1 用常数变易法. 将相应齐次方程

$$\frac{\mathrm{d}y}{\mathrm{d}x} - \frac{2y}{x+1} = 0$$

分离变量,得

$$\frac{\mathrm{d}y}{y} = \frac{2\,\mathrm{d}x}{x+1},$$

两端积分,得

$$\ln|y| = 2\ln|x+1| + \ln|C|,$$

即

$$y = C(x+1)^2 \quad (C \text{ 为任意常数}).$$

令 $y = C(x)(x+1)^2$,则

$$\frac{\mathrm{d}y}{\mathrm{d}x} = C'(x)(x+1)^2 + 2(x+1)C(x),$$

代入原微分方程后得

$$C'(x) = \frac{1}{(x+1)^2},$$

积分得

$$C(x) = C - \frac{1}{x+1} \quad (C \text{ 为任意常数}).$$

最后得原微分方程的通解为

$$y = \left(C - \frac{1}{x+1}\right)(x+1)^2.$$

解 2 这是一阶线性非齐次微分方程,其中

$$p(x) = \frac{-2}{x+1}, q(x) = 1,$$

由公式(7.4.4)得通解为

$$\begin{aligned}
y &= e^{\int \frac{2}{x+1} dx}\left(\int e^{-\int \frac{2}{x+1} dx} dx + C\right) \\
&= (x+1)^2 \left(\int \frac{1}{(x+1)^2} dx + C\right) \\
&= (x+1)^2 \left(C - \frac{1}{x+1}\right).
\end{aligned}$$

解 3 令 $x+1=t$,则 $\dfrac{dy}{dx} = \dfrac{dy}{dt}$,于是原微分方程可写成

$$\frac{dy}{dt} - 2\frac{y}{t} = 1.$$

这是齐次微分方程,由此也可求出所要的解,留给读者.

例 2 求微分方程

$$\frac{dy}{dx} = \frac{y}{x+y^3}$$

的通解.

解 关于未知函数 y,原微分方程不是线性的,但把它改写成

$$\frac{dx}{dy} = \frac{x+y^3}{y},$$

即

$$\frac{dx}{dy} - \frac{x}{y} = y^2,$$

将 x 看作未知函数,就是一阶线性微分方程.由求解公式,可得通解为

$$\begin{aligned}
x &= e^{\int \frac{1}{y} dy}\left(\int y^2 e^{-\int \frac{1}{y} dy} dy + C\right) \\
&= e^{\ln|y|} \int y^2 e^{-\ln|y|} dy + C \\
&= |y|\left(\int |y| dy + C\right) = \frac{1}{2}y^3 + C|y|.
\end{aligned}$$

例 3 解初值问题

$$\begin{cases} x\dfrac{\mathrm{d}y}{\mathrm{d}x} + y = \mathrm{e}^x, \\ y(1) = 0. \end{cases}$$

这里的微分方程,显然是一阶线性的,求其通解留给读者. 我们知道,有方法是一回事,方法是否简单是另一回事,具体问题要具体分析,不断总结,灵活运用.

解 由于

$$x\dfrac{\mathrm{d}y}{\mathrm{d}x} + y = \dfrac{\mathrm{d}}{\mathrm{d}x}(xy),$$

所以原微分方程可改写成

$$\dfrac{\mathrm{d}}{\mathrm{d}x}(xy) = \mathrm{e}^x,$$

由此,立即可得

$$xy = \mathrm{e}^x + C.$$

利用初始条件 $y(1) = 0$,定出 $C = -\mathrm{e}$. 最后得所求的特解为

$$y = \dfrac{1}{x}(\mathrm{e}^x - \mathrm{e}).$$

例 4 求解微分方程 $y' - 1 = \mathrm{e}^{x+2y}$.

分析 这个微分方程既不是线性的,也不是可分离变量的,怎么办呢? 为了求解此类方程,可进行适当变换,化为关于新未知函数的可求解方程来解决.

解 1 将原微分方程改写为

$$\mathrm{e}^{-2y}y' - \mathrm{e}^{-2y} = \mathrm{e}^x,$$

即

$$(\mathrm{e}^{-2y})' + 2\mathrm{e}^{-2y} = -2\mathrm{e}^x.$$

这是关于 e^{-2y} 的一阶线性微分方程,由通解公式,得

$$\mathrm{e}^{-2y} = \mathrm{e}^{-2x}\left(C - 2\int\mathrm{e}^{3x}\mathrm{d}x\right) = \mathrm{e}^{-2x}\left(C - \dfrac{2}{3}\mathrm{e}^{3x}\right).$$

于是,原方程的通解为

$$\mathrm{e}^{2x-2y} + \dfrac{2}{3}\mathrm{e}^{3x} = C.$$

解 2 令 $x + 2y = u$,则

$$y' = \dfrac{1}{2}u' - \dfrac{1}{2},$$

代入原微分方程,得

$$\dfrac{1}{2}u' - \dfrac{3}{2} = \mathrm{e}^u,$$

即

$$\dfrac{\mathrm{d}u}{\mathrm{d}x} = 2\mathrm{e}^u + 3.$$

分离变量后,积分便得

$$x = \dfrac{1}{3}\left[u - \ln(2\mathrm{e}^u + 3) + \ln|C|\right],$$

即

$$e^{3x-u} = \frac{C}{2e^u+3}.$$

用 $u = x+2y$ 代入上式,得原微分方程的通解为

$$e^{2x-2y}(2e^{x+2y}+3) = C.$$

 习题 7.4

1. 求下列微分方程的通解:

(1) $y' + y = e^{-x}$;

(2) $xy' - y = 2x^2 e^x$;

(3) $(x^2+1)y' + 2xy = 4x^2$;

(4) $y' + y\cos x = e^{-\sin x}$;

(5) $y\ln y\, dx + (x - \ln y)\, dy = 0$;

(6) $(x-2)\dfrac{dy}{dx} = y + 2(x-2)^3$.

2. 求解下列微分方程满足所给初值条件的特解:

(1) $\begin{cases} y' - y\tan x = \sec x, \\ y(0) = 1; \end{cases}$

(2) $\begin{cases} x' + 3x = e^{-2t}, \\ x(0) = 0; \end{cases}$

(3) $\begin{cases} \dfrac{dy}{dx}\cos x + y\sin x = \cos^2 x, \\ y(\pi) = 0; \end{cases}$

(4) $\begin{cases} \dfrac{dy}{dx} + \dfrac{y}{x} = \dfrac{\sin x}{x}, \\ y(\pi) = 1. \end{cases}$

3. 求下列各题中的 $f(x)$,如果

(1) 设 $f(x)$ 为 $(0, +\infty)$ 上正值连续函数,且满足 $f(x) = e^{-\int_0^x f(t)\,dt}$;

(2) 设连续函数 $f(x)$ 满足 $f(x) = \int_0^{2x} f\left(\dfrac{t}{2}\right)dt + e^{2x}$.

4. 证明:

(1) 若 $y_1(x)$ 是一阶线性非齐次微分方程

$$y' + p(x)y = q(x)$$

的解,而 $y_0(x)$ 是相应的齐次微分方程的非零解,则 $y = y_1(x) + cy_0(x)$ 必为非齐次微分方程的通解,其中 c 为任意常数.

(2) 若 $y_1(x)$ 与 $y_2(x)$ 是一阶线性非齐次微分方程

$$y' + p(x)y = q(x)$$

的两个不同的解,则 $y = y_1(x) - y_2(x)$ 必为对应的齐次微分方程的解.

5. 设 $y_1(x)$ 与 $y_2(x)$ 是一阶线性非齐次微分方程

$$y' + p(x)y = q(x)$$

的两个不同的特解,则 $y = y_1(x) + c[y_1(x) - y_2(x)]$ 必为它的通解,其中 c 为任意常数.

7.5 可降阶的高阶微分方程

二阶及二阶以上的微分方程统称为高阶微分方程. 求解高阶微分方程更困难,没有一般的解法. 但是,对于某些特殊类型的高阶微分方程,可以通过适当的变量代换使其降低阶数,从而得以求解. 这种求解方法称为**降阶法**.

1. 形如 $y^{(n)} = f(x)$ 型的微分方程

对微分方程 $y^{(n)} = f(x)$，可令 $z = y^{(n-1)}$，则有 $\dfrac{dz}{dx} = y^{(n)} = f(x)$，因此

$$z = \int f(x)\, dx + C_1,$$

即

$$y^{(n-1)} = \int f(x)\, dx + C_1,$$

同理可得

$$y^{(n-2)} = \int \left[\int f(x)\, dx + C_1 \right] dx + C_2$$

$$= \int \left[\int f(x)\, dx \right] dx + C_1 x + C_2.$$

因此，如 $y^{(n)} = f(x)$ 这类方程可利用不定积分运算，通过 n 次积分就可以求出通解.

例 1 求微分方程 $y''' = e^{2x} - \cos x$ 的通解.

解 对原微分方程两边积分得

$$y'' = \frac{1}{2} e^{2x} - \sin x + C_1,$$

对上式再次积分，得

$$y' = \frac{1}{4} e^{2x} + \cos x + C_1 x + C_2,$$

通过第三次积分，得通解为

$$y = \frac{1}{8} e^{2x} + \sin x + \frac{C_1}{2} x^2 + C_2 x + C_3.$$

例 2 求微分方程 $xy^{(5)} - 2y^{(4)} = 0$ 的通解.

分析 原方程并不是标准形 $y^{(n)} = f(x)$，但可用代换的方法，化为阶数较低的标准形来解决.

解 设 $z = y^{(4)}$，则原微分方程变为

$$xz' = 2z,$$

即

$$x \frac{dz}{dx} = 2z.$$

分离变量得

$$\frac{dz}{z} = \frac{2\, dx}{x},$$

两端积分，得

$$\ln |z| = \ln x^2 + \ln |C_1|,$$

即

$$z = C_1 x^2,$$

故

$$y^{(4)} = C_1 x^2.$$

对上式积分四次,得所要通解为

$$y = \frac{1}{360}C_1 x^6 + \frac{1}{6}C_2 x^3 + \frac{1}{2}C_3 x^2 + C_4 x + C_5.$$

2. 形如 $y'' = f(x, y')$ 型的微分方程

微分方程 $y'' = f(x, y')$ 的特点是方程右端不显含未知函数 y.

若令 $y' = z$,则 $y'' = \dfrac{\mathrm{d}z}{\mathrm{d}x} = z'$,原微分方程可化为

$$\frac{\mathrm{d}z}{\mathrm{d}x} = f(x, z).$$

这是一个关于变量 z, x 的一阶微分方程,设其通解为 $z = \varphi(x, C_1)$,再由 $y' = z$ 得

$$y' = \varphi(x, C_1),$$

积分便得原微分方程的通解为

$$y = \int \varphi(x, C_1)\,\mathrm{d}x + C_2.$$

例 3 求微分方程 $y'' = \dfrac{2xy'}{1 + x^2}$ 的通解.

解 令 $y' = z$,代入原微分方程后分离变量,得

$$\frac{\mathrm{d}z}{z} = \frac{2x}{1 + x^2}\mathrm{d}x,$$

积分上式得

$$\ln|z| = \ln(1 + x^2) + \ln|C_1|,$$

即有

$$z = C_1(1 + x^2).$$

于是,由

$$y' = C_1(1 + x^2),$$

积分得原微分方程通解为

$$y = C_1\left(x + \frac{1}{3}x^3\right) + C_2.$$

3. 形如 $y'' = f(y, y')$ 型的微分方程

微分方程 $y'' = f(y, y')$ 的特点是方程右端不显含自变量 x.

若令 $y' = z$,并把 y 看作自变量,由复合函数求导法则得

$$y'' = \frac{\mathrm{d}z}{\mathrm{d}x} = \frac{\mathrm{d}z}{\mathrm{d}y} \cdot \frac{\mathrm{d}y}{\mathrm{d}x} = z\frac{\mathrm{d}z}{\mathrm{d}y},$$

原微分方程变为

$$z\frac{\mathrm{d}z}{\mathrm{d}y} = f(y, z).$$

这是一个以 y 为自变量,z 为未知函数的一阶微分方程,设其通解为 $z = \varphi(y, C_1)$,再由 $y' = z$,得

$$y' = \varphi(y, C_1)$$

分离变量后,积分得原微分方程的通解为

$$\int \frac{\mathrm{d}y}{\varphi(y, C_1)} = x + C_2.$$

例 4 求微分方程

$$2yy'' = 1 + (y')^2$$

满足条件 $y(0) = 2, y'(0) = 1$ 的特解.

解 令 $y' = z$, 则 $y'' = z\dfrac{\mathrm{d}z}{\mathrm{d}y}$, 代入原微分方程得

$$2yz\frac{\mathrm{d}z}{\mathrm{d}y} = 1 + z^2,$$

分离变量, 得

$$\frac{2z}{1 + z^2}\,\mathrm{d}z = \frac{\mathrm{d}y}{y},$$

积分上式得

$$\ln(1 + z^2) = \ln|y| + \ln|C_1|,$$

即

$$1 + z^2 = C_1 y.$$

将条件 $y(0) = 2, y'(0) = 1$ 代入上式, 定出 $C_1 = 1$, 故

$$1 + z^2 = y.$$

即

$$z = \pm\sqrt{y - 1}.$$

考虑到 $z(0) = y'(0) = 1$, 根号前应取正号, 有

$$\frac{\mathrm{d}y}{\mathrm{d}x} = \sqrt{y - 1},$$

分离变量后积分, 得

$$2\sqrt{y - 1} = x + C_2,$$

再由条件 $y(0) = 2$, 定出 $C_2 = 2$, 最后得所求的特解为

$$2\sqrt{y - 1} = x + 2.$$

 **习题 7.5**

1. 求下列各微分方程的通解:

(1) $y'' = x + \sin x$;

(2) $y''' = xe^x$;

(3) $y'' = \dfrac{1}{1 + x^2}$;

(4) $y'' = 1 + y'^2$;

(5) $y'' = y' + x$;

(6) $xy'' + y' = 0$;

(7) $yy'' + 2y'^2 = 0$;

(8) $y^3 y'' - 1 = 0$.

2. 求下列各微分方程满足所给初值条件的特解:

(1) $y^3 y'' + 1 = 0, y\big|_{x=1} = 1, y'\big|_{x=1} = 0$;

$(2) y''' = e^{ax}, y\big|_{x=1} = y'\big|_{x=1} = y''\big|_{x=1} = 0;$

$(3) y'' - a{y'}^2 = 0, y\big|_{x=0} = 0, y'\big|_{x=0} = -1;$

$(4) y'' = 3\sqrt{y}, y\big|_{x=0} = 1, y'\big|_{x=0} = 2;$

$(5) y'' + (y')^2 = 1, y\big|_{x=0} = 0, y'\big|_{x=0} = 0.$

3. 试求 $y'' = x$ 经过点 $M(0,1)$ 且在此点与直线 $y = \dfrac{x}{2} + 1$ 相切的积分曲线.

4. 设质量为 m 的物体,在空中由静止开始下落,如果空气阻力为 $R = cv$(其中 c 为常数,v 为物体运动的速度),试求物体下落的距离 s 和时间 t 的函数关系.

7.6 二阶线性微分方程解的结构

若在 n 阶微分方程中,关于未知函数 y 及其各阶导数 $y', y'', \cdots, y^{(n)}$ 都是一次的,则称此方程为 n **阶线性微分方程**. 其一般形式为

$$a_0(x) y^{(n)} + a_1(x) y^{(n-1)} + \cdots + a_{n-1}(x) y' + a_n(x) y = f(x),$$

其中 $a_0(x), a_1(x), \cdots, a_n(x)$ 及 $f(x)$ 都是区间 I 上的连续函数,且 $a_0(x) \neq 0$,函数 $f(x)$ 称为方程的**自由项**. 当 $f(x) \equiv 0$ 时,则称为 n **阶线性齐次微分方程**;否则称为 n **阶线性非齐次微分方程**. 特别地,当 $a_k(x) (k = 0, 1, 2, \cdots, n)$ 都是常数时,又称为 n **阶线性常系数微分方程**.

下面,我们以二阶线性微分方程为主来讨论,所得结论对 n 阶线性微分方程也成立.

二阶线性微分方程的一般形式是

$$y'' + P(x) y' + Q(x) y = f(x), \tag{7.6.1}$$

其中 $P(x), Q(x)$ 及 $f(x)$ 是自变量 x 的已知函数,函数 $f(x)$ 称为方程的**自由项**,当 $f(x) \equiv 0$ 时,方程变为

$$y'' + P(x) y' + Q(x) y = 0, \tag{7.6.2}$$

称此方程为**二阶齐次线性微分方程**,相应地,称方程(7.6.1)为**二阶非齐次线性微分方程**.

1. 二阶线性微分方程解的性质

定理 1 设函数 $y_1 = y_1(x), y_2 = y_2(x)$ 是二阶线性齐次微分方程

$$y'' + P(x) y' + Q(x) y = 0 \tag{7.6.3}$$

的两个解,则 $\alpha y_1(x) + \beta y_2(x)$ 也是该微分方程的解,其中 α, β 是两个任意实数.

证 因为 $y_1(x)$ 与 $y_2(x)$ 都是方程(7.6.3)的解,所以

$$y''_1 + P(x) y'_1 + Q(x) y_1 = 0,$$

$$y''_2 + P(x) y'_2 + Q(x) y_2 = 0.$$

于是,对任意实数 α, β,有

$$(\alpha y_1)'' + P(x)(\alpha y_1)' + Q(x)(\alpha y_1) = \alpha[y''_1 + P(x) y'_1 + Q(x) y_1] = 0,$$

$$(\beta y_2)'' + P(x)(\beta y_2)' + Q(x)(\beta y_2) = \beta[y''_2 + P(x) y'_2 + Q(x) y_2] = 0,$$

这样便得

$$(\alpha y_1 + \beta y_2)'' + P(x)(\alpha y_1 + \beta y_2)' + Q(x)(\alpha y_1 + \beta y_2)$$
$$= [(\alpha y_1)'' + P(x)(\alpha y_1)' + Q(x)(\alpha y_1)] + [(\beta y_2)'' + P(x)(\beta y_2)' + Q(x)(\beta y_2)]$$
$$= 0,$$

即 $\alpha y_1(x) + \beta y_2(x)$ 也是方程(7.6.3)的解.

定理2(叠加原理) 设函数 $y_1 = y_1(x), y_2 = y_2(x)$ 分别是二阶线性非齐次微分方程

$$y'' + P(x)y' + Q(x)y = f_1(x),$$
$$y'' + P(x)y' + Q(x)y = f_2(x)$$

的解,则 $y_1(x) + y_2(x)$ 是二阶线性非齐次微分方程

$$y'' + P(x)y' + Q(x)y = f_1(x) + f_2(x)$$

的解.

证 因为

$$y_1'' + P(x)y_1' + Q(x)y_1 = f_1(x),$$
$$y_2'' + P(x)y_2' + Q(x)y_2 = f_2(x),$$

所以

$$(y_1 + y_2)'' + P(x)(y_1 + y_2)' + Q(x)(y_1 + y_2)$$
$$= [y_1'' + P(x)y_1' + Q(x)y_1] + [y_2'' + P(x)y_2' + Q(x)y_2]$$
$$= f_1(x) + f_2(x).$$

由此,定理得证.

推论 设函数 $y_1(x), y_2(x)$ 是二阶线性非齐次微分方程

$$y'' + P(x)y' + Q(x)y = f(x) \tag{7.6.4}$$

的两个解,则 $y_1(x) - y_2(x)$ 是与式(7.6.4)相应的线性齐次微分方程

$$y'' + P(x)y' + Q(x)y = 0$$

的解.

证 因为

$$y_1'' + P(x)y_1' + Q(x)y_1 = f(x),$$
$$y_2'' + P(x)y_2' + Q(x)y_2 = f(x),$$

所以

$$(y_1 - y_2)'' + P(x)(y_1 - y_2)' + Q(x)(y_1 - y_2)$$
$$= [y_1'' + P(x)y_1' + Q(x)y_1] - [y_2'' + P(x)y_2' + Q(x)y_2]$$
$$= f(x) - f(x) = 0.$$

由此,推论得证.

2. 二阶线性微分方程解的结构

对二阶齐次线性微分方程

$$y'' + 4y = 0,$$

不难验证 $y_1 = \sin 2x, y_2 = 3\sin x \cos x$ 都是齐次微分方程 $y'' + 4y = 0$ 非零的特解,由定理1可知 $C_1 y_1 + C_2 y_2$ 也是该微分方程的解,但却不是它的通解. 因为

$$C_1 y_1 + C_2 y_2 = C_1 \sin 2x + 3C_2 \sin x \cos x = \left(C_1 + \frac{3}{2}C_2\right)\sin 2x,$$

只含一个任意常数 $C = C_1 + \frac{3}{2}C_2$,而不是两个相互独立的任意常数,故不是通解.

若 $y_1 = y_1(x), y_2 = y_2(x)$ 是二阶线性齐次微分方程(7.6.2)的两个特解,要使 $C_1 y_1 + C_2 y_2$ 是

该微分方程的通解，只要任意常数 C_1 和 C_2 不能合并，是相互独立的即可. 为解决这个问题，我们引入一个新的概念，即函数组线性相关和线性无关的概念.

定义　设 $y_1(x), y_2(x)$ 是定义在区间 I 上的两个函数，若存在两个不全为零的常数 k_1, k_2，使得对一切 $x \in I$，都有

$$k_1 y_1(x) + k_2 y_2(x) = 0,$$

则称函数 $y_1(x), y_2(x)$ 在区间 I 上**线性相关**；否则称它们**线性无关**或**线性独立**.

由定义可知，两个函数 $y_1(x), y_2(x)$ 在区间 I 上线性相关的充要条件是 $\dfrac{y_1(x)}{y_2(x)}\left(\text{或}\dfrac{y_2(x)}{y_1(x)}\right)$ 在 I 上恒等于常数.

例如，因为 $\dfrac{\mathrm{e}^x}{\mathrm{e}^{-x}} = \mathrm{e}^{2x}$，所以 e^x 与 e^{-x} 线性无关；又因 $\dfrac{\sin x}{\cos x} = \tan x$，故 $\sin x$ 与 $\cos x$ 线性无关.

而 $\dfrac{\mathrm{e}^{x+3}}{\mathrm{e}^x} = \mathrm{e}^3$，可知 e^{x+3} 与 e^x 线性相关.

有了函数线性无关的概念后，就可得下面的定理.

定理 3　设 $y_1(x), y_2(x)$ 是二阶线性齐次微分方程 (7.6.2) 的两个线性无关的特解，则 (7.6.2) 的通解为

$$y = C_1 y_1(x) + C_2 y_2(x),$$

其中 C_1, C_2 为两个任意常数.

证　由定理 1 可知，$y = C_1 y_1(x) + C_2 y_2(x)$ 是齐次方程 (7.6.2) 的解. 又因 $y_1(x), y_2(x)$ 线性无关，所以其中的两个任意常数 C_1, C_2 不能合并，即它们是相互独立的，所以 $y = C_1 y_1(x) + C_2 y_2(x)$ 是方程 (7.6.2) 的通解.

在 7.4 节中曾指出，一阶线性非齐次微分方程的通解可以表示为两部分的和：对应齐次微分方程的通解与非齐次微分方程的一个特解的和. 实际上，不仅一阶线性非齐次微分方程的通解具有这样的性质，对 n 阶的线性非齐次微分方程的通解也具有相同的结构. 以二阶线性非齐次微分方程的通解结构为例有下面的定理.

定理 4　设 y^* 是非齐次微分方程 (7.6.1) 的一个特解，而 Y 是微分方程 (7.6.1) 对应的齐次微分方程 (7.6.2) 的通解，则

$$y = Y + y^*$$

是非齐次微分方程 (7.6.1) 的通解.

证　因为 y^* 满足微分方程 (7.6.1)，Y 满足微分方程 (7.6.2)，所以将 $y = Y + y^*$ 代入微分方程 (7.6.1) 的左端，得

$$
\begin{aligned}
& y'' + P(x)y' + Q(x)y \\
={} & (Y + y^*)'' + P(x)(Y + y^*)' + Q(x)(Y + y^*) \\
={} & [Y'' + P(x)Y' + Q(x)Y] + [y^{*\prime\prime} + P(x)y^{*\prime} + Q(x)y^*] \\
={} & 0 + f(x) \\
={} & f(x),
\end{aligned}
$$

即 $y = Y + y^*$ 是非齐次微分方程 (7.6.1) 的解. 又因为 Y 中含有两个独立的任意常数，所以 $y = Y + y^*$ 是非齐次微分方程 (7.6.1) 的通解.

定理 5　设复函数 $y = y_1(x) \pm \mathrm{i}y_2(x)$ 是微分方程

$$y'' + P(x)y' + Q(x)y = f_1(x) \pm \mathrm{i}f_2(x) \tag{7.6.5}$$

的解, 则 $y_1 = y_1(x)$, $y_2 = y_2(x)$ 分别是微分方程

$$y'' + P(x)y' + Q(x)y = f_1(x),$$
$$y'' + P(x)y' + Q(x)y = f_2(x)$$

的解.

例 1　设二阶线性非齐次微分方程

$$y'' + P(x)y' + Q(x)y = f(x)$$

的三个解为 $y_1 = x + \mathrm{e}^{-x} + 1$, $y_2 = \mathrm{e}^{-x} + 1$, $y_3 = x + 1$, 求该微分方程的通解.

解　由定理 2 的推论可知

$$y_1 - y_2 = x, \quad y_1 - y_3 = \mathrm{e}^{-x}$$

是对应齐次微分方程的两个解. 又因为

$$\frac{x}{\mathrm{e}^{-x}} = x\mathrm{e}^{x} \neq 常数,$$

故 x 与 e^{-x} 线性无关. 根据定理 3 知, 对应齐次微分方程的通解为

$$Y = C_1 x + C_2 \mathrm{e}^{-x}.$$

于是, 由定理 4 可知, 非齐次微分方程的通解为

$$y = C_1 x + C_2 \mathrm{e}^{-x} + x + 1,$$

其中 C_1, C_2 为任意常数.

例 2　设微分方程 $x^2 y'' - 4xy' + 6y = 0$ 的一个解为 $y_1 = x^3$, 求该微分方程的通解.

解　这是一个二阶线性齐次微分方程, 根据定理 3, 只要再求出一个与 y_1 线性无关的特解 y_2 即可. 既然 $\dfrac{y_2}{y_1} \neq 常数$, 所以可设 $y_2 = y_1 u(x)$ 为微分方程的解, 其中 $u = u(x)$ 为待定的非常值函数, 则

$$y_2' = y_1' u + y_1 u',$$
$$y_2'' = y_1'' u + 2y_1' u' + y_1 u'',$$

代入微分方程后, 整理得

$$(x^2 y_1'' - 4xy_1' + 6y_1)u + (2x^2 y_1' - 4xy_1)u' + x^2 y_1 u'' = 0,$$

即

$$x^2 y_1 u'' + (2x^2 y_1' - 4xy_1)u' = 0,$$

把 $y_1 = x^3$ 代入上式, 得

$$xu'' + 2u' = 0.$$

这是特殊类型的二阶微分方程, 其通解为 $C_2 - \dfrac{C_1}{x}$, 取它的一个特解 $u = \dfrac{1}{x}$, 得 $y_2 = x^2$. 于是, 所求微分方程的通解为

$$y = C_1 x^3 + C_2 x^2,$$

其中 C_1, C_2 为任意常数.

 习题 7.6

1. 判断下列函数组的线性相关性:

$(1) e^{\lambda_1 t}, e^{\lambda_2 t} (\lambda_1 \neq \lambda_2)$;　　　　$(2) \ln \frac{1}{x^2}, \ln x^3 (x>0)$;

$(3) \cos 2x, \sin^2 x$;　　　　　　$(4) 0, f(x) (f(x)$ 为任意函数$)$;

$(5) \sin 2x, \cos x \sin x$;　　　　$(6) e^x \cos 2x, e^x \sin 2x$.

2. 试验证 $y = \ln x$ 是微分方程 $x^2 y'' + xy' + y = \ln x$ 的一个特解；又知 $y = C_1 \cos(\ln x) + C_2 \sin(\ln x)$ 是对应齐次微分方程的通解，试写出 $x^2 y'' + xy' + y = \ln x$ 的通解.

3. 已知 $y_1 = e^x, y_2 = e^{-x}$ 是微分方程 $y'' + P(x)y' + Q(x)y = 0$ 的两个特解，试写出其通解，并求满足条件 $y(0) = 1, y'(0) = -2$ 的特解.

4. (1) 设 $y_1 = x^2, y_2 = x + x^2, y_3 = e^x + x^2$ 都是线性非齐次微分方程
$$y'' + P(x)y' + Q(x)y = f(x)$$
的解，求它的通解.

(2) 设 $y = e^{2x} + (x+1)e^x$ 是微分方程 $y'' + ay' + by = ce^x$ 的一个特解，求常数 a, b, c 的值.

7.7　二阶线性常系数齐次微分方程

由二阶线性微分方程解的结构可知，求解二阶线性微分方程的关键在于如何求得对应二阶线性齐次微分方程的通解和非齐次线性微分方程的一个特解. 本节和下一节将讨论二阶线性微分方程的一种特殊类型，即二阶常系数线性微分方程及其解法. 本节先讨论二阶常系数齐次线性微分方程及其解法.

1. 二阶线性常系数齐次微分方程及其解法

微分方程
$$y'' + py' + qy = 0 \tag{7.7.1}$$
称为二阶线性常系数齐次微分方程，其中 p, q 为常数.

由上节的讨论可知，要找微分方程(7.7.1)的通解，可以先求出它的两个解 y_1, y_2，如果这两个解之比不为常数，即 y_1 与 y_2 线性无关，那么 $y = C_1 y_1 + C_2 y_2$ 就是微分方程的通解.

当 r 为常数时，指数函数 $y = e^{rx}$ 和它的各阶导数都只相差一个常数因子. 由于指数函数有这个特点，因此我们用 $y = e^{rx}$ 来尝试，看能否选取适当的常数 r，使得 $y = e^{rx}$ 满足微分方程(7.7.1). 于是，设 $y = e^{rx}$ 是微分方程(7.7.1)的解，其中 r 为待定常数，则
$$y' = re^{rx}, y'' = r^2 e^{rx},$$
把 $y = e^{rx}, y' = re^{rx}, y'' = r^2 e^{rx}$ 代入微分方程(7.7.1)，得
$$(r^2 + pr + q)e^{rx} = 0.$$
因 $e^{rx} \neq 0$，故得代数方程
$$r^2 + pr + q = 0. \tag{7.7.2}$$

由此可见，只要 r 满足代数方程(7.7.2)，函数 $y = e^{rx}$ 就是微分方程(7.7.1)的解，我们把代数方程(7.7.2)叫作微分方程(7.7.1)的**特征方程**，它的根称为特征方程(7.7.2)的**特征根**.

特征方程(7.7.2)是一个一元二次代数方程，其中 r, r^2 的系数及常数项恰好依次是微分方程(7.7.1)中 y'', y' 及 y 的系数.

根据初等代数的知识，特征方程(7.7.2)的两个根，可用公式

$$r_{1,2} = \frac{1}{2}(-p \pm \sqrt{p^2 - 4q})$$

求出. 它们有三种不同的情况, 相应的微分方程(7.7.1)的通解也就有三种不同的形式, 现分别讨论如下:

(1) 特征方程有两个不相等的实根

若 $p^2 - 4q > 0$, 则特征方程(7.7.2)有两个不相等的实根 r_1 与 r_2. 这时微分方程(7.7.1)有两个特解

$$y_1 = e^{r_1 x}, \qquad y_2 = e^{r_2 x}.$$

因为

$$\frac{y_1}{y_2} = \frac{e^{r_1 x}}{e^{r_2 x}} = e^{(r_1 - r_2)x} \neq 常数,$$

可知 $y_1 = e^{r_1 x}$, $y_2 = e^{r_2 x}$ 是线性无关的. 因此, 方程(7.7.1)的通解为

$$y = C_1 e^{r_1 x} + C_2 e^{r_2 x}.$$

其中 C_1, C_2 为任意常数.

(2) 特征方程有两个相等的实根

若 $p^2 - 4q = 0$, 则特征方程(7.7.2)有两个相等的实根 $r_1 = r_2 = -\dfrac{p}{2}$. 这时, 只能得到微分方程(7.7.1)的一个特解 $y_1 = e^{r_1 x}$. 为了求得微分方程(7.7.1)的通解, 还要设法找出另一个与 y_1 线性无关的特解 y_2. 像 7.6 节中例 2 所做的那样, 设 $y_2 = y_1 u(x)$, 其中 $u = u(x)$ 是待定的非常值函数, 将 y_2, y_2', y_2'' 的表达式代入微分方程(7.7.1), 得

$$(y_1 u)'' + p(y_1 u)' + q y_1 u = 0,$$

即

$$(r_1^2 u + 2 r_1 u' + u'')e^{r_1 x} + p(u' + r_1 u)e^{r_1 x} + q u e^{r_1 x} = 0,$$

合并整理, 并在方程两端消去非零因子 $e^{r_1 x}$, 得

$$u'' + (2 r_1 + p)u' + (r_1^2 + p r_1 + q)u = 0.$$

又因 r_1 是特征方程的重根, 故 $2 r_1 + p = 0$, $r_1^2 + p r_1 + q = 0$. 从而有

$$u'' = 0.$$

满足这个方程的非常值函数很多, 我们取其中最简单的一个: $u(x) = x$. 于是 $y_2 = x e^{r_1 x}$ 就是微分方程(7.7.1)的与 $y_1 = e^{rx}$ 线性无关的另一个特解. 因此, 微分方程(7.7.1)的通解为

$$y = (C_1 + C_2 x)e^{r_1 x}.$$

其中 C_1, C_2 为任意常数.

(3) 特征方程有一对共轭复根 $r_1 = \alpha + i\beta$, $r_2 = \alpha - i\beta$ $(\beta > 0)$

若 $p^2 - 4q < 0$, 则特征方程(7.7.2)有一对共轭复根

$$r_1 = \alpha + i\beta, r_2 = \alpha - i\beta \quad (\beta > 0),$$

这时微分方程(7.7.1)有两个线性无关的复函数形式的特解

$$y_1 = e^{(\alpha + i\beta)x}, \qquad y_2 = e^{(\alpha - i\beta)x}.$$

为了找到实函数形式的特解, 利用欧拉公式

$$e^{i\theta} = \cos\theta + i\sin\theta \quad (\theta \in \mathbf{R}),$$

可知

$$y_1 = e^{\alpha x}(\cos \beta x + i \sin \beta x),$$
$$y_2 = e^{\alpha x}(\cos \beta x - i \sin \beta x),$$

从而实函数

$$e^{\alpha x}\cos \beta x = \frac{1}{2}(y_1 + y_2),$$

$$e^{\alpha x}\sin \beta x = \frac{1}{2i}(y_1 - y_2)$$

是微分方程(7.7.1)的两个特解,且线性无关.因此,微分方程(7.7.1)的实函数形式的通解为

$$y = e^{\alpha x}(C_1\cos \beta x + C_2\sin \beta x),$$

其中 C_1, C_2 为任意常数.

综上所述,求解二阶线性常系数齐次微分方程

$$y'' + py' + qy = 0$$

的通解的步骤如下:

第一步 写出微分方程(7.7.1)的特征方程

$$r^2 + pr + q = 0.$$

第二步 求出特征方程(7.7.2)的两个特征根 r_1, r_2.

第三步 根据特征方程的两个特征根的不同情况,按照下表写出微分方程的通解:

特征方程 $r^2 + pr + q = 0$ 的两个根 r_1, r_2	微分方程 $y'' + py' + qy = 0$ 的通解
两个不相等的实根 r_1, r_2	$y = C_1 e^{r_1 x} + C_2 e^{r_2 x}$
两个相等的实根 $r_1 = r_2$	$y = (C_1 + C_2 x)e^{r_1 x}$
一对共轭复根 $r_{1,2} = \alpha \pm i\beta$	$y = e^{\alpha x}(C_1\cos \beta x + C_2\sin \beta x)$

例 1 求下列微分方程的通解:

(1) $y'' - y' - 6y = 0$; (2) $y'' + 2y' + y = 0$; (3) $y'' + 2y' + 5y = 0$.

解 (1)所给微分方程的特征方程为

$$r^2 - r - 6 = 0,$$

解得特征根 $r_1 = 3, r_2 = -2$,故所求通解为

$$y = C_1 e^{3x} + C_2 e^{-2x}.$$

(2)所给微分方程的特征方程为

$$r^2 + 2r + 1 = 0,$$

解得特征根 $r_1 = r_2 = -1$,故所求通解为

$$y = (C_1 + C_2 x)e^{-x}.$$

(3)所给微分方程的特征方程为

$$r^2 + 2r + 5 = 0,$$

解得特征根 $r_{1,2} = -1 \pm 2i$,故所求通解为

$$y = e^{-x}(C_1\cos 2x + C_2\sin 2x).$$

例 2 求微分方程 $y'' - 4y' + 13y = 0$ 满足条件 $y|_{x=0} = 0, y'|_{x=0} = 3$ 的特解.

解 所给微分方程的特征方程为

$$r^2 - 4r + 13 = 0,$$

解得特征根 $r_{1,2} = 2 \pm 3\mathrm{i}$，故所求微分方程的通解为

$$y = \mathrm{e}^{2x}(C_1 \cos 3x + C_2 \sin 3x).$$

由条件 $y|_{x=0} = 0, y'|_{x=0} = 3$，求得 $C_1 = 0, C_2 = 1$. 于是，所求特解为

$$y = \mathrm{e}^{2x} \sin 3x.$$

2. n 阶线性常系数齐次微分方程及其解法

上面讨论的关于二阶常系数齐次线性微分方程所用的方法以及通解的形式，可推广到 n 阶常系数齐次微分方程的情形. 这里，只简单叙述如下：

n 阶常系数齐次微分方程的一般形式为

$$y^{(n)} + p_1 y^{(n-1)} + \cdots + p_{n-1} y' + p_n y = 0,$$

其特征方程为

$$r^n + p_1 r^{n-1} + \cdots + p_{n-1} r + p_n = 0.$$

根据特征方程的根，可按下表形式直接写出其对应的微分方程的解：

特征方程的根	通解中的对应项
k 重实根 r	$(C_1 + C_2 x + \cdots + C_k x^{k-1})\mathrm{e}^{rx}$
k 重共轭复根 $r = \alpha \pm \mathrm{i}\beta$	$\mathrm{e}^{\alpha x}[(C_1 + C_2 x + \cdots + C_k x^{k-1})\cos \beta x + (D_1 + D_2 x + \cdots + D_k x^{k-1})\sin \beta x]$

注：n 次代数方程有 n 个根（重根按重数计算），而特征方程的每一个根都对应着通解中的一项，且每项各含一个任意常数，这样就得到 n 阶常系数齐次线性微分方程的通解

$$y = C_1 y_1 + C_2 y_2 + \cdots + C_n y_n.$$

例3 求解微分方程 $y^{(4)} + 8y' = 0$.

解 所给微分方程的特征方程为

$$r^4 + 8r = 0, \text{即 } r(r+2)(r^2 - 2r + 4) = 0,$$

解得特征根为

$$r_1 = 0, r_2 = -2, r_{3,4} = 1 \pm \mathrm{i}\sqrt{3},$$

于是，所求微分方程的通解为

$$y = C_1 + C_2 \mathrm{e}^{-2x} + \mathrm{e}^x(C_3 \cos \sqrt{3}x + C_4 \sin \sqrt{3}x).$$

 习题 7.7

1. 求下列微分方程的通解：

(1) $y'' + y = 0$;

(2) $y'' - 4y' = 0$;

(3) $4y'' - 20y' + 25y = 0$;

(4) $y'' - 4y' + 5y = 0$;

(5) $y^{(4)} - y = 0$;

(6) $y^{(4)} + 2y'' + y = 0$;

(7) $y^{(4)} - 2y''' + y'' = 0$;

(8) $y^{(4)} + y^{(3)} + y' + y = 0$.

2. 求下列微分方程满足初始条件的特解：

(1) $4y'' + 4y' + y = 0, y(0) = 2, y'(0) = 0$;

(2) $y'' - 4y' + 3y = 0, y(0) = 6, y'(0) = 10$;

（3）$y'' + 4y' + 29y = 0, y(0) = 0, y'(0) = 15$；

（4）$y'' - 3y' - 4y = 0, y(0) = 0, y'(0) = -5$.

3. 求以下列函数为通解的二阶线性齐次微分方程：

（1）$y = (C_1 + C_2 x) e^{2x}$；

（2）$y = e^{-x}(C_1 \cos x + C_2 \sin x)$.

4.（1）求微分方程 $y'' + 9y = 0$ 的一条积分曲线，使它通过点 $(\pi, -1)$，且在该点和直线 $y + 1 = x - \pi$ 相切；

（2）求微分方程 $y'' - y' - 2y = 0$ 的一条积分曲线，使它通过点 $(0, -3)$，且在该点处切线的倾斜角为 $\arctan 6$.

7.8　二阶线性常系数非齐次微分方程

微分方程

$$y'' + py' + qy = f(x) \tag{7.8.1}$$

称为二阶线性常系数非齐次微分方程，其中 p, q 为常数.

由线性微分方程解的结构定理（即定理 4）可知，求微分方程（7.8.1）的通解，只要求出对应齐次微分方程

$$y'' + py' + qy = 0 \tag{7.8.2}$$

的通解和非齐次微分方程（7.8.1）的一个特解，将二者相加就得到微分方程（7.8.1）的通解．关于求对应齐次微分方程（7.8.2）的通解问题 7.7 节已经解决．因此，这里的主要任务是求微分方程（7.8.1）的一个特解 y^*.

现就自由项 $f(x)$ 的两种常见特殊形式，介绍用**待定系数法**求特解．所谓待定系数法是通过对微分方程的分析，给出特解 y^* 的形式，然后代到微分方程中去，确定出 y^* 中的待定系数.

（1）$f(x) = P_m(x) e^{\lambda x}$，其中 λ 是常数，$P_m(x)$ 是 x 的 m 次多项式：

$$P_m(x) = a_0 + a_1 x + a_2 x^2 + \cdots + a_m x^m；$$

（2）$f(x) = P_m(x) e^{\lambda x} \cos \omega x$ 或 $f(x) = P_m(x) e^{\lambda x} \sin \omega x$，其中 λ, ω 是常数，$P_m(x)$ 是 x 的 m 次多项式.

1. $f(x) = P_m(x) e^{\lambda x}$ **型**

这时，特解 y^* 是使得微分方程（7.8.1）成为恒等式的函数，根据微分方程（7.8.1）的特点，y, y', y'' 的线性组合等于一个多项式，猜想 y^* 应为一个多项式；因此我们推测 $y^* = Q(x) e^{\lambda x}$（其中 $Q(x)$ 是某个多项式）可能是微分方程（7.8.1）的特解．把 $y^*, y^{*\prime}, y^{*\prime\prime}$ 代入微分方程（7.8.1），然后考虑能否选取适当的多项式，使 $y^* = Q(x) e^{\lambda x}$ 满足微分方程（7.8.1），为此，将

$$y^* = e^{\lambda x} Q(x),$$

$$y^{*\prime} = e^{\lambda x}[\lambda Q(x) + Q'(x)],$$

$$y^{*\prime\prime} = e^{\lambda x}[\lambda^2 Q(x) + 2\lambda Q'(x) + Q''(x)]$$

代入微分方程（7.8.1），并消去 $e^{\lambda x}$，得

$$Q''(x) + (2\lambda + p)Q'(x) + (\lambda^2 + p\lambda + q)Q(x) = P_m(x). \tag{7.8.3}$$

如果 λ 不是式(7.8.2)的特征方程 $\lambda^2 + p\lambda + q = 0$ 的特征根,即 $\lambda^2 + p\lambda + q \neq 0$,由于 $P_m(x)$ 是一个 m 次的多项式,要使式(7.8.3)的两端恒等,那么可令式(7.8.3)为另一个 m 次的多项式 $Q_m(x)$:

$$Q_m(x) = b_0 + b_1 x + b_2 x^2 + \cdots + b_m x^m,$$

代入式(7.8.3),比较等式两端 x 同次幂的系数,就得到以 $b_0, b_1, \cdots, b_m$ 作为未知数的 $m+1$ 个方程的联立方程组. 从而可以定出这些系数 $b_0, b_1, \cdots, b_m$,并得到所求的特解 $y^* = \mathrm{e}^{\lambda x} Q_m(x)$.

如果 λ 是特征方程 $\lambda^2 + p\lambda + q = 0$ 的单根,即 $\lambda^2 + p\lambda + q = 0$,但 $2\lambda + p \neq 0$,要使式(7.8.3)的两端恒等,那么 $Q'(x)$ 必须是 m 次的多项式,此时可令

$$Q(x) = x Q_m(x),$$

并且可以用同样的方法来确定 $Q_m(x)$ 中的系数 $b_0, b_1, \cdots, b_m$.

如果 λ 是特征方程 $\lambda^2 + p\lambda + q = 0$ 的重根,即 $\lambda^2 + p\lambda + q = 0$,且 $2\lambda + p = 0$,要使式(7.8.3)的两端恒等,那么 $Q''(x)$ 必须是 m 次的多项式,此时可令

$$Q(x) = x^2 Q_m(x),$$

并用同样的方法来确定 $Q_m(x)$ 中的系数 $b_0, b_1, \cdots, b_m$.

综上所述,我们有如下结论:

如果 $f(x) = P_m(x)\mathrm{e}^{\lambda x}$,则二阶常系数非齐次线性微分方程(7.8.1)具有形如

$$y^* = x^k Q_m(x) \mathrm{e}^{\lambda x} \tag{7.8.4}$$

的特解,其中 $Q_m(x)$ 是与 $P_m(x)$ 同次(m 次)的多项式,而 k 按照 λ 不是特征方程的根、是特征方程的单根、是特征方程的重根依次取为 0、1、2.

上述结论可以推广到 n 阶常系数非齐次线性微分方程,但要注意式(7.8.4)中的 k 是特征方程含根 λ 的重复次数(即若 λ 不是特征方程的根,则 k 取为 0;若 λ 是特征方程的 s 重根,则 k 取 s).

例 1 求解初值问题

$$\begin{cases} y'' - 3y' + 2y = 2x + 1, \\ y(0) = 0, y'(0) = 1. \end{cases}$$

解 对应的齐次微分方程的特征方程为 $r^2 - 3r + 2 = 0$,特征根为 $r_1 = 1, r_2 = 2$,故对应齐次微分方程的通解为

$$Y = C_1 \mathrm{e}^x + C_2 \mathrm{e}^{2x}.$$

因 $\lambda = 0$ 不是特征方程的根,故令原方程的特解为 $y^* = Ax + B$,代入方程,得

$$-3A + 2(Ax + B) = 2x + 1,$$

比较系数,得 $A = 1, B = 2$,即 $y^* = x + 2$. 因此,原微分方程的通解为

$$y = Y + y^* = C_1 \mathrm{e}^x + C_2 \mathrm{e}^{2x} + x + 2.$$

根据初始条件 $y(0) = 0, y'(0) = 1$,定出 $C_1 = -4$, $C_2 = 2$. 最后得所要特解为

$$y = 2\mathrm{e}^{2x} - 4\mathrm{e}^x + x + 2.$$

例 2 求微分方程 $y''' + 3y'' + 3y' + y = \mathrm{e}^x$ 的通解.

解 对应的齐次微分方程的特征方程为 $r^3 + 3r^2 + 3r + 1 = 0$,特征根为 $r_1 = r_2 = r_3 = -1$,故所求齐次微分方程的通解为

$$Y = (C_1 + C_2 x + C_3 x^2) e^{-x}.$$

由于 $\lambda = 1$ 不是特征方程的根,故所求微分方程的特解可设为 $y^* = A e^x$,代入微分方程后,定出 $A = \dfrac{1}{8}$,即

$$y^* = \frac{1}{8} e^x.$$

综上得所求微分方程的通解为

$$y = Y + y^* = (C_1 + C_2 x + C_3 x^2) e^{-x} + \frac{1}{8} e^x.$$

例 3　求微分方程 $y'' + y' - 2y = 3x e^x$ 的通解.

解　对应的齐次方程的特征方程为 $r^2 + r - 2 = 0$,特征根为 $r_1 = 1$, $r_2 = -2$,对应齐次微分方程的通解为

$$Y = C_1 e^x + C_2 e^{-2x}.$$

由于 $\lambda = 1$ 是特征方程的单根,故可设微分方程的特解为 $y^* = x(A_0 x + A_1) e^x$,代入原微分方程,得

$$\left[A_0 x^2 + (4A_0 + A_1) x + 2A_0 + 2A_1 \right] e^x + \left[A_0 x^2 + (2A_0 + A_1) x + A_1 \right] e^x - 2x(A_0 x + A_1) e^x = 3x e^x,$$

化简得

$$6A_0 x + 2A_0 + 3A_1 = 3x,$$

比较系数,得

$$A_0 = \frac{1}{2}, \quad A_1 = -\frac{1}{3},$$

故可得微分方程的特解为

$$y^* = \left(\frac{1}{2} x^2 - \frac{1}{3} x \right) e^x.$$

故所求微分方程的通解为

$$y = Y + y^* = C_1 e^x + C_2 e^{-2x} + \left(\frac{1}{2} x^2 - \frac{1}{3} x \right) e^x.$$

2. $f(x) = P_m(x) e^{\lambda x} \cos \omega x$ 型或 $f(x) = P_m(x) e^{\lambda x} \sin \omega x$ 型

根据欧拉公式可知

$$P_m(x) e^{(\lambda + i\omega)x} = P_m(x) e^{\lambda x} (\cos \omega x + i \sin \omega x),$$

又由定理 5 可知,微分方程

$$y'' + py' + qy = P_m(x) e^{(\lambda + i\omega)x} \tag{7.8.5}$$

的解的实部、虚部分别是微分方程

$$y'' + py' + qy = P_m(x) e^{\lambda x} \cos \omega x, \tag{7.8.6}$$

$$y'' + py' + qy = P_m(x) e^{\lambda x} \sin \omega x \tag{7.8.7}$$

的解. 因此求解微分方程 (7.8.6) 与微分方程 (7.8.7) 的问题,转化为求解微分方程 (7.8.5).

而微分方程 (7.8.5) 的自由项与 $f(x) = P_m(x) e^{\lambda x}$ 是同一类型,其特解可按第一部分所讲方法求得. 即若 $\lambda + i\omega$ 不是 $y'' + py' + qy = 0$ 对应特征方程的特征根,则微分方程 (7.8.5) 的一个特解形式为 $W_m(x) e^{(\lambda + i\omega)x}$(其中 $W_m(x)$ 是 x 的 m 次复系数多项式),微分方程 (7.8.6) 与微分方程

(7.8.7)的一个特解形式分别为 $\mathrm{Re}\big[W_m(x)\mathrm{e}^{(\lambda+\mathrm{i}\omega)x}\big]$、$\mathrm{Im}\big[W_m(x)\mathrm{e}^{(\lambda+\mathrm{i}\omega)x}\big]$.

若 $\lambda+\mathrm{i}\omega(\omega\neq0)$ 是 $y''+py'+qy=0$ 对应特征方程的特征根,则微分方程(7.8.5)的一个特解形式可设为 $xW_m(x)\mathrm{e}^{(\lambda+\mathrm{i}\omega)x}$,则微分方程(7.8.6)与微分方程(7.8.7)的一个特解形式分别为 $\mathrm{Re}\big[xW_m(x)\mathrm{e}^{(\lambda+\mathrm{i}\omega)x}\big]$、$\mathrm{Im}\big[xW_m(x)\mathrm{e}^{(\lambda+\mathrm{i}\omega)x}\big]$.

如果令 $W_m(x)$ 的实部和虚部分别为 $Q_m(x)$ 和 $R_m(x)$,则

$$W_m(x)\mathrm{e}^{(\lambda+\mathrm{i}\omega)x}=\big[Q_m(x)+\mathrm{i}R_m(x)\big]\mathrm{e}^{\lambda x}(\cos\omega x+\mathrm{i}\sin\omega x)$$
$$=\mathrm{e}^{\lambda x}\big[Q_m(x)\cos\omega x-R_m(x)\sin\omega x\big]+\mathrm{i}\,\mathrm{e}^{\lambda x}\big[R_m(x)\cos\omega x+Q_m(x)\sin\omega x\big]xW_m(x)\mathrm{e}^{(\lambda+\mathrm{i}\omega)x}$$
$$=x\mathrm{e}^{\lambda x}\big[Q_m(x)\cos\omega x-R_m(x)\sin\omega x\big]+\mathrm{i}\,x\mathrm{e}^{\lambda x}\big[R_m(x)\cos\omega x+Q_m(x)\sin\omega x\big].$$

于是,有

$$\mathrm{Re}\big[W_m(x)\mathrm{e}^{(\lambda+\mathrm{i}\omega)x}\big]=\mathrm{e}^{\lambda x}\big[Q_m(x)\cos\omega x-R_m(x)\sin\omega x\big],$$
$$\mathrm{Im}\big[W_m(x)\mathrm{e}^{(\lambda+\mathrm{i}\omega)x}\big]=\mathrm{e}^{\lambda x}\big[R_m(x)\cos\omega x+Q_m(x)\sin\omega x\big],$$

实际上二者是同一类型的函数;类似地,还有

$$\mathrm{Re}\big[W_m(x)\mathrm{e}^{(\lambda+\mathrm{i}\omega)x}\big]=x\mathrm{e}^{\lambda x}\big[Q_m(x)\cos\omega x-R_m(x)\sin\omega x\big],$$
$$\mathrm{Im}\big[W_m(x)\mathrm{e}^{(\lambda+\mathrm{i}\omega)x}\big]=x\mathrm{e}^{\lambda x}\big[R_m(x)\cos\omega x+Q_m(x)\sin\omega x\big],$$

也就是说,当 $\lambda+\mathrm{i}\omega(\omega\neq0)$ 不是 $y''+py'+qy=0$ 对应的特征方程的特征根时,微分方程(7.8.6)或微分方程(7.8.7)的一个特解形式都可直接设为

$$y^*=\mathrm{e}^{\lambda x}\big[Q_m(x)\cos\omega x+R_m(x)\sin\omega x\big],$$

其中 $Q_m(x)$,$R_m(x)$ 是 x 的 m 次多项式,可用待定系数法求出;

当 $\lambda+\mathrm{i}\omega(\omega\neq0)$ 是 $y''+py'+qy=0$ 对应特征方程的特征根时,微分方程(7.8.6)或微分方程(7.8.7)的一个特解形式都可直接设为

$$y^*=x\mathrm{e}^{\lambda x}\big[Q_m(x)\cos\omega x+R_m(x)\sin\omega x\big],$$

其中 $Q_m(x)$,$R_m(x)$ 是 x 的 m 次多项式,可用待定系数法求出.

综上所述,我们有如下结论:

如果 $f(x)=P_m(x)\mathrm{e}^{\lambda x}\cos\omega x$ 或 $f(x)=P_m(x)\mathrm{e}^{\lambda x}\sin\omega x$,则二阶常系数非齐次线性微分方程(7.8.1)具有形如

$$y^*=x^k\mathrm{e}^{\lambda x}\big[Q_m(x)\cos\omega x+R_m(x)\sin\omega x\big] \tag{7.8.8}$$

的特解,其中 $Q_m(x)$、$R_m(x)$ 是与 $P_m(x)$ 同次(m 次)的多项式,而 k 按照 λ 不是特征方程的根、是特征方程的根依次取为 0、1.

上述结论可以推广到 n 阶常系数非齐次线性微分方程,但要注意式(7.8.8)中的 k 是特征方程含根 $\lambda+\mathrm{i}\omega(\omega\neq0)$ 的重复次数(即若 $\lambda+\mathrm{i}\omega(\omega\neq0)$ 不是特征方程的根,则 k 取 0;若 $\lambda+\mathrm{i}\omega(\omega\neq0)$ 是特征方程的根,则 k 取 1).

例 4 求微分方程 $y''-5y'+6y=3\cos4x$ 的通解.

解 所求微分方程对应的齐次方程为 $r^2-5r+6=0$,特征根为 $r_1=2,r_2=3$,得齐次微分方程的通解为

$$Y=C_1\mathrm{e}^{2x}+C_2\mathrm{e}^{3x}.$$

微分方程的右端项为 $f(x)=P_m(x)\mathrm{e}^{\lambda x}\cos\omega x$ 型,其中

$$P_m(x)=1,\lambda=0,\omega=4,$$

因为 $\lambda + i\omega = 4i$ 不是特征根,所以可设微分方程的特解为

$$y^* = A\cos 4x + B\sin 4x,$$

则

$$(y^*)' = -4A\sin 4x + 4B\cos 4x,$$
$$(y^*)'' = -16A\cos 4x - 16B\sin 4x.$$

代入原微分方程,得

$$(-10A - 20B)\cos 4x + (20A - 10B)\sin 4x = 3\cos 4x,$$

比较系数,得

$$\begin{cases} -10A - 20B = 3, \\ 20A - 10B = 0, \end{cases}$$

解得 $A = -\dfrac{3}{50}, B = -\dfrac{3}{25}.$ 于是,所求的特解为

$$y^* = -\frac{3}{50}\cos 4x - \frac{3}{25}\sin 4x.$$

故微分方程的通解为

$$y = Y + y^* = C_1 e^{2x} + C_2 e^{3x} - \frac{3}{50}\cos 4x - \frac{3}{25}\sin 4x.$$

例 5 求微分方程 $y'' + y = \sin x$ 的通解.

解 对应齐次微分方程的特征方程为 $r^2 + 1 = 0$,特征根为 $r_{1,2} = \pm i$,得对应齐次微分方程的通解为

$$Y = C_1\cos x + C_2\sin x.$$

由于 $\lambda + i\omega = i$ 是特征根,故可设非齐次微分方程的特解为

$$y^* = x(A\cos x + B\sin x),$$

则

$$(y^*)'' = x(-A\cos x - B\sin x) + 2(-A\sin x + B\cos x),$$

代入原微分方程,得

$$-2A\sin x + 2B\cos x = \sin x,$$

比较系数,解得 $A = -\dfrac{1}{2}, B = 0.$ 因此,非齐次微分方程的特解为 $y^* = -\dfrac{x}{2}\cos x.$

故所求微分方程的通解为

$$y = Y + y^* = C_1\cos x + C_2\sin x - \frac{1}{2}x\cos x.$$

例 6 求微分方程 $2y'' + 5y' = \cos^2 x$ 的通解.

解 对应齐次微分方程的特征方程为 $2r^2 + 5r = 0$,特征根为 $r_1 = 0, r_2 = -\dfrac{5}{2}$,故对应齐次微分方程的通解

$$Y = C_1 + C_2 e^{-\frac{5}{2}x}.$$

由于

$$\cos^2 x = \frac{1}{2} + \frac{1}{2}\cos 2x,$$

微分方程 $2y'' + 5y' = \dfrac{1}{2}$ 的特解显然为

$$y_1{}^* = \frac{x}{10}.$$

而微分方程 $2y'' + 5y' = \dfrac{1}{2}\cos 2x$ 的特解可设为

$$y_2{}^* = A\cos 2x + B\sin 2x,$$

代入上述微分方程,得

$$(-8A + 10B)\cos 2x - (10A + 8B)\sin 2x = \frac{1}{2}\cos 2x,$$

比较系数,解得 $A = -\dfrac{1}{41}, B = \dfrac{5}{164}$,所以

$$y_2{}^* = -\frac{1}{41}\cos 2x + \frac{5}{164}\sin 2x,$$

最后,由叠加原理可得所求通解为

$$y = Y + y_1{}^* + y_2{}^* = C_1 + C_2 \mathrm{e}^{-\frac{5}{2}x} + \frac{1}{10}x - \frac{1}{41}\cos 2x + \frac{5}{164}\sin 2x.$$

例 7 求通解为 $y = C_1\cos 2x + C_2\sin 2x + x$ 的二阶线性常系数微分方程.

解 1 由题设可知,所求微分方程对应的齐次微分方程的两个线性无关解为

$$y_1 = \cos 2x, y_2 = \sin 2x,$$

所以对应齐次微分方程的两个特征根为 $\qquad r_{1,2} = \pm 2\mathrm{i}$,

其特征方程为

$$r^2 + 4 = 0.$$

从而可设所求的微分方程为

$$y'' + 4y = f(x),$$

令 $C_1 = C_2 = 0$,将 $y = x$ 代入得 $f(x) = 4x$. 因此,所求微分方程为

$$y'' + 4y = 4x.$$

解 2 因为

$$y = C_1\cos 2x + C_2\sin 2x + x,$$

所以

$$y' = -2C_1\sin 2x + 2C_2\cos 2x + 1$$
$$y'' = -4C_1\cos 2x - 4C_2\sin 2x$$
$$= -4(C_1\cos 2x + C_2\sin 2x + x) + 4x$$
$$= -4y + 4x,$$

即

$$y'' + 4y = 4x$$

就是 $y = C_1\cos 2x + C_2\sin 2x + x$ 所满足的二阶线性常系数微分方程.

综上所述,二阶线性常系数非齐次微分方程

$$y'' + py' + qy = f(x)$$

的自由项为上述两种形式时,都可以用待定系数法求特解,现列表总结如下:

自由项形式	特解 y^* 的形式
$f(x) = P_m(x)\mathrm{e}^{\lambda x}$	当 λ 不是 $r^2 + pr + q = 0$ 的根时,$y^* = Q_m(x)\mathrm{e}^{\lambda x}$ 当 λ 是 $r^2 + pr + q = 0$ 的单根时,$y^* = xQ_m(x)\mathrm{e}^{\lambda x}$ 当 λ 是 $r^2 + pr + q = 0$ 的重根时,$y^* = x^2 Q_m(x)\mathrm{e}^{\lambda x}$
$f(x) = P_m(x)\mathrm{e}^{\lambda x}\cos \omega x$ 或 $f(x) = P_m(x)\mathrm{e}^{\lambda x}\sin \omega x$	当 $\lambda + \mathrm{i}\,\omega$ 不是 $r^2 + pr + q = 0$ 的根时,$y^* = \mathrm{e}^{\lambda x}[Q_m(x)\cos \omega x + R_m(x)\sin \omega x]$ 当 $\lambda + \mathrm{i}\,\omega$ 是 $r^2 + pr + q = 0$ 的根时,$y^* = x\mathrm{e}^{\lambda x}[Q_m(x)\cos \omega x + R_m(x)\sin \omega x]$

 习题 7.8

1. 求下列微分方程的通解:

(1) $2y'' + y' - y = 2\mathrm{e}^x$;

(2) $y'' + 3y' + 2y = 3x\mathrm{e}^{-x}$;

(3) $y'' - y = \sin^2 x$;

(4) $y'' - 6y' + 9y = (x+1)\mathrm{e}^{3x}$;

(5) $y'' + y = \mathrm{e}^x + \cos x$;

(6) $y'' + 5y' + 4y = 3 - 2x$.

2. 求下列微分方程满足初始条件的特解:

(1) $y'' - 4y' = 5, y(0) = 1, y'(0) = 0$;

(2) $y'' - 10y' + 9y = \mathrm{e}^{2x}, y(0) = \dfrac{6}{7}, y'(0) = \dfrac{33}{7}$;

(3) $y'' - y = 4x\mathrm{e}^x, y(0) = 0, y'(0) = 1$;

(4) $y'' + y = -\sin 2x, y(\pi) = 1, y'(\pi) = 1$.

3. 求下列微分方程的一个特解:

(1) $y'' + 4y' + 4y = 8(x^2 + \mathrm{e}^{-2x})$;

(2) $y'' - 2y' + 2y = \mathrm{e}^{-x}\sin x$.

4. 求 $f(x)$ 的表达式,如果:

(1) 设函数 $f(x)$ 所确定的曲线与 x 轴相切于原点,且满足条件
$$f(x) = x\cos 2x - f''(x);$$

(2) 设函数 $f(x)$ 连续,且满足条件 $f(x) = \mathrm{e}^x - \displaystyle\int_0^x (x-t)f(t)\mathrm{d}t$.

5. 单项选择题:

(1) 微分方程 $y'' - y = \mathrm{e}^x + 1$ 的一个特解应具有形式( ).

(A) $a\mathrm{e}^x + b$ 　　　　　　　(B) $ax\mathrm{e}^x + b$

(C) $a\mathrm{e}^x + bx$ 　　　　　　　(D) $ax\mathrm{e}^x + bx$

(2) 设 y_1, y_2 是二阶线性齐次微分方程 $y'' + P(x)y + Q(x)y = 0$ 的两个特解,C_1, C_2 是两个任意常数,则 $C_1 y_1 + C_2 y_2$ ( ).

(A) 一定是微分方程的通解 　　　(B) 不可能是微分方程的通解

(C) 是微分方程的解 　　　　　　(D) 不是微分方程的解

(3) 设 y_1, y_2, y_3 是二阶线性非齐次微分方程 $y'' - P(x)y + Q(x)y = f(x)$ 的三个线性无关解,C_1, C_2 是两个任意常数,则该微分方程的通解是( ).

(A) $C_1 y_1 + C_2 y_2 + y_3$ 　　　　(B) $C_1 y_1 + C_2 y_2 + (1 - C_1 - C_2)y_3$

$（C）C_1 y_1 + C_2 y_2 - (C_1 + C_2) y_3$ $\qquad$ $（D）C_1 y_1 + C_2 y_2 - (1 - C_1 - C_2) y_3$

7.9 差分方程初步

在社会学、经济学等的研究中,遇到的变量大多采用离散形式,应采用差分方程求解. 差分方程与微分方程有许多相似之处,这一节将介绍差分方程的概念,并讨论某些差分方程的解法.

1. 差分方程的概念

定义 1 设函数(或数列) $y_x = f(x)$, $x \in \mathbf{N}$,称

$$y_{x+1} - y_x = f(x+1) - f(x)$$

为函数 y_x 的**一阶差分**,记为 Δy_x ,即 $\Delta y_x = y_{x+1} - y_x$.

称一阶差分 Δy_x 的差分

$$\Delta(\Delta y_x) = \Delta y_{x+1} - \Delta y_x$$
$$= (y_{x+2} - y_{x+1}) - (y_{x+1} - y_x) = y_{x+2} - 2y_{x+1} + y_x$$

为函数 y_x 的**二阶差分**,记为 $\Delta^2 y_x$,即

$$\Delta^2 y_x = y_{x+2} - 2y_{x+1} + y_x.$$

一般地,称 y_x 的 $n-1$ 阶差分 $\Delta^{n-1} y_x$ 的差分为 y_x 的 n **阶差分**,记为

$$\Delta^n y_x = \Delta(\Delta^{n-1} y_x) = \Delta^{n-1} y_{x+1} - \Delta^{n-1} y_x \quad (n = 3, 4, \cdots).$$

例 1 设 $y_x = 2x^2 + 1$,求 $\Delta^n y_x$.

解 由定义可知

$$\Delta y_x = [2(x+1)^2 + 1] - (2x^2 + 1) = 4x + 2,$$
$$\Delta^2 y_x = \Delta(4x+2) = [4(x+1) + 2] - (4x + 2) = 4,$$
$$\Delta^3 y_x = \Delta(4) = 4 - 4 = 0,$$

从而可知

$$\Delta^n y_x = \begin{cases} 4x + 2, & n = 1, \\ 4, & n = 2, \\ 0, & n = 3, 4, \cdots. \end{cases}$$

定义 2 凡含有未知函数差分的方程称为**差分方程**. 在差分方程中未知函数差分的最高阶数或未知函数下标的最大差值,称为该方程的**阶**.

例如,方程

$$\Delta y_x - 2y_x - 5 = 0,$$
$$y_{x+1} - y_x = x$$

都是一阶差分方程;又如,

$$\Delta^2 y_x - 3\Delta y_x + 3y_x = x,$$
$$y_{x+2} - 2y_{x+1} - y_x = 2^x$$

都是二阶差分方程;而形为

$$F(x, y_x, \Delta y_x, \cdots, \Delta^n y_x) = 0,$$

或

$$F(x, y_x, y_{x+1}, \cdots, y_{x+n}) = 0,$$

或

$$F(x, y_x, y_{x-1}, \cdots, y_{x-n}) = 0$$

的方程都是 n 阶差分方程.

定义 3　若将函数 $y_x = \varphi(x)$, $x \in \mathbf{N}$ 代入差分方程后, 使其成为恒等式, 则称 $y_x = \varphi(x)$ 是该差分方程的**解**; 如果 y_x 中所含独立的任意常数的个数恰好等于差分方程的阶数, 则称 y_x 为此差分方程的**通解**; 在通解中赋予任意常数以确定的值而得到的解, 称为**特解**.

确定差分方程通解中任意常数的值的条件, 称为**定解条件**. 常见的定解条件是初始条件, n 阶差分方程的初始条件为

$$y_0 = y(0), y_1 = y(1), \cdots, y_{n-1} = y(n-1).$$

例 2　证明 $y_x = \dfrac{1}{2}x(x-1) + C$($C$ 为任意常数) 是一阶差分方程 $\Delta y_x = x$ 的通解.

证　因为 $y_{x+1} = \dfrac{1}{2}(x+1)x + C$, 所以

$$\Delta y_x = y_{x+1} - y_x = \frac{1}{2}(x+1)x + C - \frac{1}{2}x(x-1) - C = x,$$

即含有一个任意常数 C 的 $y_x = \dfrac{1}{2}x(x-1) + C$ 是一阶差分方程 $\Delta y_x = x$ 的通解.

例 3　证明 $y_x = \dfrac{C}{1 + Cx}$(C 为任意常数) 是差分方程

$$y_{x+1} + \frac{1}{1 + y_x} = 1$$

的通解, 并求满足条件 $y_0 = 1$ 的特解.

证　因为

$$y_{x+1} = \frac{C}{1 + C(x+1)} = \frac{C}{1 + C + Cx},$$

$$\frac{1}{1 + y_x} = \frac{1}{1 + \dfrac{C}{1 + Cx}} = \frac{1 + Cx}{1 + C + Cx},$$

所以

$$y_{x+1} + \frac{1}{1 + y_x} = 1.$$

又所给方程是一阶差分方程, 故 $y_x = \dfrac{C}{1 + Cx}$ 是其通解. 根据定解条件, 得

$$1 = y_0 = \frac{C}{1} = C.$$

因此, 所求特解为

$$y_x = \frac{1}{1 + x}.$$

2. 一阶线性常系数差分方程

一阶线性常系数差分方程的一般形式是

$$y_{x+1} + a y_x = f(x), \tag{7.9.1}$$

其中常数 $a \neq 0$,自由项 $f(x)$ 为已知函数. 当 $f(x) \neq 0$ 时,方程(7.9.1)称为**非齐次方程**;当 $f(x) = 0$ 时,方程(7.9.1)变成

$$y_{x+1} + ay_x = 0,\tag{7.9.2}$$

称为对应的**齐次方程**.

由差分运算的齐次性与线性性质可知,方程(7.9.1)与方程(7.9.2)的解具有以下性质:

性质 1 若 Y_x 是齐次方程(7.9.2)的非零解,则 CY_x(C 为任意常数)也是方程(7.9.2)的解,因此 $\overline{y}_x = CY_x$ 是方程(7.9.2)的通解.

性质 2 若 y_x^* 是非齐次方程(7.9.1)的特解,$\overline{y}_x$ 是对应的齐次方程(7.9.2)的通解,则 $y_x = \overline{y}_x + y_x^*$ 是非齐次方程(7.9.1)的通解.

根据这两个性质,求非齐次方程(7.9.1)的通解可分两步来完成:

第一步,求齐次方程(7.9.2)的通解 $\overline{y}_x$. 若取定初值 $y_0 \neq 0$,将方程(7.9.2)写成**迭代公式**

$$y_{x+1} = -ay_x.$$

依次令 $x = 0, 1, 2, \cdots$ 代入上式,得

$$y_1 = -ay_0,$$
$$y_2 = -ay_1 = (-a)^2 y_0, \cdots,$$
$$y_x = (-a)^x y_0 \quad (x = 3, 4, 5, \cdots),$$

则 $y_x = (-a)^x y_0, x \in \mathbf{N}$ 是方程(7.9.2)的解;将 y_0 改为任意常数 C,得 $\overline{y}_x = C(-a)^x$ 就是方程(7.9.2)的通解.

第二步,求非齐次方程(7.9.1)的一个特解 y_x^*. 现仅对自由项 $f(x)$ 的两个特殊情形,介绍用**待定系数法**来求特解.

(1)$f(x) = p_m(x)$,其中 $p_m(x)$ 是 x 的 m 次多项式.

此时方程(7.9.1)为

$$y_{x+1} + ay_x = p_m(x).\tag{7.9.3}$$

当 $a \neq -1$ 时,可设方程(7.9.3)的特解为 $y_x^* = Q_m(x)$;当 $a = -1$ 时,设 $y_x^* = xQ_m(x)$,其中 $Q_m(x)$ 为 x 的 m 次多项式,系数待定.

例 4 求差分方程 $y_{x+1} + 7y_x = 2$ 满足条件 $y_0 = 3$ 的特解.

解 对应齐次方程

$$y_{x+1} + 7y_x = 0$$

的通解为 $\overline{y}_x = C(-7)^x$. 因为 $a = 7 \neq -1$,设 $y_x^* = B$(为待定常数),代入原方程得

$$B + 7B = 2, B = \frac{1}{4},$$

所以 $y_x^* = \frac{1}{4}$. 因此,原方程的通解为

$$y_x = \overline{y}_x + y_x^* = C(-7)^x + \frac{1}{4}.$$

由初始条件 $y_0 = 3$,定出 $C = \frac{11}{4}$. 最后,得所求特解为

$$y_x = \frac{11}{4}(-7)^x + \frac{1}{4}.$$

例 5 求差分方程 $y_{x+1} - y_x = 2 + x$ 的通解.

解 显然对应齐次方程的通解为

$$\bar{y}_x = C(C \text{ 为任意常数}).$$

因为 $a = -1$, 设 $y_x^* = x(B_0 + B_1 x)$, 代入原方程得

$$(x+1)(B_0 + B_1 + B_1 x) - x(B_0 + B_1 x) = 2 + x,$$

即

$$B_0 + B_1 + 2B_1 x = 2 + x,$$

比较系数, 得

$$B_1 = \frac{1}{2}, B_0 = \frac{3}{2},$$

所以特解 $y_x^* = x\left(\frac{3}{2} + \frac{1}{2}x\right)$, 原方程的通解为

$$y_x = \bar{y}_x + y_x^* = C + x\left(\frac{3}{2} + \frac{1}{2}x\right).$$

例 6 求差分方程 $y_{x+1} + 4y_x = 2x^2 + x - 1$ 满足条件 $y_0 = 1$ 的特解.

解 对应齐次方程的通解 $\bar{y}_x = C(-4)^x$. 设特解

$$y_x^* = B_0 + B_1 x + B_2 x^2,$$

代入原方程, 得

$$B_0 + B_1(x+1) + B_2(x+1)^2 + 4B_0 + 4B_1 x + 4B_2 x^2 = 2x^2 + x - 1,$$

即

$$5B_2 x^2 + (5B_1 + 2B_2)x + (5B_0 + B_1 + B_2) = 2x^2 + x - 1.$$

比较系数, 得

$$\begin{cases} 5B_0 + B_1 + B_2 = -1, \\ 5B_1 + 2B_2 = 1, \\ 5B_2 = 2, \end{cases}$$

解得

$$B_2 = \frac{2}{5}, B_1 = \frac{1}{25}, B_0 = -\frac{36}{125},$$

故原方程的通解为

$$y_x = C(-4)^x - \frac{36}{125} + \frac{1}{25}x + \frac{2}{5}x^2.$$

由初始条件 $y_0 = 1$ 定出 $C = \frac{161}{125}$. 故所求特解为

$$y_x = \frac{161}{125}(-4)^x - \frac{36}{125} + \frac{1}{25}x + \frac{2}{5}x^2.$$

(2) $f(x) = kq^x$, 其中常数 $k \neq 0, q \neq 1$.

此时方程 (7.9.1) 为

$$y_{x+1} + ay_x = kq^x. \tag{7.9.4}$$

当 $q \neq -a$, 可设特解 $y_x^* = Bq^x$ (其中常数 B 待定), 代入方程 (7.9.4), 得

$$Bq^{x+1} + aBq^x = kq^x,$$

即

$$B(q+a) = k, B = \frac{k}{q+a}.$$

于是特解为

$$y_x^* = \frac{k}{q+a}q^x.$$

当 $q = -a$ 时, 设 $y_x^* = Bxq^x$, 代入方程(7.9.4), 得

$$B(x+1)q^{x+1} - Bxq^{x+1} = kq^x,$$

即

$$Bq = k, B = \frac{k}{q},$$

故

$$y_x^* = \frac{k}{q}xq^x = kxq^{x-1}.$$

例7 求差分方程 $y_{x+1} + y_x = 2^x$ 满足初始条件 $y_0 = 2$ 的特解.

解 对应齐次方程的通解为

$$\overline{y}_x = C(-1)^x.$$

因为 $a = 1, q = 2$, 所以 $q \neq -a$, 特解 $y_x^* = \frac{2^x}{3}$, 原方程的通解为

$$y_x = \overline{y}_x + y_x^* = C(-1)^x + \frac{2^x}{3}.$$

由初始条件 $y_0 = 2$, 定出 $C = \frac{5}{3}$, 故所求的特解为

$$y_x = \frac{5}{3}(-1)^x + \frac{2^x}{3}.$$

注 对一般的 $f(x)$, 用迭代法可求出方程(7.9.1)的通解

$$y_x = C(-a)^x + \sum_{k=0}^{x-1}(-a)^k f(x-k-1).$$

事实上, 取定 $y_0 \neq 0$, 依次令 $x = 0, 1, 2, \cdots$ 代入

$$y_{x+1} + ay_x = f(x)$$

得

$$y_1 + ay_0 = f(0),$$
$$y_2 + ay_1 = f(1),$$
$$\vdots$$
$$y_x + ay_{x-1} = f(x-1).$$

于是, 有

$$\sum_{k=0}^{x-1}(-a)^k(y_{x-k} + ay_{x-k-1}) = \sum_{k=0}^{x-1}(-a)^k f(x-k-1),$$

整理, 得

$$y_x - (-a)^x y_0 = \sum_{k=0}^{x-1}(-a)^k f(x-k-1),$$

即

$$y_x = (-a)^x y_0 + \sum_{k=0}^{x-1} (-a)^k f(x-k-1),$$

将 y_0 改为任意常数 C,得差分方程(7.9.1)的通解.

3. 二阶线性常系数差分方程

二阶线性常系数差分方程的一般形式为

$$y_{x+2} + ay_{x+1} + by_x = f(x), \tag{7.9.5}$$

其中 a,b 为常数,且 $b \neq 0$, $f(x)$ 为已知函数. 当 $f(x) \neq 0$ 时,方程(7.9.5)称为非齐次的;当 $f(x) = 0$ 时,方程(7.9.5)称为齐次的.

方程(7.9.5)与一阶线性差分方程类似,也具有线性方程的特性,它的通解等于对应齐次方程的通解 $\overline{y_x}$ 加上它的一个特解 y_x^*.

(1) 齐次方程通解的求法

设 $y_x = \lambda^x (\lambda \neq 0)$,代入齐次差分方程

$$y_{x+2} + ay_{x+1} + by_x = 0, \tag{7.9.6}$$

得

$$\lambda^{x+2} + a\lambda^{x+1} + b\lambda^x = 0.$$

因为 $\lambda^x \neq 0$,所以有

$$\lambda^2 + a\lambda + b = 0. \tag{7.9.7}$$

这就是说,只要 $y_x = \lambda^x$ 是方程(7.9.6)的解,则 λ 就是代数方程(7.9.7)的根,反之也成立. 于是,方程(7.9.6)的求解问题,就转化为求解代数方程(7.9.7)的问题. 代数方程(7.9.7)称为方程(7.9.6)的**特征方程**,其根称为**特征根**.

根据特征根的三种不同情形,就可给出方程(7.9.6)的通解.

1)当 $a^2 - 4b > 0$ 时,特征方程(7.9.7)有两个相异的实根

$$\lambda_1 = \frac{1}{2}(-a + \sqrt{a^2 - 4b}), \lambda_2 = \frac{1}{2}(-a - \sqrt{a^2 - 4b}),$$

方程(7.9.6)的通解为

$$\overline{y_x} = C_1 \lambda_1^x + C_2 \lambda_2^x.$$

2)当 $a^2 - 4b = 0$ 时,特征方程(7.9.7)的两特征根是重根

$$\lambda_1 = \lambda_2 = -\frac{a}{2},$$

方程(7.9.6)的通解为

$$\overline{y_x} = (C_1 + C_2 x)\left(-\frac{a}{2}\right)^x.$$

3)当 $a^2 - 4b < 0$ 时,特征方程(7.9.7)有一对共轭复根

$$\lambda_1 = \alpha + i\beta, \lambda_2 = \alpha - i\beta,$$

其中 $\alpha = -\frac{a}{2}, \beta = \frac{1}{2}\sqrt{4b - a^2}$. 根据复数的三角表示形式,则有

$$\lambda_1 = \sqrt{b}(\cos\theta + i\sin\theta), \lambda_2 = \sqrt{b}(\cos\theta - i\sin\theta),$$

其中 $\theta = \arctan \dfrac{\beta}{\alpha}$, 且 $\alpha = 0$ 时 $\theta = \dfrac{\pi}{2}$. 可以证明, λ_1^x 与 λ_2^x 的实部和虚部都是方程(7.9.6)的解. 因此, 方程(7.9.6)的通解为

$$\bar{y}_x = b^{\frac{x}{2}}(C_1\cos\theta x + C_2\sin\theta x).$$

例 8 求差分方程 $y_{x+2} - y_{x+1} - y_x = 0$ 满足初始条件 $y_0 = y_1 = 1$ 的特解.

解 对应特征方程 $\lambda^2 - \lambda - 1 = 0$, 特征根为

$$\lambda_1 = \frac{1+\sqrt{5}}{2}, \lambda_2 = \frac{1-\sqrt{5}}{2},$$

差分方程的通解为

$$\bar{y}_x = C_1\left(\frac{1+\sqrt{5}}{2}\right)^x + C_2\left(\frac{1-\sqrt{5}}{2}\right)^x.$$

由初始条件 $y_0 = y_1 = 1$, 定出

$$C_1 = \frac{1+\sqrt{5}}{2\sqrt{5}}, \quad C_2 = -\frac{1-\sqrt{5}}{2\sqrt{5}},$$

最后得所求特解为

$$\bar{y}_x = \frac{1}{\sqrt{5}}\left[\left(\frac{1+\sqrt{5}}{2}\right)^{x+1} - \left(\frac{1-\sqrt{5}}{2}\right)^{x+1}\right].$$

其实, 此例的解正是著名的斐波那契(Fibonacci)数列的通项公式.

例 9 求差分方程 $y_{x+2} + 2y_{x+1} + 3y_x = 0$ 的通解.

解 特征方程 $\lambda^2 + 2\lambda + 3 = 0$, 特征根为共轭复根 $\lambda_{1,2} = -1 \pm i\sqrt{2}$, 差分方程的通解为

$$\bar{y}_x = 3^{\frac{x}{2}}(C_1\cos\theta x + C_2\sin\theta x),$$

其中 $\theta = \arctan(-\sqrt{2}) = -\arctan\sqrt{2}$.

(2)非齐次方程特解的求法

下面仅对自由项 $f(x)$ 的几种特殊形式来给出用待定系数法求非齐次方程(7.9.5)的特解.

1) $f(x) = p_m(x)$, 其中 $p_m(x)$ 为 x 的 m 次多项式.

此时方程(7.9.5)为

$$y_{x+2} + ay_{x+1} + by_x = p_m(x). \qquad (7.9.8)$$

当 $1 + a + b \neq 0$ 时, 可设方程(7.9.8)的特解 $y_x^* = Q_m(x)$; 当 $1 + a + b = 0$ 且 $a \neq -2$ 时, 可设 $y_x^* = xQ_m(x)$; 当 $1 + a + b = 0$ 且 $a = -2$ 时, 可设 $y_x^* = x^2 Q_m(x)$, 其中 $Q_m(x)$ 为待定的 x 的 m 次多项式.

例 10 求差分方程 $y_{x+2} + 3y_{x+1} + 2y_x = x$ 的特解.

解 因为 $1 + a + b = 1 + 3 + 2 = 6 \neq 0$, 所以可设特解为

$$y_x^* = B_0 + B_1 x (常数 B_0, B_1 待定),$$

代入方程, 得

$$B_0 + B_1(x+2) + 3B_0 + 3B_1(x+1) + 2B_0 + 2B_1 x = x,$$

即

$$6B_0 + 5B_1 + 6B_1 x = x.$$

比较系数, 得

$$\begin{cases} 6B_0 + 5B_1 = 0, \\ 6B_1 = 1, \end{cases}$$

解得

$$B_1 = \frac{1}{6}, B_0 = -\frac{5}{36},$$

从而所求特解为

$$y_x^* = \frac{1}{6}x - \frac{5}{36}.$$

例 11 求差分方程 $y_{x+2} - 2y_{x+1} + y_x = 1$ 满足初始条件 $y_0 = \frac{1}{2}, y_1 = 1$ 的特解.

解 特征方程 $\lambda^2 - 2\lambda + 1 = 0$ 有二重特征根 $\lambda_1 = \lambda_2 = 1$,对应齐次方程的通解为

$$\overline{y}_x = (C_1 + C_2 x) \cdot 1^x = C_1 + C_2 x.$$

考虑到 $1 + a + b = 1 - 2 + 1 = 0, a = -2$,可设方程的特解为 $y_x^* = Bx^2$,代入方程便得 $B = \frac{1}{2}, y_x^* = \frac{1}{2}x^2$. 于是,原方程的通解为

$$y_x = \overline{y}_x + y_x^* = C_1 + C_2 x + \frac{1}{2}x^2,$$

由初始条件 $y_0 = \frac{1}{2}, y_1 = 1$,定出

$$C_1 = \frac{1}{2}, \quad C_2 = 0.$$

最后得所求特解为

$$y_x = \frac{1}{2} + \frac{1}{2}x^2.$$

2)$f(x) = kq^x$,其中 $k \neq 0, q \neq 1$.

此时方程(7.9.5)为

$$y_{x+2} + ay_{x+1} + by_x = kq^x. \tag{7.9.9}$$

当 $q^2 + aq + b \neq 0$(即 q 不是特征方程的根)时,可设特解 $y_x^* = Bq^x$,代入方程(7.9.9),定出

$$B = \frac{k}{q^2 + aq + b},$$

从而有

$$y_x^* = \frac{kq^x}{q^2 + aq + b}.$$

当 $q^2 + aq + b = 0$,但 $2q + a \neq 0$(即 q 是特征方程的单根)时,可设 $y_x^* = Bxq^x$,代入方程后,定出

$$B = \frac{k}{q(2q + a)},$$

从而有

$$y_x^* = \frac{kxq^x}{q(2q + a)} = \frac{k}{2q + a}xq^{x-1}.$$

当 $a^2 + aq + b = 0, 2q + a = 0$(即 q 是特征方程的重根)时,可设 $y_x^* = Bx^2q^x$,代入方程,定出

$$B = \frac{k}{2q^2},$$

从而有
$$y_x^* = \frac{kx^2 q^x}{2q^2} = \frac{1}{2}kx^2 q^{x-2}.$$

例 12 求差分方程 $y_{x+2} - 3y_{x+1} + 2y_x = 2^x$ 的通解.

解 特征方程 $\lambda^2 - 3\lambda + 2 = 0$,特征根 $\lambda_1 = 1, \lambda_2 = 2$,对应齐次方程的通解为
$$\bar{y}_x = C_1 + C_2 2^x.$$

考虑到 $q = 2$ 是特征方程的单根,设非齐次方程的特解为 $y_x^* = Bx2^x$,代入方程后,定出 $B = \frac{1}{2}$,得
$$y_x^* = \frac{1}{2}x2^x = x2^{x-1}.$$

于是,所求方程的通解为 $y_x = C_1 + C_2 2^x + x2^{x-1}.$

 **习题 7.9**

1. 求下列函数的一阶差分和二阶差分:

(1) $y_x = x^2$;

(2) $y_x = e^x$;

(3) $y_x = \ln x$;

(4) $y_x = x^3 + 3$.

2. 将下列差分方程化为用函数值形式表示的方程:

(1) $\Delta y_x = x$;

(2) $\Delta^2 y_x - 3\Delta y_x = 1$.

3. 求下列差分方程的通解:

(1) $y_{x+1} - 2y_x = 0$;

(2) $y_{x+1} - y_x = x$;

(3) $y_{x+1} - 2y_x = 6x^2$;

(4) $y_{x+1} - y_x = 2^x$.

4. 求下列差分方程的特解:

(1) $y_{x+1} - y_x = 3, y_0 = 2$;

(2) $4y_{x+1} + 2y_x = 1, y_0 = 1$;

(3) $2y_{x+1} + y_x = 0, y_0 = 3$;

(4) $7y_{x-1} + y_x = 16, y_0 = 5$.

 第7章小结

微分方程是高等数学中理论性和应用性较强的一部分,是联系实际建立数学模型的重要手段,本章仅对微分方程的一些基本概念和几种常用的微分方程的解法进行简单介绍.本章的基本要求如下:

1. 了解微分方程及其阶、解、特解、通解和初始条件等概念.

2. 掌握可分离变量的微分方程和一阶线性微分方程的解法(含通解公式);会解齐次型微分方程,会用简单的变量代换解某些微分方程.

3. 会用降阶法解下列三类微分方程:
$$y^{(n)} = f(x), \quad y'' = f(x, y'), \quad y'' = f(y, y').$$

4. 理解线性微分方程解的性质和解的结构定理(共五个定理);了解函数组的线性相关性.

5. 掌握二阶线性常系数齐次微分方程的解法(特征法),掌握二阶线性常系数非齐次微分方程特解的求法(待定系数法:包括自由项为多项式,指数函数 $e^{\lambda x}$,三角函数 $\cos \omega x$ 和 $\sin \omega x$ 及其它们的和与乘积的情形).

6. 本章最后一节,差分方程初步是为方便经管类各专业选学用的.

本章主要内容如下:

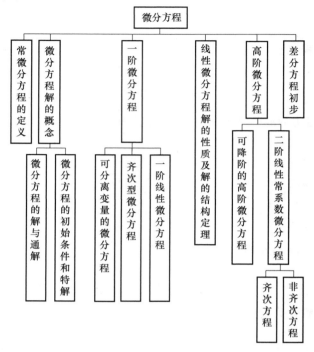

微信扫描右侧二维码,可获得本章更多知识.

 总习题7

1. 填空题:

(1)$xy''' + 2x^2y'^2 + x^3y = x^4 + 1$ 是_____阶微分方程.

(2)一阶线性微分方程 $y' + P(x)y = Q(x)$ 的通解是_____.

(3)与积分方程 $y = \int_{x_0}^{x} f(x, y)\mathrm{d}x$ 等价的微分方程初值问题是_____.

(4)已知 $y = 1, y = x, y = x^2$ 是某二阶非齐次线性微分方程的三个解,则该方程的通解是_____.

2. 求以下列各式所表示的函数为通解的微分方程:

(1)$(x + C)^2 + y^2 = 1$(其中 C 为任意常数);

(2)$y = C_1\mathrm{e}^x + C_2\mathrm{e}^{2x}$(其中 C_1, C_2 为任意常数).

3. 求下列微分方程的通解:

(1)$xy' + y = 2\sqrt{xy}$;

(2)$xy'\ln x + y = ax(\ln x + 1)$;

(3)$\dfrac{\mathrm{d}y}{\mathrm{d}x} = \dfrac{y}{2(\ln y - x)}$;

(4)$\dfrac{\mathrm{d}y}{\mathrm{d}x} + x = \sqrt{x^2 + y}$;

$(5) y'' + y'^2 + 1 = 0$;　　　　　　　　$(6) xy'' - y'^2 - 1 = 0$;

$(7) y'' + 2y' + 5y = \sin 2x$;　　　　　$(8) y''' + y'' - 2y' = x(e^x + 4)$.

4. 求下列微分方程满足所给初始条件的特解:

$(1) 2y'' - \sin 2y = 0, y\big|_{x=0} = \dfrac{\pi}{2}, y'\big|_{x=0} = 1$;

$(2) y'' - ay'^2 = 0, y\big|_{x=0} = 0, y'\big|_{x=0} = -1$;

$(3) y'' + 2y' + y = \cos x, y\big|_{x=0} = 0, y'\big|_{x=0} = \dfrac{3}{2}$.

5. 已知某曲线经过点 $(1,1)$, 它的切线在纵轴上的截距等于切点的横坐标, 求它的方程.

6. 设可导函数 $\varphi(x)$ 满足

$$\varphi(x)\cos x + 2\int_0^x \varphi(t)\sin t \, dt = x + 1,$$

求 $\varphi(x)$.

7. 设光滑曲线 $y = \varphi(x)$ 过原点, 且当 $x > 0$ 时 $\varphi(x) > 0$. 对应于 $[0,x]$ 一段曲线的弧长为 $e^x - 1$, 求 $\varphi(x)$.

8. 求下列二阶差分方程的通解及特解:

$(1) y_{t+2} + 3y_{t+1} - \dfrac{7}{4}y_t = 9 \ (y_0 = 6, y_1 = 3)$;　　$(2) y_{t+2} - 2y_{t+1} + 2y_t = 0 \ (y_0 = 2, y_1 = 2)$;

$(3) y_{t+2} + y_{t+1} - 2y_t = 12 \ (y_0 = 0, y_1 = 0)$;　　$(4) y_{t+2} + 5y_{t+1} + 4y_t = t$.

习 题 答 案

第 1 章

习题 1.1

1. $(1)[-1,0)\cup(0,1]$;$(2)(1,2]$;$(3)[-1,3]$;

$(4)(1,2)\cup(2,4)$;$(5)(-\infty,0)\cup(0,3]$;$(6)(-\infty,0)\cup(0,+\infty)$.

2. 略.

3. $(1)y=\sin u$,$u=2x$;$(2)y=\sqrt{u}$,$u=\tan v$,$v=e^x$;

$(3)y=\ln u$,$u=\ln v$,$v=\ln x$;$(4)y=a^u$,$u=v^2$,$v=\sin x$.

4. ~**6.** 略.

7. (1)是周期函数,周期 $l=2\pi$;(2)不是周期函数;(3)是周期函数,周期 $l=\pi$.

8. $(1)y=\dfrac{1-x}{1+x}$; $(2)y=\log_2\dfrac{x}{1-x}$;

$(3)y=e^{x-1}-2$; $(4)y=\dfrac{1}{3}\arcsin\dfrac{x}{2}$ $(-2\leqslant x\leqslant 2)$.

9. 略.

10. $(1)[-1,1]$; $(2)\underset{n\in\mathbf{Z}}{\cup}[2n\pi,(2n+1)\pi]$;

$(3)[1,e]$; (4)若 $a\in\left(0,\dfrac{1}{2}\right]$,则 $D=[a,1-a]$;若 $a>\dfrac{1}{2}$,则 $D=\varnothing$.

11. $-\dfrac{3}{8}$, 0.

12. $f(x)=x^2-2$.

13. $f(x)=2(1-x^2)$.

14. $f(g(x))=\begin{cases}1, & x<0,\\ 0, & x=0,\\ -1, & x>0,\end{cases}g(f(x))=\begin{cases}e, & |x|<1,\\ 1, & |x|=1,\\ e^{-1}, & |x|>1.\end{cases}$

习题 1.2

1. (1)收敛,0; (2)收敛,0; (3)收敛,2; (4)收敛,1;

(5)发散; (6)收敛,0; (7)发散; (8)发散.

2. (1)必要条件; (2)一定发散;

(3)不一定收敛,例如数列 $\{(-1)^n\}$ 有界,但发散.

3. (1)错误,反例略; (2)错误,反例略;(3)正确,理由略;
(4)正确,理由略.

习题 1.3

1. (1)0; (2) -1; (3)不存在,因为 $f(0^+)\neq f(0^-)$.

2. (1)错; (2)对; (3)错; (4)错; (5)对; (6)对.

3. (1)对; (2)对; (3)对; (4)错; (5)对; (6)对;
(7)对; (8)错.

4. (1)1; (2)不存在,因为 $f(0^+)\neq f(0^-)$; (3)1; (4)0;
(5)0; (6)0.

5. $\lim_{x\to 0^-}f(x)=\lim_{x\to 0^+}f(x)=1$, $\lim_{x\to 0}f(x)=1$;
$\lim_{x\to 0^-}\varphi(x)=-1$, $\lim_{x\to 0^+}\varphi(x)=1$, $\lim_{x\to 0}\varphi(x)$ 不存在.

习题 1.4

1. (1)错; (2)对; (3)错; (4)错; (5)错.

2. (1)无穷小;(2)无穷小;(3)无穷大.

3. (1)2; (2)2.

4. $y=x\cos x$ 在 $(-\infty,+\infty)$ 上无界,但当 $x\to+\infty$ 时,此函数不是无穷大.

5. 水平渐近线 $y=0$,铅直渐近线 $x=\pm\sqrt{2}$.

习题 1.5

1. (1) -9; (2)0; (3)0; (4) $\frac{1}{2}$; (5) $2x$; (6)2;
(7) $\frac{1}{2}$; (8)0; (9) $\frac{2}{3}$; (10)2; (11)2; (12) $\frac{1}{2}$;
(13) $\frac{1}{5}$; (14) -1.

2. (1) ∞; (2) ∞; (3) ∞.

3. (1)0; (2)0.

4. (1) -1; (2) $\sqrt{2}$.

5. $k=-3$.

6. $a=1,b=-1$.

7. $\frac{1}{2}$.

习题 1.6

1. (1) ω; (2)3; (3) $\frac{2}{5}$; (4)1; (5)2; (6) c.

2. (1) $\frac{1}{e}$; (2) e^2; (3) e^2; (4) e^{-k}.

3. (1)提示: $1<\sqrt{1+\frac{1}{n}}<1+\frac{1}{n}$;

(2)提示: $\dfrac{n}{n+\pi}\leqslant n\left(\dfrac{1}{n^2+\pi}+\dfrac{1}{n^2+2\pi}+\cdots+\dfrac{1}{n^2+n\pi}\right)\leqslant\dfrac{n^2}{n^2+\pi}$;

(3)提示:当 $x>0$ 时,$1<\sqrt[n]{1+x}<1+x$,

当 $-1<x<0$ 时,$1+x<\sqrt[n]{1+x}<1$;

(4)提示:当 $x>0$ 时,$1-x<x\left[\dfrac{1}{x}\right]\leqslant 1$.

4. 2.

习题 1.7

1. 当 $x\to 0$ 时,x^2-x^3 是比 $2x-x^2$ 高阶的无穷小.

2. 当 $x\to 0$ 时,$(1-\cos x)^2$ 是比 $\sin^2 x$ 高阶的无穷小.

3. 等价无穷小.

4. 略.

5. (1) $\dfrac{3}{2}$;　(2) $0\ (m<n),1\ (m=n),\infty\ (m>n)$;　(3) $\dfrac{1}{2}$;　(4) -3.

习题 1.8

1. $x=-1,0,1,2$ 均为 $f(x)$ 的间断点,除 $x=0$ 外它们均为 $f(x)$ 的可去间断点.补充定义 $f(-1)=f(2)=0$,修改定义,使 $f(1)=2$.

2. (1) $f(x)$ 在 $[0,2]$ 上连续;

(2) $f(x)$ 在 $(-\infty,-1)$ 与 $(-1,+\infty)$ 内连续,$x=-1$ 为跳跃间断点.

3. (1) $x=1$ 为可去间断点,$x=2$ 为第二类间断点;

(2) $x=0$ 和 $x=k\pi+\dfrac{\pi}{2}$ 为可去间断点,$x=k\pi\ (k\neq 0)$ 为第二类间断点;

(3) $x=0$ 为第二类间断点;

(4) $x=1$ 为跳跃间断点.

4. $x=1$ 和 $x=-1$ 为跳跃间断点.

5. (1)对;

(2)错,例如 $f(x)=\begin{cases}1, & x\in\mathbf{Q},\\ -1, & x\in\mathbf{R}\backslash\mathbf{Q}.\end{cases}$

6. 左不连续,右连续.

习题 1.9

1. 连续区间:$(-\infty,-3),(-3,2),(2,+\infty)$;$\lim\limits_{x\to 0}f(x)=\dfrac{1}{2}$,$\lim\limits_{x\to -3}f(x)=-\dfrac{8}{5}$,$\lim\limits_{x\to 2}f(x)=\infty$.

2. 略.

3. (1) $\sqrt{5}$;　　(2) 1;　　(3) 0;　　(4) $\dfrac{1}{2}$;

(5) 2;　　(6) $\cos\alpha$;　(7) 1;　　(8) $-\dfrac{1}{3}$.

4. (1) 1;　　(2) 0;　　(3) $\sqrt{e}$;　　(4) e^3;

(5) $e^{-\frac{3}{2}}$;　　(6) $\dfrac{1}{2}$;　　(7) $\dfrac{1}{e}$;　　(8) -6.

5. $a=1,b=e$.

6. $a=1$.

习题 1. 10

  1. ~ **4.** 略.

  5. 提示：$m \leqslant \dfrac{f(x_1) + f(x_2) + \cdots + f(x_n)}{n} \leqslant M$, 其中 m, M 分别为 $f(x)$ 在 $[x_1, x_n]$ 上的最小值和最大值.

  6. 略.

总习题 1

  1. (1) 必要, 充分; (2) 必要, 充分; (3) 必要, 充分; (4) 充分必要.

  2. 1.

  3. (1)(B); (2)(B).

  4. (1)$(-\infty, 0]$; (2)$[1, e]$; (3)$[0, \tan 1]$; (4)$\bigcup\limits_{n \in \mathbf{Z}} \left[2n\pi - \dfrac{\pi}{2}, 2n\pi + \dfrac{\pi}{2}\right]$.

  5. $f(f(x)) = f(x), g(g(x)) = 0, f(g(x)) = 0, g(f(x)) = g(x)$.

  6. 略.

  7. (1)$C(x) = 60000 + 20x, \ x \in [10000, +\infty)$;

  (2)$R(x) = x\left(60 - \dfrac{x}{1000}\right)$; (3)$L(x) = -\dfrac{x^2}{1000} + 40x - 60000$.

  8. 略.

  9. (1)∞; (2)$\dfrac{1}{2}$; (3)e; (4)$\dfrac{1}{2}$; (5)$\sqrt[3]{abc}$; (6)1; (7)$\dfrac{1}{a}$; (8)-2.

  10. $a = 0$.

  11. $x = 1$ 是第一类间断点.

  12. ~ **14.** 略.

<h1 align="center">第 2 章</h1>

习题 2. 1

  1. $\dfrac{\mathrm{d}\theta}{\mathrm{d}t}\Big|_{t = t_0}$.　　　**2.** $\dfrac{\mathrm{d}Q}{\mathrm{d}T}\Big|_{T = T_0}$.　　　**3.** $4(\mathrm{m/s})$.

  4. (1)$y' = -\dfrac{1}{x^2}, y'\big|_{x = -2} = -\dfrac{1}{4}$; 　(2)$y' = -\sin x, y'\big|_{x = \frac{\pi}{3}} = -\dfrac{\sqrt{3}}{2}$.

  5. (1)$-f'(x_0)$; (2)$f'(0)$; (3)$2f'(0)$.　　　**6.** (B).

  7. (1)$4x^3$; 　(2)$\dfrac{2}{3}x^{-\frac{1}{3}}$; 　(3)$1.6x^{0.6}$; 　(4)$-\dfrac{1}{2}x^{-\frac{3}{2}}$;

  (5)$-\dfrac{2}{x^3}$; 　(6)$\dfrac{16}{5}x^{\frac{11}{5}}$; 　(7)$\dfrac{1}{6}x^{-\frac{5}{6}}$.

  8. $f'(0) = 0$.　　　**9.** $k_1 = y'\big|_{x = \frac{2}{3}\pi} = -\dfrac{1}{2}$; $k_2 = y'\big|_{x = \pi} = -1$.

  10. 切线方程为 $\dfrac{\sqrt{3}}{2}x + y - \dfrac{1}{2}\left(1 + \dfrac{\sqrt{3}}{3}\pi\right) = 0$;

法线方程为 $\dfrac{2\sqrt{3}}{3}x - y + \dfrac{1}{2} - \dfrac{2\sqrt{3}}{9}\pi = 0$.

11. $x - y + 1 = 0$.　　　**12.** $(1)(2,5)$；$(2)\left(-\dfrac{3}{2},\dfrac{13}{4}\right)$；$(3)\left(\dfrac{1}{2},\dfrac{5}{4}\right)$.

13. (1) 在 $x = 0$ 处连续,不可导；(2) 在 $x = 0$ 处连续且可导.

14. $a = 2$, $b = -1$.　　**15.** $f'(x) = \begin{cases} \cos x, & x < 0, \\ 1, & x \geqslant 0. \end{cases}$

16. $f'(x) = 2$.

17. 略.

18. 略.

习题 2.2

1. 略.

2. $(1)\dfrac{7}{8}x^{-\frac{1}{8}}$；　　　　$(2)\tan x + x\sec^2 x - 2\sec x \tan x$；　$(3)x(2\ln x + 1)$；

$(4)\dfrac{e^x(x-2)}{x^3}$；　　　$(5)3e^x(\cos x - \sin x)$；　　　　$(6)2x\ln x \cos x + x\cos x - x^2\ln x$

$\sin x$；

$(7)\dfrac{1 - \ln x}{x^2}$；　　　　$(8)\dfrac{1 + \sin t + \cos t}{(1 + \cos t)^2}$.

3. $(1)f'\left(\dfrac{\pi}{2}\right) = \dfrac{\pi}{2}$；　$(2)f'(-1) = -14$；　　　　$(3)y'(0) = -2$.

4. 点 $(1,0)$ 处的切线方程：$y = 2(x-1)$；

点 $(-1,0)$ 处的切线方程：$y = 2(x+1)$.

5. $(1)8(2x+5)^3$；　$(2)-6xe^{-3x^2}$；　$(3)3\sin(4-3x)$；　$(4)\dfrac{2x}{1+x^2}$；

$(5)2x\sec^2(x^2)$；　$(6)\sin 2x$；　　$(7)-\dfrac{x}{\sqrt{a^2-x^2}}$；　$(8)\dfrac{e^x}{1+e^{2x}}$；

$(9)-\tan x$；　　　$(10)\dfrac{2\arcsin x}{\sqrt{1-x^2}}$.

6. $(1)\dfrac{x}{\sqrt{(1-x^2)^3}}$；　$(2)-\dfrac{1}{2}e^{-\frac{x}{2}}(\cos 3x + 6\sin 3x)$；　$(3)\dfrac{|x|}{x^2\sqrt{x^2-1}}$；

$(4)-\dfrac{1}{\sqrt{x-x^2}}$；　$(5)\dfrac{1}{(1-x)\sqrt{x}}$；　　$(6)\dfrac{2x\cos 2x - \sin 2x}{x^2}$；

$(7)\sec x$；　　　$(8)\dfrac{1}{\sqrt{a^2+x^2}}$.

7. $(1)\dfrac{2\arcsin\dfrac{x}{2}}{\sqrt{4-x^2}}$；　$(2)\csc x$；　　　$(3)\dfrac{\ln x}{x\sqrt{1+\ln^2 x}}$；

$(4)\dfrac{e^{\arctan\sqrt{x}}}{2\sqrt{x}(1+x)}$；　$(5)\dfrac{\pi}{2\sqrt{1-x^2}(\arccos x)^2}$；　$(6)\dfrac{1}{x\ln x}$；

$(7)\dfrac{1}{\sqrt{1-x^2}+1-x^2}$; $(8)-\dfrac{1}{(1+x)\sqrt{2x(1-x)}}$.

8. $(1)y^1=3x^2f'(x^3)$; $(2)y^1=\sin 2x[f'(\sin^2 x)-f'(\cos^2 x)]$;

$(3)y^1=\dfrac{-1}{|x|\sqrt{x^2-1}}f'\left(\arcsin\dfrac{1}{x}\right)$.

9. $(1)e^{-x}(-x^2+4x-5)$; $\qquad\qquad(2)\sin 2x\sin x^2+2x\sin^2 x\cos x^2$;

$(3)\dfrac{1}{x^2}\tan\dfrac{1}{x}$; $\qquad\qquad\qquad(4)\dfrac{1}{x^2}\sin\dfrac{2}{x}e^{-\sin^2\frac{1}{x}}$;

$(5)\dfrac{2\sqrt{x}+1}{4\sqrt{x}\sqrt{x+\sqrt{x}}}$; $\qquad\qquad(6)10^{x\tan 2x}\ln 10(\tan 2x+2x\sec^2 2x)$;

$(7)n\sin^{n-1}x\cos(n+1)x$; $\qquad(8)\arcsin\dfrac{x}{2}$.

10. $-xe^{x-1}$. **11.** $f'(x+3)=5x^4$; $f'(x)=5(x-3)^4$.

12. $-\dfrac{1}{(1+x)^2}$. **13.** 略. **14.** 略. **15.** $f'(x)=\begin{cases}2\sec^2 x,&x<0,\\e^x,&x>0,\\\text{不存在},&x=0.\end{cases}$

习题 2.3

1. $(1)4-\dfrac{1}{x^2}$; $(2)4e^{2x-1}$; $(3)-2\sin x-x\cos x$; $(4)-2e^{-t}\cos t$;

$(5)-\dfrac{a^2}{(a^2-x^2)^{\frac{3}{2}}}$; $(6)-\dfrac{2(1+x^2)}{(1-x^2)^2}$; $(7)2\sec^2 x\tan x$; $(8)-\dfrac{x}{(1+x^2)^{\frac{3}{2}}}$;

$(9)2\arctan x+\dfrac{2x}{1+x^2}$; $(10)y=2xe^{x^2}(3+2x^2)$.

2. $(1)\dfrac{f''(x)f(x)-[f'(x)]^2}{[f(x)]^2}$; $(2)2f'(x^2)+4x^2f''(x^2)$.

3. 略.   **4.** $2g(a)$.

5. $(1)-4e^x\cos x$; $(2)2^{50}\left(-x^2\sin 2x+50x\cos 2x+\dfrac{1225}{2}\sin 2x\right)$.

习题 2.4

1. $(1)\dfrac{y}{y-x}$; $(2)\dfrac{e^{x+y}-y}{x-e^{x+y}}$; $(3)\dfrac{ay-x^2}{y^2-ax}$; $(4)y=-\dfrac{e^y}{1+xe^y}$.

2. 切线方程为 $x+y-\dfrac{\sqrt{2}}{2}a=0$; 法线方程为 $x-y=0$.

3. $(1)-\dfrac{1}{y^3}$; $(2)-\dfrac{b^4}{a^2y^3}$; $(3)-2\csc^2(x+y)\cot^3(x+y)$; $(4)\dfrac{e^{2y}(3-y)}{(2-y)^3}$.

4. $(1)\left(\dfrac{x}{1+x}\right)^x\left(\ln\dfrac{x}{1+x}+\dfrac{1}{1+x}\right)$; $(2)\dfrac{1}{5}\sqrt[5]{\dfrac{x-5}{\sqrt{x^2+2}}}\left[\dfrac{1}{x-5}-\dfrac{2x}{5(x^2+2)}\right]$;

$(3)\dfrac{\sqrt{x+2}(3-x)^4}{(x+1)^5}\left[\dfrac{1}{2(x+2)}-\dfrac{4}{3-x}-\dfrac{5}{x+1}\right]$;

$(4)\dfrac{1}{2}\sqrt{x}\sin x\sqrt{1-\mathrm{e}^{x}}\left[\dfrac{1}{x}+\cot x-\dfrac{\mathrm{e}^{x}}{2(1-\mathrm{e}^{x})}\right].$

5. $(1)\dfrac{3b}{2a}t;(2)\dfrac{\cos\theta-\theta\sin\theta}{1-\sin\theta-\theta\cos\theta}.$ **6.** $\sqrt{3}-2.$

7. (1)切线方程为 $2\sqrt{2}x+y-2=0$;法线方程为 $\sqrt{2}x-4y-1=0$;

(2)切线方程为 $4x+3y-12a=0$;法线方程为 $3x-4y+6a=0.$

8. $(1)\dfrac{1}{t^{3}};(2)-\dfrac{b}{a^{2}\sin^{3}t};(3)\dfrac{4}{9}\mathrm{e}^{3t};(4)\dfrac{1}{f'(t)}.$

9. $144\pi\ \mathrm{m}^{2}/\mathrm{s}.$ **10.** $\dfrac{16}{25\pi}\approx0.204\ \mathrm{m}/\mathrm{min}.$ **11.** $0.64\ \mathrm{cm}/\mathrm{min}.$

习题 2.5

1. 当 $\Delta x=1$ 时,$\Delta y=18$,$\mathrm{d}y=11$;当 $\Delta x=0.1$ 时,$\Delta y=1.161$,$\mathrm{d}y=1.1$;当 $\Delta x=0.01$ 时,$\Delta y=0.110601$,$\mathrm{d}y=0.11.$

2. $(1)\left(-\dfrac{1}{x^{2}}+\dfrac{\sqrt{x}}{x}\right)\mathrm{d}x;(2)(\sin 2x+2x\cos 2x)\mathrm{d}x;(3)(x^{2}+1)^{-\frac{3}{2}}\mathrm{d}x;$

$(4)\dfrac{2\ln(1-x)}{x-1}\mathrm{d}x;(5)2x(1+x)\mathrm{e}^{2x}\mathrm{d}x;(6)\mathrm{e}^{-x}[\sin(3-x)-\cos(3-x)]\mathrm{d}x;$

$(7)\begin{cases}\dfrac{\mathrm{d}x}{\sqrt{1-x^{2}}}, & -1<x<0,\\[3mm] -\dfrac{\mathrm{d}x}{\sqrt{1-x^{2}}}, & 0<x<1;\end{cases}(8)8x\tan(1+2x^{2})\sec^{2}(1+2x^{2})\mathrm{d}x;$

$(9)-\dfrac{2x}{1+x^{4}}\mathrm{d}x;(10)A\omega\cos(\omega t+\varphi)\mathrm{d}t(A,\omega,\varphi\text{ 是常数}).$

3. $(1)x^{2}+C;(2)\ln(1+x)+C;(3)\dfrac{1}{x}+C;(4)-\dfrac{1}{2}\mathrm{e}^{-2x}+C;$

$(5)2\sqrt{x}+C;(6)-\dfrac{1}{\omega}\cos\omega x+C;(7)\sin t+C;(8)\dfrac{1}{3}\tan 3x+C.$

4. (1)约减少 $43.63\ \mathrm{cm}^{2}$;(2)约增加 $104.72\ \mathrm{cm}^{2}.$

总习题 2

1. (1)充分,必要;(2)充分必要;(3)充分必要.

2. $n!$.   **3.** (D).   **4.** $\left.\dfrac{\mathrm{d}m}{\mathrm{d}x}\right|_{x=x_{0}}.$ **5.** $-\dfrac{1}{x^{2}}.$

6. $(1)f'_{-}(0)=f'_{+}(0)=f'(0)=1;(2)f'_{-}(0)=1,f'_{+}(0)=0,f'(0)$不存在.

7. 在 $x=0$ 处连续,不可导.

8. $(1)\dfrac{\cos x}{|\cos x|};(2)\dfrac{1}{1+x^{2}};(3)y=\sin x\cdot\ln\tan x;$

$(4)\dfrac{\mathrm{e}^{x}}{\sqrt{1+\mathrm{e}^{2x}}};(5)y=x^{\frac{1}{x}-2}(1-\ln x).$

9. $(1)-2\cos 2x\cdot\ln x-\dfrac{2\sin 2x}{x}-\dfrac{\cos^{2}x}{x^{2}};(2)\dfrac{3x}{(1-x^{2})^{\frac{5}{2}}}.$

10. $y''(0) = \dfrac{1}{\mathrm{e}^2}$.

11. $(1)\dfrac{\mathrm{d}y}{\mathrm{d}x} = -\tan\theta, \dfrac{\mathrm{d}^2 y}{\mathrm{d}x^2} = \dfrac{1}{3a}\sec^4\theta\csc\theta$; $(2)\dfrac{\mathrm{d}y}{\mathrm{d}x} = \dfrac{1}{t}, \dfrac{\mathrm{d}^2 y}{\mathrm{d}x^2} = -\dfrac{1+t^2}{t^3}$.

12. 切线方程为 $x + 2y - 4 = 0$,法线方程为 $2x - y - 3 = 0$.

13. 切线方程为 $2x - y - 12 = 0$. **14.** $-2.8\ \mathrm{km/h}$.

第 3 章

习题 3.1

1. ~ **10.** 略.

习题 3.2

1.

$(1) -\dfrac{3}{5}$; $(2)2$; $(3)\ln a - \ln b$; $(4) -\dfrac{1}{8}$; $(5)2$; $(6)\dfrac{m}{n}a^{m-n}$;

$(7)1$; $(8)1$; $(9)\dfrac{9}{2}$; $(10)2(a^2+1)$; $(11)1$; $(12)3$;

$(13)\dfrac{1}{2}$; $(14) +\infty$; $(15) -\dfrac{1}{2}$; $(16)\mathrm{e}^a$; $(17)1$; $(18)1$.

2. 略.   **3.** 略.

习题 3.3

1. $f(x) = -56 + 21(x-4) + 37(x-4)^2 + 11(x-4)^3 + (x-4)^4$.

2. $f(x) = x^6 - 9x^5 + 30x^4 - 45x^3 + 30x^2 - 9x + 1$.

3. $\sqrt{x} = 2 + \dfrac{1}{4}(x-4) - \dfrac{1}{64}(x-4)^2 + \dfrac{1}{512}(x-4)^3 - \dfrac{15(x-4)^4}{4!\ 16[4+\theta(x-4)]^{7/2}}$ $(0<\theta<1)$.

4. $\ln x = \ln 2 + \dfrac{1}{2}(x-2) - \dfrac{1}{2^3}(x-2)^2 + \dfrac{1}{3\cdot 2^3}(x-2)^3 - \cdots + \dfrac{(-1)^{n-1}}{n\cdot 2^n}(x-2)^n + o((x-2)^n)$.

5. $\dfrac{1}{x} = -[1 + (x+1) + (x+1)^2 + \cdots + (x+1)^n] + (-1)^{n+1}\dfrac{(x+1)^{n+1}}{[-1+\theta(x+1)]^{n+2}}$ $(0<\theta<1)$.

6. $\tan x = x + \dfrac{1}{3}x^3 + o(x^3)$.

7. $x\mathrm{e}^x = x + x^2 + \dfrac{x^3}{2!} + \cdots + \dfrac{x^n}{(n-1)!} + o(x^n)$.

8. $\sqrt{\mathrm{e}} \approx 1.645$.

9. $(1)\sqrt[3]{30} \approx 3.10724, |R_3| < 1.88 \times 10^{-5}$; $(2)\sin 18° \approx 0.3090, |R_3| < 1.3 \times 10^{-4}$.

10. $(1)\dfrac{3}{2}$; $(2)\dfrac{1}{2}$; $(3) -\dfrac{1}{12}$; $(4)\dfrac{1}{6}$.

习题 3.4

1. $(-\infty, +\infty)$ 内单调减少.

2. $(-\infty, +\infty)$ 内单调增加.

3. (1) 在 $(-\infty, -1]$, $[3, +\infty)$ 内单调增加,在 $[-1,3]$ 上单调减少;

(2)在$(0,2]$内单调减少,在$[2,+\infty)$内单调增加;

(3)在$(-\infty,0)$,$\left(0,\dfrac{1}{2}\right]$,$[1,+\infty]$内单调减少,在$\left[\dfrac{1}{2},1\right]$上单调增加;

$(4)(-\infty,+\infty)$内单调增加;

(5)在$\left(-\infty,\dfrac{1}{2}\right]$内单调减少,在$\left[\dfrac{1}{2},+\infty\right)$内单调增加;

(6)在$\left(-\infty,\dfrac{2}{3}a\right]$,$[a,+\infty)$内单调增加,在$\left[\dfrac{2}{3}a,a\right]$上单调减少.

4. 略.

5. (1)极大值$f(\pm1)=1$,极小值$f(0)=0$;

(2)极小值$f(0)=0$;

(3)极大值$f(\mathrm{e})=\mathrm{e}^{\frac{1}{\mathrm{e}}}$;

(4)极大值$f\left(\dfrac{3}{4}\right)=\dfrac{5}{4}$;

(5)极大值$f\left(\dfrac{12}{5}\right)=\dfrac{1}{10}\sqrt{205}$;

(6)极大值$f(0)=4$,极小值$f(-2)=\dfrac{8}{3}$.

6. 当$x=1$时函数有最大值-29.

7. 当$x=-3$时函数有最小值27.

8. 当$\varphi=\arctan\mu=\arctan0.25\approx14°2'$时,可使力$\boldsymbol{F}$最小.

9. 60元.

10. 7200元.

习题 3.5

1. (1)是凸的;(2)是凹的.

2. (1)拐点$\left(\dfrac{5}{3},\dfrac{20}{27}\right)$,在$\left(-\infty,\dfrac{5}{3}\right]$内是凸的,在$\left[\dfrac{5}{3},+\infty\right)$内是凹的;

(2)拐点$\left(2,\dfrac{2}{\mathrm{e}^2}\right)$,在$(-\infty,2]$内是凸的,在$[2,+\infty)$内是凹的;

(3)没有拐点,处处是凹的;

(4)拐点$(-1,\ln2)$,$(1,\ln2)$,在$(-\infty,-1]$,$[1,+\infty)$内是凸的,在$[-1,1]$上是凹的;

(5)拐点$\left(\dfrac{1}{2},\mathrm{e}^{\arctan\frac{1}{2}}\right)$,在$\left(-\infty,\dfrac{1}{2}\right]$内是凹的,在$\left[\dfrac{1}{2},+\infty\right)$内是凸的;

(6)拐点$(1,-7)$,在$(0,1]$内是凸的,在$[1,+\infty)$内是凹的.

3. 略.

4. $a=-\dfrac{3}{2},b=\dfrac{9}{2}$.

5. (1)在$(-\infty,-2]$内单调减少,在$[-2,+\infty)$内单调增加;在$(-\infty,-1]$,$[1,+\infty)$内是凹的,在$[-1,1]$上是凸的;拐点$\left(-1,-\dfrac{6}{5}\right)$,$(1,2)$.

(2)对称于原点;在$(-\infty,-1]$,$[1,+\infty)$内单调减少,在$[-1,1]$上单调增加;在

$(-\infty,-\sqrt{3}],[0,\sqrt{3}]$上是凸的,在$[-\sqrt{3},0],[\sqrt{3},+\infty)$内是凹的;拐点$\left(-\sqrt{3},-\dfrac{\sqrt{3}}{4}\right)$,$(0,0)$,$\left(\sqrt{3},\dfrac{\sqrt{3}}{4}\right)$;水平渐近线$y=0$.

(3)在$(-\infty,0)$,$\left(0,\dfrac{\sqrt[3]{4}}{2}\right]$内单调减少,在$\left[\dfrac{\sqrt[3]{4}}{2},+\infty\right)$内单调增加;在$(-\infty,-1]$,$(0,+\infty)$内是凹的;在$[-1,0)$内是凸的;拐点$(-1,0)$;铅直渐近线$x=0$.

(4)在$(-\infty,1]$内单调增加,在$[1,+\infty)$内单调减少;在$\left(-\infty,1-\dfrac{\sqrt{2}}{2}\right)$,$\left[1+\dfrac{\sqrt{2}}{2},+\infty\right)$内是凹的,在$\left[1-\dfrac{\sqrt{2}}{2},1+\dfrac{\sqrt{2}}{2}\right]$上是凸的;拐点$\left(1-\dfrac{\sqrt{2}}{2},\dfrac{1}{\sqrt{e}}\right)$,$\left(1+\dfrac{\sqrt{2}}{2},\dfrac{1}{\sqrt{e}}\right)$;水平渐近线$y=0$.

习题3.6

1. $k=2$.

2. $k=|\cos x|,\rho=|\sec x|$.

3. $k=2,\rho=\dfrac{1}{2}$.

4. $k=\left|\dfrac{2}{3a\sin 2t_0}\right|$.

5. $\left(\dfrac{\sqrt{2}}{2},-\dfrac{\ln 2}{2}\right)$处曲率半径有最小值$\dfrac{3\sqrt{3}}{2}$.

6. 约1246N.

提示:沿曲线运动的物体所受的向心力为$F=\dfrac{mv^2}{\rho}$,这里m为物体的质量,v为它的速率,ρ为运动轨迹的曲率半径.

7. 45400N. 参看上题提示.

总习题3

1. 2.

2. (1)(B);(2)(D).

3. $f(x)=|x|,x\in[-1,1]$.

4. ka.

5. ~**7.** 略.

8. (1)2;(2)$\dfrac{1}{2}$;(3)$e^{-\frac{2}{\pi}}$;(3)$a_1a_2\cdots a_n$.

9. (1)$x^3\ln x=(x-1)+\dfrac{5}{2!}(x-1)^2+\dfrac{11}{3!}(x-1)^3+\dfrac{6}{4!}(x-1)^4-\dfrac{6}{5!\cdot\xi^2}(x-1)^5$($\xi$介于1与$x$之间);

(2)$\arctan x=x-\dfrac{x^3}{3}+o(x^4)$;

(3)$e^{\sin x}=1+x+\dfrac{1}{2}x^2+o(x^3)$;

$(4)\ln\cos x = -\dfrac{1}{2}x^2 - \dfrac{1}{12}x^4 - \dfrac{1}{45}x^6 + o(x^6)$.

10. 略.

11. $a = \mathrm{e}^{\mathrm{e}}$，最小值 $1 - \dfrac{1}{\mathrm{e}}$.

12. $(1,2)$ 和 $(-1,-2)$.

13. $\sqrt[3]{3}$.

14. $\left(\dfrac{\pi}{2},1\right)$ 处曲率半径有最小值 1.

15. $2.414 < x_0 < 2.415$.

16. 提示：记 $x_0 = (1-t)x_1 + tx_2$，先证
$$f(x) \geqslant f(x_0) + f'(x_0)(x - x_0),$$
然后在上式中分别令 $x = x_1$ 及 $x = x_2$，可得两个不等式，由此推出结论.

第 4 章

习题 4.1

1. $(1)\dfrac{3}{7}x^{\frac{7}{3}} - 4\sqrt{x} + C$;　　　$(2)\tan x - x + C$;

$(3)\dfrac{x + \sin x}{2} + C$;　　　$(4)\dfrac{2^x}{\ln 2} + \dfrac{1}{3}x^3 + C$;

$(5)3x - \arctan x + C$;　　　$(6)\dfrac{4}{7}x^{\frac{7}{4}} + 4x^{-\frac{1}{4}} + C$;

$(7)x^3 + \arctan x + C$;　　　$(8)\dfrac{(3\mathrm{e})^x}{\ln 3 + 1} + C$;

$(9)2\arctan x - \arcsin x + C$;　　　$(10)\csc x - \cot x + C$;

$(11)\dfrac{1}{4}x^2 - \ln|x| - \dfrac{3}{x} - \dfrac{4}{3}x^{-3} + C$;　　　$(12)2\sqrt{x} - \dfrac{4}{3}x^{\frac{3}{2}} + \dfrac{2}{5}x^{\frac{5}{2}} + C$;

$(13)\dfrac{1}{2}\tan x + C$;　　　$(14)\dfrac{6}{11}x^{\frac{11}{6}} - \dfrac{2}{3}x^{\frac{3}{2}} + \dfrac{3}{4}x^{\frac{4}{3}} - x + C$;

$(15)\sin x - \cos x + C$;　　　$(16)\mathrm{e}^x + x + C$;

$(17)2\arcsin x + C$;　　　$(18)\mathrm{e}^x - 2\sqrt{x} + C$;

$(19) -\tan x - \cot x + C$;　　　$(20)2x - \dfrac{5\left(\dfrac{2}{3}\right)^x}{\ln 2 - \ln 3} + C$;

$(21) -\dfrac{1}{x} - \arctan x + C$;　　　$(22)x^3 - x + \arctan x + C$.

2. $C_1 x - \sin x + C_2$. **3.** $-\dfrac{1}{x\sqrt{1 - x^2}}$.　**4.** $y = \ln|x| + 1$.　**5.** 略.

习题 4.2

1. $(1)\dfrac{1}{3}\mathrm{e}^{3t} + C$;　　　　　　$(2) -\dfrac{1}{20}(3 - 5x)^4 + C$;

$(3) -\dfrac{1}{2}\ln|3-2x|+C;$

$(4) -\dfrac{1}{2}(5-3x)^{\frac{2}{3}}+C;$

$(5) -\dfrac{1}{a}\cos ax - be^{\frac{x}{b}}+C;$

$(6) 2\sin\sqrt{t}+C;$

$(7) -e^{\frac{1}{x}}+C;$

$(8) -3\cos x^{\frac{1}{3}}+C;$

$(9) -\dfrac{3}{4}\ln|1-x^4|+C;$

$(10) -\dfrac{1}{3}(2-3x^2)^{\frac{1}{2}}+C;$

$(11) \dfrac{1}{2}\ln|x^2+2x+5|+C;$

$(12) -\dfrac{1}{3\omega}\cos^3(\omega t)+C;$

$(13) \dfrac{1}{2}\sec^2 x+C;$

$(14) \dfrac{3}{2}(\sin x-\cos x)^{\frac{2}{3}}+C;$

$(15) \dfrac{1}{5}\tan^5 x+C;$

$(16) \dfrac{1}{3}\sec^3 x-\sec x+C;$

$(17) \dfrac{t}{2}+\dfrac{1}{4\omega}\sin 2(\omega t+\varphi)+C;$

$(18) \arctan e^x+C;$

$(19) \ln|\ln\ln x|+C;$

$(20) -\dfrac{1}{\arcsin x}+C;$

$(21) -\dfrac{10^{2\arctan x}}{2\ln 10}+C;$

$(22) \dfrac{1}{10}\arcsin\dfrac{x^{10}}{\sqrt{2}}+C;$

$(23) -\ln|\cos\sqrt{1+x^2}|+C;$

$(24) (\arctan\sqrt{x})^2+C;$

$(25) -\dfrac{1}{x\ln x}+C;$

$(26) \ln|\tan x|+C;$

$(27) \dfrac{1}{2}(\ln\tan x)^2+C;$

$(28) \dfrac{1}{14}\sin 7x+\dfrac{1}{2}\sin x+C;$

$(29) \dfrac{1}{2}\cos x-\dfrac{1}{10}\cos 5x+C;$

$(30) \dfrac{1}{4}\sin 2x-\dfrac{1}{24}\sin 12x+C.$

2. $\dfrac{1}{4}x^4+\dfrac{1}{2}x^2+C.$

3. $(1) 2\sqrt{x}-6\ln|\sqrt{x}+3|+C;$

$(2) \dfrac{1}{24}(3+4x)^3-\dfrac{3}{8}(3+4x)+C;$

$(3) \dfrac{4}{3}x^{\frac{3}{4}}-\dfrac{1}{3}\ln|x^{\frac{3}{4}}+1|+C;$

$(4) \dfrac{9}{2}\left(\arcsin\dfrac{x}{3}-\dfrac{x}{9}\sqrt{9-x^2}\right)+C;$

$(5) -\dfrac{1}{5}\ln\left|\dfrac{5}{x}-\dfrac{x}{\sqrt{25-x^2}}\right|+C;$

$(6) \dfrac{1}{9}\dfrac{\sqrt{x^2-9}}{x}+C;$

$(7) 2\sqrt{1+e^x}-2\ln\left|\dfrac{1-\sqrt{1+e^x}}{1+\sqrt{1+e^x}}\right|+C;$

$(8) \arccos\dfrac{1}{|x|}+C;$

$(9) \dfrac{1}{19}(1-x)^{-19}+\dfrac{1}{17}(1-x)^{-17}-\dfrac{1}{9}(1-x)^{-18}+C;$

$(10) \arcsin x-\dfrac{1-\sqrt{1-x^2}}{x}+C.$

4. $f(x)=2\sqrt{x+1}-1.$ **5.** $f(x)=(x-1)(x^2-2x+3).$

习题 4.3

1. $(1) -\mathrm{e}^{-x}(x+1)+C;$　　　　　$(2) x^2\sin x+2x\cos x-2\sin x+C;$

$(3) x\arccos x-\sqrt{1-x^2}+C;$　　　　$(4) x\ln(x^2+1)-2x+2\arctan x+C;$

$(5) -\mathrm{e}^{-x}(x^2+2x+2)+C;$　　　　$(6) \dfrac{1}{3}x^3\arctan x-\dfrac{1}{6}x^2+\dfrac{1}{6}\ln(1+x^2)+C;$

$(7) -\dfrac{2}{17}\mathrm{e}^{-2x}\left(\cos\dfrac{x}{2}+4\sin\dfrac{x}{2}\right)+C;$　　　$(8) x\tan x-\ln|\cos x|+C;$

$(9) x\ln^2 x-2x\ln x+2x+C;$　　　　$(10) \dfrac{1}{2}(x^2-1)\ln(x-1)-\dfrac{1}{4}x^2-\dfrac{1}{2}x+C;$

$(11) -\dfrac{1}{x}(\ln^2 x+2\ln x+2)+C;$　　　$(12) 2\sqrt{x}\ln x-4\sqrt{x}+C;$

$(13) \dfrac{x}{2}[\cos(\ln x)+\sin(\ln x)]+C;$　　　$(14) [\ln(\ln x)-1]\ln x+C;$

$(15) -\dfrac{1}{4}x\cos 2x+\dfrac{1}{8}\sin 2x+C;$　　　$(16) \dfrac{1}{6}x^3+\dfrac{1}{2}x^2\sin x+x\cos x-\sin x+C;$

$(17) x(\arccos x)^2+2\sqrt{1-x^2}\arcsin x-2x+C;$

$(18) \dfrac{1}{2}\mathrm{e}^x-\dfrac{1}{5}\mathrm{e}^x\sin 2x-\dfrac{1}{10}\mathrm{e}^x\cos 2x+C;$

$(19) 2(\sqrt{x-1}-1)\mathrm{e}^{\sqrt{x-1}}+C;$

$(20) -3(\sqrt[3]{x^2}\cos\sqrt[3]{x}-\sqrt[3]{x}\sin\sqrt[3]{x}-\cos\sqrt[3]{x})+C;$

$(21) 2\sqrt{x}\ln(1+x)-4\sqrt{x}+4\arctan\sqrt{x}+C;$

$(22) -\mathrm{e}^{-x}(\mathrm{e}^x+1)-\ln(\mathrm{e}^{-x}+1)+C;$

$(23) \dfrac{1}{2}(x^2-1)\ln\dfrac{1+x}{1-x}+x+C;$　　　$(24) \dfrac{1}{2\cos x}+\dfrac{1}{2}\ln|\csc x-\cot x|+C.$

2. $\cos x-\dfrac{2\sin x}{x}+C.$

3. $\left(1-\dfrac{2}{x}\right)\mathrm{e}^x+C.$

4. $xf^{-1}(x)-F(f^{-1}(x))+C.$

习题 4.4

1. $(1) \dfrac{1}{3}x^3-\dfrac{3}{2}x^2+9x-27\ln|x+3|+C;$　　$(2) \ln|x-2|+\ln|x+5|+C;$

$(3) \dfrac{1}{2}\ln(x^2-2x+5)+\arctan\dfrac{x-1}{2}+C;$

$(4) \ln|x+1|-\dfrac{1}{2}\ln(x^2-x+1)+\sqrt{3}\arctan\dfrac{2x-1}{\sqrt{3}}+C;$

$(5) \dfrac{1}{3}x^3+\dfrac{1}{2}x^2+x+8\ln|x|+C;$　　　$(6) \ln\left(\dfrac{x+3}{x+2}\right)^2-\dfrac{3}{x+3}+C;$

$(7) \dfrac{1}{1-x}-\dfrac{1}{(x-1)^2}+C;$

$(8)\,2\ln|x| - 2\ln|x+1| + \dfrac{2}{x+1} - \dfrac{1}{2}\dfrac{1}{(x+1)^2} + C;$

$(9)\,2\ln\left|\dfrac{x-1}{x+1}\right| - \dfrac{1}{2}\arctan x + C;$

$(10)\,2\ln|x+2| - \dfrac{1}{2}\ln|x+1| - \dfrac{3}{2}\ln|x+3| + C;$

$(11)\,\dfrac{2}{3(x+1)} + \dfrac{17}{18}\ln|x+1| + \dfrac{5}{9}\ln|x-2| + C;$

$(12)\,\ln|x| - \dfrac{1}{2}\ln(x^2+1) + C;$

$(13)\,\ln|x| - \dfrac{1}{2}\ln|x+1| - \dfrac{1}{4}\ln(x^2+1) - \dfrac{1}{2}\arctan x + C;$

$(14)\,\dfrac{2x+1}{2(x^2+1)} + C;$ $(15)\,-\dfrac{x+1}{x^2+x+1} - \dfrac{4}{\sqrt{3}}\arctan\dfrac{2x+1}{\sqrt{3}} + C.$

2. $(1)\,\dfrac{1}{2\sqrt{3}}\arctan\dfrac{2\tan x}{\sqrt{3}} + C;$ $(2)\,\dfrac{1}{\sqrt{2}}\arctan\dfrac{\tan\dfrac{x}{2}}{\sqrt{2}} + C;$

$(3)\,\dfrac{2}{\sqrt{3}}\arctan\dfrac{2\tan\dfrac{x}{2}+1}{\sqrt{3}} + C;$

$(4)\,\dfrac{1}{2}\left[\ln|\tan x+1| + x - \dfrac{1}{2}\ln(\tan^2 x+1)\right] + C;$

$(5)\,\ln\left|\tan\dfrac{x}{2}+1\right| + C;$ $(6)\,\dfrac{1}{\sqrt{5}}\arctan\dfrac{3\tan\dfrac{x}{2}+1}{\sqrt{5}} + C;$

$(7)\,\dfrac{3}{2}\sqrt[3]{(1+x)^2} - 3\sqrt[3]{1+x} + 3\ln|1+\sqrt[3]{x+1}| + C;$

$(8)\,x - \dfrac{2}{3}x^{\frac{3}{2}} + \dfrac{1}{2}x^2 + C;$ $(9)\,x - 4\sqrt{x+1} + 4\ln(\sqrt{x+1}+1) + C;$

$(10)\,2\sqrt{x} - 4\sqrt[4]{x} + 4\ln(\sqrt[4]{x}+1) + C;$ $(11)\,3\arcsin\dfrac{x}{3} - \sqrt{9-x^2} + C;$

$(12)\,\dfrac{1}{3}(1+x^2)^{\frac{3}{2}} - \sqrt{1+x^2} + C.$

总习题 4

1. $(1)\,\dfrac{1}{2}(x^2-1)\mathrm{e}^{x^2} + C;$ $(2)\,\dfrac{1}{2}\ln(x^2-6x+13) + 4\arctan\dfrac{x-3}{2} + C;$

$(3)\,\arcsin x - \sqrt{1-x^2} + C;$ $(4)\,-\dfrac{1}{3}\sqrt{(1-x^2)^3} + C;$

$(5)\,-2\mathrm{e}^{-2x}.$

2. $(1)(B);\ (2)(C).$

3. $x^2\cos x - 4x\sin x - 6\cos x + C.$

4. $x + 2\ln|x-1| + C.$

5. $f(x) = -\ln(1-x) - x^2 + C$, $0 < x < 1$.

6. $\begin{cases} -\dfrac{x^2}{2} + C, & x < -1, \\ x + \dfrac{1}{2} + C, & -1 \leqslant x \leqslant 1, \\ \dfrac{x^2}{2} + 1 + C, & x > 1. \end{cases}$

7. $(1)\dfrac{1}{2}\ln\dfrac{|e^x - 1|}{e^x + 1} + C;$ $\qquad (2)\dfrac{1}{2(1-x)^2} - \dfrac{1}{1-x} + C;$

$(3)\dfrac{1}{6a^3}\ln\left|\dfrac{a^3 + x^3}{a^3 - x^3}\right| + C;$ $\qquad (4)\ln|x + \sin x| + C;$

$(5)\ln x(\ln\ln x - 1) + C;$ $\qquad (6)\dfrac{1}{2}\arctan\sin^2 x + C;$

$(7)\dfrac{1}{3}\tan^3 x - \tan x + x + C;$ $\qquad (8)\dfrac{1}{8}\left(\dfrac{1}{3}\cos 6x - \dfrac{1}{2}\cos 4x - \cos 2x\right) + C;$

$(9)\dfrac{1}{4}\ln|x| - \dfrac{1}{24}\ln(x^6 + 4) + C;$ $\qquad (10)a\arcsin\dfrac{x}{a} - \sqrt{a^2 - x^2} + C;$

$(11)\ln\left|x + \dfrac{1}{2} + \sqrt{x(x+1)}\right| + C;$ $\qquad (12)\dfrac{1}{4}x^2 + \dfrac{x}{4}\sin 2x + \dfrac{1}{8}\cos 2x + C;$

$(13)\dfrac{1}{a^2 + b^2}e^{ax}(a\cos bx + b\sin bx) + C;$ $\qquad (14)\ln\dfrac{\sqrt{e^x + 1} - 1}{\sqrt{e^x + 1} + 1} + C;$

$(15)\dfrac{\sqrt{x^2 - 1}}{x} + C;$ $\qquad (16)\dfrac{1}{3a^4}\left[\dfrac{3x}{\sqrt{a^2 - x^2}} + \dfrac{x^3}{\sqrt{(a^2 - x^2)^3}}\right] + C;$

$(17)-\dfrac{\sqrt{(1 + x^2)^3}}{3x^2} + \dfrac{\sqrt{1 + x^2}}{x} + C;$ $\qquad (18)(4 - 2x)\cos\sqrt{x} + 4\sqrt{x}\sin\sqrt{x} + C;$

$(19)x\ln|1 + x^2| - 2x + 2\arctan x + C;$ $\qquad (20)\dfrac{\sin x}{2\cos^2 x} - \dfrac{1}{2}\ln|\sec x + \tan x| + C;$

$(21)(x + 1)\arctan\sqrt{x} - \sqrt{x} + C;$ $\qquad (22)\sqrt{2}\ln\left(\left|\csc\dfrac{x}{2}\right| - \left|\cot\dfrac{x}{2}\right|\right) + C;$

$(23)\dfrac{x^4}{8(1 + x^8)} + \dfrac{1}{8}\arctan x^4 + C;$ $\qquad (24)\dfrac{x^4}{4} + \ln\dfrac{\sqrt[4]{x^4 + 1}}{x^4 + 2} + C;$

$(25)\dfrac{1}{32}\ln\left|\dfrac{2 - x}{2 + x}\right| + \dfrac{1}{16}\arctan\dfrac{x}{2} + C;$

$(26)\dfrac{2}{1 + \tan\dfrac{x}{2}} + x + C$ 或 $\sec x + x - \tan x + C;$

$(27)x\tan\dfrac{x}{2} + C;$ $\qquad (28)e^{\sin x}(x - \sec x) + C;$

$(29)\ln\dfrac{x}{(\sqrt[6]{x} + 1)^6} + C;$ $\qquad (30)\dfrac{1}{1 + e^x} + \ln\dfrac{e^x}{1 + e^x} + C;$

（31）$\arctan(e^x - e^{-x}) + C$; 　　　　（32）$\dfrac{xe^x}{1+e^x} - \ln(1+e^x) + C$;

（33）$x\ln^2(x + \sqrt{1+x^2}) - 2\sqrt{1+x^2}\ln(x + \sqrt{1+x^2}) + 2x + C$;

（34）$\dfrac{x\ln x}{\sqrt{1+x^2}} - \ln(x + \sqrt{1+x^2}) + C$;

（35）$\dfrac{1}{4}(\arcsin x)^2 + \dfrac{x}{2}\sqrt{1-x^2}\arcsin x - \dfrac{x^2}{4} + C$;

（36）$-\dfrac{1}{3}\sqrt{1-x^2}(x^2+2)\arccos x - \dfrac{1}{9}x(x^2+6) + C$;

（37）$-\ln|\csc x + 1| + C$; 　　　　（38）$\ln|\tan x| - \dfrac{1}{2\sin^2 x} + C$;

（39）$\dfrac{1}{3}\ln(2 + \cos x) - \dfrac{1}{2}\ln(1 + \cos x) + \dfrac{1}{6}\ln(1 - \cos x) + C$;

（40）$\dfrac{1}{2}(\sin x - \cos x) - \dfrac{1}{2\sqrt{2}}\ln\left|\dfrac{\tan(x/2) - 1 + \sqrt{2}}{\tan(x/2) - 1 - \sqrt{2}}\right| + C$.

第 5 章

习题 5.1

1. $\dfrac{1}{3}(b^3 - a^3) + b - a$.

2. 略.

3. （1）$\dfrac{1}{2}t^2$; （2）21; （3）$\dfrac{5}{2}$; （4）$\dfrac{9}{2}\pi$.

4. （1）$\displaystyle\int_{-7}^{5}(x^2 - 3x)\,dx$; 　　　　（2）$\displaystyle\int_{0}^{1}\sqrt{4 - x^2}\,dx$; （3）$\displaystyle\int_{0}^{1}x^p\,dx$.

5. （1）4; （2）-4.

6. （1）$\displaystyle\int_{0}^{1}x\,dx > \int_{0}^{1}x^2\,dx > \int_{0}^{1}x^3\,dx$; 　　（2）$\displaystyle\int_{0}^{1}e^{-x}\,dx < \int_{0}^{1}e^{-x^2}\,dx$;

（3）$\displaystyle\int_{1}^{2}\ln x\,dx < \int_{1}^{2}(\ln x)^2\,dx$.

7. （1）$6 \leqslant \displaystyle\int_{1}^{4}(x^2 + 1)\,dx \leqslant 51$; 　　（2）$\dfrac{\pi}{9} \leqslant \displaystyle\int_{\frac{1}{\sqrt{3}}}^{\sqrt{3}}x\arctan x\,dx \leqslant \dfrac{2\pi}{3}$.

8. $\dfrac{3}{2\ln 2}$. **9.** 略.

习题 5.2

1. 0, $\dfrac{\sqrt{2}}{2}$.

2. （1）$\sin e^x$; 　（2）$\dfrac{3x^2}{\sqrt{1+x^{12}}} - \dfrac{2x}{\sqrt{1+x^8}}$; 　（3）$(\sin x - \cos x)\cdot\cos(\pi\sin^2 x)$.

3. -2.

4. $\dfrac{\cos x}{\sin x - 1}$.

5. $\cos t$.

6. $(1)\,1$;$(2)\,\dfrac{1}{2}$;$(3)\,\dfrac{2}{3}$;$(4)\,\dfrac{5}{2}$;$(5)\,\mathrm{e}$;$(6)\,12$.

7. $(1)\,\dfrac{\pi}{3}$;$(2)\,1-\dfrac{\pi}{4}$;$(3)\,\dfrac{17}{6}$;$(4)\,4$;$(5)\,\dfrac{\pi}{3a}$;

$(6)\,1-\dfrac{\pi}{4}$;$(7)\,\dfrac{8}{3}$.

8. $x = 0$.

9. $f(x) = \dfrac{3}{4}x^2 + x$.

10. $\Phi(x) = \begin{cases} 0, & x < 0, \\ \dfrac{1}{2}(1 - \cos x), & 0 \leqslant x \leqslant \pi, \\ 1, & x > \pi. \end{cases}$

11. 略. **12.** 1.

习题 5.3

1. $(1)\,0$;$(2)\,\dfrac{51}{512}$;$(3)\,\dfrac{1}{4}$;$(4)\,\dfrac{\pi}{6}-\dfrac{\sqrt{3}}{8}$;$(5)\,\dfrac{1}{2}(25 - \ln 26)$;

$(6)\,10 + 12\ln 2 - 4\ln 3$;$(7)\,0$;$(8)\,\mathrm{e}-\sqrt{\mathrm{e}}$;$(9)\,1 - \mathrm{e}^{-\frac{1}{2}}$;$(10)\,(\sqrt{3}-1)a$;

$(11)\,\dfrac{\pi}{6}-\dfrac{\sqrt{3}}{8}$;$(12)\,0$;$(13)\,\dfrac{4}{3}$;$(14)\,\dfrac{\pi}{4}$;$(15)\,\dfrac{\pi}{2}$;$(16)\,\sqrt{2}-\dfrac{2}{3}\sqrt{3}$;

$(17)\,\dfrac{\sqrt{2}}{2}$;$(18)\,\dfrac{1}{6}$;$(19)\,1 - 2\ln 2$;$(20)\,\ln(1+\sqrt{2}) - \ln(1 + \sqrt{1+\mathrm{e}^2}) + 1$.

2. $(1)\,1 - \dfrac{2}{\mathrm{e}}$;$(2)\,\dfrac{1}{4}\mathrm{e}^2 + 1$;$(3)\,\dfrac{\pi}{4}-\dfrac{1}{2}$;$(4)\,\dfrac{1}{2}(\mathrm{e}\sin 1 - \mathrm{e}\cos 1 + 1)$;$(5)\,\dfrac{\pi}{4}$;

$(6)\,\pi^2$;$(7)\,2 - \dfrac{3}{4\ln 2}$;$(8)\,4(2\ln 2 - 1)$;$(9)\,\left(\dfrac{1}{4}-\dfrac{\sqrt{3}}{9}\right)\pi + \dfrac{1}{2}\ln\dfrac{3}{2}$;

$(10)\,\ln 2 - \dfrac{1}{2}$;$(11)\,\dfrac{1}{4}\ln 2$;$(12)\,\dfrac{1}{5}(\mathrm{e}^{\pi} - 2)$.

3. $(1)\,0$;$(2)\,\dfrac{3\pi}{2}$;$(3)\,\dfrac{\pi^3}{324}$;$(4)\,0$;$(5)\,\dfrac{2\sqrt{3}\pi}{3}$;$(6)\,\ln 3$.

4. 略.

5. 1.

6. 略. **7.** 略. **8.** $-\dfrac{1}{2}$. **9.** 略. **10.** $\dfrac{1}{2}(\cos 1 - 1)$.

习题 5.4

1. $(1)\,\dfrac{1}{3}$;(2) 发散;$(3)\,\dfrac{1}{a}$;$(4)\,\dfrac{\pi}{4}$;$(5)\,\dfrac{\omega}{p^2 + \omega^2}$;

（6）π；（7）发散；（8）1；（9）发散；（10）$\dfrac{8}{3}$.

2. 当 $k > 1$ 时，反常积分收敛于 $\dfrac{1}{(k-1)(\ln 2)^{k-1}}$；当 $k \leqslant 1$ 时，反常积分发散；当 $k = 1 - \dfrac{1}{\ln \ln 2}$ 时，反常积分取得最小值.

3. （1）错；（2）错.

4. $n!$.

5. -1.

6. 略

总习题 5

1. （1）必要，充分；（2）充分必要；（3）不一定；（4）$xf(-x^2)$.

2. （1）（B）；（2）（A）.

3. （1）错；（2）错；（3）错.

4. （1）$af(a)$；（2）$\dfrac{\pi^2}{4}$；（3）2.

5. （1）$\dfrac{\pi}{2}$；（2）$\dfrac{\pi}{8}\ln 2$，提示：令 $x = \dfrac{\pi}{4} - u$；（3）$\dfrac{\pi}{4}$；（4）$2(\sqrt{2} - 1)$；

（5）$\dfrac{\pi}{2\sqrt{2}}$；（6）$\dfrac{\pi}{2}$；（7）$\dfrac{\pi^2}{2} + 2\pi - 4$；（8）$e^{-2}\left(\dfrac{\pi}{2} - \arctan e^{-1}\right)$；（9）$\dfrac{\pi}{2} + \ln(2 + \sqrt{3})$；

（10）$4\sqrt{2}$；（11）$\ln 15 - 6$；（12）$\begin{cases} \dfrac{1}{3}x^3 - \dfrac{2}{3}, & x < -1, \\ x, & -1 \leqslant x \leqslant 1, \\ \dfrac{1}{4}x^4 + \dfrac{3}{4}, & x > 1. \end{cases}$

6. $\dfrac{e^{y^2}\cos x^2}{2y}(y \neq 0)$.

7. $-\dfrac{1}{2t^2 \ln t}$.

8. $1 + \dfrac{3\sqrt{2}}{2}$.

9. $F(0) = 0$ 为最大值，$F(4) = -\dfrac{32}{3}$ 为最小值.

10. $\varphi(x) = \begin{cases} \dfrac{1}{3}x^3, & x \in [0,1), \\ \dfrac{1}{2}x^2 - \dfrac{1}{6}, & x \in [1,2], \end{cases}$ $\varphi(x)$ 在 $(0,2)$ 内连续.

11. 略．**12.** $1 + \ln(1 + e^{-1})$.

第 6 章

习题 6.2

1. （1）$2\pi + \dfrac{4}{3}, 6\pi - \dfrac{4}{3}$；（2）$\dfrac{3}{2} - \ln 2$；（3）$e + \dfrac{1}{e} - 2$；（4）$b - a$.

2. $\dfrac{9}{4}$.

3. $\dfrac{16}{3}p^2$.

4. (1) πa^2;　(2) $\dfrac{3}{8}\pi a^2$;　(3) $18\pi a^2$.

5. $3\pi a^2$.

6. $\dfrac{a^2}{4}(e^{2\pi} - e^{-2\pi})$.

7. (1) $\dfrac{5}{4}\pi$;　(2) $\dfrac{\pi}{6} + \dfrac{1 - \sqrt{3}}{2}$.

8. 当 $t = \dfrac{1}{2}$ 时, $S_1 + S_2$ 最小.

9. $\dfrac{4\sqrt{3}}{3}R^3$.

10. $\dfrac{128}{7}\pi, \dfrac{64}{5}\pi$.

11. (1) $\dfrac{3}{10}\pi$;　(2) $\dfrac{\pi^3}{4} - 2\pi$;　(3) $160\pi^2$;　(4) $7\pi^2 a^3$.

12. $2\pi^2 a^2 b$.

13. $\dfrac{1}{6}\pi h\left[2(ab + AB) + aB + bA\right]$.

14. (1) $V_1 = \dfrac{4\pi}{5}(32 - a^5), V_2 = \pi a^4$;

(2) 当 $a = 1$ 时, $V_1 + V_2$ 取得最大值 $\dfrac{129}{5}\pi$.

15. $1 + \dfrac{1}{2}\ln\dfrac{3}{2}$.

16. $\dfrac{y}{2p}\sqrt{p^2 + y^2} + \dfrac{p}{2}\ln\dfrac{y + \sqrt{p^2 + y^2}}{p}$.

17. $6a$.

18. $\dfrac{a}{2}\pi^2$.

19. $\dfrac{\sqrt{1 + a^2}}{a}(e^{a\varphi} - 1)$.

习题 6.3

1. 0.18 kJ.

2. $800\pi\ln 2$ J.

3. $\dfrac{27}{7}kc^{\frac{2}{3}}a^{\frac{7}{3}}$(其中 k 为比例常数).

4. $(\sqrt{2} - 1)$cm.

5. 57697. 5 kJ.

6. 205. 8 kN.

7. 17. 3 kN.

8. 1. 65 N.

9. 取 y 轴通过细直棒,则 $F_y = Gm\mu\left(\dfrac{1}{a} - \dfrac{1}{\sqrt{a^2+l^2}}\right)$, $F_x = -\dfrac{Gm\mu l}{a\sqrt{a^2+l^2}}$.

10. 引力的大小为 $\dfrac{2Gm\mu}{R}\sin\dfrac{\varphi}{2}$,方向为 M 指向圆弧的中点.

11. 略

总习题 6

1. (1) $\dfrac{37}{12}$; (2) $2\sqrt{3} - \dfrac{4}{3}$.

2. (1)(A); (2)(D).

3. $\dfrac{5}{4}$ m.

4. $\dfrac{\pi-1}{4}a^2$.

5. $x = \dfrac{3}{4}\sqrt{\dfrac{y}{2}}$ 或 $y = \dfrac{32}{9}x^2$ ($x \geqslant 0$).

6. $a = -\dfrac{5}{3}, b = 2, c = 0$.

7. (1) $A = \dfrac{1}{2}\mathrm{e} - 1$; (2) $V = \dfrac{\pi}{6}(5\mathrm{e}^2 - 12\mathrm{e} + 3)$.

8. $\dfrac{512}{7}\pi$.

9. $4\pi^2$.

10. $\sqrt{6} + \ln(\sqrt{2} + \sqrt{3})$.

11. $\dfrac{4}{3}\pi r^4 g$.

12. $\dfrac{1}{2}\rho gab(2h + b\sin\alpha)$.

13. $F_x = \dfrac{3}{5}Ga^2$, $F_y = \dfrac{3}{5}Ga^2$.

14. (1) $\sqrt{1 + r + r^2}\, a$ m; (2) $\dfrac{1}{\sqrt{1-r}}a$ m.

第 7 章

习题 7. 1

1. (1) $y = \sin 2x$ 不是微分方程的解,$y = \mathrm{e}^{2x}$, $y = 4\mathrm{e}^{2x}$ 是微分方程的特解,$y = C\mathrm{e}^{2x}$ 是微分方程的通解.

(2) $y = x$ 是微分方程的特解;$y = x\mathrm{e}^{Cx}$ 是微分方程的通解.

$(3)\,y = 3\cos x - 4\sin x$ 是微分方程的特解；$y = C_1\cos x + C_2\sin x$ 是微分方程的通解.

$(4)\,y = \mathrm{e}^{x^2}\displaystyle\int_0^x \mathrm{e}^{-t^2}\mathrm{d}t + \mathrm{e}^{x^2}$ 是微分方程的特解.

2. (1)一阶；(2)二阶；(3)二阶；(4)一阶.

3. $y = \sin\left(x - \dfrac{\pi}{2}\right)$.

4. 通解 $y = \dfrac{1}{3}x^3 + C$，特解 $y = \dfrac{1}{3}x^3 + 1$ ，图略.

5. $(1)\,y = -3(\mathrm{e}^{-x} - 1)$ ；　　　　$(2)\,y = x\ln x - x + 1$.

6. $(1)\,y' = x^2$；　　　　　　　　　　$(2)\,yy' + 2x = 0$.

习题 7.2

1. $(1)\,y = \mathrm{e}^{Cx}$；　　　　　　　　　$(2)\,\arcsin y = \arcsin x + C$；

$(3)\,(x^2 - 1)(y^2 - 1) = C$；　　　$(4)\,y^2 = 2\mathrm{e}^x(1 - x) + C$；

$(5)\,\tan x \tan y = C$；　　　　　　$(6)\,10^{-y} + 10^x = C$；

$(7)\,(\mathrm{e}^x + 1)(\mathrm{e}^y - 1) = C$；　　$(8)\,(x - 4)y^4 = Cx$.

2. $(1)\,\mathrm{e}^y = \dfrac{1}{2}(\mathrm{e}^{2x} + 1)$；　　　　$(2)\,\ln y = \tan\dfrac{x}{2}$；

$(3)\,\cos x - \sqrt{2}\cos y = 0$；　　$(4)\,(1 + \mathrm{e}^x)\sec y = 2\sqrt{2}$.

3. $t = -0.0305h^{\frac{5}{2}} + 9.64$，水流完所需的时间约为 10s.

4. $xy = 6$.

习题 7.3

1. $(1)\,1 - \dfrac{x}{y} = C\sqrt{x}$；　　　　　$(2)\,x^3 - 2y^3 = Cx$；

$(3)\,y^2 = x^2(2\ln|x| + C)$；　　　$(4)\,\ln\dfrac{y}{x} = Cx + 1$；

$(5)\,y + \sqrt{y^2 + x^2} = Cx^2$；　　$(6)\,x + 2y\mathrm{e}^{\frac{x}{y}} = C$.

2. $(1)\,y = \mathrm{e}^{\frac{x^2}{y^2} - 1}$；　　　　　　$(2)\,y^2 = 2x^2(\ln x + 2)$；

$(3)\,y^3 = y^2 - x^2$；　　　　　　$(4)\,\dfrac{x + y}{x^2 + y^2} = 1$.

3. $y = x(1 - 4\ln x)$.

习题 7.4

1. $(1)\,y = \mathrm{e}^{-x}(C + x)$；　　　　$(2)\,y = x(2x\mathrm{e}^x - 2\mathrm{e}^x + C)$；

$(3)\,y = (x^2 + 1)\left(\dfrac{4}{3}x^3 + C\right)$；　　$(4)\,y = (x + C)\mathrm{e}^{-\sin x}$；

$(5)\,2x\ln y = \ln^2 y + C$；　　　$(6)\,y = (x - 2)^3 + C(x - 2)$.

2. $(1)\,y = (x + 1)\sec x$；　　　　$(2)\,x = \mathrm{e}^{-2t} - \mathrm{e}^{-3t}$；

$(3)\,y = (x - \pi)\cos x$；　　　　$(4)\,y = \dfrac{\pi - 1 - \cos x}{x}$.

3. $(1)\,y = \dfrac{1}{x + C}$；　　　　　　$(2)\,y = \mathrm{e}^{2x}(2x + C)$.

4. 略. **5.** 略.

习题 7.5

1. $(1) y = \frac{1}{6} x^3 - \sin x + C_1 x + C_2;$ $\qquad$ $(2) y = (x - 3) e^x + C_1 x^2 + C_2 x + C_3;$

$(3) y = x \arctan x - \frac{1}{2} \ln(1 + x^2) + C_1 x + C_2;$ $\quad$ $(4) y = -\ln | \cos(x + C_1) | + C_2;$

$(5) y = C_1 e^x - \frac{1}{2} x^2 - x + C_2;$ $\qquad$ $(6) y = C_1 \ln | x | + C_2;$

$(7) y^3 = C_1 x + C_2;$ $\qquad$ $(8) C_1 y^2 - 1 = (C_1 x + C_2)^2.$

2. $(1) y = \sqrt{2x - x^2};$

$(2) y = \frac{1}{a^3} e^{ax} - \frac{e^a}{2a} x^2 + \frac{e^a}{a^2} (a - 1) x + \frac{e^a}{2a^3} (2a - a^2 - 2);$

$(3) y = -\frac{1}{a} \ln(ax + 1);$ $\qquad$ $(4) y = \left(\frac{1}{2} x + 1 \right)^4;$

$(5) y = \ln(e^x + e^{-x}) - \ln 2.$

3. $y = \frac{x^3}{6} + \frac{x}{2} + 1.$

4. $s = \frac{mg}{c} \left(t + \frac{m}{c} e^{-\frac{c}{m} t} - \frac{m}{c} \right).$

习题 7.6

1. (1)线性无关;(2)线性无关;(3)线性无关;(4)线性相关;

(5)线性相关;(6)线性无关.

2. $y = C_1 \cos(\ln x) + C_2 \sin(\ln x) + \ln x.$

3. 通解为 $y = C_1 e^x + C_2 e^{-x};$ 特解为 $y = -\frac{1}{2} e^x + \frac{3}{2} e^{-x}.$

4. $(1) y = C_1 x + C_2 e^x + x^2;$

$(2) a = -3, b = 2, c = -1.$

习题 7.7

1. $(1) y = C_1 \cos x + C_2 \sin x;$ $\qquad$ $(2) y = C_1 + C_2 e^{4x};$

$(3) y = (C_1 + C_2 x) e^{\frac{5}{2} x};$ $\qquad$ $(4) y = (C_1 \cos x + C_2 \sin x) e^{2x};$

$(5) y = C_1 e^x + C_2 e^{-x} + C_3 \cos x + C_4 \sin x;$ $\quad$ $(6) y = (C_1 + C_2 x) \cos x + (C_3 + C_4 x) \sin x;$

$(7) y = C_1 + C_2 x + (C_3 + C_4 x) e^x;$

$(8) y = (C_1 + C_2 x) e^x + \left(C_3 \cos \frac{\sqrt{3}}{2} x + C_4 \sin \frac{\sqrt{3}}{2} x \right) e^{\frac{1}{2} x}.$

2. $(1) y = (2 + x) e^{-\frac{1}{2} x};$ $\qquad$ $(2) y = 4 e^x + 2 e^{3x};$

$(3) y = e^{-2x} (2 \cos 5x + 2 \sin 5x);$ $\qquad$ $(4) y = e^{-x} - e^{4x}.$

3. $(1) y'' - 4y' + 4y = 0;$ $\qquad$ $(2) y'' + 2y' + 2y = 0.$

4. $(1) y = \cos 3x + \frac{1}{3} \sin 3x;$ $\qquad$ $(2) y = -4 e^{-x} + e^{2x}.$

习题 7.8

1. $(1) y = C_1 e^{\frac{x}{2}} + C_2 e^{-x} + e^x$;

$(2) y = C_1 e^{-x} + C_2 e^{-2x} + \left(\dfrac{3}{2} x^2 - 3x\right) e^{-x}$;

$(3) y = C_1 e^x + C_2 e^{-x} - \dfrac{1}{2} + \dfrac{1}{10} \cos 2x$;

$(4) y = (C_1 + C_2 x) e^{3x} + \dfrac{x^2}{2} \left(1 + \dfrac{1}{3} x\right) e^{3x}$;

$(5) y = C_1 \cos x + C_2 \sin x + \dfrac{1}{2} e^x + \dfrac{x}{2} \sin x$;

$(6) y = C_1 e^{-x} + C_2 e^{-4x} + \dfrac{11}{8} - \dfrac{1}{2} x$.

2. $(1) y = \dfrac{11}{16} + \dfrac{5}{16} e^{4x} - \dfrac{5}{4} x$;

$(2) y = \dfrac{1}{2} (e^{9x} + e^x) - \dfrac{1}{7} e^{2x}$;

$(3) y = e^x - e^{-x} + e^x (x^2 - x)$;

$(4) y = -\cos x - \dfrac{1}{3} \sin x + \dfrac{1}{3} \sin 2x$.

3. $(1) y = (C_1 + C_2 x) e^{-2x} + 2x^2 - 4x + 3 + 4x^2 e^{-2x}$;

$(2) y = (C_1 \cos x + C_2 \sin x) e^x + \left(\dfrac{1}{8} \cos x + \dfrac{1}{8} \sin x\right) e^{-x}$.

4. $(1) y = C_1 \cos x + C_2 \sin x + \dfrac{4}{9} \sin 2x - \dfrac{1}{3} x \cos 2x$;

$(2) y = C_1 \cos x + C_2 \sin x + \dfrac{1}{2} e^x$.

5. $(1)(B); (2)(C); (3)(B)$.

习题 7.9

1. $(1) \Delta y_x = 2x + 1, \Delta^2 y_x = 2$;

$(2) \Delta y_x = e^x (e - 1), \Delta^2 y_x = e^x (e - 1)^2$;

$(3) \Delta y_x = \ln(x + 1) - \ln x, \Delta^2 y_x = \ln(x + 2) - 2\ln(x + 1) + \ln x$;

$(4) \Delta y_x = 3x^2 + 3x + 1, \Delta^2 y_x = 3x^3 - 3x^2 + 6x + 6$.

2. $(1) y_{x+1} - y_x = x$;　　$(2) y_{x+2} - 5y_{x+1} + 4y_x = 1$.

3. $(1) y_x = C(-1)^x$;

$(2) y_x = C + \dfrac{1}{2} x^2 - \dfrac{1}{2} x$;

$(3) y_x = C 2^x - 6(x^2 + 2x + 3)$;

$(4) y_x = C(-1)^x + \dfrac{1}{3} 2^x$.

4. $(1) y_x = 2 + 3x$;

$(2) y_x = \dfrac{5}{6} \left(-\dfrac{1}{2}\right)^x + \dfrac{1}{6}$;

$(3) y_x = 3\left(-\dfrac{1}{2}\right)^x$;

$(4) y_x = 3(-7)^x + 2$.

总习题 7

1. (1) 三;

$(2) y = e^{-\int P(x) dx} \left(\int Q(x) e^{\int P(x) dx} dx + C\right)$;

$(3) y' = f(x, y), y\big|_{x = x_0} = 0$;

$(4) y = C_1 (x - 1) + C_2 (x - 1)^2 + 1$,

2. $(1) y^2 (y'^2 + 1) = 1$;

$(2) y'' - 3y' + 2y = 0$.

3. $(1) x - \sqrt{xy} = C$;

$(2) y = ax + \dfrac{C}{\ln x}$;

$(3) x = Cy^{-2} + \ln y - \dfrac{1}{2}$;

$(4) \sqrt{(x^2 + y)^3} = x^3 + \dfrac{3}{2} xy + C$;

$(5)\, y = \ln |\cos(x + C_1)| + C_2;$ $\qquad (6)\, y = \dfrac{1}{2C_1}(e^{C_1 x + C_2} + e^{-C_1 x - C_2});$

$(7)\, y = e^{-x}(C_1 \cos 2x + C_2 \sin 2x) - \dfrac{4}{17}\cos 2x + \dfrac{1}{17}\sin 2x;$

$(8)\, y = C_1 + C_2 e^x + C_3 e^{-2x} + \left(\dfrac{1}{6}x^2 - \dfrac{4}{9}x\right)e^x - x^2 - x.$

4. $(1)\, y = 2\arctan e^x;$ $\qquad\qquad (2)\, y = -\dfrac{1}{a}\ln(ax + 1)$

$(3)\, y = xe^{-x} + \dfrac{1}{2}\sin x.$

5. $y = x - x\ln x.$

6. $\varphi(x) = \cos x + \sin x.$

7. $\varphi(x) = \sqrt{e^{2x} - 1} - \arctan\sqrt{e^{2x} - 1}.$

8. $(1)\, y_t = 4 + C_1\left(\dfrac{1}{2}\right)^t + C_2\left(-\dfrac{7}{2}\right)^t,\; y_t = 4 + \dfrac{3}{2}\left(\dfrac{1}{2}\right)^t + \dfrac{1}{2}\left(-\dfrac{7}{2}\right)^t;$

$(2)\, y_t = (\sqrt{2})^t\left(C_1\cos\dfrac{\pi}{4}t + C_2\sin\dfrac{\pi}{4}t\right),\; y_t = (\sqrt{2})^t \cdot 2\cos\dfrac{\pi}{4};$

$(3)\, y_t = 4t + C_1(-2)^t + C_2,\; y_t = 4t + \dfrac{4}{3}(-2)^t - \dfrac{4}{3};$

$(4)\, y_t = -\dfrac{7}{100} + \dfrac{1}{10}t + C_1(-1)^t + C_2(-4)^t.$

微信扫描右侧二维码,可获得各章节习题详解.

参 考 文 献

[1] 同济大学数学系.高等数学:上册 [M].7 版.北京:高等教育出版社,2014.

[2] 同济大学数学系.高等数学:下册 [M].7 版.北京:高等教育出版社,2014.

[3] 同济大学数学系.高等数学习题全解指南:上册 [M].北京:高等教育出版社,2014.

[4] 同济大学数学系.高等数学习题全解指南:下册 [M].北京:高等教育出版社,2014.

[5] 吴赣昌,等.微积分(经管类):上册 [M].5 版.北京:中国人民大学出版社,2017.

[6] 吴赣昌,等.微积分(经管类):下册 [M].5 版.北京:中国人民大学出版社,2017.

[7] 李丹,鲍勇,等.高等数学学习指导 [M].北京:机械工业出版社,2017.